Avaliação qualitativa de programas de saúde

Dados Internacionais de Catalogação na Publicação (CIP)
(Câmara Brasileira do Livro, SP, Brasil)

Avaliação qualitativa de programas de saúde : enfoques emergentes / Maria Lúcia Magalhães Bosi, Francisco J. Mercado (orgs.). 3. ed. – Petrópolis, RJ : Vozes, 2013.

ISBN 978-85-326-3344-6

Vários autores.

1. Saúde pública 2. Saúde pública – Avaliação 3. Serviços de saúde – Administração I. Bosi, Maria Lúcia Magalhães. II. Mercado, Francisco J.

06-3796 CDD-362.1072

Índices para catálogo sistemático:

1. Saúde : Avaliação qualitativa : Bem-estar social 362.1072

Maria Lúcia Magalhães Bosi
Francisco J. Mercado
(orgs.)

Avaliação qualitativa de programas de saúde

Enfoques emergentes

EDITORA
VOZES

Petrópolis

Rua Frei Luís, 100
25689-900 Petrópolis, RJ
Internet: http://www.vozes.com.br
Brasil

Editoração: Fernando Sergio Olivetti da Rocha
Projeto gráfico: AG.SR Desenv. Gráfico
Capa: Bruno Margiotta

ISBN 978-85-326-3344-6

Editado conforme o novo acordo ortográfico.

Este livro foi composto e impresso pela Editora Vozes Ltda.

Agradecimentos

Idealizada como projeto coletivo, a materialização desta obra tornou-se possível graças à colaboração decidida de muitas pessoas. Entre as várias contribuições que merecem destaque, reconhecemos, primeiramente, o estímulo das vivências e experiências compartilhadas com muitos atores sociais, cujas vozes e sentimentos, de maneira implícita ou explícita, constituem a matéria-prima deste livro.

Agradecemos, também, a participação inestimável dos autores, seja acatando nossos comentários e sugestões ou atendendo prontamente às várias demandas que lhes fizemos ao longo do processo. O profissionalismo e o envolvimento demonstrados foram fator preponderante no cumprimento dos prazos e alcance dos objetivos almejados. Igualmente, lamentamos os inconvenientes ocasionados àqueles que, por diversas razões, não puderam ser incluídos nesta edição, agradecendo-lhes, mais uma vez, pelo empenho e interesse.

Nosso agradecimento a Karina Vázquez, da Universidade de Guadalajara, México, por nos ter ajudado na edição do material, e a Ricardo Rosenbusch pelo desempenho excepcional na tradução do espanhol para o português.

À Editora Vozes pelo estímulo e confiança e por ter, mais uma vez, confirmado nossas expectativas ao almejarmos, logo de início, com ela estabelecer esta nova parceria.

Aos colegas do Departamento de Saúde Comunitária da Universidade Federal do Ceará, em especial aos companheiros do Núcleo de Políticas, Gestão e Avaliação em Saúde, interlocutores constantes no processo de elaboração desta obra.

Os organizadores
Fortaleza/Brasil e Guadalajara/México
Janeiro de 2006

Algumas palavras mais

Permitam-me os coautores, pois o que há de mais rico no percurso da construção de um livro, muitas vezes, fica guardado nos bastidores; registra-se nas entrelinhas pontuadas por elementos afetivos intangíveis e comoventes que, em última instância, determinam se a obra irá ou não entrar em cena. E, no momento em que isso acontece, é difícil resistir à emoção de recuperar, ao menos, alguns fragmentos...

...meu agradecimento a Francisco Mercado, por mais este projeto compartilhado, em um percurso fundado na amizade e no respeito à alteridade, reafirmando, para mim, a riqueza de parcerias baseadas no diálogo e na reciprocidade;

...agradeço emocionada a Marcos Antônio Bosi, meu companheiro de vida, pelo apoio incondicional – nos planos subjetivo e objetivo – expresso no incentivo constante à publicação deste livro como também na ajuda decisiva no trabalho de revisão e sistematização do extenso material produzido, dentre tantos outros gestos de carinho;

...finalmente, aos nossos quatro filhos: Maíra, Isabela, Raian e Leonardo; às duas primeiras por reforçarem em mim o desejo de prosseguir e aos menores por encharcarem minha vida de inocência e irreverência (que, aliás, rimam com ciência), desafiando os momentos áridos com sua irresistível alegria.

Maria Lúcia Magalhães Bosi
Fortaleza/Brasil
Janeiro de 2006

Sumário

PARTE I

Introdução e marco geral

1 Avaliação não tradicional de programas de saúde: anotações introdutórias

Francisco J. Mercado
Maria Lúcia M. Bosi

As políticas e programas sociais e de saúde são cada vez mais objeto de avaliação tanto nos países do Primeiro Mundo quanto na América Latina. Tais práticas avaliativas vêm, aos poucos, conquistando seu espaço, por diversos motivos, dentre os quais ganha relevo: a imposição de organismos internacionais aos quais interessa mostrar, grosso modo em termos quantitativos, os resultados dos programas de ajuda; pressões no interior das organizações onde se reivindica o valor da transparência na condução das várias ações; exigências da política visando a legitimar determinadas intervenções estatais e, ainda, os cada vez mais frequentes cortes em nível estatal que tornam necessário provar a eficácia de suas intervenções.

De maneira idêntica ao que acontece em outros lugares do mundo, a maioria das práticas avaliativas implementadas na região ibero-americana segue o modelo tradicional, ou seja, aquele fundamentado na tradição positivista: quer se trate de avaliações experimentais, de custo-benefício ou gerenciais. Estas têm como característica adotar o pressuposto de que a realidade corresponde a um conjunto de fatos objetivos, observáveis e quantificáveis, de modo que é possível estudá-la mediante o método científico. Com base nesse referencial, a avaliação ganha caráter quantitativo, validável, generalizável e científico. Tal posição explica também as críticas de que ela tem sido alvo; apenas para parafrasear a de Guba e Lincoln (1989), trata-se de práticas não só equivocadas em termos éticos e morais, como conceitualmente estreitas além de ingênuas em termos políticos.

Novos modelos ou enfoques de avaliação têm surgido em tempos recentes, aqui denominados *enfoques emergentes*. Confrontando o modelo positivista, estes enfoques baseiam-se em outros paradigmas, dentre eles, os que se incluem sob os rótulos: *interpretativo*, *crítico* ou *participativo* (PATTON, 1990). Seus postulados, por conseqUência, guardam correspondência com as críticas feitas à avaliação tradicional. Para mencionar apenas o exemplo de uma proposta concreta – a avaliação e o monitoramento participativos – verificamos que propõem um modelo que envolve a participação de uma variedade de atores em todas as etapas do processo, além de ser mais eficaz. Em que pese a diversidade de enfoques incluídos, eles consideram quatro características que contribuem para uma boa prática avaliativa: a participação, a aprendizagem, a negociação e a flexibilidade (ESTRELLA & GAVENTA, 2000).

Apesar de representarem um movimento inovador, restam muitas dúvidas quanto a essas modalidades de avaliação não tradicional ou não hegemônica, especialmente na produção gerada recentemente na Ibero-América. Que modelos de avaliação não hegemônica surgiram no último decênio? Trata-se de propostas únicas, homogêneas? Existem diferenças internas? Quais avanços efetivamente pretendem? Que usos sociais têm sido feitos de seus resultados? Representam, em realidade, rupturas com o paradigma tradicional? Se sim, em quais aspectos? Que impasses se apresentam à sua implementação? Estas são algumas das questões que esta obra procura focalizar ao abordar, de maneira reflexiva, formas não tradicionais de se fazer avaliação. Seu interesse concentra-se, assim, em propostas até pouco tempo atrás subestimadas, excluídas ou ignoradas no âmbito acadêmico ou no mundo dos avaliadores. Interessa-nos aqui expor trabalhos de autores cuja prática se inclui naquilo que o termo genérico de avaliação qualitativa[1] abriga.

Em termos gerais, emprega-se esta denominação para classificar um conjunto de propostas que têm em comum seu *antipositivismo*. Tais propostas têm sido designadas de diversas maneiras: *não tradicionais*, *não convencionais*, *anti-hegemônicas* ou *alternativas*. No escopo desta obra, conforme já antecipado, englobamos todas elas sob o termo genérico *emergente*. Reconhecemos, contudo, que algumas propostas que reivindicam esta marca distintiva estão longe de confrontar os modelos hegemônicos, ao passo que existem aspectos que nos levam a considerar que outras não são alternativas, tampouco anti-hegemônicas. Acreditamos que a discussão desenvolvida ao longo dos capítulos deste livro tornará mais clara nos-

1. Defendendo um paradigma radicalmente diferente do positivista, Guba e Lincoln (1989) afirmam que se trata de um paradigma construtivista, também chamado de interpretativista ou hermenêutico, mas erroneamente denominado "qualitativo" por alguns.

sa posição e a demarcação adotada no emprego desse conceito. Os enfoques emergentes, tal como o delimitamos, incluem, assim, distintas posturas e abordagens que compartilham da crítica ao enfoque positivista ao mesmo tempo em que incorporam propostas teórico-conceituais e metodológicas oriundas de outras correntes tradicionais do pensamento.

Várias delimitações tornaram-se necessárias ante a tarefa que implica a revisão de enfoques de avaliação emergentes. Primeiramente, o foco de atenção concentrou-se na área da saúde. No entanto, tal delimitação não se mostrou isenta de dificuldades, especialmente naqueles trabalhos que lidam com uma concepção ampla de saúde em que o social e o político estão constantemente entrelaçados, o que implica em trabalhar, simultaneamente, com a dimensão sanitária e com a social. Outra delimitação decorre das dificuldades inerentes às tentativas de recuperação de experiências sobre o tema em nível mundial. Diante desse desafio, resolvemos concentrar nosso estudo na produção gerada na Ibero-América ou de autores cuja produção repercute nessa região.

Além disso, esta obra não pretende apresentar autores com posturas coincidentes nem visa a oferecer um conjunto de receitas para a avaliação qualitativa ou emergente dos programas de saúde. Pelo contrário, embora se tenha procurado incluir trabalhos com postura não tradicional, a intenção é resgatar a extraordinária diversidade e riqueza de autores com diferentes enfoques, provenientes de distintos campos disciplinares e de vários países. Antes que um receituário, os trabalhos que compõem esta obra apresentam experiências concretas de avaliação e suas bases teóricas, conceituais ou metodológicas, demarcando, em certa medida, algumas questões que pontuam o debate atual sobre o tema, sem a pretensão de esgotá-lo ou mesmo abreviá-lo.

Sobre a origem da obra

Vários aspectos se relacionam à origem deste livro. Em primeiro lugar, *Avaliação qualitativa de programas de saúde*, é uma construção que dá continuidade ao esforço do grupo que produziu a coletânea *Pesquisa qualitativa em serviços de saúde*, publicada pela Editora Vozes (BOSI & MERCADO, 2004), ampliando-se as parcerias anteriores com importantes adesões de renomados pesquisadores no campo da avaliação qualitativa, cuja produção já se encontra reconhecida no meio acadêmico.

Na primeira obra, foi nossa pretensão oferecer um panorama da produção da pesquisa qualitativa dos serviços de saúde, em diferentes contextos, especialmente na América Latina. O livro que ora apresentamos ao leitor expressa nossa convicção de que, no domínio da pesquisa avaliativa, é preciso transitar da etapa de descrição ou denúncia da deterioração física, emocional, sociovivencial ou espiritual causada pelos padecimentos, para um enfoque concentrado na análise das intervenções na área de saúde. Isto é, não basta descrever a deterioração das condições de saúde, também é indispensável focar a atenção nos programas implementados para fazer-lhes face. É este o foco da presente obra.

Assim, a publicação deste novo livro constitui, para o nosso grupo bem como para as diversas instituições a que a obra se vincula, um projeto de grande relevância acadêmica e social, tendo em vista a atualidade da temática no contexto sociossanitário e a escassez de literatura sobre esse tema. Estender o emprego dessa abordagem aos programas sociais e, mais especificamente, aos de saúde, vem enriquecer o debate, indo ao encontro da demanda atual no âmbito do setor saúde. Daí, nossa convicção sobre a oportunidade de empreender este esforço.

Trata-se de uma obra que, seguindo a racionalidade do livro anterior, embora com estrutura distinta, abrange aspectos conceituais, teórico-metodológicos e disponibiliza alguns modelos, bem como ilustra com diferentes relatos de experiências o emprego da abordagem qualitativa nos processos avaliativos de programas de saúde em diferentes contextos sociais.

Para além do já assinalado, há um fator adicional que impulsiona a publicação desta obra e tem a ver com as condições sociopolíticas em que se encontra a região como um todo. Como sabemos, verifica-se nessa região uma reorientação, nos últimos anos, ao apoiar governos considerados *progressistas* ou *de esquerda*. Neste contexto, as propostas de avaliação incluídas nesta obra (*participativas*, *democráticas*, *críticas*, *qualitativas*, *de baixo para cima*, *colaborativas*, *deliberativas*, *dialógicas*, para mencionar apenas algumas) podem se constituir em ferramentas valiosas para as iniciativas – sejam elas governamentais, da academia, sociedade civil ou terceiro setor – que pretendam efetivamente levar adiante projetos que considerem os diversos atores na organização, implementação e avaliação dos programas. O espírito que anima esta obra é o de difundir propostas de avaliação de programas (e serviços) de saúde voltadas para a mudança social, mais do que para a reprodução do *status quo*. Tais abordagens e estratégias parecem mais condizentes com os pressupostos, a dinâmica e as metas dos processos sociopolíticos em curso na região.

Os conteúdos da obra

A obra está estruturada em quatro partes: os dois primeiros trabalhos fazem uma introdução ao tema e uma revisão da produção em nível regional. A segunda parte traz propostas teóricas específicas à avaliação de programas de saúde. A terceira parte apresenta um conjunto de reflexões sobre diversos modelos de avaliação emergente. A última parte contém as contribuições que expõem as propostas, a dinâmica e os resultados de avaliações específicas com relação a diversos programas, de medicamentos, de tipo radiofônico, de um serviço hospitalar, entre outros.

Inaugurando o livro, após as notas introdutórias, o capítulo de Francisco Mercado e colaboradores revisa a literatura dos modelos e práticas de avaliação emergente na área de saúde na América Latina. Suas principais descobertas dizem respeito a quatro questões: a diversidade de modelos e propostas de avaliação emergente existente na região, as unidades e os objetos da avaliação, seu componente político e sua dimensão metodológica. Segundo estes autores, a América Latina conta com produção neste campo que, embora pouco conhecida para além de suas fronteiras, também é caracterizada por sua diversidade e sua riqueza.

Na sequência, constituindo o segundo tópico na estrutura do livro, são apresentadas quatro contribuições de grande valor, uma vez que não somente se voltam à discussão de fundamentos como também demarcam uma reflexão acerca dos objetivos e desafios com que se defronta a avaliação emergente. Nesse sentido, o trabalho de Louise Potvin, Silvie Gendrom e Angèle Bilodeau, tem como objeto situar a questão da natureza dos programas como uma etapa primordial na implementação de uma avaliação. Ante este desafio, as autoras constatam que embora a literatura no domínio da saúde e no campo da planificação lance mão largamente da noção de programa, muito raras são as discussões conceituais bem como o exame crítico das definições implícita ou explicitamente dadas ao termo. Ressaltam, ainda, que um exame crítico da natureza dos programas demonstra que, ao menos no campo da saúde, a concepção de programa não pode ser monolítica. Na sequência são exploradas, neste capítulo, três vertentes distintas relativas ao modo de conceber a natureza de um programa, onde cada uma remete a uma postura ontológica particular concernente à natureza da realidade, salientando-se que tais concepções de ação programada se refletem de modo diferenciado na variedade de práticas existentes. Portanto, situar a questão da natureza dos programas constitui uma etapa primordial na implementação de uma avaliação. A delimitação do objeto de um programa e os componentes deste último é essencial para determinar em que medida o programa produz as mudanças projetadas, uma vez que os programas são formas de intervenção organizadas que se revelam distintas de outras formas de intervenção em saúde, sendo que essa abordagem populacional engendra práticas que lhe são específicas.

A contribuição de Maria Lúcia Bosi e Kátia Uchimura consiste em oferecer elementos para a construção de propostas de avaliação de programas – ancoradas em uma noção ampliada de saúde que implique humanizar as práticas e que estimule a compreensão da saúde como direito de cidadania – centrada nas dimensões concernentes à *qualidade*, *integralidade* e *humanização* do cuidado, dimensões estas cuja demarcação em termos conceituais concentram parte do esforço empreendido neste capítulo. As propostas avaliativas focalizadas na discussão fundamentam-se na abordagem qualitativa, que pressupõe a apreensão do significado do fenômeno tal como percebido pelos atores sociais. A integralidade que se pretende na atenção básica constitui, no entendimento das autoras, condição indispensável para a humanização dos serviços. Trata-se, por conseguinte, do reconhecimento da pluridimensionalidade do indivíduo e do processo saúde-doença. Nesse sentido, segundo suas próprias palavras, as autoras "alinhavam" contribuições pautadas nos conceitos demarcados, direcionando-as para propostas qualitativas de avaliação como opção metodológica adequada para garantia da inclusão desses pressupostos, uma vez que se voltam à apreensão da subjetividade.

Dando sequência aos fundamentos, Ricardo Zúñiga e Hélène Laperrière argumentam, por sua vez, que as práticas e os métodos avaliativos estão ligados a opções metodológicas que permanecem nas sombras. Analisando dois projetos avaliativos, um deles desenvolvido no Brasil e ligado a atividades de prevenção de DSTs, HIV/Aids, e o outro no Canadá relacionado com os grupos de coalizão dos organismos comunitários de luta contra a Aids, estes autores mostram a tensão entre os projetos universalistas e os locais. Também examinam formas concretas de ação, frequentemente encobertas sob conceitos como os de *ciência*, *pesquisa-ação* e *participação*.

No capítulo *Avaliação participativa em promoção da saúde: um caminho metodológico a ser trilhado*, de autoria de Akerman e cols., traz um panorama nacional e internacional dos esforços empreendidos para se construir evidências em promoção da saúde. Metodologias de avaliação participativa, como um possível caminho para se analisar, de forma contextualizada, práticas em promoção da saúde são discutidas criticamente. A premissa de uma avaliação participativa defendida pelos autores é de que ela parta de metas e objetivos que sejam compartilhados coletivamente por todos os atores envolvidos. Trata-se de uma metodologia formativa, participativa, empreendida ao longo do processo de implementação das ações, sendo desenvolvida por atores internos e externos ao projeto. Com isso, busca-se enfrentar a crítica apontada pela literatura que identificou esta lacuna nos estudos avaliativos publicados, que, tradicionalmente, adotam desenhos somativos, empreendidos por atores externos ao projeto/programa com ênfase em indicadores quantitativos. O desenvolvimento de um processo de avaliação participativa em promoção da saúde pode favorecer a aglutinação crítica de atores sociais, fazendo do processo avaliativo, não um exercício, meramente, científico, mas um caminho em direção a um modelo mais justo, equitativo e democrático.

O trabalho de Maria Cecília Minayo – *Avaliação por triangulação de métodos* – inicia as contribuições relativas aos modelos. Sua proposta consiste em um desdobramento metodológico e prático que tenta combinar e cruzar múltiplos pontos de vista, em uma tarefa conjunta de pesquisadores com formação diferenciada, a visão de diversas fontes de informação e utilizando uma variedade de técnicas de obtenção de dados que acompanha o trabalho de pesquisa. Seu uso possibilita a interação, a crítica intersubjetiva e a comparação. A mesma proposta integra a análise das estruturas, dos processos e dos resultados, a compreensão de relações implicadas nas ações sociais e a visão que os atores diferenciados constroem sobre a proposta: seu desenvolvimento, as relações hierárquicas e técnicas, fazendo dela um constructo específico. Além da integração objetiva e subjetiva no processo de avaliação, esta proposta inclui os atores do projeto e do programa, não só como objetos de análise, mas também como sujeitos de autoavaliação. Busca-se no texto definir e diferenciar o que seja o conceito de triangulação de métodos, sua aplicabilidade e suas etapas fundamentais.

No capítulo seguinte, Juarez Pereira Furtado comunica suas reflexões acerca do estudo por ele desenvolvido sobre métodos potencialmente mais adequados para a avaliação de programas (e serviços) de saúde a partir das questões suscitadas por limitações da avaliação ortodoxa. Para tanto, o autor recorre a diferentes concepções de avaliação de programas, identificando na proposta de *avaliadores de quarta geração* (GUBA & LINCOLN, 1989) e no *Método Paideia* (CAMPOS, 2000a) potencial capaz de superar alguns desses impasses e limitações, favorecendo a utilização dos resultados do processo avaliativo bem como a capacitação e desenvolvimento dos grupos de interesse envolvidos. Com base nesse referencial, o autor realiza uma incursão no campo, por meio de um processo de avaliação participativa junto a um serviço de atenção domiciliar ligado ao SUS (Sistema Único de Saúde) brasileiro, tendo como objetivos compreender esta nova modalidade assistencial e, ao mesmo tempo, tornar o processo avaliativo um dispositivo facilitador da reflexão, análise e transformação por parte da equipe responsável.

Avaliação da qualidade em saúde: delineamentos para um modelo de avaliação multidimensional e correlacional é o trabalho de Mauro Serapioni para quem o conceito de qualidade em saúde é complexo e polivalente. Esta complexidade depende de fatores que são por ele analisados ao longo do texto. A partir daí e após apresentar as definições mais correntes de qualidade em saúde abordando a complexa relação entre qualidade e equidade, o artigo analisa algumas questões-chave que deveriam nortear as avaliações em saúde, inclusive a avaliação da qualidade. Na sequência, é apresentada uma definição de qualidade que identifica três dimensões que correspondem aos principais grupos de interesse que atuam no âmbito do sistema de saúde: a qualidade *relacional*, a qualidade *técnica* e a qualidade *gerencial*, ressaltando a impropriedade da redução da qualidade da atenção a uma das dimensões identificadas. Ao contrário, o autor enfatiza a necessidade de traçar estratégias de aproximação entre a pluralidade dos olhares. Concluindo, o artigo recapitula os três estágios da qualidade que desenvolveram e legitimaram as perspectivas de análise e aponta algumas linhas de trabalho para os próximos anos, na perspectiva "pluralista", "multidimensional" e "correlacional".

A quarta parte da obra refere-se a experiências empíricas de avaliação de programas de saúde, realizadas em diferentes regiões e contextos. O trabalho de Enriqueta Valdez apresenta a avaliação de uma experiência (radio ADO) desenvolvida numa cidade do México. Trata-se de um projeto radiofônico de educação sexual realizado por adolescentes, usando estratégias de educação-entretenimento. O programa visa a difundir a educação sexual pelo rádio em formato de revista interativa e entre pares, além de formar adolescentes nas áreas de produção radiofônica e promoção da saúde. A autora apresenta as metodologias e estratégias qualitativas aplicadas no processo de avaliação formativa e de monitoramento do programa radiofônico, entre elas, a combinação de processos etnográficos, a observação participante e não participante, as entrevistas aprofundadas, os estudos de caso, a análise de conteúdo, os grupos focais e a fotografia participativa. Este processo de avaliação formativa identifica deficiências e pontos positivos do trabalho interno do grupo de criadores, bem como se volta ao impacto dos resultados desse processo no público ouvinte.

No capítulo seguinte, Antonio Ugalde, Núria Homedes e Jimena Orchuela partem da constatação de que a recente crise econômica na Argentina teve impacto negativo no acesso de quase 16 milhões de cidadãos aos medicamentos. Com o aumento do desemprego, os trabalhadores perderam seus planos de saúde e os doentes crônicos ficaram sem remédios, o que levou o governo a organizar o Plano Remediar a fim de distribuir gratuitamente medicamentos genéricos por meio dos centros de atenção primária. Diante disso, os autores descrevem o programa e avaliam a viabilidade desta alternativa, analisando suas vantagens e limitações. Examinam, também, as dificuldades que a descentralização dos serviços de saúde argentinos acarretaram para o Plano Remediar, contrapondo-o ao fornecimento de medicamentos mediante os laboratórios públicos. As informações provêm de um amplo estudo empírico que inclui entrevistas aprofundadas com pessoal dos serviços de saúde, administradores do Plano Remediar e acadêmicos que apoiam a iniciativa, bem como de visitas a cinco laboratórios públicos nos quais os autores entrevistaram membros da gerência e percorreram as instalações de produção, entrevistando diretores de unidades além da observação de duas juntas de coordenação dos laboratórios públicos, conferências especializadas sobre o acesso aos medicamentos na Argentina e materiais de arquivo sobre o Plano Remediar.

O capítulo de Regina Helena S. Barbosa pretende contribuir para o campo da avaliação qualitativa de programas de saúde através de uma pesquisa que abordou, com um enfoque crítico de gênero, um programa de assistência à saúde de gestantes HIV+. Inicialmente, o artigo tece considerações teórico-metodológicas acerca da avaliação qualitativa de programas de saúde, particularmente no campo reprodutivo. Em seguida, contextualiza o objeto da pesquisa – a gravidez HIV+ – e suas implicações para o campo reprodutivo. Na sequência, são apresentados e debatidos os marcos conceituais e metodológicos que orientaram a pesquisa, os dados empíricos e, por fim, nas considerações finais, reafirmam-se a importância e a propriedade do enfoque qualitativo na avaliação de programas de saúde, particularmente para a construção da equidade, da integralidade e da humanização da assistência à saúde das mulheres, tal como preconizado pelo Programa de Assistência Integral à Saúde da

Mulher. O enfoque dialético buscou apreender e tornar visíveis os espaços de resistência às ideologias, os anseios e buscas dos atores sociais por alternativas assistenciais integrais e equitativas.

O trabalho de Pilar Delgado e Denise Gastaldo consiste em uma avaliação participativa do atendimento de enfermagem em uma unidade de terapia intensiva na Espanha. Segundo as autoras, a busca de um modelo de avaliação que ocorra simultaneamente ao processo de mudança, em forma conjunta com as pessoas envolvidas, é uma tendência emergente que se consolida na avaliação participativa. Portanto, o capítulo apresenta um exemplo de avaliação "de baixo para cima", isto é, um processo avaliativo criado porque as profissionais que prestavam atendimento de enfermagem acreditavam que podiam fazê-lo melhor com a ajuda de uma pesquisadora, motivo pelo qual se envolveram num processo participativo com diversas fases de avaliação e mudança de práticas. Este trabalho analisa de que forma a pesquisa-ação participativa é ao mesmo tempo uma metodologia qualitativa e uma proposta de mudança. Para isso, as autoras contrastam o modelo dominante de avaliação com o de pesquisa para a mudança, isto é, a avaliação participativa como forma de pesquisa, a pesquisa-ação participativa e o modelo de Kemmis e McTaggart como método avaliativo e participativo. As autoras exemplificam esses aspectos teóricos com um estudo que utilizou tal metodologia.

Contribuições e reelaborações com base em uma avaliação alternativa de um programa de saúde na Catalunha, Espanha é o trabalho de Margarita Pla e Núria Codern. Segundo estas autoras, a avaliação qualitativa dos programas de saúde atrai a atenção dos profissionais de saúde buscando alternativas que ofereçam resposta à sua prática do dia a dia e são de grande interesse em razão dos processos de ensino/aprendizagem e da oportunidade de promover a mudança social, tendo em vista as interações entre profissionais e usuários. Este trabalho analisa diversos elementos, tanto teóricos quanto metodológicos, subjacentes à avaliação, a propósito de um estudo avaliativo das intervenções para ajudar as pessoas a deixarem de fumar, realizado na rede de atenção primária em saúde na Catalunha, Espanha. Os temas centrais analisados são a *usabilidade* e o projeto da intervenção focada no usuário, a reflexão teórica da avaliação com base na perspectiva etnográfica de cunho etnometodológico e a potencialidade da avaliação participativa para as intervenções preventivas em saúde.

Referências bibliográficas

ESTRELLA, M. & GAVENTA, J. (1998). "Who counts reality? Participatory monitoring and evaluation". *A literatura Review*. Brighton: IDS.

GUBA, E.G. & LINCOLN, Y.S. (1989). *Fourth generation evaluation*. Thousand Oaks: Sage.

BOSI, M.L. & MERCADO, F.J. (2004). *Pesquisa qualitativa de serviços de saúde*. Petrópolis: Vozes.

PATTON, M.Q. (1990). *Qualitative evaluation and research methods*. Newbury Park: Sage.

2 Avaliação de políticas e programas de saúde: enfoques emergentes na Ibero-América no início do século XXI

Francisco J. Mercado
Nereyda Hernández
Luz María Tejada
Jane Springett
Ana Calvo

Discursos de mudança e transformação social avançam nos países latino-americanos e na Península Ibérica no início do século XXI. *Reforma, transparência, equidade, atribuição de poderes, democratização, pluralidade, solidariedade, participação e justiça* são apenas alguns dos muitos termos que grassam nos diversos espaços e estruturas, tais como meios de comunicação de massa, documentos governamentais, textos acadêmicos, programas de partidos políticos e até mesmo propostas dos organismos internacionais.

O campo da saúde não ficou alheio a essas expressões. Tanto os projetos dos conservadores quanto os dos liberais têm procurado introduzir esses elementos discursivos nos planos, programas e intervenções da área sanitária, quer no âmbito internacional (ROOTMAN et al., 2001; BRADLEY et al., 2002; SPRINGETT et al., 2001), quer no nacional, regional ou local (Programa Nacional de Salud, 2002). Apesar de reconhecerem o grave atraso em matéria sanitária na região, discursos recentes dos organismos internacionais apresentam uma visão otimista de um futuro embasado em princípios como os de participação, equidade, justiça e democracia.

A avaliação dos programas de saúde é um dos âmbitos específicos onde esses discursos têm achado espaço, especialmente nas práticas de avaliação que questionam os modelos tradicionais ou positivistas. Embora estas abordagens não tradicionais ou emergentes da prática avaliativa recebam diversas denominações, como *avaliação qualitativa/participa-*

tiva (SPRINGETT, 2001), *democrática* (SIMONS, 1999), *de atribuição de poder* (FETTERMAN, 2001), de *quarta geração* (GUBA, 1989), *interpretativa ou crítica* (EVERITT, 2003), elas têm em comum o fato de surgirem em contraposição aos modelos hierárquicos e autoritários inseridos no paradigma positivista. Estes enfoques emergentes não visam apenas a melhorar a gestão dos programas, mas se propõem, entre outras coisas, a impulsionar processos tão diversos como a democratização das instituições de saúde, a atribuição de poder a determinados indivíduos ou grupos, o aprendizado permanente, a transparência dos processos e o fortalecimento da sociedade como um todo, mas especialmente dos grupos tradicionalmente excluídos. Segundo Jackson (1998) a avaliação não tradicional é uma tentativa de desconstrução do paradigma de pesquisa e avaliação dominante, visando a transformar as relações de poder na criação e no uso do conhecimento.

Apesar das declarações e acordos obtidos por estas correntes de avaliação até aqui, vários autores têm expressado suas reservas quanto aos alcances deste processo como um todo, bem como sobre a participação social e a natureza democrática de tal avaliação no âmbito da saúde. Bradley e Mayfield (2002) sustentam que, apesar de inúmeras avaliações de campo terem sido realizadas, poucas instituições se preocuparam com a necessidade de incrementar a capacidade em nível local. Por sua vez, Jackson e Kassam (1998) argumentam que a maioria das avaliações dos programas de desenvolvimento foi solicitada pelas agências financiadoras do Primeiro Mundo e controlada pelos especialistas ou profissionais; logo, poucos foram os conhecimentos compartilhados com os atores envolvidos, e com frequência tardiamente. Além disso, ainda que de um modo geral se aceite um certo componente participativo ou democrático na avaliação não tradicional dos programas, as razões para tanto diferem entre os distintos atores sociais: para alguns avaliadores, trata-se de incorporar propostas politicamente corretas, ao passo que para outros é preciso implementar um mecanismo capaz de impulsionar os processos de democratização na área da saúde (Mercado, no prelo).

Em que pese a transcendência da questão, praticamente não se dispõe de um panorama integral das experiências ou dos resultados dos enfoques emergentes utilizados na América Latina na avaliação de políticas e programas de saúde. Em uma obra sobre as experiências de monitoração e avaliação participativa em diversos lugares do mundo, Estrella e colaboradores (2000) referem-se a trabalhos feitos sob essa orientação na área de saúde, mas nenhum deles na América Latina. Por sua vez, Aubel (2004) examina a literatura sobre avaliação e monitoramento participativos das intervenções sanitárias em nível internacional e não registra nenhum trabalho desenvolvido sobre o tema em questão nos países latino-americanos. Em uma revisão exaustiva dos modelos de avaliação e monitoramento participativos implementados em diversos programas sociais na América Latina, Estrella e Gaventa (2001) concluem que esses métodos avaliativos são aplicados principalmente na agricultura e na educação[1], sendo escassos na área da saúde.

Este trabalho se propõe a examinar experiências, processos, estratégias e resultados da avaliação emergente de políticas, programas e intervenções na área de saúde na América Latina e na Península Ibérica. Por *emergente* entendemos aqui aqueles enfoques que se distanciam dos modelos de avaliação tradicional ou os hegemônicos[2]. Aqui, tivemos como objetivo recuperar as propostas de autores que exploram caminhos alternativos e colocam a necessidade de se implementar na área da saúde práticas avaliativas baseadas em outros princípios, para além dos de eficácia, eficiência e desempenho.

Acerca do caminho percorrido

Realizamos uma revisão da literatura sobre os enfoques, modelos e experiências de avaliação emergente de políticas e programas de saúde na América Latina. Entre as perguntas que nortearam nosso trabalho podemos mencionar: quais foram os enfoques utilizados para avaliar os programas de saúde nesta região de uma perspectiva não tradicional ou não hegemônica? Qual o papel dos diversos atores sociais nessa avaliação? Quais as estratégias aplicadas? Quais os temas que foram objeto de avaliação? Quem decide avaliar e como usar os resultados? Em que medida estas experiências se relacionam com os processos de democratização, fortalecimento da sociedade civil e mudança social na região? Qual o papel desempenhado pelo pensamento crítico em saúde (medicina social, saúde coletiva ou psicologia social crítica, dentre outros) em tais processos avaliativos? Como podemos ver, trata-se de um conjunto de perguntas que não focaliza apenas os objetos da avaliação ou as técnicas

---

1. Recentemente apareceram várias páginas na internet voltadas exclusivamente para a difusão da avaliação latino-americana, mas poucas fazem referência ao campo da saúde. Cf. entre outras: http://www.care.org.pe/intranet/care/e&a/metodologia/ortrasorganz/bibliotseguimtoe&a/menu/menu.html

2. Como abordagens tradicionais na área da saúde, sobressaem atualmente as avaliações econômicas, as epidemiológicas e as gerenciais (BEATIE, s.d.).

utilizadas, mas também as pessoas que a realizam e os mecanismos e relações que se estabelecem ao praticá-la.

Quanto aos critérios adotados, considerando a multiplicidade e a diversidade de classificações e definições existentes no âmbito da avaliação (COUSINS, 1998; GOMEZ, 2000), tomamos algumas decisões. O conceito de avaliação emergente foi elaborado em contraposição ao modelo positivista ou hegemônico. Este conceito abrange diversas abordagens surgidas recentemente e que compartilham a rejeição ou oposição a esse modelo, isto é, seu antipositivismo (KAZI, 2000). Utilizando a classificação de Denzin (2000), seria um conceito "guarda-chuva" que abrange trabalhos baseados em enfoques muito diversos como o participativo, o democrático, o colaborativo, entre outros, e que possam estar inseridos nos paradigmas pós-positivistas, críticos, interpretativos ou participativos. Por outro lado, embora admitamos que alguns enfoques para a avaliação possam ser considerados propostas alternativas aos enfoques positivistas ou anti-hegemônicos, nem todos podem ser incluídos nessas categorias e é por isso que não usamos tais termos neste trabalho. Além do anterior, resolvemos incluir na revisão as publicações catalogadas como avaliações ou estudos avaliativos. Com o pano de fundo do infindável debate entre aqueles para quem pesquisa e avaliação são fenômenos equivalentes ou antagônicos, e aqueles que utilizam termos intermediários como pesquisa avaliativa ou avaliação investigativa, a decisão tomada implicou deixar de lado excelentes pesquisas críticas ou participativas sobre os serviços de saúde.

Para a busca e a obtenção de informação foi aplicada uma triangulação de estratégias: a) revisão das seguintes bases de dados: Scielo, Medline, ISI, Eldis, Metabase, ProQuest, ScienceDirect, Lasm, SSCI, Cinahl e Eric; b) revisão e recuperação de referências bibliográficas dos trabalhos encontrados; c) entrevistas com especialistas, realizadas pessoalmente ou por correio eletrônico; d) utilização dos buscadores na internet (Yahoo, Google-Scholar e Copernico). O período de revisão foi de julho de 2003 a agosto de 2005 e a seleção incluiu trabalhos publicados a partir de 1990, embora com a busca a textos anteriores quando surgiu alguma referência nesse sentido. As palavras-chave utilizadas para a busca foram: avaliação, participativa, qualitativa, saúde, programas e América Latina, bem como os nomes dos países da região. A busca incluiu o espanhol, o português, o catalão e o inglês como idiomas das publicações.

Foram excluídas as referências bibliográficas cujos documentos estivessem incompletos, bem como os artigos do mesmo autor e de conteúdos semelhantes em sua forma de artigo publicado em revista e de capítulo de livro. Também excluímos muitos manuais sobre o tema que circulam na região[3]. Finalmente, a busca concentrou-se em autores da região ou em trabalhos de autores do exterior, interessados na realidade da saúde na América Latina.

Para a seleção e elaboração dos resumos, os trabalhos recuperados foram revistos por duas coautoras (NH e AC); todos foram também revistos e avalizados por outro autor (FJM). Depois da seleção, duas coautoras (NH ou LMT) incumbiram-se de elaborar os resumos estruturados segundo os critérios de Haynes (1990). Também procuramos identificar os autores, seus países de origem, os objetivos, o tema avaliado, o propósito, o tipo de estudo, sua orientação, a metodologia aplicada, seus resultados e suas conclusões. Em seguida, outro autor (FJM) revisou cada trabalho e em alguns casos refez os resumos.

Por fim, realizou-se uma análise do conteúdo da informação encontrada (KRIPPENDORF, 1990). A leitura do material encontrado procurou identificar os temas e subtemas. Também foram elaborados quadros e esquemas, acompanhados de citações textuais e casos paradigmáticos[4].

Explorando a literatura

Diversos trabalhos de revisão registram a publicação de um pequeno número de avaliações emergentes na América Latina na área da saúde, sendo principalmente do tipo de monitoração e avaliação participativas (ESTRELLA & GAVENTA, 2001; AUDIN, 2003). Não muito tempo atrás, Minayo e Neto (1999) salientavam que, em oposição à visão e às práticas avaliativas de tipo quantitativo, foram desenvolvidas na década de 1990 experiências incipientes com enfoque qualitativo que ainda não constituíam um corpo teórico completo nem aperfeiçoado. Contrariamente a essas conclusões, nós achamos meia centena de avaliações emergentes na América Latina sobre a área da saúde. No nosso entender, essa diferença não resulta apenas da ampliação, do enfoque

3. Trata-se em geral de traduções do inglês, francês ou alemão. Embora tenham ampla circulação, foram produzidos e difundidos por organismos internacionais, especialmente aqueles relacionados ao desenvolvimento e à ajuda internacional, como o Usaid, a Agência Alemã de Desenvolvimento, o IDRC, ou organizações internacionais como as Nações Unidas.

4. Uma versão ampliada deste trabalho será apresentada em forma de livro, no qual se explicam com maior detalhe os procedimentos e os resultados. Também se incluem os resumos estruturados (MERCADO, F.J.; TEJADA, L.M. & HERNÁNDEZ, N.

adotado mas também de termos explorado diversos canais onde estas publicações costumam circular. Certa produção regional de orientação crítica fica com frequência fora das bases de dados internacionais e, portanto, uma busca bibliográfica nessas bases costuma dar resultados bastante pobres (GASTALDO et al., 2000)[5]. Muitos dos trabalhos são encontrados geralmente como capítulos de livros, em publicações de editoras universitárias, como relatórios internos de pesquisa ou como artigos em revistas de circulação restrita.

A maioria dos trabalhos é de índole teórica, sendo poucos os estudos empíricos ou de caso, como são denominados habitualmente. Entre os primeiros têm destaque os ensaios e, em plano bastante secundário, as revisões, os manuais e os guias. Esta ênfase nos elementos teóricos confere à produção regional uma feição consideravelmente prescritiva, no sentido de que costuma prevalecer a atitude de dizer o que "deve ser" em lugar de apresentar resultados ou refletir sobre a própria prática avaliativa. Por exemplo, um bom número de trabalhos trata da índole participativa da avaliação e alude a suas virtudes ou sua superioridade com relação aos modelos tradicionais. Mas isto contrasta com as escassas referências aos mecanismos específicos que atrapalham e dificultam, só para dar um exemplo, a inclusão dos diversos atores sociais. Esta falta de informação básica ou de resultados dos próprios estudos muitas vezes torna difícil a compreensão das realizações e limitações de tais experiências e a natureza específica destas práticas de avaliação e sistematização. Vejamos o caso de uma avaliação participativa feita por Becker e colaboradores (2004) em Vila Paciência, um bairro pobre do Rio de Janeiro. Ao longo de dois anos, os autores monitoraram e avaliaram uma intervenção complexa e heterogênea em matéria de saúde nessa área da cidade. Segundo eles próprios, trata-se de um local onde a violência envolve todos os processos da vida comunitária, a presença do Estado só se manifestara em uma escola, a participação dos moradores costumava ser pequena e o traço característico era a escassez de recursos. Para muitas outras iniciativas similares que se desenvolvem em contextos econômicos e sociais adversos, como costuma acontecer na América Latina, seria de muito valor dispor de informação sobre os mecanismos que tiveram sucesso ao promover a participação da população desse bairro, bem como aqueles que foram contraproducentes ou que acabaram por repro-

5. Esta realidade parece estar mudando nos últimos tempos, visto o papel de destaque que vem desempenhando à base de dados Scielo na difusão, oferecendo acesso gratuito e textos completos de um bom número de revistas, especialmente brasileiras.

duzir as condições preexistentes. Todavia, essa informação não está incluída neste trabalho nem em muitos outros.

As propostas, suas origens e influências

Diversos modelos de avaliação emergente começaram a ser difundidos na área da saúde nos países latino-americanos e a Península Ibérica a partir da década de 1990, sendo, portanto, uma experiência relativamente recente. Por outro lado, como se verificou em outras revisões no nível regional ou internacional, não existe um modelo ou enfoque único de avaliação emergente ou alternativa na área de saúde (GUJIT, 2000; GOMEZ, 2000). Ao contrário, nesse campo predominam a diversidade e a multiplicidade de interesses em torno à prática da avaliação. Como se pode ver no quadro 1 (no final deste capítulo), as abordagens e denominações utilizadas no nível regional para a área da saúde são muito diversas; podemos mencionar a *avaliação participativa*, *qualitativa*, *quali-quantitativa*, *holística*, *de sistemas*, *colaborativa*, *de síntese realista*, *respondente de Stake*, *transdisciplinar*, *democrática*, *de triangulação de métodos*, *cooperativa*, *de baixo para cima*, *crítico-interpretativa*, *métodos de avaliação rápida*, *sistematização e monitoração e avaliação participativas*.

Os enfoques mencionados coincidem em sua rejeição e sua crítica com modelos tradicionais ou positivistas utilizados na avaliação, ressaltando suas limitações teóricas, metodológicas, políticas ou culturais. Algumas críticas referem-se à síntese apresentada por Sulbrandt (1997). Segundo este autor, a avaliação que se interessa pela obtenção de metas, os impactos e os processos têm sido alvo de críticas, ao passo que seus resultados raramente são questionados ou são considerados suficientemente verazes para dar embasamento à tomada de decisões, suas conclusões não chegam a tempo para ajudar a tomar essas decisões, e assim seus resultados se tornam ilegítimos e até irrelevantes, pois a maioria deles considera apenas a perspectiva de quem encomendou a avaliação, ignorando o resto da população envolvida.

Os objetivos concretos da avaliação emergente aqui referida estão muito relacionados com a terminologia utilizada. Alguns enfoques salientam que é urgente envolver os principais atores das políticas e dos programas, outros ressaltam a necessidade de ir além das abordagens disciplinares e por isso defendem uma outra, de tipo transdisciplinar, e certas propostas relacionam os processos econômicos ou estruturais à dimensão subjetiva e experiencial nas avaliações. Em suma, o denominador comum do conjunto de trabalhos encontrados é que eles procuram compreender a avaliação como uma prática social complexa ou ressaltam alguma dimensão, quer a social, a política, a ética, a cultural ou a metodológica. Sem dúvida, todos pretendem ir além de uma concepção técnica ou instrumental da avaliação.

A avaliação participativa é sem dúvida o modelo emergente mais utilizado na área de saúde no nível regional, como indica o quadro 1. A sua argumentação central é que à avaliação tradicional interessa a medição do impacto, o desempenho ou os resultados dos programas, mas dando prioridade ao olhar de um dos atores, quer se chame especialista ou profissional. Esse interesse, no entanto, acaba por excluir os pontos de vista, os valores, as experiências e as práticas de outros atores e grupos sociais. Por isso, a proposta consiste em reconhecer que é importante envolver esses atores ou *stakeholders* na prática da avaliação das ações de saúde[6].

Apesar das coincidências nas críticas à avaliação tradicional e em suas propostas gerais, existem no campo da literatura sobre avaliação participativa certas divergências quanto a sua sustentação e sua operacionalização. Vejamos dois exemplos que ilustram a diversidade de matizes que essa participação pode apresentar. Diaz e Hofbauer (2004), sem debaterem em seu relatório as teorias e os pressupostos de seu trabalho, avaliam o nível de recursos públicos destinados à redução da mortalidade materna no México. Eles ressaltam a necessidade de se promover uma organização capaz de vincular diversos grupos sociais com vasta experiência em questões de mortalidade materna e saúde reprodutiva. Para tanto, procuram a colaboração de especialistas e ativistas, obtêm informação diretamente em campo e trabalham com funcionários públicos e membros de organizações da sociedade civil, bem como com os deputados.

Por sua vez, Figueiredo e Ayres (2002) também avaliam de forma participativa uma intervenção que visa a prevenir as doenças sexualmente transmissíveis e a Aids numa instituição de saúde brasileira. Em sua avaliação, eles combinam estratégias qualitativas e quantitativas para obter os dados por meio de observação participante, de conversas informais com os participantes e inclusive procedimentos de controle de saída de anticoncepcionais. Como se vê, trata-se de dois trabalhos de tipo participativo, mas totalmente diferentes quanto ao envolvimento

6. Segundo Estrella (2000), o que distingue principalmente a avaliação participativa da convencional é sua ênfase na inclusão de diversos atores sociais no processo.

dos participantes; o primeiro caso tem a ver com a colaboração ativa de diversos atores sociais com os quais se estabelecem e implementam estratégias de cooperação, pressão e organização, enquanto o segundo se refere a um processo mais técnico e focado na obtenção de informação de jovens, mulheres e homens envolvidos na intervenção.

Em segundo lugar em importância, os trabalhos de avaliação qualitativa apresentam um panorama similar ao anterior no que diz respeito à coincidência de princípios e à diversidade de posturas. Seu ponto de coincidência é a ênfase no uso de metodologias ou estratégias qualitativas, etnográficas ou etnometodológicas para captarem a perspectiva, os pontos de vista, as experiências e os significados dos sujeitos ou grupos com relação aos programas. Recorremos a outros dois casos para exemplificar a diversidade de posições dentro desta abordagem; o primeiro é de uma autora brasileira e o segundo de avaliadores espanhóis. Deslandes (1997) opina que os enfoques compreensivos e dialéticos se constituem em importantes eixos de orientação para avaliar os serviços de saúde. Em consequência, ela toma como unidade de análise a rede de relações internas e externas estabelecida pelas estruturas dos serviços, seus processos e as representações sociais dos atores. Em termos metodológicos, ela propõe partir do conhecimento profundo das atividades do serviço para a análise da correlação entre o projeto institucional e as políticas públicas que o contextualizam, dali para o conhecimento empírico da situação a avaliar e, finalmente, para as representações sociais dos atores. Este processo é realizado por meio de uma estratégia qualitativa para compreender os valores, as opiniões e os modos de ver o mundo dos atores envolvidos. Nas palavras da autora, "a visão qualitativa oferece uma perspectiva de enriquecimento do arsenal teórico-metodológico da avaliação na saúde".

Para Garay e colaboradores (2002), os autores espanhóis, há razões importantes para que se realize uma avaliação qualitativa sob as diretrizes e os pressupostos da avaliação de quarta geração. Segundo estes autores, que avaliam o sistema de coleta de sangue na Catalunha, toda avaliação está inserida num contexto sociopolítico especial e deve ser realizada em estreita colaboração com todos os agentes envolvidos. De acordo com a argumentação deles, a metodologia qualitativa vai além das limitações dos métodos quantitativos e é uma ferramenta privilegiada para o acesso aos processos, procedimentos e práticas na saúde, pela possibilidade de se chegar a compreender e interpretar os fenômenos. Com essa metodologia eles podem analisar e interpretar os significados que as pessoas dão às suas próprias ações e às das demais pessoas. Em resumo, no entender deles existem razões teóricas, metodológicas e pragmáticas que favorecem a utilização dos métodos qualitativos na avaliação.

A diversidade terminológica não se explica apenas pela diferente ênfase conferida aos componentes ou às preocupações, quer de natureza social, política ou acadêmica; as posturas adotadas também refletem a influência de determinados autores. Em outras palavras, as fontes que inspiram estes trabalhos e enfoques encontram-se em certos autores e obras, especialmente do mundo anglo-saxão. Entre as influências mais diretas e notórias estão os trabalhos da inglesa Jane Springett (2003), da norte-americana Nina Wallerstein (1992) e da canadense Louise Potvin (2004), para a avaliação participativa dos programas de promoção da saúde; já os estudos do inglês John Gaventa (2001) são de grande importância para aqueles que adotam a avaliação e monitoramento participativos, a perspectiva dos norte-americanos Guba e Lincoln (1989) é vital para quem faz avaliação qualitativa ou interpretativa, a de Fetterman (2001) para quem usa uma orientação democrática e a de Scrimshaw (1990) para quem usa os métodos de avaliação rápida; finalmente, os trabalhos dos ingleses Pawson e Tilley (1997) interessam especialmente àqueles que aderem à chamada síntese realista.

Entretanto, os avaliadores latino-americanos antes mencionados acabam por adotar determinadas posturas teóricas[7], como se observou em relação aos profissionais britânicos quando fazem avaliação da prática de saúde. Porém, diferentemente das perspectivas teóricas adotadas por esses avaliadores britânicos no período 1995-1999 (pragmatismo, pluralismo metodológico, corrente interpretativa e pós-positivista[8]) (KAZI, 2000), as práticas de avaliação emergente das intervenções na área de saúde na América Latina adotam o pluralismo metodológico, o pós-positivismo, a corrente interpretativa, a crítica e a participativa. Mencionaremos alguns dos trabalhos que adotam distintas perspectivas teóricas. O trabalho de Akerman (1992) opta pelo pluralismo metodológico ao adotar uma postura em que os métodos qualitativos e quantitativos são totalmente combi-

7. Dado que há diversas interpretações, remetemo-nos a um trabalho prévio em que explicamos nossa posição ao respeito (MERCADO, LIZARDI & VILLASEÑOR, 2003).

8. Scriven (1994) refere-se à questão classificando os três tipos: o da caixa preta que trata dos efeitos, o da caixa cinza onde se conhecem os componentes do programa, mas não os princípios operacionais do programa, e finalmente o da caixa branca, que estuda os efeitos, a operação dos componentes do programa e a forma como eles estão ligados.

náveis para fornecer uma visão mais abrangente da realidade. A proposta de Carvalho e colaboradores (2004), por sua vez, adere a uma postura pós-positivista ao retomar os pressupostos e fundamentos da síntese realista de Pawson e Tilley (1997), para quem o mundo é um sistema aberto formado por uma constelação de estrelas, mecanismos e contextos e cuja perspectiva questiona as razões pelas quais um programa funciona, para quem e em quais circunstâncias. Furtado (2001) adota o construtivismo ao avaliar os programas e serviços de saúde combinando os métodos de 4ª geração e Paidea. Finalmente, a proposta de Minayo e Neto (1999) adere à chamada filosofia dialógica para avaliar os programas e serviços de saúde mediante a triangulação metodológica.

Mesmo sendo utilizada na região uma variedade de enfoques emergentes para avaliar programas de saúde, e com exceção do trabalho incessante de Minayo e seu grupo (MINAYO, ASSIS & SOUZA, 2005), por enquanto não parece haver uma proposta pronta que se possa considerar uma contribuição original para o tema. A questão é curiosa por várias razões: em primeiro lugar, porque várias propostas autodenominadas críticas parecem reproduzir acriticamente os pressupostos e as posturas de outros autores, em especial anglo-saxões, mas sem darem uma contribuição original para o tema; em segundo lugar, porque vários autores anglo-saxões, que são citados com frequência, mencionam a contribuição de autores latino-americanos, entre os quais sobressaem Paulo Freire e Fals Borda. Por último, e com poucas exceções, não há referência cruzada entre os avaliadores da região; a impressão que se tem é de que se desconhece ou minimiza a produção regional sobre o tema em questão. O assunto todo traz à lembrança as reflexões de Linda Tuhiway Smith (2004) e Edward Said (1995) ao evidenciar um certo colonialismo científico, pois é comum ver citadas e aceitas as contribuições de autores situados em "posição de superioridade", fato que por si mesmo parece avalizar a qualidade do trabalho realizado.

Com base no que se viu até aqui, a impressão do conjunto da avaliação emergente em nível regional é que a despeito de seu crescimento, sua riqueza e diversidade, ainda há ambiguidade, confusão e repetição na definição e operacionalização dos conceitos essenciais. Isto porque, embora haja um uso variado dos termos, há pouco cuidado em sua definição e ainda menos em sua operacionalização. Para mencionar apenas um exemplo, nenhum autor define as características centrais da participação, tão frequentemente mencionada.

Objetos e unidades de avaliação

Longe de atentarem principalmente para as políticas ou os programas prioritários de saúde, as avaliações emergentes publicadas nos países latino-americanos dedicam-se em geral a temas considerados marginais ou secundários na área de saúde. Quando se referem ao sistema de coleta de sangue na Catalunha, que é o tema de sua avaliação, Garay e colaboradores (2002) o chamam de "irmã pobre" do sistema de saúde. Certamente, programas sociais ou de desenvolvimento que abrangem o âmbito da saúde são objeto de avaliação, como é o caso dos programas mexicanos Progresa (ADATO et al., 2000) e Oportunidades (ESCOBAR & GONZÁLEZ, 2002), bem como outro de desenvolvimento social no Haiti (COUPPAL & SIMMONEAU, 1998). Todavia, estas avaliações de políticas sociais são exceções, como aponta Cardozo (2003) ao fazer referência ao trabalho de Adato e colaboradores justamente sobre o programa Progresa aqui mencionado.

Os trabalhos teóricos encontrados abordam a avaliação de políticas, programas e serviços de saúde em termos gerais. Habitualmente, seu método consiste em fazer uma revisão e uma crítica dos modelos de avaliação tradicional ou positivista para depois proporem as bases conceituais de uma prática alternativa, quer de índole participativa, qualitativa, democrática, transdisciplinar ou inclusiva. Por exemplo, Akerman e Nadanovsky (1992) começam questionando as abordagens tradicionais e em seguida propõem uma base conceitual para avaliar holisticamente a qualidade dos serviços de saúde. Para eles, as dimensões de tal avaliação deveriam ser a efetividade, a eficiência, a equidade, a acessibilidade e a adequação, entendendo que cada dimensão responde a diferentes interesses e que o avaliador deve conciliar essa diversidade. Segundo a proposta, a avaliação da qualidade requer a utilização de indicadores não só do processo e dos resultados como da satisfação dos próprios pacientes.

A situação é diferente nos estudos empíricos ou de caso, entre os quais têm destaque as avaliações de programas de promoção da saúde[9], como o Programa de Cidades e Municípios Saudáveis (AKERMAN, MÉNDEZ & BOGUS, 2002; CARVALHO et al., 2004; GÓMEZ & MÁRQUEZ, 2004; SALAZAR & DÍAZ, 2004), mas também outros progra-

9. Esta produção sobre os programas de promoção da saúde se dá principalmente entre autores brasileiros, sendo inexistente em outros países da região, com exceção de uma iniciativa posta em prática na Colômbia (SALAZAR & DÍAZ, 2004).

mas relacionados a doenças sexualmente transmissíveis e HIV/Aids (FILGUEIRAS, 1999; FIGUEIREDO, 2002; CASTANHEIRA, 2002; AYRES, 2003; MINAYO, 1999). Como se vê no quadro 1, diversos programas isolados também atraem o interesse dos avaliadores da região, que analisam, entre outros temas, a formação de recursos humanos, o sistema de coleta de sangue, a educação para a saúde, a violência intrafamiliar e a saúde do adolescente.

O interesse pelos temas mencionados implica, por sua vez, que se desconsidere ou esqueça a avaliação de programas cruciais dos sistemas de saúde com este tipo de enfoque. Basta mencionar os programas de atendimento a doentes crônicos, os de políticas e intervenções para enfrentar a violência, as intervenções de saúde para populações indígenas, os programas de formação de recursos humanos na saúde e inúmeras intervenções relacionadas ao âmbito hospitalar, a incorporação e uso de medicamentos e tecnologias. É sabido que estes programas recebem a maior parte dos recursos financeiros do setor da saúde e são considerados a espinha dorsal do complexo sanitário na região. Por exemplo, sabemos que somente as avaliações de Mercer e Ruiz (2004) e de Mercado e colaboradores (2005) utilizaram metodologias participativas ou qualitativas para a análise de programas de formação dos profissionais da saúde. Esta ausência de enfoques participativos, democráticos ou emergentes na avaliação dos futuros profissionais da saúde é realmente surpreendente, uma vez que existem inúmeros projetos e intervenções que se valem das ciências sociais e estão sustentados em princípios de justiça, equidade e participação, sendo, portanto, inexplicável que não se utilizem metodologias baseadas nesses princípios. Uma pergunta óbvia que surge no contexto desta discussão é: Como e por quem é decidida a utilidade de tais programas?[10] Ainda, as avaliações emergentes têm estado centradas nos serviços de saúde ou, mais exatamente, no modelo médico hegemônico (MENÉNDEZ, 1994). Porém, até agora nenhum dos trabalhos encontrados sob estes enfoques tem procurado estudar os efeitos dos programas ou das intervenções dos outros modelos de atendimento, tais como o subalterno ou o de autoatendimento. Por exemplo, nenhuma avaliação foi feita com esta perspectiva visando a conhecer o que pensam os doentes, seus familiares ou as re-

10. Faz alguns anos que os programas educativos de saúde são avaliados e certificados em países como o México. No entanto, as abordagens utilizadas visam a quantificar fundamentalmente aspectos do processo ou os resultados.

des de apoio sobre esses sistemas de atendimento, como no caso do uso de terapias ou terapeutas tradicionais.

O que esses programas propõem concretamente? Segundo diversos autores incluídos nesta revisão, a avaliação desempenha várias funções. Para Solarte (2002) ela tem fins muito diversos, como apoiar as decisões políticas, a aprendizagem social, a promoção da democracia e o aperfeiçoamento da gestão. Trata-se de uma ferramenta para a formação cidadã, a participação social, a aprendizagem social, a responsabilização dos diferentes níveis de governo e da cidadania, o melhoramento da gestão pública, a valorização da problemática social e da opinião cidadã, bem como a validação do sistema social e ideológico. Já os trabalhos teóricos encontrados nesta revisão colocam propósitos tão diversos quanto envolver os participantes e impulsionar a aprendizagem social, democratizar os processos sociais e conferir poder a grupos e comunidades. Alguns trabalhos combinam vários propósitos na prática e até se propõem a aplicar metodologias qualitativas, ao mesmo tempo em que avaliam o desempenho, a qualidade, os insumos, os processos ou os resultados, para ouvir as perspectivas dos setores sociais. Por exemplo, ao avaliarem o programa Progresa no México, Adato e colaboradores (2000) analisam o desempenho com o objetivo de fornecer informação aos responsáveis pelas áreas críticas de operação e os pontos que requerem ações corretivas. A combinação de metodologias qualitativas e quantitativas constitui-se no meio que permite a estes autores somar a perspectiva de outros participantes para terem um conhecimento do programa a partir de outros pontos de vista. Minayo e Neto (1999), por sua vez, incluem os atores do programa não só como objeto de análise, mas como sujeitos de autoavaliação para que, durante o processo, eles se apropriem da compreensão dos dados com o intuito de fazerem mudanças e melhorarem as ações.

Os estudos teóricos encontrados nesta revisão abordam a avaliação dos programas sociais ou de saúde em termos gerais. No entanto, aqueles que têm feição empírica lidam principalmente com os programas dos ministérios ou das secretarias de saúde, isto é, orientam sua atenção para o âmbito público, para a área aos cuidados do Estado e voltada para os setores mais despossuídos da sociedade. Quer em nível nacional, estadual ou municipal, é nesses âmbitos onde se realizam práticas avaliativas a partir destes enfoques emergentes, que em sua maioria se voltam para os programas destinados aos setores urbanos e rurais pobres, que são os que recorrem aos serviços dessas instituições. Mas não se conhece avaliação alguma com enfoque emergente que tenha examinado a situação dos programas ou intervenções da seguridade social, da medicina privada, das Organizações Não Governamentais (ONGs) ou de Organizações da Sociedade Civil (OSCs). Isto é muito curioso, visto que são estes os programas que recebem o maior volume de recursos financeiros do setor de saúde e é a eles que recorrem os trabalhadores sindicalizados e as classes médias e altas.

Não sabemos por que isto acontece. Caberá a outros trabalhos indagar por que estes avaliadores dedicam este tipo de análise unicamente aos programas voltados para a população pobre. Haveria várias possibilidades a explorar: uma seria a eventual existência de algum acordo para não publicar os resultados da avaliação dos programas voltados para as classes médias ou altas; outra seria verificar se são os profissionais de postura mais liberal ou democrática os que avaliam as instituições voltadas para os setores mais excluídos; a terceira seria investigar se o conceito da avaliação participativa e democrática só é considerado aplicável aos programas para a população mais desfavorecida.

Os estudos avaliativos com enfoque emergente encontrados nesta revisão não são efetuados de maneira homogênea nos países latino-americanos e da Península Ibérica. De modo geral, identificamos três blocos de países no que tange a esta questão: o primeiro é o dos países com produção própria, o segundo reúne os países com produção externa e o terceiro é formado pelos países com produção mínima ou nula. No primeiro bloco, formado pelos países mais desenvolvidos do grupo – Brasil, Espanha e México –, os avaliadores são, em geral, acadêmicos do próprio país. Na segunda categoria se encontram os países mais atrasados da região (Bolívia, Haiti, Honduras, Nicarágua), onde políticas e programas são objeto de permanente avaliação, mas os avaliadores são principalmente externos, provenientes dos países anglo-saxões e contratados pelas agências internacionais que apoiam o desenvolvimento ou determinados programas de saúde nesses países. O terceiro grupo engloba os países com produção mínima ou marginal, não só de avaliações realizadas sob esta orientação como de avaliações em geral[11]. Aqui o destaque é a presença de Cuba, que tem uma tradição importante neste campo; contudo, não achamos trabalhos com abordagem emergente de autores desse país.

11. Esta classificação poderia mudar com a inclusão das experiências avaliativas praticadas nas ONGs e em algumas organizações da sociedade civil. A revisão da base de dados Metabase indica a existência de numerosos trabalhos neste campo, embora pouco acessíveis.

O componente político

Segundo Zúñiga (2004), ao falarmos em avaliação social estamos fazendo referência a relações sociais concretas entre pessoas e grupos que refletem posições sociais e múltiplos interesses apenas parcialmente convergentes; a confluência de tais posições exige uma análise das relações estabelecidas entre elas para superar o pressuposto ingênuo de que cada avaliação coincide com um controle vertical. Tendo como pano de fundo preocupações semelhantes, nesta seção nos concentramos no componente relacional ou político das práticas avaliativas emergentes encontradas na região, observando especialmente quem decide e como são definidas as ações.

Todos os trabalhos examinados coincidem na crítica ao papel central dos especialistas na avaliação tradicional, defendendo ao mesmo tempo o reconhecimento e a participação de outros atores cruciais na avaliação dos programas e serviços de saúde, sobretudo daqueles envolvidos na monitoração e na avaliação participativas. Apesar destas declarações de princípios, são poucos os trabalhos que se aprofundam na questão dos atores sociais ou dos agentes envolvidos, bem como nas relações que se estabelecem entre eles. A maioria dos trabalhos adota uma postura pragmática e instrumentalista sobre este assunto. Isto é, costuma-se escolher determinados agentes ou grupo e envolvê-los no estudo avaliativo, em especial na fase de obtenção da informação. As avaliações participativas de Castanheira e Battistela (2000), Couppal e Simmoneau (s.d.) e Ellsberg e Clavel (2001) são exemplos concretos dessa posição pragmática.

Para Estrella e colaboradores (2000), a questão não é o que se avalia, mas quem o faz e como as diferentes preocupações são negociadas e representadas. Em termos semelhantes, uma e outra vez nos perguntamos quem formula as perguntas, quem mede e quem se beneficia dos resultados nestes projetos de avaliação emergente na área de saúde no nível regional. Tudo na literatura disponível parece indicar que, sob a cobertura de um discurso inclusivo, as práticas estão longe de atender a critérios de colaboração, participação ou democracia. As iniciativas avaliativas que encontramos nesta revisão ainda parecem sujeitas às decisões unilaterais dos profissionais acadêmicos ou da própria avaliação; enquanto isso, existe pouco espaço para o reconhecimento e a incorporação da perspectiva dos outros ou, se for o caso, para resolver ou negociar diversas posturas, em especial quando são divergentes ou antagônicas. Por exemplo, de acordo com o que se infere de muitos trabalhos encontrados, é comum as metas e as perguntas da avaliação serem formuladas pelas agências financiadoras ou pelos avaliadores – geralmente acadêmicos. O mesmo acontece com a seleção e o uso de estratégias de obtenção e análise da informação, bem como com as decisões relativas ao uso e à divulgação dos resultados. Com efeito, em nenhum dos trabalhos encontrados consta que alguma pergunta ou estratégia tenha resultado da iniciativa de algum ator que não fosse a agência financiadora ou um acadêmico.

Algumas descobertas revelam a complexidade e a importância do tema em questão. Mercado e colaboradores (2000) documentaram as desigualdades que surgem entre os próprios membros da equipe de pesquisa em função do gênero e da profissão. Segundo estes autores, os propósitos e a dinâmica de um estudo multidisciplinar e multicêntrico que eles realizaram parece ser definido mais pela presença de um médico de sexo masculino que pela diversidade do grupo de trabalho. Outro estudo avaliativo deste mesmo grupo (MERCADO, ALCÂNTARA, TEJADA et al., 2004) mostra que as perspectivas de diversos atores sociais (doentes, profissionais da saúde e administradores) não só enfatizam elementos distintos e em ordem diferente, como reproduzem desiguais relações de poder que dificilmente podem ser resolvidas mediante negociação, já que nem sequer costuma haver diálogo entre os atores envolvidos. Esta questão tem a ver com um problema mais complexo, que é o fato de as diversas perspectivas refletirem relações e condições desiguais dos sujeitos e dos grupos. Consequentemente, sua solução é extremamente complexa. Por exemplo, Strober (2005) registra que as enfermeiras aceitam compartilhar o poder em termos abstratos, mas se recusam a fazê-lo na prática.

O componente metodológico[12]

Num trabalho clássico de revisão do que se denomina monitoramento e avaliação participativos, Estrella e Gaventa (1998) argumentam que mesmo sendo fundamental o reconhecimento do componente político e social desse modelo, ele também apresenta aspectos metodológicos sobre os quais é preciso discutir visando ao seu refinamento.

---

12. É preciso distinguir metodologia de métodos e técnicas, já que estes termos costumam ser usados como se fossem permutáveis.

Nuremberg, Brawerman e Ruiz (2000) apontam, por sua vez, que a combinação das metodologias qualitativas e quantitativas é um dos eixos metodológicos que foram mais discutidos na avaliação.

Nossa revisão oferece um panorama diferente sobre essa dimensão metodológica. A maioria das avaliações emergentes na área de saúde na região expõe poucas preocupações dessa natureza ou descreve a questão de maneira muito superficial ou sucinta, em especial se comparada com suas preocupações com o debate teórico conceitual. Tanto é assim que temas tradicionalmente considerados de índole "metodológica" como os de *qualidade, rigor, amostragem, indicadores e reflexividade* não parecem receber atenção no conjunto da obra. Mas quais são então as preocupações metodológicas mencionadas nos trabalhos examinados?

Os enfoques de avaliação emergente encontrados nesta revisão são muito variados; de modo geral, os trabalhos teóricos começam com uma crítica aos modelos e métodos de avaliação tradicional em um ou vários níveis, quer seja epistemológico, teórico-conceitual, político ou cultural. Depois, esses trabalhos passam a desenvolver, com maior ou menor detalhe, a sua própria proposta que geralmente se restringe ao aspecto teórico-conceitual. Na sua maioria, porém, estes trabalhos teóricos não enfocam componentes metodológicos da avaliação. Revisando dois trabalhos teóricos podemos ilustrar como as questões metodológicas figuram na literatura examinada. Almeida e Escorel (2001) propõem-se a analisar questões pertinentes à avaliação e especialmente à do tipo participativo na área da saúde. Para tanto examinam questões centrais da avaliação em geral, e em especial das ligadas ao campo da saúde mental. Todavia, no desenvolvimento do trabalho eles mencionam a avaliação participativa, mas dedicam apenas algumas linhas aos estudos de caso e ao uso de entrevistas e grupos focais.

Uchimura e Bosi (2002) ressaltam a questão da subjetividade na avaliação dos programas e serviços de saúde. A proposta destas autoras salienta a preeminência da participação dos atores sociais na avaliação, bem como a incapacidade das metodologias quantitativas penetrarem nos fenômenos da intersubjetividade, das vivências, das compreensões e interpretações compartilhadas desses atores. Uma vez que o texto se situa em um nível mais conceitual, as implicações metodológicas decorrentes da postura adotada não constituem objeto da discussão.

De um modo geral, os trabalhos de revisão tratam a questão metodológica de forma bastante desigual, como se pode verificar em três exemplos encontrados. Um dos objetivos de Silver (1992) é explorar as concepções e metodologias da avaliação dos serviços de saúde. Depois de examinar criticamente quatro enfoques tradicionais (análise de sistemas, objetivo do comportamento, apoio na tomada de decisões e foco na aprendizagem), esta autora opta por um enfoque participativo. Ao desenvolver o tema, ela se limita a apresentar as vantagens e desvantagens desse enfoque abandonando suas pretensões iniciais quanto à metodologia. Akerman, Mendes e Bogus (2002), por sua vez, fazem a revisão das publicações de estudos avaliativos no campo da promoção da saúde do Programa de Cidades e Municípios Saudáveis. Eles dizem ter achado três estudos avaliativos que utilizam metodologias qualitativas para analisar a percepção dos atores sociais. Segundo explicam, essas metodologias só incorporam os atores no papel de fonte de informação. Finalmente, Pasteur e Blauert (2000) fazem uma ampla e detalhada revisão da literatura latino-americana sobre monitoramento e avaliação participativos. Trata-se de uma excelente revisão das publicações disponíveis sobre o tema em questão, sendo especialmente valiosa a profunda análise da metodologia utilizada, com ênfase nas estratégias, nos projetos e nas técnicas.

Diferente é a situação observada nos estudos de caso, que frequentemente abordam questões metodológicas. Trata-se, porém, de um exame bastante desigual e que em geral não vai além da descrição das estratégias e procedimentos utilizados, trazendo pouca ou nenhuma informação sobre os argumentos que permitem compreender cada uma das decisões tomadas. Aplicando a classificação da organização Concern (2003) sobre as etapas da avaliação, vejamos com mais detalhe as contribuições destes trabalhos quanto a: a) os elementos de seu plano de trabalho; b) a obtenção dos dados; c) os procedimentos da análise; d) a difusão e o uso dos resultados.

O plano de trabalho

O planejamento do processo é considerado uma das etapas críticas da avaliação. Entre outras coisas, é preciso que haja clareza nos propósitos, no projeto, nos objetivos ou perguntas, na seleção dos atores envolvidos e dos indicadores. Muito embora os objetivos dos trabalhos encontrados estejam formulados em geral de modo suficientemente claro, em outros aspectos, como os propósitos, o projeto e os atores principais, o panorama que se apresenta em muitos casos sugere os modelos e estilos tradicionais da prática avaliativa.

Como apontamos anteriormente, são várias as respostas que se dá à seguinte pergunta: Para que fazer avaliação que vá além da medição da eficácia, da eficiência ou do desempenho, mencionados na seção anterior? Segundo Springett, Peerbhoy e Kierans (2003), um propósito claro fornece a base para elaborar o projeto, os métodos e o uso da avaliação. Para estas autoras, essas avaliações podem ter propósitos tão diversos como possibilitar um melhor projeto dos programas, conhecer o processo e o impacto do programa, justificar seu financiamento, verificar as ações, saber como melhorar as iniciativas, contribuir para o desenvolvimento do conhecimento por si mesmo, desenvolver redes e contatos, melhorar os padrões, entender e determinar como funciona o programa. No entanto, a avaliação tem também o papel potencial de gerar novos conhecimentos, determinar a contribuição de um projeto para a concretização de metas mais amplas, agir como catalisador da mudança, promover a confiança entre os atores envolvidos, medir os efeitos do programa, compreender o processo ou a mudança e analisar o valor agregado do programa. Tais propósitos resultariam em avanços de aprendizagem social e mudanças com diferentes matizes.

Em razão da diversidade de abordagens e orientações dos trabalhos empíricos encontrados em nossa revisão, poucas são as coincidências entre os propósitos mencionados pelas autoras e os dos trabalhos implementados na região. Três propósitos parecem sobressair no conjunto dos estudos avaliativos emergentes encontrados: 1) criticar certas posturas ideológicas tradicionais; 2) gerar novos conhecimentos; 3) medir o impacto das intervenções na saúde. O trabalho de Uchimura e Bosi (2002) é um exemplo do primeiro grupo quando adota uma postura teórica para debater os aspectos subjetivos envolvidos na avaliação da qualidade dos serviços de saúde. Por sua vez, a contribuição de Hoyos (2002) corresponde ao segundo grupo ao sistematizar a experiência acumulada na participação e na avaliação comunitária num programa de lares de bem estar. O estudo de Escobar e González (2002) estaria incluído no terceiro grupo ao avaliar um programa do governo mexicano para o combate à pobreza. Segundo estes autores, o programa tem efeitos positivos na frequência escolar, no cuidado da saúde e na nutrição.

Grande parte dos trabalhos avaliativos utiliza um esquema que envolve o acompanhamento de uma série de passos sucessivos marcados num modelo linear, em lugar de um do tipo circular. Em outras palavras, e segundo o esquema apresentado por Estrella (2000), o curso básico da avaliação começa pela formulação dos objetivos, das perguntas e dos propósitos, continuando pela escolha dos informantes ou participantes principais e seguindo depois com os demais passos até a apresentação ou o uso dos resultados. Porém, como assinalou Mercado (2002), a utilização de tal esquema implica a aplicação de um modelo hipotético dedutivo e/ou de um estilo de trabalho em que as perguntas ou os objetivos de pesquisa são formulados já no início, quer pela agência de financiamento, quer por seus responsáveis. De acordo com a informação disponível, parece que apesar dos pressupostos dos trabalhos examinados (colaboração, participação, democracia, etc.), a lógica da agência financiadora ou da academia reproduz a racionalidade da pesquisa avaliativa dominante, fazendo com que prevaleça o estilo dos estudos avaliativos tradicionais.

Uma das críticas fundamentais feitas pela avaliação alternativa, emergente ou contra-hegemônica aos modelos positivistas ou tradicionais é que, ao concentrarem-se na perspectiva dos especialistas ou profissionais, eles ignoram ou excluem os outros atores ou agentes envolvidos nos programas e ações de saúde. Esta questão tornou-se um argumento central dos enfoques emergentes ao priorizar a inclusão de outros atores relevantes. Trata-se especialmente de incluir suas vozes, perspectivas, abordagens, necessidades, propostas e ações nas intervenções na área de saúde. A literatura emergente localizada na Península Ibérica e na América Latina sobre o tema em questão é muito rica e uma de suas características centrais é que ela avalia os diversos programas do ponto de vista de uma diversidade de atores sociais, como administradores, médicos, enfermeiras, outros profissionais da saúde, assistentes, diretores de escolas, professores, doentes e pais de família. Por mencionar apenas um caso, a avaliação qualitativa de um programa de educação sobre diabetes num hospital de Málaga envolveu os doentes, os familiares, os acompanhantes dos pacientes e integrantes da equipe de saúde. Uma das conclusões a que chegam estes autores é que é preciso compreender esse tipo de programa, envolvendo no processo não só os profissionais como todos os atores mencionados (FERNÁNDEZ & SANTOS, 1992).

A obtenção dos dados

Esta é a etapa à qual se atribui maior importância na esfera metodológica no conjunto dos trabalhos examinados. Dos muitos temas que poderiam ser objeto de análise, centramos nossa atenção no relacionado às metodologias apropriadas, ou seja, para que e por que se pretende avaliar, a combinação dessas metodologias e a *triangulação* das estratégias e técnicas.

Um dos pontos de coincidência entre vários dos autores incluídos na revisão é a necessidade de se escolher métodos adequados. É bem verdade que não há amplo debate sobre o significado deste termo nos trabalhos examinados, mas há concordância básica quanto à necessidade de identificar e selecionar estratégias idôneas que possibilitem a compreensão do mundo dos atores sociais, tanto especialistas quanto leigos, bem como a possibilidade concreta de se promover a participação de atores-chave no processo de negociação quando houver pontos de vista divergentes ou opostos.

A relação entre as metodologias qualitativas e as quantitativas vem sendo debatida há muito tempo em determinados círculos. Para muitos autores, essa relação é uma combinação permanente, enquanto para outros é uma mistura que só pode ser efetuada em determinadas circunstâncias ou problemas e, para um terceiro grupo, a questão está ligada a lógicas completamente diferentes, concluindo-se, portanto, que elas são incompatíveis. No caso que nos interessa nesta revisão, a postura adotada por todos os autores é a complementaridade das duas metodologias. Um dos trabalhos encontrados nesta corrente é o de Minayo, Souza, Assis et al. (1999) em sua avaliação dos centros de orientaçao e apoio sorológico no Brasil, mediante a triangulação de métodos. Segundo estas autoras, esse enfoque implica a cooperação dos diversos pesquisadores e a integração de métodos e técnicas tanto de tipo quantitativo como qualitativo.

A maior riqueza e a diversidade dos trabalhos examinados residem no uso de diferentes métodos e técnicas e sua combinação ou *triangulação*, bem como das fontes de dados. Entre muitas outras, utiliza-se a observação participante, as entrevistas aprofundadas, as comunitárias, as naturais, os grupos focais, as histórias de vidas, as oficinas, as entrevistas abertas, as semiestruturadas e as estruturadas, as crônicas, as fotografias e a revisão documental. A combinação ou triangulação de métodos e técnicas em determinados estudos também é uma constante nestes trabalhos. O estudo avaliativo de Ayres, Freitas, Santos et al. (2003) é orientador neste sentido. Ao avaliarem uma estratégia de prevenção de HIV/Aids nas escolas, estes autores implementaram reuniões com professores e alunos, entrevistas com professores, observação participante dos grupos de discussão, formação de alunos multiplicadores e entrevistas aprofundadas com alunos.

O uso de tamanha variedade de estratégias e técnicas ou de sua combinação não implica necessariamente que as avaliações emergentes atendam aos pressupostos de participação, democracia ou colaboração. Como já assinalado na seção anterior, algumas avaliações usam técnicas qualitativas ou participativas para obterem a informação, mas as perguntas a avaliar, os procedimentos de análise e difusão e o uso dos resultados acabam sendo de competência exclusiva dos acadêmicos ou da agência financiadora.

Gestão e análise da informação

Uma das recomendações básicas dos trabalhos avaliativos de tipo teórico e emergente é que a análise dos dados se efetue envolvendo os principais participantes do estudo. O objetivo é incorporar os atores principais tanto quanto possível, de modo a estimular seu senso de propriedade, sua responsabilidade, sua motivação e, no longo prazo, possibilitar a sustentabilidade do projeto (CONCERN, 2003). Apesar desta indicação e de outras similares, é neste aspecto da análise onde se observam as maiores lacunas e faltas de informação e onde é mais frequente a reprodução do modelo tradicional. Primeiro, a maioria desses trabalhos não faz referência a tipo, estilo e procedimentos utilizados na análise da informação. Em segundo lugar, só em alguns poucos trabalhos se esclarece o tipo específico de análise realizada, como a análise de conteúdo (AKERMAN, MENDES & BOGUS, 2002; MERCADO, BOSI, ROBLES et al., 2005; MERCADO, ALCÁNTARA, TEJADA et al., 2004), contextual, organizacional e de liderança (MERCER & RUIZ, 2004) e a teoria fundamentada (GARAY, IÑÍGUEZ, MARTÍNEZ et al., 2002). Finalmente, tudo parece indicar que esta tarefa de análise continua nas mãos de especialistas, avaliadores ou acadêmicos, o que põe em dúvida a natureza participativa, democrática ou colaborativa deste processo e não condiz com o trabalho desenvolvido em etapas anteriores. Sendo assim, dentro da dinâmica do conjunto dos trabalhos causam estranheza colocações como a de Fernández e Santos (1992), quando dizem ter apresentado os resultados aos participantes, tê-los discutido e negociado, ou a de Mercado et al. (2004) quando se referem à apresentação dos resultados aos principais participantes e dizem ter recebido certa resposta em opiniões, bem como questionamentos.

Esta questão parece ter várias facetas, das quais mencionaremos três. De um lado, a análise dos dados ainda é uma das tarefas menos relevantes para aqueles que utilizam modelos de pesquisa e avaliação não quantitativa na área de saúde (MERCADO, 2004), e a literatura encontrada a respeito do tema parece refletir essa situação. Em que pese a natureza participativa ou colaborativa destas avaliações, fazer da análise uma tarefa compartilhada por pesquisadores e participantes representa um desafio de difícil solução porque para tanto não só é preciso mais tempo, mas também o uso de estratégias inovadoras, sem esquecer o contexto de tal prática, que tem de ser executada por acadêmicos ou avaliadores já submetidos a exigências de tempo e produtividade. Por fim, salvo algumas exceções, os trabalhos examinados não mencionam métodos de análises específicos para lidar com informação relativa ao mundo dos outros, ao simbólico ou às estruturas de significação. Isto é muito importante porque a maioria dos trabalhos procura conhecer, compreender ou incorporar a perspectiva dos outros na avaliação dos programas. Neste caso, parece haver certa urgência em colocar em discussão a incorporação da análise hermenêutica, entre outras, como bem coloca Minayo (1992).

O que é feito com os resultados das avaliações emergentes? Esta questão também é das menos exploradas e que poucas vezes é motivo de reflexão. Contudo, várias ideias surgem da informação disponível. A maioria dos trabalhos teóricos considera que os resultados destas práticas avaliativas servem, entre outras coisas, para melhorar os programas, favorecer a aprendizagem permanente, promover a mudança social, democratizar os processos da área de saúde ou conferir poderes aos participantes. Com base na informação não é possível constatar que tais objetivos tenham sido atingidos. Pelos resultados encontrados, parece haver dois fins possíveis. Um deles é a publicação em meios destinados à comunidade acadêmica, portanto dificilmente acessíveis a outros atores-chave, como aqueles que elaboram as políticas, a população doente ou os integrantes de suas redes sociais próximas. Tem-se a impressão de que o ganho principal do processo como um todo é para quem publica os resultados. Por outro lado, os resultados também servem para fornecer informação às agências que solicitam os estudos, quer seja sobre seus sucessos ou seus fracassos, e sobretudo para justificar e manter o apoio financeiro. Não se pode opinar de forma conclusiva sobre a utilidade dessa informação além do cumprimento da norma que obriga as agências a realizarem tais avaliações. A natureza dos resultados encontrados dificilmente pode explicar a continuidade dos programas, uma vez que a decisão costuma atender mais à lógica política ou econômica. É improvável que estes resultados permitam melhorar os programas em andamento, como se verifica no trabalho de Escobar e González (2002), onde consta que muitas famílias extremamente pobres não foram incluídas no programa *Oportunidades*, ao passo que outro grupo de famílias recebia esse apoio. Mesmo assim, os resultados não modificaram a situação. Este e outros trabalhos examinados estão a indicar que um dos grandes desafios da avaliação emergente na área de saúde é pôr em prática seus resultados.

Considerações finais

Neste trabalho, nosso objetivo foi analisar a literatura que nos informa sobre processos de avaliação emergentes na área de saúde na América Latina e na Península Ibérica. Para tanto, examinamos o tema em quatro seções: o volume, as modalidades e as abordagens da produção, os objetos da avaliação, seu componente político e seu componente metodológico. Restam muitos outros componentes por analisar. Pelos resultados expostos, acreditamos ter deixado constância de uma produção diversificada e de imensa riqueza, pois são muitos os enfoques utilizados e diversas as orientações teóricas aplicadas. Também nos parece ter deixado constância da preeminência de determinadas abordagens emergentes, como a participativa e a qualitativa. Ao longo do texto também sublinhamos limitações, problemas e contradições com que se defronta esta produção no nível regional.

Apesar das observações críticas já expostas ou as que puderem ser feitas, o conjunto da produção parece oferecer propostas inovadoras e capazes de superar as críticas que os modelos de avaliação tradicional recebem com frequência. Entre outros aspectos, trata-se de propostas mais inclusivas, geradas no âmbito local e que buscam ligação com os processos sociais em andamento na região. Esta questão poderia ser tratada em debate público. Entre outras coisas, poder-se-ia discutir se projetos e intervenções na área de saúde promovidos por movimentos e forças progressistas deveriam ser avaliados com estas abordagens. Por exemplo, se seria importante avaliar os projetos de saúde dirigidos por forças progressistas (quer seja de nível governamental, da sociedade civil ou de ONGs) do ponto de vista dos atores envolvidos.

Concluímos mencionando alguns desafios que deve enfrentar quem opta por esta produção. Um deles é de natureza teórico-conceitual, outro de índole política, outro metodológico e o último relacionado ao uso dos resultados. O primeiro consiste no uso de inúmeros conceitos que não são submetidos a suficiente reflexão e análise. Entre outros, os conceitos de *participação, colaboração, democracia, atores-chave* e *mudança social*, que não foram objeto de estudo suficientemente aprofundado. O segundo desafio é a busca de modelos e estilos de avaliação mais horizontais e abertos às diversas vozes dos atores. A se continuar com muitos dos estilos aqui registrados, o risco é que esta produção prossiga reproduzindo valores e formas dos modelos tradicionais, especialmente atendendo aos interesses acadêmicos. Outra questão diz respeito à metodologia. Ainda é preciso analisar se este estilo especial de fazer avaliação conflita com a qualidade, o rigor e outras considerações de ordem metodológica. Finalmente, esta produção terá de submeter ao debate público a questão do que se deve fazer com os resultados de tais avaliações. Se a crítica exige ir além da difusão dos resultados à comunidade acadêmica, quais as propostas que poderiam derivar da perspectiva daqueles que trabalham segundo premissas como as de compreensão, colaboração e democracia da tarefa avaliativa?

Referindo-se à urbanização e à escola, Pierre Bourdieu (1999) observa que se trata de ambientes difíceis de descrever e pensar e que é preciso substituir as imagens simplistas e unilaterais por uma representação complexa e múltipla. Para este autor, o ponto de vista único deve ser abandonado em benefício da pluralidade de pontos de vista coexistentes e, muitas vezes, em franca rivalidade. Esta parece ser a ideia que sustenta a maioria das avaliações emergentes dos programas de saúde na América Latina. No médio prazo saberemos em que medida foram capazes de consolidá-la e de oferecer novos rumos para a reforma do setor de saúde na região.

Agradecimentos

Leticia Robles fez a revisão de uma versão prévia deste trabalho. Maria Lúcia M. Bosi, Eduardo Hernández e Brenda Trigueros deram apoio na edição. Agradecemos a todos eles.

Referências bibliográficas

ADATO, M.; COADY, D. & RUEL, M. (2000). *Evaluación de operaciones de Progresa desde la perspectiva de los beneficiarios, los promotores, directores de escuela y personal de salud* [http://www.ifpri.org/themes/progresa/pdf/Adato_operacion.pdf].

AKERMAN, M. & NADANOVSKY, P. (1992). "Avaliação dos Serviços de Saúde – Avaliar o quê?" *Cadernos de Saúde Pública*, 8(4), p. 361-365.

AKERMAN, M.; MENDES, R.; BÓGUS, C.M.; WESTPHAL, M.F.; BICHIR, A. & PEDROSO, M.L. (2002). "Avaliação em promoção da saúde: foco no 'município saudável'". *Revista Saúde Pública*, 36(5), p. 638-646.

AKERMAN, M.; MENDES, R. & BÓGUS, C.M. (2004). "É possível avaliar um imperativo ético?" *Ciência & Saúde Coletiva*, 9(3), p. 605-615.

ALMEIDA, P. & ESCOREL, S. (2001). "Da avaliação em saúde mental: gênese, aproximações teóricas e questões atuais". *Saúde em Debate*, 25(58), p. 25-45.

ANDRADE, S.; SHEDLIN, M. & BONILLA, E. (1987). *Métodos cualitativos para la evaluación de programas* – Un manual para programas de salud, planificación familiar y servicios sociales. The Pathfinder Fund.

AUBEL, C. (2004). *Participatory monitoring & evaluation for hygiene improvement*. Washington: Environmental Health Project.

AYRES, J.R. (2004). "Norma e formação: horizontes filosóficos para as práticas de avaliação no contexto da promoção da saúde". *Ciência & Saúde Coletiva*, 9(3), p. 583-592.

AYRES, J.R.; FREITAS, A.C.; SANTOS, M.A.; FILHO, H.C. & JUNIOR, I.F. (2003). "Adolescência e Aids: avaliação de uma experiência de educação preventiva entre pares". *Interface* – Comunicação, Saúde, Educação, 7(12), p. 123-138.

BEATTIE, A. (s.d.). *Dialogical evaluation and health project* [s.n.t.].

BECKER, D.; EDMUNDO, K.; NUNES N.R. et al. (2004). "Empowerment e avaliação participativa em um programa de desenvolvimento local e promoção da saúde". *Ciência & Saúde Coletiva*, 9(3), p. 655-667.

BODSTEIN, R.; ZANCAN, L.; RAMOS, C. & MARCONDES, W. (2004). "Avaliação da implementação do programa de desenvolvimento integrado em Manguinhos: impasses na formulação de uma agenda local". *Ciência & Saúde Coletiva*, 9(3), p. 593-604.

BRADLEY, J.E.; MAYFIELD, M.V.; MEHTA, M.P. & RUKONGE, A. (2002). "Participatory Evaluation of reproductive health care quality in developing countries". *Social Science & Medicine*, 55(2), p. 269-287.

BRADLEY, J. & WITHMORE, E. (1998). Framing Participatory Evaluation. In: Withmore, E. *Understanding and Practicing Participatory Evaluation*. San Francisco: Jossey-Bass, p. 5-24.

BURSZTYN, I. & RIBEIRO, J. (2005). "Avaliação participativa em programas de saúde: um modelo para o Programa de Saúde do Adolescente". *Cadernos de Saúde Pública*, 21(2), p. 404-416.

CANALS, R.; IÑIGUEZ, L.; MONREAL, P.; SÁNCHEZ, M. & TOCA, J. (1999). *Evaluación de la calidad de los establecimientos de atención a la gente mayor* [http://antalya.uab.es/liniguez/Materiales/gente_mayor.pdf].

CAMPOS, G.; BARROS, R. & CASTRO, A. (2004). "Avaliação de política nacional de promoção da saúde". *Ciência & Saúde Coletiva*, 9(3) p. 745-749.

CARDOZO, M. (2003). "Evaluación de políticas de desarrollo social". *Política y Cultura*, 20: 139-154 [http://148.215.4.212/rev/267/26702007.pdf].

CARVALHO, A.I.; BODSTEIN, R.C.; HARTZ, Z. & MATIDA, A.H. (2004). "Concepts and approaches in the evaluation of health promotion". *Ciência & Saúde Coletiva*, 9(3), p. 521-529.

CASTANHEIRA, E.R.L.; BATTISTELLA, M.I.; MELCHIOR, R.; DONINI, A.A.; BASSO, C.R.; TUNALA, L.G. & BRITO, M.T. (2002). Quality of care in STD/ Aids health services in Sao Paulo, Brazil. A qualitative framework. Aids 2002 – *XIV International Aids Conference Barcelona*, 2002 [http:// www.iasociety.org/].

CECILIO, L.C.O. (2000). "Trabalhando a missão de um hospital como facilitador da mudança organizacional: limites e possibilidades". *Cadernos de Saúde Pública*, 16(4), p. 973-983.

CHAVEZ, J.A. (2000). "Propuesta de un análisis ético e interdisciplinario para diseñar y evaluar las políticas públicas". *Revista Panamericana de Salud Pública*, 7(5), p. 350-357.

COUPAL, F. (2001). *Results-based participatory Monitoring & evaluation 1* [http//www.mosaic-net-intl.ca/article-pmle.pdf].

______ (1995). *Participatory Project Design: Its Implications for Evaluation* – A case Study from El Salvador [http://www.mosaic-net-intl.ca/elsalvador.html].

COUPAL, F. & SIMONEAU, M. (1998). A case study of participatory evaluation in Haiti. In: WHITMORE, E. (org.). *Understanding and Practicing Participatory Evaluation*. San Francisco, Jossey-Bass, p. 69-80.

CROCKER, R. & MAGAÑA, A. (2004). *El académico universitario competente* – Evaluación particular de su trabajo profesional. Guadalajara: Universidad de Guadalajara.

DESLANDES, S. (1997). "Concepções em pesquisa social: articulações com o campo da avaliação em serviços de saúde". *Cadernos de Saúde Pública*, 13(1), p. 103-107.

DIAZ, D. & HOFBAUER, H. (2004). *The public Budget and Maternal Mortality in México*: An overview of the experience [http://www.siyanda.org/search/summary.cfm?NN=1654&ST=SS&Keywords=security05&Subject=0& donor=0&langu=E&StartRow=1&Ref=Adv].

ESTRELLA, M. & GAVENTA, J. (1998). "Who counts reality? Participatory monitoring and evaluation". *A Literatura Review*. Brighton: IDS.

ESTRELLA, M.; BLAUVERT, I.; COMPILAN, D. et al. (2000). *Learning from change*. Londres: ITP.

ELLSBERG, M. & CLAVEL, C. (2001). *Hacia un modelo integral de la atención para la Violencia intra familiar en Centroamérica. Informe Final – Organización Panamericana de la salud [http://www.ops.org.gt/SFC/Ges/Lecciones%20aprendidas.pdf]*.

ENGELKES, E. (1990). "Process evaluation in a Colombian primary health care programme". *Health Policy and Planning*, 5(4), p. 327-335.

ESCOBAR, A. & GONZÁLEZ, M. (2002). *Evaluación cualitativa del Programa de Desarrollo Humano* – Oportunidades [http://www.progresa.gob.mx/e_oportunidades/evaluacion_impacto/2002/Evaluaci%F3n%20 Cualitativa %20Final%20-%20dic02.pdf].

EVERITT, A. & HARDIKER, P. (2003). Towards a critical approach to evaluation. In: SIDELL, M.; JONES, L.; KATS, J.; PEBERDY, A. & DOUGLAS, J. *Debates and dilemmas in promoting health*. Palgrave, p. 194-200.

FERNANDEZ, J. & SANTOS, M.A. (1992). *Evaluación cualitativa de programas de educación para la salud* – Una experiencia hospitalaria. Málaga: Aljibe.

FETTERMAN, D.M. (2001). *Foundations of Empowerment Evaluation*. Londres: Sage.

FIGUEREIDO, R. & AYRES, J.R. (2002). "Intervenção comunitária e redução da vulnerabilidade de mulheres às DST/Aids em São Paulo". *Revista Saúde Pública*, 36(4), p. 96-107.

FILGUEIRAS, S. & DESLANDES, S. (1999). "Avaliação das ações de aconselhamento – Análise de uma perspectiva de prevenção centrada na pessoa". *Cadernos de Saúde Pública*, 15(2), p. 121-13.

FURTADO, J.P. (2001). "Um método construtivista para a avaliação em saúde". *Ciência & Saúde Coletiva*, 6(1), p. 165-181.

______ (2000). *A avaliação como dispositivo*. Campinas: Unicamp [Tese de pós-graduação].

GÁMEZ, J.J. & MÁRQUEZ, A.C. (2004). Evaluación de los programas de promoción de la salud para inmigrantes. *Index Enfermería Digital*, 13(44-45): 51-55 [http://www.index f.com/index enfermeria/44revista/44_articulo_51-55.php].

GARAY, A.; IÑIGUEZ, L.; MARTÍNEZ, M.; MUÑOZ, J.; PALLARES, S. & VÁZQUEZ, F. (2002). "Evaluación cualitativa del sistema de recogida de sangre en Cataluña". *Revista Española de Salud Pública*, 76(5), p. 437-450.

GOGNA, M. (2001). *Programas de salud reproductiva para adolescentes*. Buenos Aires: Cedes.

GONZALEZ, F.; ARTEAGA, E. & HOWARD-GRAAM, L. (1998). *Scaling Up the Warmi Project*: Lessons Learned. Mobilizing Bolivian Communities Around Reproductive Health [http://www.coregroup.org/resources/ Saveboli.pdf].

GUBA, E. & LINCOLN, Y. (1989). *Fourth Generation Evaluation*. Londres/ Nova Delhi: Thousand Oaks/Sage Publications, p. 21-57.

HAYNES, R.; MULROV, C.; HUTH, E.J.; ALTMAN, D. & GARDNER, M. (1990). More Informative Abstract Revisited. *Annals of Internal Medicine*, 113 (1), p. 69-76.

HOYOS, L.M. (2002). *Estrategia de intervención en hogares comunitarios de bienestar*: una experiencia local participativa en varios municipios de

Colombia [http://unpan1.un.org/intradoc/groups/public/documents/CLAD/clad0044538.pdf].

KAZI, M. (2000). "Contemporary Perspectives in the evaluations of practice". *British Journal of Social Work*, 30, p. 755-768.

KRIPPENDORFF, K. (1990). *Metodología de análisis de contenido* – Teoría y Practica. Barcelona: Paidos.

JACKSON, E.T. & KASSAM, Y. (1998). *Knowledge Shared* – Participatory Evaluation in Development Cooperation. Ottawa: Kumarian Press.

LIMA, V.L.; CAMPOS, N.Z.; ARRUDA, J.M.; BARROS, C.M.; TAVARES, M.F.; MEYER, M. & ZANDONADI, R.C. (2004). "Análise da eficácia de programas sociais de promoção da saúde realizados em condições macroestruturais adversas". *Ciência & Saúde Coletiva*, 9(3), p. 679-696.

LINS, A.M. (2001). "Avaliação de intervenções sociais como potencial instrumento de construção do conhecimento". *Interface* – Comunicação, Saúde, Educação, 8, p. 175-180.

MENÉNDEZ, E. (1994). *Hacia una práctica médica alternativa* – Hegemonía y autoatención (gestión) en salud. México: Ciesas.

MERCADO, F.J. (s.d.). *First world participatory evaluation models and their use in Latin American's social and health aid programmes* – A critical comparison.

MERCADO F.J.; LIZARDI, A. & VILLASEÑOR, M. (2003). Investigación cualitativa (en salud) en América Latina. Una aproximación. In: MERCADO, F.J.; GASTALDO, D. & CALDERÓN, C. *Paradigmas y diseños de la investigación cualitativa en salud* – Una antología iberoamericana. Guadalajara: Universidad de Guadalajara/Universidad Autónoma de Nuevo León/ Servicio Vasco de Salud Osakidetza/Asociación Médica de Jalisco/ Instituto Jaliciense de Cancerología.

MERCADO, F.J.; HERNÁNDEZ, E.; TEJADA, L.M.; et al. (2004). O atendimento médico aos doentes crônicos no México. Quais as diferenças entre a perspectiva dos médicos, das enfermeiras e das pessoas doentes? In: BOSI, M.L. & MERCADO, F.J. (orgs.). *Pesquisa qualitativa de serviços de saúde*. Petrópolis: Vozes, p. 363-400.

MERCADO, F.J.; BOSI, M.L.; ROBLES, L. et al. (2005). "La enseñanza de la investigación cualitativa en Ibero América". *Salud Colectiva*, 1, p. 97-116.

MERCADO, F.J.; TEJADA, L.M. & HERNÁNDEZ, N. (s.d.). *Evaluación de programas de salud* – Modelos emergentes en Iberoamérica.

MERCER, H. (2000). "Evaluación: reflexiones acerca del tema". *Interface* – Comunicação, Saúde, Educação, 7, p. 119-128.

MERCER, H. & RUIZ, V.A. (2004). Participación de organizaciones comunitarias en la gestión de salud: una evaluación de la experiencia del programa UNI. *Interface* – Comunicação, Saúde, Educação, 8(15), p. 289-302.

MINAYO, M.C. (1992). *O desafio do conhecimento* – Pesquisa qualitativa em saúde. São Paulo: Hucitec/Abrasco.

______ (1991). "Abordagem antropológica para avaliação de políticas sociais". *Revista Saúde Pública*, 25(3), p. 233 238.

MINAYO, M.C.; ASSIS, S. & SOUZA, E. (orgs.) (2005). *Avaliação por triangulação de métodos* – Abordagem de programas sociais. Rio de Janeiro: Fiocruz.

MINAYO, M.C. & NETO, O. (1999). Triangulación de métodos en la evaluación de programas y servicios de salud. In: BRONFMAN, J. & CASTRO, R. *Salud, cambio social y política* – Perspectivas desde América Latina. México: Insp/Edamex, p. 65-80.

MINAYO, M.; SOUZA, E.; ASSIS, S.; NETO, O. et al. (1999). "Avaliação dos Centros de Orientação e Apoio Sorológico/CTA/Coas da Região Nordeste do Brasil". *Cadernos de Saúde Pública*, 15(2), p. 355-367.

MOYSÉS, S.J.; MOYSÉS, S.T. & KREMPEL, M.C. (2004). "Avaliando o processo de construção de políticas públicas de promoção de saúde: a experiência de Curitiba". *Ciência & Saúde Coletiva*, 9(3), p. 627-641.

PASTEUR, K. & BLAUERT, J. (2000). *Participatory Monitoring and Evaluation in Latin America*: overview of the literature with annotated bibliography [http://www.eldis.org/static/DOC8569.htm].

PAWSON, O.R. & TILLEY, N. (1997). *Realistic evaluation*. Thousand Oaks: Sage.

PEDROSA, J.I. (2004). "Perspectivas na avaliação em promoção da saúde: uma abordagem institucional". *Ciência & Saúde Coletiva*, 9(3): 617-626.

PERDOMO, G. (1994). "La investigación-Acción-Participante como Estrategia para la Capacitación y Evaluación en Educación Sanitaria". *Cadernos de Saúde Pública*, 10(3), p. 331-338.

PICADO, M. (2002). "¿Cómo podría delinearse una evaluación cualitativa?" *Revista de Ciencias Sociales*, 8(97), p. 47-61.

PLA, M.; RIOS, M.; FERNÁNDEZ, E.; PÉREZ, R.; LLENA, A.E. & VEGA, C. (2004). Sexualidade, imigração e prevenção da Aids – Avaliação qualitativo-participativa de experiências nacionais de intervenção em atenção primária em saúde. In: BOSI, M.L. & MERCADO, F.J. (orgs.). *Pesquisa qualitativa de serviços de saúde*. Petrópolis: Vozes, p. 518-563.

POTVIN, L. (2004). "On the nature of programs: health promotion programs as action". *Ciência & Saúde Coletiva*, 9(3), p. 731-738.

Programa Nacional de Salud (2001-2006). *La democratización de la atención a la salud*. México: Secretaría de Salud.

REIS, I.N. & VIANNA, M. (2004). "Proposta e análise de indicadores para reorientação do serviço na promoção da saúde: um estudo de caso no Centro de Saúde Escola Germano Sinval Faria". *Ciência & Saúde Coletiva*, 9(3), p. 697-709.

RIOS, V. & GASCA, A. (s.d.). *Evaluación participativa en el proyecto urbano*. México: UAM.

ROOTMAN, I.; GOODSTADT, M.; HYNDMAN, B.; McQUEEN, D.; POTVIN, L.; SPRINGETT, J. & ZIGLIO, E. (2001). *Evaluation in health promotion* – Principles and perspectives. Geneva: WHO Regional Publications European, Series 92.

SAID, E. (1995). *Orientalism* – Western Conceptions of the Orient. Londres: Penguin.

SALAZAR, L. & DIAZ, C. (2004). La evaluación-sistematización: una propuesta metodológica para la evaluación en promoción de la salud. Un estudio de casos en Cali, Colombia. *Ciência & Saúde Coletiva*, 9(3), p. 545-555.

SÁNCHEZ-CANDAMIO, M. (1999). "Evaluación de programas de salud desde la perspectiva de la metodología cualitativa". *Atención Primaria*; 24, p. 487-491.

SCRIMSHAW, N. & GLEASON, G. (1992). *RAP: Rapid Assessment Procedures*. Boston.

SEOANE, L. (2002). "Evaluación cualitativa de una campaña de promoción del uso del preservativo en la población adolescente y juvenil de la comunidad de Madrid". *Revista Española de Salud Pública*, 76(5), p. 509-516.

SILVER, L. (1992). Aspectos metodológicos em avaliação dos serviços de saúde. In: GALLO, E.; URIBE, F.J. & MACHADO, M.H. (orgs.). *Planejamento criativo* – Novos desafios em políticas de saúde. Rio de Janeiro: Relume Dumará.

SIMONS, H. (1999). *Evaluación democrática de instituciones escolares*. Madri: Morata, p. 60-61.

SMITH, L.T. (2004). *Decolonizing methodologies* – Research and indigenous people. Londres/Nova York: Zed Books.

SOLARTE, L. (2002). La evaluación de programas sociales en el Estado liberal. *VII Congreso Internacional del Clad sobre la reforma del Estado y de la administración pública Lisboa Portugal* [http://www.clad.org.ve/fulltext/0044540.pdf].

Springet, J. (2003). Issues in Participatory Evaluation. In: MINKLER, M. & WALLERSTEIN, N. (orgs.). *Community Based Participatory Research for Health*. Jossey-Bass, p. 263-286.

______ (2001). Appropriate approaches to the evaluation of health promotion. *Critical Public Health*, 11(2).

SULBRANDT, J. (1997). La evaluación de los programas sociales: una perspectiva critica de los modelos usuales. In: KLIKSBERG, B. (org.). *Pobreza*: un tema impostergable. México: FCE/Pnud.

TANAKA, O.Y. & MELO, C. (2004). Reflexões sobre a avaliação em serviços de saúde e a adoção das abordagens qualitativa e quantitativa. In: BOSI, M.L. & MERCADO, F.J. (orgs.). *Pesquisa qualitativa de serviços de saúde*. Petrópolis: Vozes, p. 121-136.

______ (2001). *Avaliação de programas de saúde dos adolescentes*. São Paulo: Opas/OMS/Fund. W.K. Kellogs/EdUSP.

______ (2000). "Uma proposta de abordagem transdisciplinar para avaliação em saúde". *Interface* – Comunicação, Saúde, Educação, 7, p. 113-118.

TORO, J. (s.d.). *El proceso de evaluación de las acciones de control de las IRA* [http://www.paho.org/French/AD/DPC/CD/aiepi1-21.pdf].

UCHIMURA, K. & BOSI, M.L. (2004). A polissemia da qualidade na avaliação de programas e serviços de saúde – Resgatando a subjetividade. In: BOSI, M.L. & MERCADO, F.J. (orgs.). *Pesquisa qualitativa de serviços de saúde*. Petrópolis: Vozes, p. 75-98.

______ (2002). "Qualidade e subjetividade na avaliação de programas e serviços em saúde". *Cadernos de Saúde Pública*, 18 (6), p. 1561-1569.

WALLERSTEIN, N. (1992). "Powerlessness, empowerment, and health: implications for health promotion programs". *Am J. Health Promot.*, 6(3), p. 197-205.

WAY, S.A. (1999). *Critical reflections on PRA and participation in Mexico*. Brighton: IDS.

ZÚÑIGA, R. (2004). *La evaluación en la acción social* – Autonomías y solidaridades [http://homepage.mac.com/ricardo.b.zuniga/.Public/Textos%20en%20castellano/14a.%20Eval%2C%20acci%C3%B3n%20social%2C%202004_A.pdf].

Quadro 1 – Avaliações emergentes de programas de saúde na América Latina

Autor/ano	*Conceito*	*Objeto de avaliação*	*País de origem*
Adato, M.; Coady, D.; Ruel, M. (2000)	Enfoque de sistemas	Programa Progresa	Estados Unidos
Akerman, M.; Nadanovsky, P. (1992)	Holística	Qualidade dos serviços de saúde	Brasil
Akerman, M. et al. (2002)	Participativa	Promoção da saúde, Programa de Cidades e Municípios Saudáveis	Brasil
Akerman, M.; Mendes, R.; Bógus, C.M. (2004)	Participativa	Promoção da saúde	Brasil
Almeida, P. & Escorel, S. (2001)	Participativa	Políticas, programas e serviços de saúde mental	Brasil
Andrade, S.; Shedlin, M.; Bonilla, E. (1987)	Qualitativa	Programas de saúde	Colômbia
Ayres, J.R. et al. (2003)	Pesquisa avaliativa	Programa de prevenção HIV/Aids	Brasil
Ayres, J.R. (2004)	Formativa	Promoção da saúde	Brasil
Becker, D. et al. (2004)	Atribuição de poder/Participativa	Desenvolvimento local Promoção Saúde	Brasil
Bodstein, R.; Zancan, L.; Ramos, C.; Marcondes, W. (2004)	Qualitativa	Programa de desenvolvimento integral	Brasil

Autor/ano	*Conceito*	*Objeto de avaliação*	*País de origem*
Bursztyn, I., & Ribeiro, J.M. (2005)	Participativa	Programa de saúde do adolescente	Brasil
Castanheira, E. & Battistella, M.I. (2002)	Qualitativa	Qualidade do cuidado em DST/Aids	Brasil
Canals, R. et al. (1999)	Qualitativa	Qualidade da assistência a idosos	Espanha
Campos, G.; Barros, R.; Castro, A. (2004)	Crítica	Política nacional de promoção da saúde	Brasil
Cardozo, M. (2003)	Participativa	Programas Sociais. Programa Progresa	México
Carvalho, A.I. et al. (2004)	Colaborativa	Promoção da saúde	Brasil
Cecilio, L.C.O. (2000)	Transdisciplinar	Organizações da saúde	Brasil
Chávez, J.A. (2000)	Integral, participativa, interdisciplinar	Políticas públicas Políticas do setor de saúde	Costa Rica
Coupal, F. & Simmoneau (1998)	Participativa	Programas de desenvolvimento social	Canadá
Coupal, F. (2001)	Autoavaliação	Centros de atendimento de dia	Canadá
Coupal, F. (1995)	Participativa	Centros de atendimento de dia para crianças marginalizadas	Canadá
Crocker, R. & Magaña	Crítica interpretativa	Trabalho acadêmico	México
Deslandes, S. (1997)	Qualitativa	Serviços de saúde	Brasil

Diaz, D. & Hofbauer, H. (2004)	Participativa	Recursos públicos para reduzir a mortalidade materna	México
Ellsberg, M. & Clavel, C. (2001)	Qualitativa, participativa	Programa de atendimento à violência intrafamiliar no setor saúde	Estados Unidos
Engelkes, E. (1990)	Participativa	Programa de atendimento primário	Colômbia
Escobar, A. & González, M. (2002)	Antropológica, qualitativa	Programa de desenvolvimento humano Oportunidades	México
Fernandez, J. & Santos, MA. (1992)	Naturalista, qualitativa	Programa de educação sobre diabetes	Espanha
Filgueiras, S. & Deslandes, S. (1999)	Qualitativa	Ações de assessoria em serviços de assistência para HIV/Aids	Brasil
Figueiredo, R. & Ayres, J.R. (2002)	Participativa	Intervenção comunitária para reduzir vulnerabilidade a DST/Aids	Brasil
Furtado, J.P. (2001)	Participativa	Programas e serviços de saúde	Brasil
Furtado, J.P.	Participativa	Serviços de atendimento domiciliar	Brasil
Garay, A. et al. (2002)	Qualitativa	Sistema de coleta de sangue	Espanha

Autor/ano	*Conceito*	*Objeto de avaliação*	*País de origem*
Gámez, J.J. & Márquez, A.C. (2004)	Modelo respondente de Stake	Programas de promoção da saúde para imigrantes	Espanha
Gogna, M. (2001)	Quali-quantitativa	Programa Saúde Reprodutiva para Adolescentes	Argentina
Gonzalez, F.; Arteaga, E.; Howard-Graam, L. (1998)	Participativa	Projeto de saúde reprodutiva	Bolívia
Hoyos, L.M. (2002)	Participativa, monitoração e avaliação participativas	Lares comunitários de bem-estar	Colômbia
Lins, A.M. (2001)	Transdisciplinar	Intervenções sociais, educação contínua dos profissionais de saúde	Brasil
Lima, V.L. et al. (2004)	Múltipla, integrada	Programas de promoção da saúde	Brasil
Mercado, F.J. (s.f.)	Crítica interpretativa	Programa ajuda internacional	México
Mercado F.J.; Bosi, M.L.; Robles, L. et al. (2005)	Colaborativa participativa	Ensino pesquisa qualitativa em saúde	México, Brasil, Venezuela, Espanha
Mercado, F.J.; Hernández, N.; Tejada, L.M. et al. (2004)	Colaborativa	Programas de atendimento a doentes crônicos	México
Mercado, F.J.; Tejada, L.M.; Hernández, N. (s.f.)	Colaborativa participativa	Educação	México

Mercer, J. & Ruiz, V.A. (2004)	Qualitativa	Programas de formação de profissionais de saúde	Argentina
Minayo, Assis & Souza, 2005	Triangulación de métodos		Brasil
Mercer, J. & Ruiz, V.A. (2004)	Participativa	Organizações comunitárias na gestão da saúde	Argentina
Minayo, M.C. & Neto, O. (1999)	Triangulação metodológica	Programas e serviços de saúde	Brasil
Minayo, M.C. et al. (1999)	Triangulação metodológica	Centros de orientação e apoio sorológico/HIV	Brasil
Moysés, S.J.; Moysés, S.T.; Kriempel, M.C. (2004)	Participativa	Políticas públicas de promoção da saúde	Brasil
Pasteur, K. & Blauert, J. (2000)	Monitoração e avaliação participativa	Diversos programas	Inglaterra
Picado, M. (2002)	Qualitativa	Projetos sociais e de desenvolvimento	Costa Rica
Pedrosa, J.I. (2004)	De contexto, normativa, estratégica e de atribuição de poder	Promoção da saúde	Brasil
Perdomo, G. (1994)	Pesquisa ação participativa, avaliação democrática e cooperativa	Práticas de educação sanitária em escola de malariologia	Venezuela
Pla, M. et al. (2004)	Qualitativa, participativa	Programa de atendimento a imigrantes	Espanha
Potvin, L. (2004)	Realismo crítico	Programa de promoção da saúde	Canadá

Autor/ano	*Conceito*	*Objeto de avaliação*	*País de origem*
Ríos,V. & Gasca, A. (n.d.)	Participativa	Programa universitário serviço social e projeto urbano em saúde	México
Reis, I.N. & Vianna, M. (2004)	Qualitativa	Serviços de promoção da saúde	Brasil
Salazar, L. & Díaz, C. (2004)	Avaliação-sistematização	Promoção da saúde	Colômbia
Seoane, L. (2002)	Qualitativa	Campanha promoção e uso de preservativo	Espanha
Silver, L. (1992)	Centrada na aprendizagem participativa	Serviços de saúde	Brasil
Solarte, L. (2002)	Processo deliberativo	O papel político e social da avaliação	Colômbia
Tanaka, O.Y. (2004)	Quantitativa, qualitativa	Promoção da saúde	Brasil
Tanaka, O.Y. & Melo, C. (2001)	Quali-quantitativa	Programas de saúde do adolescente	Brasil
Tanaka, O.Y. & Melo, C. (2000)	Transdisciplinar, métodos quali-quantitativos	Serviços, projetos, programas de saúde	Brasil
Toro, S.F. (n.d.)	Qualitativa, quantitativa	Ações de controle das IRA	N.D.
Uchimura, K. & Bosi, M.L. (2002)	Qualitativa	Programas de saúde, serviços de saúde	Brasil
Uchimura, K. & Bosi, M.L. (2004)	Qualitativa	Programas de saúde, serviços de saúde	Brasil

Parte II

Fundamentos

3 Três posturas ontológicas concernentes à natureza dos programas de saúde: implicações para a avaliação*

Louise Potvin,
Sylvie Gendron
Angèle Bilodeau

O que é um programa? Como se pode distinguir o modo de ação programado de outras modalidades de ação social? Tais distinções são úteis sob o ponto de vista da avaliação? Eis algumas questões sobre as quais um exame atento da literatura relativa à avaliação não permite encontrar respostas. Com efeito, ainda que as noções de *programa*, *projeto*, *iniciativa* e outras denominações para a ação planificada sejam largamente empregadas na literatura sobre saúde, poucos autores focalizaram criticamente a realidade à qual esses conceitos se referem (LEVESQUE et al., 2000).

Os programas, como forma de ação e de intervenção, invadiram todas as esferas de atividade social. Onipresente, o termo *programa* é polimorfo: "programa de subvenção", "programa de um partido político", "programa de saneamento" ou, de modo mais prosaico, "programas de vacinação". Ainda que em cada um desses casos se trate de uma sequência de ações, mais ou menos bem definidas, em busca de objetivos mais ou menos específicos, não se visualiza com clareza a qual problema particular se pretende oferecer uma solução ou quais são as populações-alvo. Portanto, a delimitação do objeto de um programa e os componentes deste último são essenciais para determinar em que medida o

* Este capítulo baseia-se parcialmente em comentário publicado em *Ciência & Saúde Coletiva*, 2004, 9(3), p. 731-738; e também em exposição feita na oficina *Avaliação e Promoção em Saúde* realizada no âmbito do VI Congresso de Epidemiologia, promovido pela Abrasco, em junho de 2004, na cidade de Recife, PE.

programa produz as mudanças projetadas. O programa é uma das principais dimensões da atividade de saúde pública e a pesquisa avaliativa constitui, não raro, uma forma privilegiada de produção de conhecimento ligado à intervenção (ROOTMAN, GOODSTADT, POTVIN & SPRINGETT, 2001). Na medida em que importa refletir sobre sua pertinência e sua contribuição, a natureza do programa enquanto objeto de conhecimento deve, então, ser inteligível.

Neste capítulo, procuramos precisar alguns *a priori* conceituais concernentes à natureza dos programas no campo da saúde pública de modo a tornar inteligíveis as finalidades que orientam sua avaliação. Dito isto, limitaremos nossa discussão somente às concepções relacionadas à avaliação, ainda que esses pressupostos também influenciem fortemente as práticas e concepções ligadas à planificação, desenvolvimento e continuidade dos programas. Portanto, abordaremos, aqui, o programa como forma de intervenção organizada que se revela distinta de outras formas de intervenção em saúde, tais como uma lei ou uma intervenção clínica, uma vez que essa abordagem populacional engendra práticas que lhe são específicas.

Por que levantar questões acerca da natureza dos programas?

Situar a questão da natureza dos programas constitui uma etapa primordial na implementação de uma avaliação. Entretanto, três constatações se impõem ante esta interrogação. Primeiramente, ainda que a literatura neste domínio da saúde e no campo da planificação largamente lancem mão da noção de programa, muito raras são as discussões desta noção, o que inclui um exame crítico das definições implícita ou explicitamente dadas ao termo. Em geral, descreve-se os programas como conjuntos de atividades ou serviços coordenados, organizados segundo uma sequência temporal particular, empregando recursos voltados ao alcance de um objetivo específico, em resposta a uma situação julgada problemática e que afeta uma determinada população. Tal definição se, por um lado, apresenta a vantagem de identificar várias categorias de elementos que compõem os programas, por outro não permite apreender as relações que existem entre esses mesmos elementos bem como entre os programas e seus contextos, tampouco explicita as categorias pertinentes para dar conta da dinâmica e da evolução dos programas (POTVIN, HADDAD & FROHLICH, 2001). Em particular, esta definição não permite situar as relações que ligam os diferentes atores do programa por meio dos processos de transformação pretendidos.

Em segundo lugar, a grande maioria das definições e descrições referentes a programa que encontramos na literatura, no campo da saúde, apoia-se tacitamente em uma ontologia de programas que se origina do realismo empírico. O caráter implícito dessa concepção deriva-se do fato que suas implicações sobre a avaliação de programas nunca são submetidas a um exame crítico. É como se existisse uma natureza universal e unívoca dos programas e, por consequência, práticas de referência para tudo o que concerne à sua avaliação.

Evidentemente, esta posição reconhece que certas particularidades de alguns contextos e situações podem demandar a atualização dessas práticas de referência. Contudo, as recomendações consistem, em geral, em encontrar formas de acomodar essas situações particulares tentando aproximá-las, ao máximo, das práticas de referência.

Enfim, um exame crítico da natureza dos programas demonstra que, ao menos no campo da saúde, a concepção de programa não pode ser monolítica. Existem várias concepções de ação programada que se refletem na variedade de práticas existentes a partir das quais se elaboram iniciativas inovadoras em promoção da saúde (POTVIN & CHABOT, 2003) e novas formas de gestão (WHITE, 2000). Sendo assim, os limites e deficiências da concepção realista empírica clássica são cada vez mais evidentes, o que interpela outras práticas e teorias, no que tange à concepção e avaliação de programas, para além de um modelo biomédico (POTVIN, GENDRON, BILODEAU & CHABOT, 2005). Essas práticas e teorias sociais introduzem novas orientações para a reflexão e delimitação de ações em saúde.

Dessa forma, concepções sobre a natureza dos programas de saúde derivam de definições mais ou menos elaboradas e repousam sobre uma ontologia implícita que, em geral, escapa a um exame crítico e integra, na atualidade, uma diversidade de perspectivas teóricas. Essas três constatações são, no nosso entendimento, o coração da questão ontológica concernente à natureza dos programas em saúde.

Ontologia? Uma questão difícil e crítica para o avaliador

Ontologia é este ramo da filosofia que, partindo da constatação que o humano pode compreender, predizer e alterar certos atributos de seu meio, coloca a questão da natureza da realidade e de sua inteligibilidade a fim de que ela tome forma para o humano. A questão ontológica é das mais difíceis que se colocam. Isto se deve, em parte, segundo o filósofo Roy Bhaskar, ao fato de não existir resposta empírica a uma questão que não possa também ser abordada sob uma perspectiva filosófica ou metafísica. Com efeito, como nosso conhecimento da realidade é essencialmente derivado de nossos sentidos ou dos instrumentos que os prolongam, não existe critério situado fora da experiência humana que permita verificar empiricamente a exatidão das crenças existentes a propósito da natureza da realidade, sua estrutura e sua constituição (BHASKAR, 1978).

Ainda que de difícil solução, a questão da ontologia dos programas é crítica para os avaliadores. Isto porque é somente à medida que o mesmo desenvolve uma clara concepção sobre a natureza do programa a avaliar, como objeto de conhecimento, que a relação epistemológica entre um avaliador, sujeito do conhecimento, e um programa, objeto de conhecimento, pode ser definida e situada em um projeto de compreensão e ação.

Ora, o estabelecimento dessa relação está na base mesma do trabalho do avaliador que consiste, em boa parte, na operacionalização de ferramentas que lhe permitirão conceber os elos entre certas dimensões do programa com elementos do contexto bem como com as alterações que se operam por meio dos programas (POTVIN, HADDAD & FROHLICH, 2001). É através desse aparato que o avaliador estabelece relação com um programa e seus atores, uma relação que segue uma trajetória orientada pela filosofia com base na qual ele concebe a natureza do referido programa.

A natureza dos programas de saúde: do realismo empírico ao idealismo

Existem duas grandes tradições filosóficas concernentes à natureza da realidade, cada uma delas encontrando eco nas concepções subjacentes a vários programas de saúde. Trata-se do realismo empírico e do idealismo. O realismo empírico, tal como definido por Hume (1978), supõe não somente que existe uma realidade completamente exterior e independente à consciência humana, mas também que nossas percepções e representações relativas às experiências sensíveis são manifestações verídicas dos objetos do mundo real. Consequentemente, a realidade é considerada como constituída por objetos *discretos*, no sentido de que cada um desses objetos se distingue dos demais por características intrínsecas e por fronteiras reais. Portanto, se eles se distinguem uns dos outros, os objetos que compõem a realidade são também distintos em relação a um sujeito de conhecimento a quem cabe, apenas, decodificar, passiva e fielmente, as manifestações sensíveis dos objetos do mundo.

Uma árvore, por exemplo, existiria mesmo sem a presença do homem para atestar sua realidade. A percepção humana é verídica dado que ligada às qualidades primeiras da árvore e distinta do sujeito observador. Além disso, ainda que a árvore se transforme constantemente sob ação do sol através de suas raízes, as fronteiras entre a árvore e seu meio são entendidas como reais, definidas e observáveis. A qualquer tempo o objeto árvore poderia, portanto, ser isolado de seu meio sem alterar sua natureza, uma vez que esta natureza, que lhe é própria, é parte de suas qualidades.

Bhaskar (1978) qualifica uma tal teologia de plana devido ao amálgama que faz entre os objetos e a experiência que os sujeitos têm sobre ela. Para um empirista, esses dois níveis de realidade não se distinguem, sendo a experiência perceptiva do sujeito concordante com o objeto propriamente dito. O conhecimento reside, em última instância, no próprio objeto, sendo o papel da ciência *descobrir* a realidade e produzir um conhecimento verdadeiro sobre as propriedades do mesmo. Para os empiristas, os fatos são fatos, falam por si mesmos, e os cientistas são apenas intermediários passivos entre os objetos da natureza e o mundo do conhecimento (LATOUR, 1991). Este papel de intermediador neutro, passivo e, portanto, objetivo, confere aos cientistas esta autoridade de *expert*, ou seja, referência última no que concerne ao conhecimento dos objetos do mundo (LATOUR, 1999).

Uma concepção de programa inspirada pelo realismo empírico faz equivaler o programa aos seus elementos objetivos e o uso dos mesmos como que guiado por procedimentos precisos, preestabelecidos, estandartizados e derivados de conhecimentos científicos. Os programas têm também fronteiras precisas que os distinguem dos demais objetos do seu entorno. No interior dessas fronteiras encontra-se uma série de estruturas objetivas que podem ser manipuladas ou acionadas por um agente visando ao alcance de certos resultados. Nessa perspectiva, o modelo lógico, tendo em vista que identifica objetivamente os elementos de estrutura e os fios que os unem, é concebido como uma representação real do programa. E é porque o modelo lógico é concebido como o substrato objetivado do programa que ele pode servir como guia para sua padronização por meio de vários meios. Segundo este modelo lógico, os elementos objetiváveis que formam o programa são: 1) a situação problemática, estabelecida, geralmente, por um julgamento realizado por um *expert* como um desvio da norma baseada sobre parâmetros objetivos; 2) a solução racional identificada pela aplicação de conhecimentos científicos; 3) as operações do programa que servem para manipular as causas "naturais" e conhecidas do problema. Essa concepção referente aos programas encontra-se ilustrada na Figura 1. Cabe ressaltar três características nessa figura: primeiramente, falta claramente mediação, ou seja, distinção entre os objetos do mundo real e o especialista sujeito do conhecimento. Em segundo lugar, o problema, bem como o programa, são tomados como objetos estruturados em meio a outros objetos do real considerados independentes do problema e de sua solução. O problema, como todos os demais objetos, se revela ao *expert* que sabe escutar ou que possui as chaves para decodificar as mensagens.

Concordando com as concepções renascentistas, para essa vertente, um dos papéis fundamentais da ciência é "corrigir" os erros da natureza e utilizar os conhecimentos concernentes aos objetos naturais para superar as situações potencialmente nefastas para a humanidade. Após haver identificado as "deficiências da natureza", o papel do *expert* é criar outros objetos (os programas!) para corrigir a situação problemática. Tal concepção exclui do rol de soluções possíveis todas *bricolages* que, por aproximações sucessivas, modificam situações para, em lugar disso, aplicar apenas soluções técnicas comprovadas. Enfim, as relações entre os sujeitos *experts*, os objetos-problema e os programas são inteiramente unidirecionais. O programa pensado e executado pelo *expert* corrige, de acordo com sua eficácia, a situação problemática.

Um modelo como este é essencialmente prático, desprovido de atores sociais, portadores de interesses. Uma vez que são representados, os atores implicados no programa, seja como destinatários dos serviços, gestores ou nível decisório, são objetivados e suas ações codificadas e planificadas dentro de um modelo lógico, no qual não existe espaço para outras representações além daquelas admitidas no referido modelo, o qual exclui de antemão qualquer consideração acerca das negociações que, inevitavelmente, tomam forma nesse espaço bem como qualquer outro processo político.

Além disso, concebida como aspecto externo à situação problemática, a ciência pelo viés do *expert* atua como árbitro final para a definição dos problemas a corrigir e o desenho de suas soluções. Como todos os demais elementos do programa, os homens, seus papéis e suas ações são objetivados e determinados por suas relações com outros objetos do programa. Nessa concepção, os programas são destituídos de seus aspectos normativos.

Desse modo, a finalidade da avaliação consiste essencialmente em verificar se o programa corrige a situação problemática tal como indicado pela flecha unidirecional entre os elementos – programa e problema – da Figura 1.

Figura 1 – O programa como objeto natural

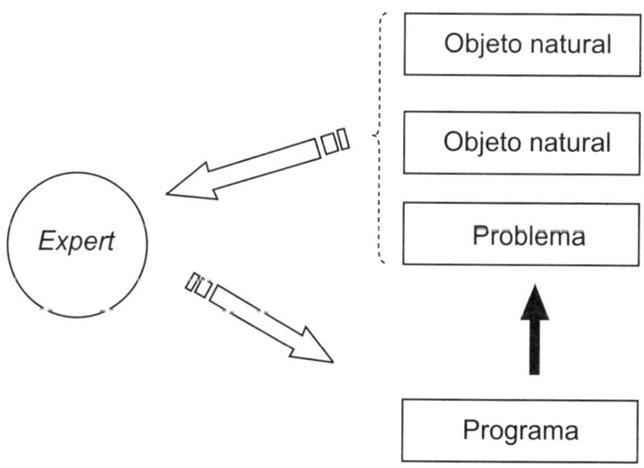

Ainda que outras questões possam também ser de interesse, notadamente aquelas que visam a assegurar que o programa seja colocado em prática em conformidade com o modelo lógico, o alvo primeiro do desenvolvimento avaliativo consiste na verificação das modificações produzidas.

Existe uma longa tradição de programas em saúde pública que derivam dessa concepção. Em certos programas de vacinação, por exemplo, todos os elementos são objetivados, desde as doses de vacinas e os frascos nos quais elas circulam, até o modo como penetram no corpo humano, passando pela taxa de cobertura esperada para assegurar uma imunidade populacional. Todos os parâmetros do programa são objetivados no modelo lógico, não sendo possível prever, tampouco refletir, suas variações, quer seja por motivos extrínsecos ao programa ou mesmo intrínsecos ao desenvolvimento das ações. Ou então essas variações são consideradas como sendo desvios, "ruídos" a controlar. Os indivíduos são também objetivados como portadores ou não de uma imunidade e suas próprias representações e interesses em relação aos programas não fazem parte dos elementos a serem considerados.

Apenas recentemente começou-se a considerar questões normativas ligadas a esses programas, tais como aceitabilidade para o indivíduo de um risco de efeito secundário nefasto associado à vacinação como contrapartida à redução de um risco populacional. A consideração dessas representações conflituosas, fontes de contestação do modelo lógico, situa os atores *ipso facto* como sujeitos atuantes em certos elementos do programa. Escapa-se, assim, ao modelo lógico.

A segunda tradição filosófica importante do ponto de vista da natureza do real é a tradição idealista. Uma ontologia idealista postula que dada a impossibilidade de validar a partir de outro lugar que não o aparelho perceptivo o que se entende por realidade empírica, torna-se necessário construir uma distinção ontológica entre os objetos do mundo real e os modelos e representações que o sujeito do conhecimento constrói com base nas suas percepções. Desse modo, Bhaskar (1978) fala de uma ontologia estratificada em dois níveis: um primeiro, constituído por objetos reais que existem independentemente da experiência que sobre ele tem o sujeito cognoscente, e um segundo nível formado por modelos e representações construídas pelos sujeitos, modelos e representações coletivas que se transformam segundo a diversidade das experiências humanas. Relativista, esta posição ontológica situa a experiência e a crença científica no mesmo plano das demais experiências e crenças humanas.

É preciso observar que é apenas nas versões caricaturadas e extremas do idealismo que se sustenta a existência mesma de uma realidade "objetiva" independente da ação humana. Grosso modo, o que o idealismo indica é a existência de uma correspondência direta, ou mesmo crescente, entre os modelos e representações que os sujeitos constroem sobre objetos do mundo real e estes últimos, donde surge a necessidade de se propor uma ontologia estratificada.

A consequência de uma posição ontológica como esta é que todo conhecimento é construído e socialmente situado. Os modelos são o produto de uma atividade criadora por parte dos sujeitos ativos em um espaço-tempo, dado que se colocam regras e procedimentos para julgar o valor das representações que eles mesmos desenvolvem. Na vertente mais radical do idealismo todos os modelos se equivalem, uma vez que não existe um critério absoluto de verdade com base no qual se poderia validá-los.

Para evitar tal relativismo, filósofos pragmáticos como William James (1947) ou John Dewey (1929) propuseram critérios referentes à capacidade de cada modelo informar a ação a partir do que se julgaria sua adequação. É desse modo que, segundo critérios pragmáticos, certos modelos podem se revelar superiores a outros. É também por sua capacidade reiterada de informar certas modalidades de ações ou transformações que as representações científicas são, com frequência, julgadas superiores.

A ontologia estratificada também encontrou espaço na literatura sobre programação em saúde e no campo das práticas avaliativas. Dessa perspectiva, conforme ilustra a Figura 2, os programas, da mesma forma como as situações problemáticas às quais se associam, provêm principalmente do domínio das representações que se fazem os atores sociais acerca da realidade e que lhes permitem orientar suas ações.

Figura 2 – O programa como representação social

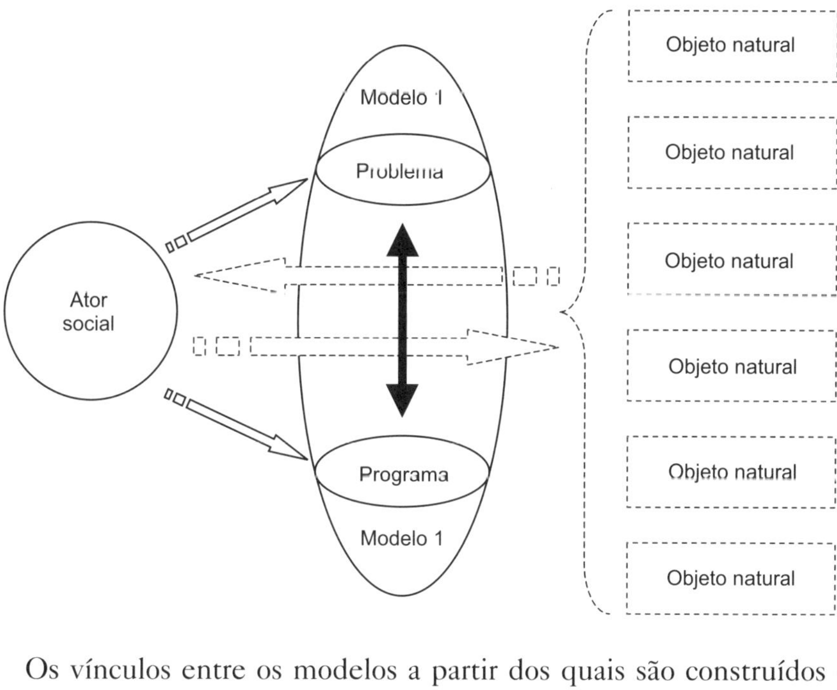

Os vínculos entre os modelos a partir dos quais são construídos os problemas e suas respostas-programa e uma eventual realidade objetiva são mais ou menos pertinentes para orientar a ação, porque é em função de suas representações que os atores agem, reajustando também os modelos que os orientam. Consequentemente, todo efeito apresentado por um programa é inteiramente mediatizado pela experiência e pelas representações que sobre ela têm os atores, o que acaba transformando os próprios atores ao longo da experiência. Os programas são, portanto, representações evolutivas da ação, já que construídas pelos atores nela implicados.

Essa visão dos programas está na base de concepções como aquelas defendidas por Guba e Lincoln (1989) na *avaliação de quarta geração* da mesma forma que por vários outros autores que aderem às abordagens participativas na avaliação. As práticas avaliativas que se baseiam em concepções idealistas visam essencialmente a se inscreverem na elaboração da ação colocando em evidência, conforme já apontado, os vínculos entre representações construídas pelos atores acerca dos programas e dos problemas vivenciados, conforme indicado pela flecha que liga o programa e o problema na Figura 2.

Em geral, trata-se de alcançar uma representação consensual entre os principais atores envolvidos, dada a crença na correspondência não somente entre os modelos e os objetos do mundo real, mas entre representações dos problemas e representações acerca dos programas – de onde se origina o emprego de diversos enfoques construtivistas e participativos em avaliação.

Ainda que mais recentemente inseridos no domínio da saúde pública, principalmente pela via da promoção da saúde que se apoia sobre valores de participação cidadã no processo de programação e de avaliação (ROOTMAN, GOODSTADT, POTVIN & SPRINGETT, 2001), essas abordagens construtivistas e participativas não podem, de fato, ser consideradas como marginais. Os programas de apoio ao desenvolvimento local que se baseiam essencialmente sobre a mobilização de amplas coalizões de atores procedentes de diversos setores são um bom exemplo do que acabamos de afirmar.

Uma das primeiras etapas neste tipo de programação é o desenvolvimento de representações comuns acerca dos problemas locais bem como de ações potenciais para sua correção. Essa concepção também penetrou os programas mais tradicionais em saúde pública. Com efeito, tornou-se claro e cada vez mais admitido que mesmo os programas considerados como mais técnicos operam em uma realidade social junto e envolvendo atores sociais que estabelecem toda sorte de representações sobre a realidade. Desse modo, mesmo as soluções mais técnicas correspondem, ao menos em parte, às representações que os atores se fazem sobre os problemas que os atingem. Como a sociedade e os fenômenos sociais não podem ser concebidos independentemente da ação humana, e como a saúde é ainda mais fortemente concebida como um fenômeno que possui, também, uma realidade objetiva modificável por ações organizadas, as concepções empíricas e as idealistas relativas aos programas devem coabitar no domínio da programação em saúde publica. Esta "co-habitação" coloca sérios problemas.

Programas emergentes que se acomodam mal a essas duas tradições ontológicas

Há cerca de 30 anos a prática em saúde pública vem se deparando com problemas importantes. Colocando em primeiro plano princípios como *empowerment* ou a *participação cidadã*, a Carta de Ottawa sobre promoção da saúde (WHO, 1986) e, no seu rastro, um bom número de políticas nacionais em matéria de saúde, apelam para uma redefinição das práticas em saúde pública. Três elementos caracterizam esse movimento:

- Primeiramente, as intervenções em saúde pública não devem mais ser concebidas unicamente por especialistas. Elas se referem a uma diversidade de saberes e de práticas, notadamente através de fóruns cidadãos e de recursos a outros mecanismos de democratização das decisões que aumentam cada vez mais sua popularidade.
- Em segundo lugar, como a saúde das populações é atualmente tributária de um conjunto de condições sociais, todos os setores de atividade social são chamados a produzir saúde. Nos países industrializados a ação intersetorial se transforma na palavra-chave para os que atuam em saúde pública.
- Finalmente, a existência de soluções já prontas e comprovadas é, crescentemente, contestada, cedendo lugar à legitimação de soluções progressivamente construídas e negociadas, por aproximações sucessivas, através das contingências e imprevistos que configuram o mundo complexo no qual devemos agir.

Em resposta às múltiplas exortações ao desenvolvimento e à implementação de programas fundados sobre novas parcerias entre instituições e sociedade civil, a literatura aponta um número crescente de experiências inovadoras nesse sentido. Esses projetos propõem a operacionalização de novas finalidades para a saúde pública. Não se trata mais de aplicar soluções padronizadas aos problemas identificados por *experts* externos aos contextos implicados, mas, antes, acompanhar esses contextos e lhes aportar ferramentas conceituais e práticas para fazer face a um conjunto de problemas que se colocam em contextos sócio-históricos que seguem suas trajetórias singulares. É por isto que um projeto de prevenção do diabetes em uma comunidade autóctone pode vir a ser um meio de desenvolvimento social e comunitário (POTVIN, CARGO, McCOMBER, DELORMIER & MACAULAY, 2003).

Esses programas propõem, ainda, ampliar o círculo de atores, contemplando práticas diversificadas e complementares, de modo a atingir seus objetivos. Não se trata de simplesmente se colocar diante das pessoas com um programa planificado e desenvolvido pelos profissionais de saúde pública, mas, antes, estabelecer parcerias duráveis com o conjunto dos atores implicados no contexto, de modo a avaliar uma questão de interesse com repercussões sobre a saúde do grupo. Cada um desses atores transforma-se, desta forma, em representante, no âmbito do projeto, das preocupações de uma classe de atores (MANTOURA, GENDRON & POTVIN – no prelo). Além disso, os saberes a partir dos quais esses programas são elaborados remetem a uma diversidade de conhecimentos que interessam tanto às ciências sociais como às ciências da vida. A interface entre os saberes favorece, em contrapartida, o estabelecimento de um diálogo que permite recriar saberes para compreender e agir de maneira inovadora, criativa (BISSET, CARGO, DELORMIER, MACAULAY & POTVIN, 2004).

Enfim, do ponto de vista das práticas, esses programas são concebidos muito mais como espaços negociados entre os diferentes atores em presença do que como soluções predeterminadas e generalizáveis. São espaços dinâmicos no sentido em que apresentam formas e contornos mutantes em função das contingências resultantes da evolução das condições internas (as dinâmicas relacionais entre os diversos componentes do programa) e externas (os limites e oportunidades criados pelo contexto mais amplo) (POTVIN et al., 2003).

Os novos enfoques programados da ação *com*, em lugar de *sobre* as comunidades, apela, desse modo, para uma mudança de paradigma no plano das práticas planificadoras dos atores públicos, convidando-os a colocar em prática ações de parceria participativa baseadas na negociação dos objetivos e dos meios para implementá-los.

Dito isto, ainda que estas novas experiências de intervenção representem uma dimensão essencial da terceira revolução de saúde pública (BRESLOW, 1999), é preciso reconhecer que elas não constituem ainda um corpo organizado e sistemático de conhecimentos; notadamente no que tange à natureza dos programas emergentes e aos desafios que isto coloca à avaliação dos mesmos. Os métodos que caracterizam as práticas científicas em curso na saúde pública dificilmente nos permitem elaborar os saberes e práticas sobre os quais fundar a teoria e o método dessas novas modalidades de programação e sua avaliação. Há um debate vivo em saúde pública a respeito dos enfoques e metodologias adequados para avaliar essas novas práticas e elaborar conhecimentos científicos válidos (CHAMBERLAND & BILODEAU, 2000; McQUEEN, 2002; POTVIN, 1996). No entanto, acreditamos que os parâmetros habituais que determinam os polos opostos deste debate não permitem propor ferramentas conceituais e metodologias adequadas.

De um modo demasiado caricatural, as duas posições extremas deste debate ilustram uma oposição mais que secular entre uma ciência positiva e uma abordagem relativista. A primeira funda-se em uma ontologia realista empírica e afirma procurar resultados generalizáveis que permitam elaborar uma programação baseada sobre dados comprovados para solucionar problemas objetivamente definidos. Em contrapartida, a segunda repousa sobre uma ontologia idealista e propõe interpretações contextualizadas baseadas em consensos que pretendem *reconciliar* os pontos de vista de todos os atores implicados em termos de definição de um problema e da solução a ser encaminhada.

Acreditamos que esta forma de apresentar um dilema entre paradigmas conduz a um impasse (GENDRON, 2001). Com efeito, profissionais e interventores que trabalham em campo tentando colocar em prática, localmente, processos que levem a melhores resultados em saúde, não encontram instrumentos conceituais e práticos pertinentes no discurso que remete a uma prática fundada em dados comprovados. Por um lado, as implicações de um enfoque positivista sugerem a necessidade de "consensos" que se revelam, em realidade, mais ou menos desejáveis e que podem mascarar nossa compreensão em relação às *nuances*, tanto locais como de ordem mais geral, dando lugar, assim, a um saber "parcial" dificilmente conseguindo se afirmar junto às instâncias legitimadoras. O desafio consiste, portanto, em elaborar uma moldura pertinente capaz de refletir essas novas práticas expressas em outras formas de ação programada, com a finalidade de refleti-las, transformá-las e reproduzi-las. Esta moldura deve, necessariamente, se apoiar em uma ontologia que seja coerente e que permita ultrapassar certas querelas que nos situam dentro das posturas ontológicas realistas e idealistas já aqui apresentadas.

Além disso, os desconfortos resultantes de uma oposição direta entre essas duas tradições ontológicas dominantes encontram também eco nas disciplinas científicas. Problemas importantes foram subestimados tanto por parte do realismo empírico como pelo idealismo. No que concerne ao realismo empírico, mais de um século de pesquisas empíricas em sociologia, antropologia e outras ciências sociais mostraram que os cientistas não são observadores passivos da natureza ou do mundo social e que o mundo real e os conhecimentos que temos sobre ele não pertencem à mesma ordem (TOULMIN, 1992). Assim, o trabalho dos cientistas, no escopo da ciência que se efetiva, é construir situações nas quais os mecanismos ativos na natureza ou na sociedade possam se exprimir (LATOUR, 1991). A construção dessas situações supõe a mobilização de conhecimentos anteriores nos quais se inscrevem observações novas. Produto de uma atividade social, o conhecimento não pode, portanto, ser mais do que contingência, historicamente situada (CAMPBELL, 1984).

Inversamente, no que concerne ao idealismo, a crítica deplora o fato que na ausência de vínculo, ainda que hipotético, entre os modelos e os objetos do mundo real, todo conhecimento torna-se local perdendo todo potencial de generalização e de predição que se tornam, assim, impossibilitadas. O que se apreende em uma situação não pode ser aplicado fora dela, o que limita sua capacidade de refletir as consequências dos programas e orientar ações.

O realismo crítico: uma postura ontológica para programas de saúde

Elaborada, sobretudo, por meio da obra do filósofo inglês Roy Bhaskar (1978; 1979; 1989) o realismo crítico oferece uma postura ontológica que permite uma leitura bastante distinta acerca da natureza dos programas de saúde. Enquanto o realismo empírico repousa sobre uma ontologia que *horizontaliza* e o idealismo sobre uma ontologia estratificada em dois níveis, o realismo crítico propõe uma ontologia em três níveis que diferencia o real, o atual e o empírico.

No primeiro nível ontológico, o real, é formado por objetos intransitivos da ciência que existem independentemente da experiência ou do conhecimento que os homens possam ter sobre eles. Essa realidade pode ser natural, quer dizer, produzida pela matéria físico-química, ou social, produzida pelos homens e suas inter-relações. O real é o mundo dos objetos, sua estrutura e mecanismos causais. Sejam eles físicos, minerais, ou sociais – como as instituições – todos os objetos do mundo real possuem uma estrutura distintiva e mecanismos causais, ou seja, uma capacidade de ação ou de reação que os torna suscetíveis de produzirem mudanças no seu meio (SAYER, 2000).

Partindo-se de uma perspectiva realista crítica, não há, portanto, ruptura entre o domínio dos objetos físicos e aquele dos objetos sociais. Os objetos sociais, produzidos pela atividade humana, exercem poderes causais independentemente da consciência humana acerca dos mesmos. O mercado, que é produzido pelas trocas econômicas entre indivíduos e grupos, é um exemplo clássico de objeto social que exerce poderes causais e isto independentemente da consciência que dele tenha cada indivíduo que dele participa.

O segundo nível ontológico, o atual, é o domínio dos acontecimentos. É este que é decodificado pelos atores tão logo mecanismos causais do real são acionados por meio da configuração/estruturação dos objetos do real. Os acontecimentos não são objetos como tais mas consequências da conjunção de um ou vários objetos reais por meio de mecanismos causais. Cabe sublinhar que a diferença fundamental entre o realismo empírico e o crítico reside no princípio de que, para o primeiro, a causalidade implica sempre uma regularidade entre dois eventos, enquanto que para o realismo crítico vários mecanismos causais entre objetos do real podem estar em jogo para produzirem um mesmo evento. Desse modo, uma conjunção regular de objetos, produtora do acontecimento, não é necessária, tampouco suficiente para levar a uma *causalidade*.

O terceiro nível ontológico refere-se ao empírico. Trata-se do significado que o sujeito de conhecimento atribui aos acontecimentos bem como aos objetos e mecanismos do real por meio da experiência que ele tem sobre os mesmos ou na qual ele é inscrito. Como no caso do idealismo, os modelos e representações que formam o nível empírico são contingentes e socialmente produzidos. Entretanto, contrariamente ao idealismo, o realismo crítico supõe um vínculo efetivo entre os eventos, consequência de mecanismos causais que estruturam os objetos da realidade, e as representações (modelos) que os sujeitos se fazem acerca dos objetos e mecanismos que constituem a realidade. Uma concepção de programa fundada sobre uma ontologia realista crítica em três níveis poderia se assemelhar à ilustração da Figura 3.

As situações problemáticas, exatamente como os programas, pertencem ao domínio dos acontecimentos. Para que se atualizem na experiência dos atores, as situações problemáticas necessitam uma conjunção de objetos reais por meio de mecanismos causais e de modelos resultantes dos saberes dos atores-sujeitos do conhecimento. Somente por meio de seus modelos é que um ator pode atribuir significado a um

Figura 3 – O programa como evento

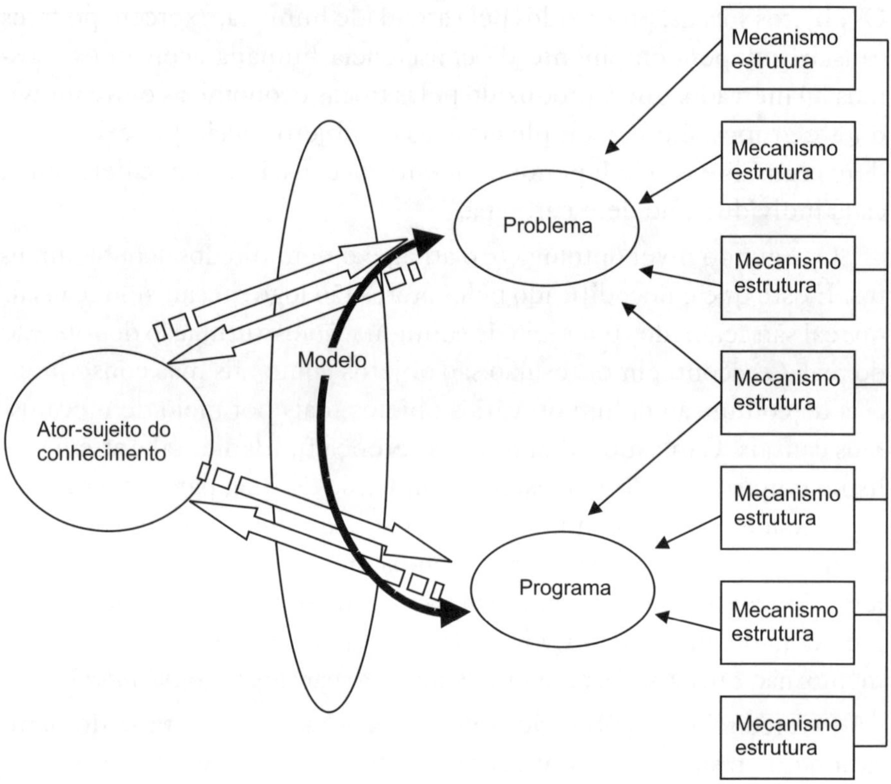

evento. O diabetes tipo II constitui um exemplo interessante. Conhecido desde a Antiguidade como uma disfunção do metabolismo dos açúcares e das gorduras, é somente por meio dos modelos que associam essa condição a um conjunto de complicações, notadamente as doenças cardiovasculares, que se pode revisar o significado dessa patologia de modo a considerá-la como problema de saúde pública (ROCK, 2002). Nesse caso, o mecanismo causal implicado é a disfunção metabólica, e os eventos, o diabetes e suas complicações.

No que concerne aos programas, a Figura 3 indica que uma ontologia realista crítica os situa igualmente no domínio do atual, enquanto resposta aos eventos colocados sob forma de problemas. Para existir um programa requer a ação de um ator, sujeito do conhecimento, que por meio da modelagem dos mecanismos e objetos reais na constituição dos eventos problemáticos manipula objetos e mecanismos do mundo real, a fim de modificar sua estruturação e os eventos que dela resultam.

Nessa perspectiva, os programas não são corretivos para objetos e mecanismos defeituosos, mas ações deliberadas pelos atores de modo a acionar outros objetos e mecanismos para interagir com os primeiros em uma situação julgada problemática. É importante notar que a flecha que religa o problema e o programa na Figura 3 também atravessa os modelos do ator. O papel da avaliação não se limita, portanto, a associar um programa com a modificação de um problema; consiste, também, em alimentar os modelos e as teorias dos atores referentes ao conjunto de mecanismos em jogo na situação focalizada (PAWSON & TILEY, 1997).

Segundo uma ontologia realista crítica, propomos então que, dada sua natureza, os programas se situem no *atual*, quer dizer, no mundo dos eventos, portanto, da ação. Eles acionam condições que permitem, ou não, a expressão de objetos e mecanismos causais, a um só tempo, sociais e físicos. Como os objetos, sua estruturação e os mecanismos presentes são modificáveis, múltiplos e não diretamente acessíveis, é necessariamente por meio de aproximações sucessivas que os programas são construídos e implantados com base em experiências anteriores mais ou menos eficazes, mas também a partir da modelagem dos mecanismos causais que permitem uma melhor compreensão dos eventos pelos atores e a transformação de suas ações e modelos subsequentes. Somente sob essa condição que uma correspondência entre a ação programada e as situações às quais ela responde pode ser esperada.

Implicações de uma ontologia realista crítica para a avaliação de programas em saúde

Três implicações derivam de tal concepção de programas no que concerne à avaliação. A primeira implicação refere-se à definição do que constitui um programa, objeto de avaliação. Testemunha-se, hoje, um alargamento do espaço definido pelo que se entende como programa, uma vez que este último se apoia em sujeitos ativos produtores, o que inclui tanto os idealizadores ou planificadores como os destinatários das ações. Um programa transforma-se, assim, em uma matriz de inter-relações entre uma diversidade de atores cujas ações e suas consequências constituem o programa propriamente dito.

Posicionar dessa maneira todos os sujeitos implicados como tendo a capacidade de exercer uma ação causal resulta em situar o programa como um objeto em transformação. Torna-se, assim, inevitável que em certos momentos de sua história um programa e as relações que ele aciona possam aparecer mais instáveis e vulneráveis a uma redefinição e reconfiguração por parte dos atores implicados. Estes últimos, sempre suscetíveis de exercer seus poderes causais, podendo acionar mecanismos que (re)estruturam relações entre componentes do programa.

A possibilidade dessas definições nos permite melhor compreender a irredutível incerteza com a qual devemos interagir não somente na implementação de um programa como também na planificação e realização da avaliação. Desse modo, considerar todos os atores pertinentes como fazendo parte do espaço de um dado programa permite situar a avaliação como um conjunto de ações e de atores em relação com o programa e, portanto, potencialmente implicados na sua transformação.

A segunda implicação de uma concepção realista crítica para a avaliação dos programas em saúde é que ela privilegia questões de avaliação que conferem destaque aos processos por meio dos quais os eventos se transformam, e desse modo permitem também entrar na caixa preta do programa mais do que nas causas propriamente ditas. Na verdade, não se trata de apenas conhecer as causas e determinantes de um problema, mas, antes, de explorar mecanismos para resolvê-los. A questão de saber como se produz, se reproduz e se transforma um problema, quer dizer, quais mecanismos e ações se desenvolvem para que se chegue a um evento problemático torna-se crucial e substitui a simples identificação das causas de um dado problema.

Por fim, a terceira implicação é de ordem metodológica. Uma concepção realista crítica ultrapassa largamente a lógica idealista, uma vez que postula a existência de mecanismos concretos não sendo, portanto, a ação redutível às percepções que dela têm os atores, sendo o papel da avaliação iluminar esses mecanismos para além das representações que dela fazem os atores implicados. Essa concepção ultrapassa igualmente a lógica positivista, uma vez que os mecanismos em jogo podem ser continuamente reorientados pelos atores envolvidos. Uma lógica de experimentação controlada serve apenas para mascarar esses mecanismos ativos.

Há, portanto, necessidade de desenvolver outras ferramentas metodológicas fundamentadas na observação das mudanças induzidas por um programa, assim como a modelagem dos processos vinculados a essas transformações por meio de abordagens de estudo de caso, o que remete por sua vez à utilidade de grupos comparativos. Posto que em situação "natural" todos os sistemas estão expostos a um conjunto de mecanismos causais, comparações endógenas de um dado sistema com ele mesmo através do tempo se revestem de imediato de uma pertinência importante.

Além disso, a teoria torna-se um interessante instrumento de avaliação. Por um lado, ela permite uma comparação entre eventos observados e *modelados* e eventos teoricamente plausíveis, levando em conta modelos existentes; e, por outro, sua formalização por meio dessas comparações permite refletir sobre a ação, orientar o programa de modo mais refinado e contextualizado e submeter à prova hipóteses emergentes ao longo da ação. A generalização tem, dessa forma, um sentido teórico e praxiológico (SCHWANDT, 2001) mais que um significado estatístico e a avaliação contribui para o cruzamento do valor preditivo dos modelos com a teoria, além de informar localmente a ação sob observação.

Conclusão

Examinamos, aqui, três maneiras distintas de conceber a natureza de um programa, onde cada uma remete a uma postura ontológica particular concernente à natureza da realidade. Uma concepção realista empírica fundamenta os programas em objetos reais que exercem poderes efetivos para reparar outros objetos defeituosos. Nesse caso, a finalidade da avaliação é, em última instância, determinar a eficácia dessa ação. Acreditamos que uma concepção como essa é incompatível com um enfoque participativo de avaliação.

Uma concepção idealista situa os programas, da mesma forma como as situações problemáticas às quais eles respondem, no plano das representações humanas. São essas representações que servem de ponto de ancoragem para a ação. A finalidade da avaliação é, então, de reconciliar as diversas representações do problema e do programa construídas pelo conjunto dos atores implicados a fim de melhorar a ação localmente. Essa concepção está na base da maioria dos enfoques participativos já colocados em prática no domínio da avaliação.

Infelizmente, tal concepção aprisiona a avaliação no espaço restrito dos atores singulares dos programas avaliados e confina a pertinência dos enfoques participativos a um particularismo que não permite efetivamente refletir sobre os mecanismos subjacentes à ação.

Enfim, em uma concepção realista crítica, as situações problemáticas, assim como os programas, resultam de ações exercidas por mecanismos que estruturam os objetos do mundo real, os quais podem ser ativados pelos próprios atores implicados no programa, uma vez que estes últimos são concebidos como sujeitos ativos. Contudo, essas ações que são tão reais quanto os mecanismos de que se originam só adquirem significado por meio das representações que dela fazem os atores. Nessa perspectiva, a avaliação se reveste de duas finalidades importantes: uma é guiar localmente a ação informando as transformações sucessivas dos eventos ligados, a um só tempo, à situação problemática e ao programa, transformações estas que resultam de mecanismos ativos no programa; a outra finalidade é informar modelos e teorias dos atores a fim de que possam aprimorar sua apreensão acerca dos mecanismos colocados em prática na produção dos eventos.

O leitor terá constatado... privilegiamos uma ontologia realista crítica para orientar nossa prática de avaliação de programas em saúde. Acreditamos que se trata de uma base sólida para prosseguir no desenvolvimento da teoria e do método da avaliação participativa.

Referências bibliográficas

BHASKAR, R. (1989). *Reclaiming reality* – A critical introduction to contemporary philosophy. Londres, UK: Verso.

______(1979). *The possibility of naturalism*. Londres, UK: Harvester Wheatsheaf.

______(1978). *A realist theory of science* (2nd edition). Londres, UK: Harvester Wheatsheaf.

BISSET, S.L.; CARGO, M.; DELORMIER, T.; MACAULAY, A.C. & POTVIN, L. (2004). "Legitimising diabetes as a community health issue: a care analysis of the Kahnawake Schools Diabetes Prevention project". *Health Promotion International*, 19, p. 317-326.

BRESLOW, L. (1999). "From disease prevention to health promotion". *Jama*, 281, p. 1.030-1.033.

CAMPBELL, D.T. (1984). Can we be scientific in applied social sciences? In: Connors, R.F. et al. (orgs.). *Evaluation Studies Annual Review* (p. 26-48). Thousand Oaks, CA: Sage.

CHAMBERLAND, C. & BILODEAU, A. (2000). "Identité et légitimité de la promotion de la santé: la nécessaire conjugaison des paradigmes de recherché". *Rupture, revue transdisciplinaire en santé*, 7, p. 138-149.

DAB, W. (2005). “Réflexions sur les defies de la programmation en santé”. *Promotion & Education*, suppl. 3, p. 74-77.

DEWEY, J. (1929). *Experience and nature.* Nova York: Norton.

GENDRON, S. (2001). Transformative alliance between qualitative and quantitative approaches in health promotion. In: ROOTMAN, I.; GOODSTADT, M.; HYNDMAN, B.; McQUEEN, D.V.; POTVIN, L.; SPRINGETT & ZIGLIO, E. (orgs.). *Evaluation in health promotion*: principles and perspectives. Copenhague: WHO Regional publications. European Series; n. 92, p. 107-121.

GOSTIN, L.O. (2000). Lega land public health policy intervenions to advance population’s health. In: SMEDLY, B.D. & SYME, S.L. (orgs.). *Promoting health. Intervention strategies from social and behavioural research.* Washington, DC: National Academy Press, p. 390-416.

GUBA, E.G. & LINCOLN, Y.S. (1989). *Fourth generation evaluation.* Newbury Park, CA: Sage.

HUME, D. (1978). *A treatise on human nature.* Oxford, UK: Oxford University Press.

JAMES, W. (1947). *Pragmatism.* Nova York: Longmans/Green and Co.

LATOUR, B. (1999). *Politiques de la nature* – Comment faire entrer les sciences en démocratie. Paris: La Découverte.

______ (1991). *Nous n’avons jamais été modernes.* Paris: La Découverte.

McQUEEN, D.V. (2002). “The evidence debate”. *Journal of Epidemiology and Community Health*, 56, p. 83-84.

PAWSON, R. & TILLEY, N. (1997). *Realistic evaluation.* Londres: Sage.

POTVIN, L. (1996). “Methodological challenges in evaluation of dissemination programs”. *Canadian Journal of Public Health*, 87 (suppl. 2), p. 79-83.

POTVIN, L. & GAUVIN, L. (2002). “Splendor and misery of epidemiology for the evaluation of health promotion”. *Revista Brasileira de Epidemiologia*, 5 (suppl. 1), p. 91-102.

______ (2000). “Dossier thématique: recherche et transformation des pratiques professionnelles en promotion de la santé”. *Ruptures, revue transdisciplinaire en santé*, 7, p. 51-149.

POTVIN, L.; CARGO, M.; McCOMBER, A.; DELORMIER, T. & MACAULAY, A.C. (2003). "Implementing Participatory Intervention and Research in Communities: Lessons from the Kahnawake Schools Diabetes Prevention Project". *Social Science & Medicine*, 56, p. 1.295-1.305.

POTVIN, L.; GENDRON, S.; BILODEAU, A. & CHABOT, P. (2005). "Integrating social theory into public health practice". *American Journal of Public Health*, 95, p. 591-595.

POTVIN, L.; HADDAD, S. & FROHLICH, K.L. (2001). Beyond process and outcome evaluation: a comprehensive approach for evaluating health promotion programmes. In: ROOTMAN, I., GOODSTADT, M., HYNDMAN, B., McQUEEN, D.V., POTVIN, L., SPRINGETT, J. & ZIGLIO, E. (orgs.). *Evaluation in health promotion* – Principles and perspectives. Copenhague: WHO regional publications. European series, n. 92, p. 45-92.

ROCK, M. (2002). *Sweet blood and power*: Making diabetics count. Montreal: McGill University/Department of Anthropology [PhD thesis].

ROOTMAN, I.; GOODSTADT, M.; POTVIN, L. & SPRINGETT, J. A framework for health promotion evaluation. In: ROOTMAN, I., GOODSTADT, M., HYND-MAN, B., McQUEEN, D.V., POTVIN, L., SPRINGETT, J. & ZIGLIO, E. (orgs.). *Evaluation in health promotion* – Principles and perspectives. Copenhague: WHO regional publications. European series, n. 92, p. 7-38.

SAYER, A. (2000). *Realism and social science*. Londres, UK: Sage.

SCHWANDT, T.A. (2001) *Dictionary of Qualitative Inquiry* (2nd edition). Thousand Oaks: Sage.

TOULMIN, S. (1992). *Cosmopolis*: The hidden agenda of modernity. Chicago, IL: The University of Chicago Press.

WHITE, D. (2000). Consumer and community participation: A reassessment of process, impact and value. In: ALBRECHT, G.L., FITZPATRICK, R. & SCRIMSHAW, S.C. (orgs.). *The handbook of social studies in health and medicine*. Thousand Oaks, CA: Sage, p. 465-480.

4 Avaliação qualitativa de programas de saúde: contribuições para propostas metodológicas centradas na integralidade e na humanização

Maria Lúcia Magalhães Bosi &
Kátia Yumi Uchimura

Ainda que sob forte influência positivista e, portanto, marcada historicamente pelo uso predominante de métodos quantitativos, a avaliação de programas de saúde resiste na atualidade como tema de destaque no cenário das ações de planejamento e gestão. Dentre os vários aspectos relacionados a esta visibilidade, situam-se a crise fiscal do Estado e a redução dos gastos públicos, crise que também se estende aos modelos organizacionais e às ideologias profissionais, em um contexto onde movimentos sociais vocalizam novas necessidades e novas formas de cuidado, como expressão de cidadania.

Esse cenário tem sido capaz de demandar e, com isso, gerar estratégias metodológicas variadas e multidimensionais. Tomando por referência essa aproximação – o método (utilizado) da natureza do objeto (avaliado), assinalamos que a iniciativa de se apontar subsídios para a construção de propostas metodológicas de avaliação voltadas à qualidade deve levar em conta o tensionamento inerente às infinitas possibilidades que se vislumbram face às múltiplas variações das modalidades de programas de saúde existentes. Com efeito, cada proposta avaliativa se justificaria em função e a partir de seu objeto (sem esquecer dos grupos de interesse envolvidos), o qual, por seu turno, estaria circunscrito à dimensão objetiva ou à dimensão subjetiva da qualidade podendo-se pensar, ainda, em combinações dessas tradições (UCHIMURA & BOSI, 2004a).

Em outros termos, partimos do pressuposto de que alguns elementos constituem a base de sustentação teórica e técnico-operacional para determinados programas, conferindo-lhes singularidade e, dada sua relevância, precisam ser devidamente considerados na construção de desenhos avaliativos.

Além disso, é oportuno lembrar que toda proposta avaliativa subentende interesses e deve se voltar para o alcance de certos fins, articulando-se fortemente ao contexto no qual emerge. Nesse sentido, sustentamos que a existência de um sistema de saúde ancorado em uma noção ampliada de saúde, que pressupõe a humanização das práticas e que estimula a compreensão da saúde como direito de cidadania, exerce, sem sombra de dúvida, fundamental papel na definição de um panorama com especificidade própria, a ser reconhecida e considerada nas iniciativas de avaliação, em especial aquelas voltadas à avaliação da qualidade.

Exemplificando, no Brasil, a vigência do SUS (Sistema Único de Saúde) com todo seu arcabouço ideológico materializado em diretrizes, princípios e ideário, bem como a existência concreta de seus desdobramentos e estratégias – um exemplo é o PSF (Programa Saúde da Família) – são situações indiscutivelmente oportunas à idealização de propostas metodológicas que iluminem aqueles elementos que lhes são específicos.

Este texto se propõe a colocar em relevo alguns elementos teórico-conceituais, inerentes à avaliação de programas de saúde, centrados nas dimensões concernentes à qualidade, integralidade e humanização, uma vez que a integralidade que se pretende na atenção básica aparece intrinsecamente relacionada à humanização do cuidado e ao reconhecimento da pluridimensionalidade do indivíduo e do processo saúde-doença.

Para atingirmos tal propósito, primeiramente, revisitaremos, sem a pretensão de esgotar, o *estado da arte* no campo da avaliação em saúde, apontando as vertentes predominantes de modo a situar a abordagem qualitativa no interior desse conjunto de práticas e a sinalizar suas interfaces com as diretrizes aqui contempladas e a demarcá-la como tradição teórico-metodológica inerente a essas dimensões. Na sequência, será abordada a integralidade – princípio e diretriz do SUS (Sistema Único de Saúde) – identificando seus diferentes sentidos, dialogando com a racionalidade científica e com a formação em saúde. O tópico subsequente refere-se à humanização, inserindo a dimensão do acolhimento, da escuta e da cura/assistência enquanto relação. Finalizando, procuraremos exercitar um deslocamento do plano conceitual para o operacional, visando a subsidiar a construção de propostas de avaliação fundamentadas nos elementos aqui mapeados.

Acerca do conceito e da práxis[1] em avaliação de programas de saúde

Avaliação é um termo bastante enfatizado no plano dos discursos e das práticas em diferentes campos e também na saúde – termo antigo, mas que vem se revalorizando, conforme já assinalamos, face aos desafios e obstáculos que se apresentam nos vários setores ligados ao planejamento de ações de âmbito social, dentre os quais o setor saúde. Tais desafios conferem destaque à avaliação – de sistemas, organização de serviços e da atenção à saúde – quer como ferramenta de gestão na tomada de decisões ou alocação de recursos de forma mais adequada, quer como instrumento de democratização e empoderamento (*empowerment*) da população, o que já aponta para os vários usos e, por conseguinte, sentidos do termo.

Fala-se em avaliar (ou em avaliação) como se em uníssono. Contudo, o conceito permite um leque bastante amplo de sentidos, não raro antagônicos, o que, a nosso ver, justifica um esforço de apontar as concepções mais usuais no sentido de demarcar aquela que fundamenta a discussão empreendida neste capítulo, exigindo suportar o deslizamento polissêmico. Tal esforço, ainda que não se pretenda exaustivo, visa a se contrapor às concepções que tomam a avaliação em seu sentido estritamente instrumental, esquecendo que o foco, bem como as dimensões de análise privilegiadas em uma avaliação – no caso, de programas de saúde –, implica postulados teóricos que lhe servem como fundamento (PINTO, 1986 apud ACURCIO et al., 1991). Isto porque a ênfase nos aspectos prático/pragmáticos sem uma contrapartida conceitual parece, em parte, responder pelo insucesso de muitas iniciativas no campo da avaliação.

Conforme mencionamos, o termo *avaliação* assume, *grosso modo*, um sentido consensual, associado à atribuição de valor, à manifestação de alguém em relação a alguma coisa, sem um compromisso com o fundamento desse juízo ou com o uso de um determinado método. Se, no entanto, o que estiver em tela for a avaliação de políticas e programas de saúde, inscrita – portanto – na esfera da cientificidade, não há tanta consonância. Nesse caso, a avaliação pode assumir um vasto espectro de desenhos e configurações, podendo variar teórica e metodologicamente,

1. Ação em que o agente e o produto de sua ação são idênticos, pois o agente se exterioriza na ação produtora e no produto, ao mesmo tempo em que este interioriza uma capacidade criadora humana, ou a subjetividade" (CHAUÍ, 1999: 419).

em função do escopo da intervenção ou da racionalidade científica que dá suporte ao estudo.

A avaliação, nesse âmbito, pode ser definida "como um conjunto de procedimentos sistemáticos que buscam dar visibilidade ao *que é feito* por referência *ao que se pode e/ou se quer fazer* com respeito ao interesse, efetividade, operacionalidade e qualidade de ações, tecnologias, serviços ou programas de saúde" (AYRES, 2004: 585). O termo *sistemático* nos parece especialmente importante, uma vez que já realiza uma primeira demarcação, implicando em rigor, o que situa a avaliação em âmbito distinto daquele operado pelo senso comum. Apesar da aproximação com a pesquisa, também se distingue desta prática, tendo em vista que, na avaliação, ao contrário do que se espera da pesquisa, pretende-se emitir juízos de valor.

A questão se complexifica ainda mais quando se associa a este conceito outro igualmente polissêmico – a qualidade –, dando origem a novos construtos: *avaliação da qualidade*, *avaliação qualitativa*, dentre outros. Em discussão anterior (UCHIMURA & BOSI, 2002), analisamos as dificuldades na utilização do conceito qualidade, apontando distintas definições e as tensões semânticas presentes nas definições deste termo na literatura, traduzindo o seu caráter multidimensional intrínseco ou extrínseco, abrangendo dimensões objetivas e subjetivas e revelando-se mesmo contraditório, à medida que possibilita polarizações cuja síntese aponta algumas dificuldades. Mais que isto, permite – sob o rótulo qualidade – agregar postulados inconciliáveis nos planos epistemológico, metodológico e político (BOSI & MERCADO-MARTÍNEZ, 2004), cabendo assinalar, sobretudo, a inclusão ou não da subjetividade.

No campo da saúde – e da avaliação de programas – cabe assinalar a dificuldade de conceituar qualidade bem como sua polissemia (UCHIMURA & BOSI, 2004a). Resulta daí o enfraquecimento do conceito e o estreitamento de sua amplitude, uma vez que certos sentidos e, por conseguinte, determinadas dimensões preponderam nos modelos avaliativos utilizados. Nesse campo específico, o paradigma que orienta a avaliação da *qualidade* dos programas privilegia, de maneira excessiva, se não exclusiva, aquelas dimensões objetiváveis, ou seja, passíveis de quantificação, correspondendo ao que Demo (2000) define como *qualidade formal*, o que resulta na exclusão da dimensão subjetiva, simbólica, ou seja, o propriamente humano.

O reconhecimento da multidimensionalidade da qualidade, sobretudo a extrínseca, converge para as características da quarta geração da avaliação – *fourth generation evaluation* – relatadas por Guba e Lincoln (1989), os quais assinalam a necessidade de negociação e consenso entre os diversos atores sociais, em superação e contraposição a estágios anteriores em que imperavam concepções unilaterais e, por essa razão, reconhecidos em sua limitação.

Ao considerar – em sua apreensão de avaliação de programas – uma multiplicidade de elementos, Ayres transcende a dimensão da objetividade e se reporta à subjetividade presente na prática em saúde. E, reconhecendo a polissemia da qualidade, o autor desenvolve uma proposta de classificação (da avaliação de programas e serviços) que tomamos por uma versão próxima das formulações que vimos construindo acerca das possibilidades avaliativas e que, resumidamente, consiste em reconhecer duas modalidades de avaliação.

Uma delas, chamada de *avaliação normativa*, destina-se a verificar o "êxito técnico" (AYRES, 2001) de ações em saúde, aí compreendidos os produtos do trabalho na saúde, ou seja, os objetos e objetividades produzidos nas ações desenvolvidas no campo da saúde. Essa modalidade se limita, geralmente, à quantificação, pois se destina a avaliar elementos formais de uma intervenção, admitindo uma perfeita justaposição com o que denominamos *avaliação da qualidade formal* (UCHIMURA & BOSI, 2004a).

A outra, denominada *avaliação formativa*, vai além da dimensão objetiva da qualidade, voltando-se ao julgamento do "sucesso prático" (AYRES, 2001) de uma ação em saúde, o que implica reconhecer os "*projetos de felicidade* que justificam e elucidam a realização do cuidado que se quer julgar", ou seja, volta-se à dimensão subjetiva da qualidade, formulação análoga à nossa concepção de *avaliação qualitativa* (UCHIMURA & BOSI, 2004a).

Ao lado disso, qualidade é um conceito cujo uso vem se difundindo nas últimas décadas, acompanhando o que poderíamos denominar *ideologia da qualidade*, já que se distancia daquilo que efetivamente preside um conjunto bastante amplo de práticas sociais. Fala-se hoje em qualidade em todos os setores e áreas; e, paradoxalmente, reforçam-se valores consumistas e compulsivos, onde a quantidade se sobrepõe à busca de outros princípios e à reflexão ética. Mais que isso: o aumento na quantidade de componentes de vários processos muitas vezes é entendido, de forma mecânica, como ganho ou modificação em termos de qualidade nesses mesmos processos. Embora isto possa se verificar, consoante a dialética, tal conclusão pede um exame do que seja qualidade, e em que sentido ela é tomada.

Vale observar que estudos de avaliação com contornos mais tradicionais, voltados à análise da eficácia e/ou eficiência de determinado programa, dada a natureza do método que empregam e o entendimento da realidade a partir de uma ótica de objetivação, seriam apropriados para a análise ou mensuração do *êxito técnico* do programa, ou seja, de sua *qualidade formal*, portanto objetiva.

Por outro lado, estudos de avaliação voltados à dimensão subjetiva da qualidade, sendo aquela que admite a experiência, o vivido, as emoções e sentimentos, seriam adequados à análise do *sucesso prático*, ou seja, à análise da efetividade de um programa de saúde, pois consideraria as expectativas e o projeto de vida e de felicidade de seus usuários. Quanto a isto, é importante despolarizar, ultrapassando querelas que opõem qualitativo/quantitativo, uma vez que, conforme retomaremos adiante, a multidimensionalidade intrínseca ao conceito de qualidade implica em diversidade de abordagens e combinações metodológicas, conforme assinalado por autores como Patton (1997) e Guba e Lincoln (1989), superando, desta forma, a imagem polarizada "um ou outro" em direção à reflexão ontológica, ou seja, ao reconhecimento da natureza do problema, aspecto que, por si, já demarca a *ferramenta* a ser utilizada (BOSI & MERCADO-MARTÍNEZ, 2004).

Quanto a essas polaridades ou perspectivas que poderíamos nomear positivista/quantitativistas contrapondo-as às fenomenológico/qualitativas (construtivistas) ou crítico-interpretativas, dentre outras, cabe mencionar a preponderância na literatura científica – em consonância com o que se observa nas experiências avaliativas – da primeira vertente, tradicional, objetivadora, com a consequente exclusão dos sujeitos (ou pelo menos parte destes) do processo. Ilustrando esta assertiva, uma busca de publicações entre fevereiro de 2001 a fevereiro de 2006 na base Medline, utilizando-nos dos descritores *evaluation+process+quality* apontou 3.192 referências. No entanto, ao empreendermos a busca, no mesmo período, acrescentando o termo *qualitative research* àqueles descritores citados, foram localizadas apenas 30 referências. Na Base *Lilacs* o resultado encontrado foi semelhante: utilizando-nos dos descritores "avaliação+programas", foram localizadas, para o mesmo período, 672 referências, número que se reduz para apenas 23 referências quando efetuamos a busca associando os termos: "avaliação+qualitativa+programas".

Essa concepção avaliativa fundamentada nos pilares da racionalidade científica moderna (PINHEIRO & LUZ, 2003) estreita o alcance dos processos implementados e das propostas ainda em implantação, sobretudo se pretendemos adotar uma concepção ampliada de saúde e de homem. Nossa afirmação encontra ressonância na análise de Akerman et al. (2002), ao defenderem a necessidade de estratégias de avaliação que transcendam as tradicionais propostas baseadas na dimensão biológica e na redução de riscos individuais.

Falar em humanização e integralidade, e refletir sobre a incorporação destes princípios ao campo da avaliação implica, assim, em incluir a qualidade a partir de uma acepção pluridimensional. Portanto, ainda que possa ser tomada como componente da avaliação de qualidade, a avaliação qualitativa de programas possui especificidade por ser aquela que *necessariamente inclui* os atores envolvidos nas ações em saúde, o que envolve a inclusão de suas demandas subjetivas, valores, sentimentos e desejos, reconhecendo os conflitos inerentes aos vários processos de subjetivação em jogo, sem o que estaremos tratando com outras concepções de qualidade, distantes de um modelo centrado nos princípios que orientam esta discussão. Ao afirmarmos *necessariamente inclui* queremos nos afastar de leituras que polarizam qualidade e quantidade como opostos inconciliáveis, mas sem com isso diluir as diferenças existentes entre as duas abordagens.

Adotamos, portanto, uma postura onde uma polaridade se apresenta como "base e condição" (DEMO, 2000) para outra numa oposição de natureza dialética sem que isso signifique que se diluam as diferenças ontológicas. Noutras palavras: dependendo dos pressupostos adotados, é possível desenvolver avaliações de qualidade sem que nelas se incluam processos avaliativos qualitativos no sentido aqui demarcado. Tal distinção, embora à primeira vista possa parecer elementar, reveste-se de capital importância haja vista o uso indiscriminado e o intercâmbio pouco criterioso entre as duas modalidades, gerando simulacros que oficializam e mesmo instituem no plano simbólico a existência de iniciativas tomadas como avaliação qualitativa quando, em verdade, se referem a avaliações de aspectos relativos à estrutura, processo ou resultado que, mantendo-se exclusivamente no plano da objetivação, sequer se aproximam do que aqui demarcamos como avaliação qualitativa. Sendo assim, no que concerne ao emprego do conceito *avaliação qualitativa*, torna-se central delimitar em que sentido ele está sendo utilizado. No contexto da nossa discussão, avaliação qualitativa é aquela que focaliza as dimensões que escapam aos indicadores e expressões numéricas, uma vez que se volta para a produção subjetiva que permeia as práticas no âmbito da saúde, no caso, os programas.

Encaminhando a discussão para a dimensão metodológica de tais propostas avaliativas, isso significa que o material a ser levantado, *embora também contemple, não pode se restringir* a instrumentos estruturados visando a objetivação através de respostas numéricas, escalas, diagramas e seus correlatos. Ao contrário, implica em reconhecer e considerar a centralidade dos processos simbólicos – e práticas discursivas dos atores envolvidos, em especial dos usuários – para a avaliação dos rumos da qualidade de um programa, compreendendo, sobretudo, o que *para eles* significa qualidade, já que constitui objeto distinto, em sua natureza, daqueles que se submetem à quantificação. Impõe-se, portanto, a valorização das percepções dos sujeitos implicados nas práticas – usuários, técnicos, gestores, dentre outros – entendendo essas percepções não como subjetividade desencarnada, mas como sinalização das experiências materializadas nas relações estabelecidas no interior de determinado programa.

Embora o predomínio de estudos quantitativos – as chamadas *avaliações normativas* – nas bases de dados nacionais e internacionais seja incontestável, já que francamente mais profusas, as recentes referências aos estudos que utilizam estratégias exclusivamente qualitativas, bem como àqueles que combinam ou recomendam estratégias multidimensionais, contemplando aspectos quantitativos e qualitativos na avaliação de programas de saúde (TRAD & BASTOS, 1998; Trad et al., 2002; CLARK et al., 2002; TANAKA, 2004; PEDROSA, 2004; YOO et al., 2004; UCHIMURA & BOSI, 2004b; LOW et al., 2005; SANTOS et al., 2005), começam a ganhar espaço, tomando por base a escassez de publicações que imperava em um passado não muito distante.

Não estamos afirmando que a lacuna de produção qualitativa tenha sido superada, fique claro. O fato é que, nesse cenário, no que diz respeito à literatura científica, começam a aparecer com certa recorrência estudos avaliativos híbridos – que empregam combinação de métodos quantitativos e qualitativos. Associando-se a este movimento observado no campo científico, evidencia-se um esforço por parte das agências estatais no sentido de incorporar, com sensíveis variações, a perspectiva qualitativa no plano discursivo e no âmbito de propostas em implantação em nível regional ou nacional (BRASIL, 2005).

Se, por um lado a incorporação gradual de elementos subjetivos nos impele a reconhecer sua importância enquanto etapa da necessária institucionalização da qualidade nos processos avaliativos, por outro, não nos impede de identificar nesses modelos lacunas e problemas teórico-conceituais e metodológicos, sobretudo no que se refere a vários conceitos aqui demarcados, objeto cuja análise ultrapassa os propósitos deste texto. Ainda assim, indagamos: seria isso uma etapa intermediária – e quiçá imprescindível – entre a objetividade restrita e a incorporação da subjetividade como inerente à avaliação?

Acreditamos que a adoção de propostas de avaliação qualitativas contribuirá de maneira decisiva para a superação do hiato resultante do emprego de modelos apoiados no paradigma positivista, o qual concebe a saúde como processo unidimensional e biológico, uma vez que tal combinação viria a desvelar a dimensão subjetiva – simbólica – das relações que se processam seja no plano dos programas, serviços ou ações em saúde. Em outras palavras, a busca por informação qualitativa – definida por Bosi e Mercado-Martínez (2004) como aquela que não encontra expressão em números – acerca dos serviços e ações em saúde, romperia com a frequente inadequação decorrente da busca – muitas vezes exclusiva – pela objetividade, contemplando, por seu turno, a subjetividade inerente aos processos e relações sociais que se desenvolvem e se estabelecem na utilização de serviços e programas. Trata-se do reconhecimento da pluridimensionalidade do indivíduo e do processo saúde-doença.

Conforme já indicado antes, reitera-se aqui nossa posição no sentido de defender, também, o reconhecimento da multidimensionalidade da qualidade em saúde como objeto de saber e de prática, pois o contrário, acreditamos, sustentaria a inadequação da escolha de maneira exclusiva entre uma ou outra dimensão. Recuperando a discussão nesse âmbito, por multidimensionalidade *intrínseca* entende-se o trânsito da qualidade entre os domínios da objetividade e subjetividade; e por multidimensionalidade *extrínseca* entende-se a qualidade como algo que varia e se difere de acordo com a posição ou interesses de grupos ou atores sociais (UCHIMURA & BOSI, 2002).

Contudo, há que se ter clareza acerca da correspondência entre as diferentes dimensões e as tecnologias avaliativas adequadas a cada uma delas. Visando a contribuir para esta construção, elegemos dois pressupostos do texto oficial do SUS capazes de integrar essas dimensões e que serão destacados como eixo na reflexão ora desenvolvida.

A integralidade como princípio norteador da avaliação

Na esteira do favorável contexto que emerge com a construção e implantação de um modelo assistencial que se pretende plural, a produção científica acerca da integralidade vem experimentando, nos últimos anos, um período bastante fértil, expresso na diversificação e riqueza de trabalhos e pela agregação de pesquisadores interessados no estudo dessa temática (PINHEIRO & MATTOS, 2004), fato que tem oportunizado um acúmulo conceitual associado ao desenvolvimento de projetos integrados e interinstitucionais.

Inserindo-se nessa produção, Mattos (2001) desenvolve uma reflexão sobre a integralidade em que identifica três grandes conjuntos de sentidos usualmente empregados. Um deles remete a uma atitude dos profissionais de saúde – a de buscar compreender o conjunto de necessidades de ações e serviços de saúde que um usuário apresenta. Um segundo conjunto de sentidos da integralidade corresponde a uma crítica da dissociação entre as práticas de saúde pública e as práticas assistenciais. E o terceiro conjunto de sentidos é marcado pela recusa em objetivar e recortar os sujeitos sobre os quais a política de saúde incide, e que, portanto, amplia o horizonte de problemas a serem tratados pela política. Em resumo: para o autor, a integralidade pode ser concebida como princípio orientador das práticas, ou orientador da organização do trabalho, ou, ainda, orientador da organização das políticas, mas, acima de tudo, implica uma recusa ao reducionismo, uma recusa à objetivação dos sujeitos e uma afirmação da abertura para o diálogo.

Mais recentemente, o mesmo autor apresentou várias dimensões da integralidade na prática (MATTOS, 2004: 1.415) – que, por sua vez, se manifestam no cuidado – observando que não se trata de buscar ou propor uma "postura holística", que se volta a "apreender tudo", mas "um exercício de seleção negociada do que é relevante para a construção de um projeto de intervenção". Dentre elas, destacamos:

- Capacidade para responder ao sofrimento manifesto, o que depende tanto da postura dos profissionais como da organização dos serviços.
- Postura não reducionista frente à necessidade de ações e serviços de saúde apresentada pelos sujeitos.
- Capacidade de apreensão ampliada das necessidades de ações de saúde, no contexto de cada encontro, por meio do olhar atento.

• Reconhecimento e defesa da intersubjetividade inerente às práticas em saúde, que fundamentalmente envolvem uma dimensão dialógica ou de negociação, entre profissionais e usuários, quanto à definição dos projetos terapêuticos.

Pinheiro (2001) também destaca o caráter polissêmico do termo integralidade e sustenta que esta é uma ação social resultante da permanente interação dos atores na relação demanda e oferta, considerando aspectos subjetivos e objetivos, tanto no plano individual como no plano sistêmico.

De acordo com Alves (2005: 41), a relevância da integralidade na reorientação do modelo assistencial reside justamente no fato de ser este, dentre os princípios do SUS, "aquele que confronta incisivamente racionalidades hegemônicas no sistema", contrapondo-se a uma visão reducionista e fragmentada dos indivíduos.

Essa incursão sobre o tema integralidade nos remete, inevitavelmente, a uma breve, mas necessária, consideração sobre a noção de *cuidado* que permeia a presente reflexão, fundada na proposição de que o cuidado transcende o âmbito técnico do atendimento ou do nível de atenção em saúde. Boff (2003: 22) assinala que o cuidado é tão ancestral como o universo e nele reside a essência mesma do humano.

Ayres (2001: 71) define o cuidado como algo que precisa se expandir para a totalidade, pois "cuidar de alguém é mais que construir um objeto e intervir sobre ele. Para cuidar, há que se considerar e construir projetos; há que se sustentar, ao longo do tempo, uma certa relação..."

Essa apreensão de cuidado encerraria, segundo o mesmo autor, dois aspectos em destaque: a responsabilidade e a identidade (AYRES, 2004b: 24):

> É preciso que cada profissional de saúde, ou equipe de saúde, gestor ou formulador de política se interroguem acerca de por que, como e quanto se responsabilizam em relação aos projetos de felicidade daqueles de cuja saúde cuidam, preocupando-se, ao mesmo tempo, acerca do quanto esses sujeitos são conhecedores e partícipes desses compromissos. O tomar para si determinadas responsabilidades na relação com o outro implica, por sua vez, em questões de identidade [...], pois se perguntar acerca de por que, como e quanto se é responsável por algo é como se perguntar quem se é, que lugar se ocupa diante do outro.

Na mesma linha de pensamento, Alves (2005: 42) afirma que:

> O olhar do profissional [...] deve ser totalizante, com apreensão do sujeito biopsicossocial. Assim, seria caracterizada pela assistência que procura ir além da doença e do sofrimento manifesto, buscando apreender necessidades mais abrangentes dos sujeitos.

Desta forma, propostas avaliativas que recuperem a integralidade, no sentido em que o conceito de avaliação é aqui empregado, confluem para o que se poderia nomear como uma *revolução em três níveis*, voltados aos planos assinalados por Mattos: dos indivíduos, expressando-se dentre outros aspectos; na prática ou atitude dos técnicos para com os usuários na organização dos serviços; e no plano da política setorial do Estado. Evidencia-se, portanto, a implicação dos contextos macro e micro, exigindo a construção de estratégias centradas nesse princípio, materializadas em parcerias amplas – academia, ONGs, serviços, etc.

A incorporação do princípio da integralidade, com vistas à reorientação do modelo assistencial, implica, assim, em integrar várias esferas (ALVES, 2005), destacando-se, por conseguinte, os elos de ligação entre cuidado e integralidade, em decorrência da intersubjetividade inerente às relações que se estabelecem entre os sujeitos, permitindo definir o cuidado como *locus* de signos da integralidade" (PINHEIRO & GUIZARDI, 2004: 32) sem, contudo, destituí-lo de seu caráter histórico, ou seja, do seu enraizamento na materialidade da vida social.

Visualiza-se, portanto, uma clara interface com outro pressuposto – o da *humanização* – que também demarcamos para reflexão, uma vez que sua utilização tem sido recorrente e, não raro, banalizada por imprecisões conceituais.

Esse tema, aliás, se insere no debate sobre a qualidade na atenção em saúde a partir de 1999, com contornos que remetem, àquele período, ao "voluntarismo, ao assistencialismo, ao paternalismo ou mesmo ao tecnicismo de um gerenciamento sustentado na racionalidade administrativa e na qualidade total" e, no início dos anos 2000, seu emprego passa a ser tão frequente no campo dos programas do setor que influencia, sintomaticamente, certa padronização das ações em saúde (BENEVIDES & PASSOS, 2005: 390).

Deslandes (2004) assinala que, no discurso oficial do setor saúde, onde a humanização aparece com frequência, o sentido atribuído ao termo geralmente se refere à articulação entre a qualidade técnica da assistência e o reconhecimento dos direitos do usuário e de seus valores e subjetividade, aliados à valorização profissional. E, embora não faça parte dos documentos analisados pela autora, identificamos muitas semelhanças no texto do Humaniza-SUS – Política Nacional de Humanização (BRASIL, 2003).

Importa observar que tal acepção não apenas evocaria melhorias em vários aspectos da assistência, mas, sendo oficial, teria o poder de interferir em todo um conjunto de práticas em saúde que se pretendem alinhadas a um modelo assistencial plural.

Mas o que para nós significa *humanização*? A quem compete essa demarcação? Aos técnicos, ao Estado, aos usuários? Trata-se de um objeto que demanda produção de conhecimento e diálogo e, portanto, não prescinde da alteridade.

Avaliação na perspectiva da humanização em saúde: do que estamos falando?

Pode-se dizer que a natureza do humano é uma questão que percorre o pensamento ocidental desde suas origens, desdobrando-se em diferentes tradições. Contudo, não raro, emprega-se o termo *humanização* como se houvesse um único e claro significado. Da mesma forma como ocorre em relação a outros conceitos aqui trabalhados, no que se refere a este, constata-se a possibilidade de diferentes leituras, dando sustentação a diferentes práticas (BENEVIDES & PASSOS, 2005; CAMPOS, 2005).

Se humanizar é, por definição, *tornar humano*, *dar condição humana*, a questão passa a ser, portanto, o que se concebe como humano. Assim, no escopo de uma discussão que visa a contribuir para modelos avaliativos centrados nesse pressuposto torna-se necessário demarcar, de forma clara, nosso entendimento do que seja este *humanizar*, que se distancia tanto das doutrinas humanistas quanto do humanitarismo em um sentido filantrópico, embora retendo deste último uma ética de busca da equidade, de superação das assimetrias geradoras das desigualdades sociais. Humano se refere, no interior deste texto, ao plano das relações intersubjetivas que se processam nas práticas sociais, aqui referidas ao campo da saúde e, mais especificamente, ao plano dos programas no setor, tendo como seu fundamento a capacidade de simbolização e construção de sentidos em relação.

Por relação intersubjetiva, espaço de humanização das práticas, não se está concebendo o contato entre indivíduos ou subjetividades isoladas – *desencarnadas*, no dizer de Merleau-Ponty –, mas como relação simbólica entre sujeitos historicamente situados. O que equivale a dizer que o humano se constitui *em relação* e não existe fora desta intersubjetividade. Citamos uma passagem de Hycner que ilustra de modo inequívoco o plano ontológico do humano tal como aqui o entendemos:

> O paradoxo do [...] humano é que não sou completamente eu mesmo, até que seja reconhecido em minha singularidade pelo outro – e esse outro precisa do meu reconhecimento a fim de se tornar completamente a pessoa [...] que é. *Somos inextrincavelmente entrelaçados.* Nossa validação pelo outro traz valor a nós mesmos. Somos parte de um laço de relações recíprocas" (1997: 15 – grifos do autor).

Tal assertiva ressoa na filosofia dialógica de Martin Buber:

> Tendo emanado do domínio natural das espécies para a aventura da categoria solitária, cercado pela atmosfera de um caos que nasceu com ele, o homem espera, secreta e timidamente, um Sim, que só poderá vir de uma pessoa para outra. *É de um homem para outro que o próprio ser é passado* (1965: 71 – grifos nossos).

Isto equivale a dizer que humanizar significa possibilitar esse (re)encontro, esse contato genuíno que representa não a captura do que se é, mas a revelação do que é preciso expressar. Humanização implica, assim, em acolhimento e, sobretudo, em empatia e diálogo.

Ao pôr em tela o dialógico, estamos aqui nos referindo não apenas ao plano estritamente discursivo, digital ou analógico (WATZLAWICK, BEAVIN & JACKSON, 1999), mas, sobretudo, a uma atitude *awareness* e abertura *para com* o outro, identificando nossa interconexão humana. Implica em uma tomada de posição fundamentalmente ética nos termos em que nos fala Lévinas em sua obra *Autrement qu'être ou au delà de l'essence* ao radicalizar a ética da alteridade, abandonando a questão do ser, privilegiada na ontologia heideggeriana em favor do *outramente que ser* que implica *em ser por outrem* (LÉVINAS, 1978). A condição ética se daria, assim, no contato, na abertura ao outro, condição de possibilidade de toda subjetividade (FREIRE, 2002).

Claro está que para haver diálogo é preciso haver duas presenças, em contato. Contudo, como também nos adverte Hycner (1997), nem todo contato é diálogo e nem todo diálogo é contato. Aqui é preciso enfatizar que o dialógico não pode ser reduzido à fala ou à conversação que, no melhor dos casos, serão apenas formas de expressão e podem, com frequência, obstruir o diálogo, sendo mesmo o seu impedimento. Isto porque as palavras "criam realidades" dada sua *eficácia simbólica*. Dizer "Seu organismo é sábio" ou "Eu vou te explicar e você vai entender" ou, simplesmente, "como posso ajudá-lo/a?" não é o mesmo que dizer "seus exames mostram que você é um quase morto" ou "não vou lhe explicar por que você não iria mesmo entender". Julgamos que há todo um campo em comunicação humana a ser explorado, mas que só pode ser contemplado com uma concepção de homem distinta daquela que orienta a formação biomédica.

O diálogo genuíno, reiteramos, é *uma atitude para com o outro* e pressupõe encontro – aquele "abraço de olhares" de que, poeticamente, nos fala Hycner, em um relato acerca da intensidade de sua relação com um dos seus "clientes" em busca de cura:

> ainda com lágrimas nos olhos, ele me olhou acanhadamente. Meu olhar encontrou o dele. Parecíamos estar em contato no espaço físico entre nós. Era um *abraço de olhares* que parecia infinito (e, ainda assim, o tempo passava)" (1995: 33 – grifos nossos).

Sem nos darmos conta dessa busca e da centralidade do diálogo não chegaremos nunca à integralidade, tampouco construiremos um modelo centrado na humanização.

Evidentemente que esta aproximação ilustrada por Hycner, correspondendo ao que Buber nomeia atitude Eu-Tu não pode ser mantida indefinidamente, devendo-se alternar com o distanciamento – atitude Eu-Isso (BUBER, 1979), inerente aos requisitos técnicos da prática. Contudo, é preocupante que, na era da supercomunicação, em que barreiras de tempo e espaço são permanentemente transpostas, se esteja assistindo o desaparecimento do diálogo, na acepção aqui demarcada.

O mero palavreado e o trânsito frenético de mensagens na Web, sustentados e sustentáculos de uma cultura das sensações, *grosso modo* são confundidos com diálogo quando, na verdade, o esfacelam, criando simulacros.

Elimina-se, assim, o humano, desumanizando, por conseguinte, as práticas sociais – e em saúde – ao se reduzir relações entre pessoas a relações Eu-Isso. Tal condição implica em *despersonificação* nos termos em que Erving Goffman (1969) a denuncia como traço de relações estabelecidas onde um anula a existência do outro, condição contida no que o autor designa por meio do conceito de *não pessoa* (GOFFMAN 1969: 177;

SERAPIONI, 1999). Tal mecanismo ressoa em muitos dos instrumentos e tecnologias empregados na avaliação tradicional à medida que restringem ou impedem a escuta e o diálogo, já que não inserem esta dimensão no modelo. Que implicações terá esse fenômeno para as práticas em avaliação já que, enquanto processo histórico, se trata de construções humanas?

Cabe salientar que o reconhecimento do plano dialógico como espaço de humanização das práticas – de promoção, prevenção, avaliação – não se refere apenas ao resgate de demandas subjetivas, afetivas, no plano das singularidades. Refere-se, ainda, à construção de novos horizontes para as práticas em saúde a partir do reconhecimento das demandas subjetivas "adormecidas" pela distância e alienação.

Ao focalizar a questão no contexto de uma reflexão sobre avaliação de programas e serviços como práxis em saúde, impõem-se examinar os sujeitos implicados neste cenário, o que nos leva à seguinte questão: se diálogo exige abertura e contato, até que ponto esta atitude está presente, considerando os atores – técnicos, gestores, usuários e outros – no contexto das práticas em saúde?

No que se refere aos técnicos – dinamizadores do cuidado e, por conseguinte, da integralidade e da humanização, tal como ora demarcados – cabe uma reflexão sobre o modelo formador, pois em que medida o modo de produção de conhecimentos favorece ou limita o alcance desses princípios e também dos nossos compromissos históricos?

Avaliação qualitativa de programas: acerca do lugar dos trabalhadores de saúde e do seu processo de formação

Claro está que, ao se falar em avaliação de programas (e serviços), na saúde pública ou em qualquer outro campo, há que se reconhecer, logo de início, que seria demasiado idealista uma leitura que situasse esses processos para além dos atores que os protagonizam, evidentemente, considerados como atores situados. Ao contrário, conforme se insinua ao longo deste texto e agora queremos enfatizar, tais processos se desenvolvem por meio de ações específicas, apoiadas em uma materialidade que, por sua vez, expressa certas concepções ou visões de mundo. Aqui vale a pena recuperar Benevides & Passos (2005: 392), quando assinalam:

> Realizar mudanças dos processos de produção de saúde exige também mudanças nos processos de subjetivação, isto é, os princípios do SUS só se encarnam na experiência concreta a partir de sujeitos concretos que se transformam

> em sintonia com a transformação das próprias práticas de saúde. [...] É a partir da transformação dos modos de os sujeitos entrarem em relação, formando coletivos, que as práticas de saúde podem efetivamente ser alteradas.

Não sendo nosso intuito explorar aqui, em detalhe, os mecanismos implicados na complexa relação entre os modos de subjetivação e a produção do cuidado, abordaremos, brevemente, o processo de formação dos profissionais, dada a centralidade da autoridade do saber que detêm, aspecto indissociável de uma análise sobre processos de subjetivação inerentes aos programas e às práticas em saúde.

Por óbvio que pareça, julgamos importante recuperar aqui a questão da formação, uma vez que mesmo quando se reconhece que a humanização "envolve [...] estratégias dirigidas a aumentar o poder do doente ou da população em geral perante o poder e autoridade do saber e das práticas sanitárias" (CAMPOS, 2005: 399), considera-se "a sensibilização dos trabalhadores de saúde para que (adotem) posturas e comportamentos 'cuidadores' – mais um neologismo inventado como saída mágica para um contexto complexo" (2005: 398).

Sem desmerecer a necessidade de uma consideração integrada macro e microssociológica e a proliferação de "projetos de capacitação" como soluções mágicas queremos nos afiliar com base em muitos anos de práxis educativa àqueles que reconhecem o papel dos processos de formação como elemento de transformação, por mais complexo que sejam os contextos; até porque entendemos processos de formação como contextos complexos *per si*. Reafirmamos, portanto, o papel revolucionário do cotidiano, no qual se materializam os poderes/fazeres profissionais, cabendo, evidentemente, refletir em termos teórico-metodológicos sobre como efetivamente sensibilizar trabalhadores de saúde, objeto que aqui queremos revalorizar, já que ainda constitui um desafio não solucionado, uma vez que não comporta soluções simplistas, tampouco generalizáveis.

Partindo-se dessas premissas, importa examinar algumas interfaces entre certas características das propostas que ainda preponderam no âmbito da avaliação em saúde com o paradigma em que se sustenta o modelo formador hegemônico nesse domínio (BOSI, 1988). Ao lado disso, cabe refletir sobre as condições de possibilidade de construção de processos dialógicos e participativos, dentre outros projetos, tão propalados e, no nosso entendimento, ainda pouco exercitados, no plano das práticas e da sua avaliação.

Em nossa leitura, não por acaso, recoloca-se no plano da formação em saúde (e em saúde coletiva), os mesmos desafios que se visualizam na construção do SUS. Em outros termos, no que se refere aos profissionais, cabe uma séria reflexão sobre a integralidade, humanização e qualidade na própria formação e no modelo formador.

O paradigma biomecânico, hierarquizado e desintegrado, que muitas vezes se considera rompido por projetos epistemológicos como o da saúde coletiva, pode estar, na materialidade, muito mais próximo de nós e de nossa práxis do que supomos. Para tanto, basta examinarmos o modelo pedagógico por meio do qual se reproduz o conhecimento na área – espaço, muitas vezes, de interdição do diálogo e de reificação de práticas autoritárias e que alienam a existência do educando *enquanto ser* – evidentemente reproduzida adiante com os usuários dos programas e serviços de saúde, já que não se tratam de superestruturas isoladas.

Urge, portanto, educar os educadores – questão que Marx já interrogava – ou, no caso, formar (e *avaliar*) *os avaliadores* na perspectiva das dimensões aqui ressaltadas –, o que transcende a formação instituída.

Acreditamos que tal empreendimento não será garantido mecânica e exclusivamente com cursos de treinamento em avaliação – ou projetos de *capacitação* – voltados aos aspectos técnicos, supostamente objetivos, tão valorizados nas graduações em saúde e que se perpetuam na maior parte dos espaços de formação e aperfeiçoamento profissional, amplamente financiados pelo Estado. Isto porque a construção de práticas centradas na integralidade e humanização demanda, conforme já assinalado, um processo complexo de formação que deve, também, permitir que o aluno "eduque suas emoções", aprendendo a lidar com o seu sofrimento, suas fragilidades e imperfeições e reconfigurando sua compreensão – no sentido fenomenológico-hermenêutico do termo – uma vez que só se pode compreender (e, por conseguinte, aceitar e respeitar) verdadeiramente alguém no ato de ser o que se é com tudo o que isto implica. E neste ponto interrogamos: estariam esses valores presentes na formação e na construção do conhecimento em saúde?

Do contrário, tomando a avaliação como ferramenta técnico-política voltada à transformação, como transformar o sistema buscando torná-lo o que ainda não somos? Será que as atuais propostas avaliativas na qual se funda a avaliação da aprendizagem se deixaram *inocular* pelos princípios da qualidade, integralidade e humanização do cuidado, ou se inspiram na mais pura tradição quantitativo-normativo-punitiva, expressando em números o que demandaria um refinamento conceitual e metodológico capaz de dar conta – no plano ontológico – dos diferentes objetos em jogo em um processo de formação efetivamente orientado por princípios, diretrizes e pressupostos do SUS?

Como avaliar o outro em termos qualitativos quando, ao longo de todo o percurso, se foi avaliado apenas na quantidade de conhecimentos técnicos e de frequência às atividades? Acrescente-se a isso a imensa lacuna, na formação dos futuros avaliadores, de competências e habilidades necessárias à avaliação, mesmo considerando apenas os aspectos teórico-metodológicos.

Para finalizar este tópico, julgamos oportuno ao menos referir o espaço no qual se dá a formação: o campo científico (BOURDIEU, 1983), cuja economia interna, conforme apontamos em recente discussão (KERR et al., 2005) indo ao encontro de outros autores (LUZ, 2005; MEIS et al., 2003) representa, na atualidade, obstáculo para a expansão de práticas educativas humanizadas e centradas nos princípios da integralidade. Esta é uma questão que não pode ser subtraída ao se falar em processos avaliativos, uma vez que dela depende a consecução de processos de formação dialógicos, sobretudo em campos complexos como o da saúde coletiva, cujos desafios implicam em qualidade de reflexão e em sínteses ampliadas que possibilitem construções inovadoras.

Alinhavando algumas contribuições para propostas avaliativas ante o desafio da qualidade, humanização e integralidade

Um aspecto fundamental em uma concepção dialética de construção de alternativas é o acolhimento da dúvida e da incerteza como aspectos inerentes ao caminho, considerando a ousadia e o risco como peças neste exercício, rompendo com o já dito ou o superando em direção a novas sínteses, muitas vezes sequer pensadas no início do percurso. No que concerne à avaliação, a despeito da emergência de enfoques diversos e do acúmulo já verificado, acreditamos que temos, ainda, uma grande tarefa pela frente, que nos exige correr riscos e desenhar proposições em planos distintos, o que inclui inserções no plano dos saberes; da formação; da construção de programas e de novas formas de organização dos serviços, bem como na relação com as instâncias reguladoras, dentre outros desafios.

Consoante os objetivos com que justificamos a construção aqui sistematizada e visando a, efetivamente, apresentar *contribuições para propostas centradas na integralidade e humanização*, julgamos oportuno arriscar, agora, um deslocamento do plano conceitual para outro mais operacional, por meio de um exercício de *redução semântica* que nos possibilite apontar alguns desdobramentos dos conceitos que nos serviram, até aqui, como *imagens-objeto*. Noutras palavras, deslizaremos do nível abstrato/conceitual para um plano mais tangível, buscando desdobrar e dispor os elementos examinados, operacionalizando-os em componentes que poderão constituir valiosos norteadores de avaliações de serviços ou ações programáticas, bem como de propostas avaliativas de cunho metodológico, na perspectiva da qualidade, integralidade e humanização.

Como estratégia de exposição, enumeramos, na sequência, esses componentes dispostos em três diferentes planos – i) conceitual; ii) metodológico; e iii) político –, cabendo esclarecer que tal disposição é precária para a elucidação das interfaces e efeitos sinérgicos entre os componentes, uma vez que os segmenta, ao tempo que *congela* a construção pretendida, negando-lhes esse movimento. Contudo, é o ponto a que chegamos neste exercício e, portanto, arriscamo-nos a socializar esta construção com a pretensão de – quer como tese absorvida ou antítese conflitiva – contribuir para o desenho de propostas que impulsionem a prática de processos avaliativos (no caso, focalizando programas de saúde) voltados à construção de novas formas de cuidado, pautadas nos princípios até aqui realçados.

Plano ontológico

Acreditamos que uma proposta ou modelo avaliativo deve, logo de início, identificar os pressupostos ou o marco teórico norteador do programa sob análise. Importa identificar, primeiramente, a concepção de avaliação que o orienta. Isto porque o termo *avaliação* ou *avaliar*, conforme já salientado, perpassa um amplo espectro de sentidos que, em termos gerais, varia desde uma análise de conformidade a um padrão já estabelecido até construções utópicas em busca de melhores práticas em um determinado contexto, que pode ser apenas técnico ou, a um só tempo, técnico e político. Lembrando ainda que padrões não existem *per si*; são construções. Identificar essa moldura e o processo em que foi construída significa reconhecer que tais concepções não estão isentas de consequências.

Da mesma forma, cabe analisar a concepção de homem e saúde que a permeia. Isto porque um programa ou ação de saúde que adota uma concepção de homem que o reduz às suas dimensões biológicas não dá conta dos desafios impostos pela qualidade, definida na interface com a subjetividade (UCHIMURA & BOSI, 2002), tampouco da incorporação da integralidade e da humanização. Se a análise pretende, como ocorre com frequência, considerar estrutura, processo e resultado (DONABEDIAN, 1966), há que levar em conta vários aspectos que incluem desde condições físicas até a satisfação dos usuários, elementos que, muitas vezes são tomados, respectivamente, como objetivos e subjetivos. É interessante observar que, se por um lado a literatura se refere amplamente ao modelo estrutura, processo, resultado, considerando-o paradigmático, ou seja, suficiente dada sua abrangência ou mesmo sinônimo de avaliação de qualidade em sentido amplo, por outro lado pouco reconhece as dimensões subjetivas, associadas, portanto, à humanização e à integralidade, involucradas em cada um dos planos.

Revisitando mais uma vez o modelo para ilustrar o que pretendemos assinalar, ao se falar em estrutura, referimo-nos a um complexo constituído por instalações físicas; tecnologias, instrumentos, equipamentos; o próprio homem (ainda que considerado sob a rubrica *recursos humanos*); a estrutura organizacional, dentre outros. A forma como se define a capacitação de recursos humanos ou como se avalia suas habilidades inevitavelmente transborda os números e a objetivação, o que evidencia a distância entre os resultados – e suas aplicações – de uma avaliação que considera, por exemplo, proporção de técnicos em relação à população de outra onde também importa o nível de capacitação e o conjunto de habilidades desses mesmos *recursos*.

Se mudarmos o foco para o *processo* fica ainda mais clara a interface com a humanização e a integralidade quando se fala em qualidade da relação entre profissionais e usuários (que, dependendo da concepção, pode ser traduzida em acolhimento, capacidade de escuta); tempo de espera (cujo significado não é o mesmo conforme verificamos por diversas vezes, para, citando um exemplo, usuários de programas de geriatria e mães que aguardam atendimento na pediatria). Ainda dentro da análise de processo, questões referentes às técnicas ou métodos de trabalho ou informações repassadas aos usuários implicam em intersubjetividade – tais processos se pautam em concepções humanizadas de homem? Qual humanização? Voltam-se para uma atenção pautada na integralidade? Ao dar uma informação, presentifica-se a humanidade do usuário, concebendo-o em sua integralidade – ou, em lugar disso, dá-se, quando muito, a transmissão técnica do conhecimento biológico onde se excluem essas dimensões, construindo-se muitas vezes não pessoas em lugar de sujeitos? Torna-se, portanto, imprescindível apreender essas dimensões na perspectiva de todos os envolvidos.

Finalmente, se mudarmos o alvo para a avaliação de resultados, claro está que avaliação de mudanças no estado de saúde, por exemplo, faz apelo direto a um entendimento ampliado de saúde, bem como às concepções já aqui aludidas. Qualidade, humanização e integralidade conflitam com a exclusão dos usuários desse processo. Da mesma forma, tomando a satisfação dos usuários como um elemento na avaliação de qualidade/processo (lembrando que aqui não se confunde *satisfação do usuário* com *qualidade em saúde*), torna-se claro o quanto esta aproximação, bem como os resultados a serem obtidos derivam do marco teórico em que se fundamenta o programa, que a depender disso pode objetivá-lo ou transformar este elemento em um *locus* de diálogo, o que possui várias implicações, muitas delas já apontadas na literatura (WILLIAMS, 1994).

Transpondo esta reflexão para o domínio da operacionalização dos aportes teórico-conceituais, destacamos a importância de se consignar o modelo avaliativo do qual a proposta busca aproximação: *qualitativo*, *participativo*, *quarta geração* da avaliação, entre outras possibilidades, uma vez que se coloca um desafio que é, a um só tempo, conceitual e metodológico. Tal entendimento tem reflexos na aproximação com a dimensão material, concreta, dos programas, ou seja, no plano metodológico da proposta avaliativa, expressa por meio da seleção dos métodos e instrumentos a serem utilizados. É o que se insere no próximo tópico.

Plano metodológico

Neste plano, recoloca-se de imediato a questão do *modo de produção* do conhecimento, já anteriormente aludida, uma vez que a pesquisa é base para as ações avaliativas. Cabe, portanto, mais uma vez, realçar as relações de poder que se estabelecem no âmbito científico e o constituem como campo específico, envolvendo as agências que o financiam, das quais derivam os modelos hegemônicos que orientam e legitimam as propostas avaliativas. Nesse plano, cabe indagar: afinal, que tipo de pesquisa se faz necessária? Quem decide e de que forma são selecionadas as questões e dimensões da avaliação? Que interesses delimitam os objetivos da avaliação? Conforme discutimos em vários momentos deste texto, a racionalidade científica hegemônica privilegia a dimensão objetiva da realidade, desconsiderando o "elo indestrutível entre intersubjetividade e objetividade" (MORIN, 1996: 16), concebendo-a como fenômeno passível de normalização. Muito embora se admita a presença de singularidades, não raro, estas são consideradas como exceções à regra (ou média/norma) e, portanto, esvaziadas de qualquer relevância científica. Contudo, vimos reiterando a possibilidade (e, no âmbito da avaliação, a necessidade) de, em um percurso diverso, iluminar dimensões não quantificáveis e usualmente desprezadas pelo fato de tocarem particularidades que podem não traduzir comportamentos universais.

Tendo em vista o caráter pluridimensional da produção do cuidado (traduzido nas ações em saúde), o emprego de uma abordagem metodológica abrangente e coerente com esta premissa constitui ponto-chave para o alcance dos objetivos pretendidos. Portanto, há que se definir a metodologia adequada à avaliação em função dos objetivos e das dimensões às quais se pretende dar visibilidade e isso representa possibilidades variadas, incluindo a combinação de metodologias quantitativas e qualitativas. Lembrando que, na perspectiva em que a humanização e integralidade são aqui demarcadas, há que se incluir *necessariamente* abordagens qualitativas, uma vez que não se trata de escolha, mas de imposição epistemológica, inerente aos objetos (DENZIN, 1973; DENZIN & LINCOLN, 2000).

Trata-se, ainda, da necessária compatibilidade entre a metodologia e os pressupostos do SUS e dos programas que se traduzem nas ações que lhe conferem concretude, dimensão que deve se refletir nos modelos/propostas de avaliação. Ilustramos com algumas questões o que acabamos de indicar: como investigar a extensão da incorporação de pressupostos como a integralidade e a humanização na produção do cuidado a partir de métodos que se prendem à generalização e instrumentos que se propõem à captação da *objetividade*? Aspectos como a efetividade do acolhimento, a qualidade das relações interpessoais na organização dos serviços, a ética no cuidado, as linguagens em que se desenvolvem os diálogos e a natureza da escuta que se realiza no processo assistencial, dentre muitas outras dimensões do cuidado, remetem, invariavelmente, à utilização de abordagens metodológicas que permitam a apreensão dos fenômenos em sua singularidade e complexidade. Demandam tecnologias capazes de recuperar a intensidade que permanece oculta nas linhas e colunas das planilhas frias que se propõem a expressá-las sem, contudo, darem conta deste objetivo.

É interessante salientar a dissociação que, com frequência, se verifica nas metodologias supostamente voltadas à avaliação da qualidade, bem como entre os aspectos conceituais em que se apoiam e os instrumentos de que lançam mão. Fruto de um incipiente acúmulo por parte de quem as formulam, ou, mais frequentemente, expressão da postura positivista, ainda hegemônica nos modelos (BOSI, 1988; 1994), como de resto nas pesquisas, tornam-se patentes as inconsistências, resultando não apenas em propostas equivocadas, mas o que é mais grave, em práticas supostamente inovadoras, mas que reiteram, sob novos rótulos, velhos modelos que, exceto na nomenclatura, não se distinguem das propostas que os antecedem, o que faz com que diretrizes e conceitos inovadores se transformem em conceitos-sintoma (BENEVIDES & PASSOS, 2005: 390). Daí enfatizarmos o plano conceitual e sua contrapartida metodológica.

Torna-se, portanto, necessário, privilegiar no processo avaliativo perguntas que incorporem os pressupostos que o orientam – no caso em questão, a integralidade e humanização – a fim de se entender, dentre os vários aspectos anteriormente destacados, quais ações incorporam tais pressupostos e de que forma elas são programadas – na comodidade dos técnicos ou dos usuários? Claro está que a proposta deve se ater à produção do cuidado, núcleo ao qual, em última instância, deve se dirigir (ou no qual deve se concentrar) o esforço avaliativo, evidentemente articulado aos planos ontológico e político.

Para tanto, propomos a utilização de exercícios de *redução semântica*, levados a cabo com metodologias participativas envolvendo todos os atores, com vistas ao desdobramento de conceitos complexos e à sua aproximação do nível empírico/operacional, onde, em um processo dialógico, os instrumentos possam apreender em que aspectos o programa contempla (ou fere) os princípios da qualidade, integralidade e humanização, *discriminando o que esses conceitos significam para cada segmento envolvido* – usuários, profissionais, gestores – haja vista os diferentes interesses e necessidades, explicitados ou latentes. Há que se contemplar, ainda, a necessária *triangulação* (MINAYO, 2005) de modo a perceber a correspondência entre o dito e a materialidade a que se refere. Só assim uma avaliação poderá contribuir como ferramenta e atividade sistemática e rigorosa para a produção do cuidado.

Ainda neste plano, merece destaque uma observação já muito reiterada, mas fundamental em qualquer investigação: a ética. Consequentemente, a lisura do processo e o respeito a questões como a preservação da identidade dos informantes, o consentimento livre e esclarecido, a apresentação de possíveis riscos, entre outras, constituem imperativos. E, seja na construção dos instrumentos da avaliação, seja no levantamento das informações ou ainda na divulgação dos resultados, deve-se atentar para que tais preceitos não sejam subestimados.

Plano político

A ascensão marcadamente crescente da avaliação como subsídio à gestão de serviços, somada às inúmeras possibilidades avaliativas que incessantemente são criadas e recriadas, expõem uma preocupação comum a grande parte dos gestores – se é que não a todos – nos diversos níveis de competência: a busca por uma adequada (e, por que não, oportuna?) apreensão da *realidade*, de maneira a permitir igualmente adequadas (e oportunas) intervenções voltadas à transformação dessa mesma realidade; ou mesmo para a legitimação da permanência. É, por con seguinte, no plano político que o emprego da avaliação se justifica e se legitima. Caso contrário, por que avaliar? Que motivos, senão os de ordem política, justificariam o esforço de se embrenhar em terreno tão complexo e, ousando contrariar o desejo de muitos, tão surpreendente? O poder transformador da avaliação é inquestionável. Mas, contraditoriamente, sua capacidade de endossar práticas preexistentes também. A pergunta de avaliação expressa inexoravelmente uma lógica de poder que a antecede.

Reconhecendo, portanto, a dialética dessa práxis e suas cambiáveis potencialidades, já que se curvam a interesses de demanda, indagamos: Claro está para o avaliador qual o lugar ocupado pela ideologia nos processos simbólicos? E o que dizer de sua posição e dos interesses muitas vezes divergentes presentes no processo?

Uma proposta que se afirme em consonância com a efetiva transformação não pode se isentar de um posicionamento que se contraponha aos modelos hierárquicos e autoritários, pois o contrário apenas os reforçaria. Porquanto não há diálogo sem democracia, a participação social que reforça a natureza democrática do processo carece ter lugar assegurado. Nesse sentido, a prática que incrementa a participação de todos os grupos de interesse no nível local deve ser efetiva e os mecanismos para se atingir tal objetivo explicitados. E, no que se refere ao diálogo/*empowerment*, os conhecimentos precisam ser compartilhados no "aqui e agora" e não tardiamente, após as decisões. Portanto, produzir formas de interação incrementando a participação e o diálogo deve ser um objetivo a ser contemplado em propostas como a que estamos aqui delineando. Aqui importam, mais uma vez, os efeitos políticos do discurso, uma vez que o linguajar "difícil" conforme referido no discurso popular, impede a população de se expressar, já que produz um efeito de poder que se instaura em mecanismos supostamente democráticos – conselhos, comissões, fóruns – gerando silêncio ou falsos consensos.

Ainda no plano político, cabe refletir sobre os resultados potenciais de uma avaliação. Isto porque as avaliações deveriam ser julgadas pela sua utilidade e aplicabilidade de seus resultados: como foram/serão usados e acompanhados os resultados da avaliação? Sobre quais grupos incidirão? Contribuirão para os objetivos explicitados? E para a qualidade, humanização, integralidade? De que forma? Há controle social deste "impacto"? Os relatórios gerados tornaram-se acessíveis aos diferentes segmentos por meio de técnicas como rodas ou mesas colaborativas ou, a despeito do que se delineou como objetivos, redundou em documentos técnicos de circulação restrita? Em contextos onde relações desiguais de poder dificilmente podem ser resolvidas mediante negociação – há diálogo entre os atores envolvidos? Qual o papel dos diferentes atores?

Na perspectiva dos enfoques emergentes, a avaliação visa a fortalecer o grupo, onde os atores devem se educar reciprocamente, limitando o excessivo poder dos gestores e promovendo o diálogo e a aceitação do pluralismo de valores inevitavelmente presente quando se trata de definir objetivos e prioridades em saúde, objeto primordial na programação em saúde.

Anotações finais

Conforme procuramos apontar, falar em avaliação de programas e serviços em saúde é tocar uma complexidade, uma rede objetiva e simbólica que dista de ser simples como contexto de reflexão e de prática. É falar de desafios, de conquistas e também de descaminhos, e ainda de possibilidades que nos cabe acolher ou silenciar. Sobretudo se essa avaliação se pauta por matrizes como qualidade, humanização e integralidade que nos desafiam:

- a construir experiências humanizadas em uma sociedade cada vez menos humana;
- implantar qualidade em uma sociedade quantificada em que todos os atos humanos (da alimentação à sexualidade e até mesmo à

felicidade (!) se acredita (e se almeja) poder mensurar para um controle mais eficiente);

- a buscar integração em um contexto desagregado e desagregador não só no plano das ações, mas da própria apreensão do humano.

Acreditamos que, no campo da avaliação de programas, como de resto, na saúde, temos uma grande tarefa pela frente que inclui desafios nos três planos que acabamos de visitar o que inclui religar saberes, *inter-poli-transculturalizar* (MORIN, 1999), construir solidariedade e, sobretudo, nos deixar primeiramente atravessar pelos valores que queremos dinamizar na prática avaliativa. Não basta propalar a ideia ou questionar o modelo tradicional, é preciso operacionalizar nos diferentes contextos o que implica vigilância epistemológica e reflexividade, pautadas em uma postura ética para com o outro.

Esclarecemos que, se não nos poupamos de apontar contradições e não subtraímos à complexidade inerente à construção de propostas avaliativas centradas nas dimensões aqui demarcadas, isso não significa que nos sintamos pessimistas no que tange à reversão deste estado de coisas. Significa, apenas, que procuramos tratar o tema como processo, portanto, em constante movimento, já que essencialmente histórico; daí as contradições. Além disso, buscamos situá-lo na rede multidimensional a que se vincula; daí a complexidade (MORIN, 1996).

Se nos declaramos distantes de uma postura pessimista, é preciso também esclarecer que tal posição deriva-se da adoção de uma visão dialética dos processos sociais e dos rumos da história e não daquilo que poderíamos nomear como "posse de uma fórmula pronta" rumo a propostas avaliativas. Até porque tal postura conflitaria com a já aludida concepção dialética, bem como se desfiliaria do enfoque avaliativo para o qual direcionamos esta discussão, fundado no diálogo e na negociação (com base na materialidade, seu "território vivo") ancorada na premissa de que uma proposta avaliativa é síntese e, como tal, provisória. O ciclo avaliativo, recomeçando no momento exato em que se julgar finalizado.

Referências bibliográficas

ACURCIO, F.A.; CHERCHIGLIA, M.L. & SANTOS, M.A. (1991). "Avaliação de qualidade de serviços de saúde". *Saúde em Debate*, 33, p. 50-53.

AKERMAN, M., MENDES, R., BÓGUS, C.M., WESTPHAL, M.F., BICHIR, A. & PEDROSO, M.L. (2002). "Avaliação em promoção da saúde: foco no 'município saudável'". *Saúde Pública*, 36(5), p. 638-46.

ALVES, V.S. (2004/2005). "Um modelo de educação em saúde para o Programa Saúde da Família: pela integralidade da atenção e reorientação do modelo assistencial". *Interface* – Comunicação, Saúde, Educação, 9(16), p. 39-52.

AYRES, J.R.C.M. (2004a). "Norma e formação: horizontes filosóficos para as práticas de avaliação no contexto da promoção da saúde". *Ciência & Saúde Coletiva*, 9(3), p. 583-592.

______ (2004b). "O cuidado, os modos de ser (do) humano e as práticas em saúde". *Ciência, Saúde e Sociedade*, 13(3), p. 16-29.

______ (2001)." Sujeito, intersubjetividade e práticas de saúde". *Ciência & Saúde Coletiva*, 6(1), p. 63-72.

BENEVIDES, R. & PASSOS, E. (2005). "Humanização na saúde: um novo modismo?" *Interface* – Comunicação, Saúde, Educação, 9(17), p. 389-394.

BOFF, L. (2003). *Ética e moral*: a busca dos fundamentos. Petrópolis: Vozes.

BOSI, M.L.M. (1994). "A nutrição na concepção científica moderna: em busca de um novo paradigma". *Revista de Nutrição*, 7(1), p. 32-47.

______ (1988). *A face oculta da nutrição*: ciência e ideologia. Rio de Janeiro: UFRJ/Espaço e Tempo.

BOSI, M.L.M. & MERCADO-MARTÍNEZ, F.J. (2004). Notas para um debate. In: ID. (orgs.). *Pesquisa qualitativa de serviços de saúde*. Petrópolis: Vozes, p. 23-71.

BOSI, M.L.M. & UCHIMURA, K.Y. (2006). *Avaliação da qualidade ou avaliação qualitativa da atenção? Elementos para uma demarcação conceitual*. Fortaleza: Núcleo de Política/Gestão e Avaliação em Saúde. DSC/ Universidade Federal do Ceará [Texto de apoio].

BOURDIEU, P. (1983). O campo científico. In: ORTIZ, R. (org.). *Pierre Bourdieu*: sociologia. São Paulo: Ática.

Brasil/Ministério da Saúde (2005). *Avaliação para melhoria da qualidade da estratégia saúde da família*. Brasília, set.

______ (2003). *HumanizaSUS*: política nacional de humanização. Brasília [Documento de trabalho].

BUBER, M. (1979). *Eu e tu*. 2. ed. São Paulo: Cortez & Moraes.

CAMPOS, G.W.S. (2005). "Humanização na saúde: um projeto em defesa da vida?" *Interface* – Comunicação, Saúde, Educação, 9(17), p. 398-400.

CHAUÍ, M. (1999). *Convite à filosofia*. 11. ed. São Paulo: Ática.

CLARK, A.M.; BARBOUR, R.S. & MCINTYRE, P.D. (2002). "Preparing for change in the secondary prevention of coronary heart disease: a qualitative evaluation of cardiac rehabilitation within a region of Scotland". *Journal of Advanced Nursing*, 39(6), p. 589-598.

DEMO, P. (2000). *Educação e qualidade*. Campinas: Papirus.

DENZIN, N.K. (1973). *The research act*. Chicago: Aldine.

DENZIN, N.K. & LINCOLN, Y.S. (2000). *Handbook of Qualitative Research*. 2. ed. Califórnia: Sage.

DESLANDES, S.F. (2004). "Análise do discurso oficial sobre a humanização da assistência hospitalar". *Ciência & Saúde Coletiva*, 9(1), p. 7-14.

DONABEDIAN, A. (1966). "Evaluating the quality of medical care". *The Milbank Memorial Fund*. Quarterly, 44(3), p. 166-206.

FREIRE, J.C. (2002). *O lugar do outro na modernidade tardia*. São Paulo/Fortaleza: Annablume/Secult.

GOFFMAN, E. (1969). *La vita quotidiana come rappresentazione*. Bolonha: Il Mulino.

GUBA, E.G. & LINCOLN, Y.S. (1989). *Fourth Evaluation Generation*. Thousand: Sage.

HYCNER, R. (1997). *Relação e cura em gestalt-terapia*. São Paulo: Summus.

KERR, L.; PONTES, R.J.S.; BOSI, M.L.M.; RIGOTTO, R.M.; SILVA, R.M. da; FILHO, J.G.B. & KERR, W.E. (2005). "Uma reflexão sobre o processo de avaliação das pós-graduações brasileiras com ênfase na saúde coletiva". *Physis*, 15(1), p. 83-94.

LÉVINAS, E. (1978). *Autrement qu'être au delà de l'essence*. Paris: Le livre de Poche.

LOW, J.; PERRY, R. & WILKINSON, M.C. (2005). "A qualitative evaluation of the impact of palliative care day services: the experiences of patients, informal carers, day unit managers and volunteer staff". *Palliative Medicine*, 19, p. 65-70.

LUZ, M.T. (2005). "Prometeu acorrentado: uma análise sociológica da categoria produtividade e as condições atuais da vida acadêmica". *Physis*, 15(1), p. 39-58.

______ (2003). *Natural, racional, social*: razão médica e racionalidade científica moderna. São Paulo: Hucitec.

MATTOS, R.A. (2004). "A integralidade na prática (ou sobre a prática da integralidade)". *Cadernos de Saúde Pública*, 20(5), p. 1.411-1.416.

______ (2001). Os sentidos da integralidade: algumas reflexões acerca de valores que merecem ser defendidos. In: PINHEIRO, R. & MATTOS, R.A. (orgs.) (2001). *Os sentidos da integralidade na atenção e no cuidado à saúde*. Rio de Janeiro: IMS/Uerj/Abrasco, p. 39-64.

MEIS, L. de; VELLOSO, A.; LANNES, D.; CARMO, M.S. & MEIS, C. (2003). "The growing competition in Brazilian science: rites of passage, stress and burnout". *Braz. J. Med. Biol. Res.*, 36(9), p. 1.135-1.141.

MINAYO, M.C.; ASSIS, S. & SOUZA, E. (orgs.) (2005). *Avaliação por triangulação de métodos* – Abordagem de programas sociais. Rio de Janeiro: Fiocruz.

MORIN, E. (1996). *O problema epistemológico da complexidade*. Lisboa: Europa-América.

______ (1987). *A cabeça bem-feita*. Rio de Janeiro: Bertrand.

PATTON, M.Q. (1987). *How to use qualitative methods in evaluation*. 2. ed. Newbury Park: Sage.

PEDROSA, J.I.S. (2004). "Perspectivas na avaliação em promoção da saúde: uma abordagem institucional". *Ciência & Saúde Coletiva*, 9(3), p. 617-626.

PINHEIRO, R. (2001). As práticas do cotidiano na relação oferta e demanda dos serviços de saúde: um campo de estudo e construção da integralidade. In: PINHEIRO, R. & MATTOS, R.A. (orgs.). *Os sentidos da integralidade na atenção e no cuidado à saúde*. Rio de Janeiro: IMS/Uerj/Abrasco, p. 65-112.

PINHEIRO, R. & LUZ, M.T. (2003). Práticas eficazes x modelos ideais: ação e pensamento na construção da integralidade. In: PINHEIRO, R. & MATTOS, R.A. (orgs.). *Construção da integralidade*: cotidiano, saberes e práticas em saúde. Rio de Janeiro: IMS/Uerj/Abrasco, p. 7-34.

PINHEIRO, R. & GUIZARDI, F.L. (2004). Cuidado e integralidade: por uma genealogia de saberes e práticas no cotidiano. In: PINHEIRO, R. & MATTOS, R.A. (orgs.). *Cuidado*: as fronteiras da integralidade. Rio de Janeiro: IMS/Uerj/Abrasco, p. 21-36.

PINHEIRO, R. & MATTOS, R.A. (2004). Cuidado e integralidade: vida, conhecimento, saúde e educação. In: ID. (orgs.). *Cuidado*: as fronteiras da integralidade. Rio de Janeiro: IMS/Uerj/Abrasco, p. 5-7.

SANTOS, S.M.; UCHIMURA, K.Y. & LANG, R.M.F. (2005). "Percepção dos usuários do programa saúde da família: uma experiência local". *Cadernos Saúde Coletiva*, 13(3), p. 687-704.

SERAPIONI, M. (1999). "Avaliação da qualidade em saúde: a contribuição da sociologia da saúde para a superação da polarização entre a visão dos usuários e a perspectiva dos profissionais". *Saúde em Debate*, 23(53), p. 81-92.

TANAKA, O.Y. (2004). "Health promotion challenge conceptions and an alternative evaluation approach". *Ciência & Saúde Coletiva*, 9(3), p. 530-543.

TRAD, L.A.B. & BASTOS, A.C.S. (1998). "O impacto sociocultural do Programa de Saúde da Família (PSF): uma proposta de avaliação". *Cadernos de Saúde Pública*, 14(2), p. 429-435.

TRAD, L.A.B.; BASTOS, A.C.S. & SANTANA, E.M. et al. (2002). "Estudo etnográfico da satisfação do usuário do Programa de Saúde da Família (PSF) na Bahia". *Ciência & Saúde Coletiva*, 7(3), p. 581-589.

UCHIMURA, K.Y. & BOSI, M.L.M. (2004a). A polissemia da qualidade: resgatando a subjetividade. In: BOSI, M.L.M. & MERCADO-MARTÍNEZ, F.J. (orgs.). *Pesquisa qualitativa de serviços de saúde*. Petrópolis: Vozes, p. 75-98.

______ (2004b). "O mercado dos pobres: um enfoque qualitativo da utilização de programas sociais de alimentação". *Cadernos de Saúde Pública*, 20(2), p. 482-491.

______ (2002). "Qualidade e subjetividade na avaliação de programas e serviços de saúde". *Cadernos de Saúde Pública*, 18(6), p. 1.561-1.569.

WATZLAWICK, P., BEAVIN, J.H. & JACKSON, D.D. (1999). *Pragmática da comunicação humana*. São Paulo: Cultrix.

WILLIAMS, B. (1994). "Pacient satisfaction: a valid concept?" *Social Science and Medicine*, 38, p. 509-516.

YOO, S.; JOHNSON, C.C.; RICE, J. & MANUEL, P. (2004). "A Qualitative Evaluation of the Students of Service (SOS). Program for Sexual Abstinence in Louisiana". *Journal of School Health*, 74(8), p. 329-334.

5 Avaliação comunitária: conflitos verticais e ambiguidades metodológicas

Ricardo B. Zúñiga
Hélène Laperrière

Este capítulo desenvolve-se com base na premissa de que toda inovação dos métodos de avaliação está ligada a opções metodológicas que permanecem nas sombras do implícito, e que ocultam as opções sociopolíticas, por sua vez, afetadas pelas mudanças propostas. As bases da análise são: a construção coletiva de uma ferramenta de avaliação dos grupos da coalizão de organismos comunitários de luta contra a Aids em Quebec e as atividades de prevenção da Aids na região amazônica do Brasil, que utilizaram o mesmo instrumento para complementar a ação comunitária preventiva sociossanitária, ressaltando a imprevisibilidade e as relações verticais na inserção local de projetos concebidos em termos universalistas. Ambas evidenciam a tensão entre projetos internacionais e a participação local e analisam as opções políticas que podem justificar as formas concretas de ação, muitas vezes encobertas na ambiguidade dos termos *ciência*, *pesquisa-ação* e *participação*.

1. Perspectiva metodológica: a confluência entre avaliação, comunidade e pesquisa qualitativa

Quando as discussões sobre investigação qualitativa acontecem entre pares, não raro, chega-se a reconhecer que elas contêm, pelo menos, duas vertentes: uma primeira, procura aprofundar-se no leque de meios de pesquisa disponível; a outra quer fazer com que a metodologia confronte problemas metodológicos de ordem sistêmica e política, fazendo da pesquisa qualitativa um meio de recuperação da palavra de excluídos e marginalizados. Nossa esperança é sermos capazes de mostrar a riqueza da avaliação da ação social comunitária quando ela se mantém ciente da validade e da fecundidade de ambas as perspectivas.

As experiências comunitárias que iremos aqui analisar não podem ignorar esta tensão. Os grupos comunitários avaliadores agem sempre plenamente cientes de estar duplamente enraizados: na comunidade com a qual se identificam e nas relações contratuais que eles estabelecem no processo de obtenção de seus recursos financeiros. O mais fácil é cair na tentação da estratégia esquizoide: um discurso interno de cumplicidade solidária e outro, público, destinado a atender às expectativas de suas fontes de financiamento (ZÚÑIGA, 1988).

Nosso trabalho é uma reflexão teórica imbricada nas formas de prática em que foi realizada e nos diálogos que lhe deram origem. Com base nelas, queremos salientar o sentido de nossas convicções, cuja definição originou-se, em parte, do trabalho de campo. A investigação desempenha uma importante função na avaliação ao permitir uma maior aproximação à realidade concreta das situações em que se realiza um projeto e na relação existente entre os resultados obtidos e o grau de inserção de todos os participantes. A pesquisa-ação participante surge como uma forma de enriquecimento coletivo, capaz de levar a que se faça de um projeto uma realidade compartilhada.

O texto está organizado em quatro passos: este primeiro que concebemos como uma introdução à sua lógica; a análise de duas experiências que serviram como terreno para os intercâmbios entre participantes e pesquisadores e que determinaram os temas abordados neste trabalho; a identificação e a análise dos conceitos que foi preciso examinar para definir as opções escolhidas para o trabalho, finalizando com uma síntese reflexiva sobre a contribuição de perspectivas qualitativas para o enriquecimento de uma avaliação.

2. Duas experiências de avaliação comunitária

2.1. O caso de uma comunidade avaliativa emergente: o imprevisível e os controles verticais

Uma avaliação pelos pares de um projeto de prevenção de doenças sexualmente transmissíveis voltado para a prevenção da Aids na região amazônica brasileira sublinha a importância da convergência de objetividade e subjetividade como potencial de recuperação da história coletiva (LAPERRIÈRE, 2004). Uma vez que o projeto já fora avaliado previamente por levantamentos epidemiológicos e questionários evolutivos sobre condutas sexuais, o processo de avaliação qualitativa participativa ressaltou seus efeitos secundários imprevistos (SCRIVEN, 2004) e a construção de significações coletivas relacionadas à implantação inicial feita pelos pares.

A proximidade com o meio local favoreceu a inserção no movimento social e no contexto sociopolítico, primeiro na ação comunitária (1994 a 2000) e depois na avaliação do projeto (2004). Ao longo de um trabalho de cinco meses, a observação participante e as entrevistas individuais e coletivas de diversos atores locais (envolvendo profundamente 35 pessoas) mediante instrumentos de autoavaliação (JALBERT et al., 1997a, b) permitiram que viessem à tona outras dimensões do impacto global do projeto no meio sociopolítico em que foi desenvolvido.

O ponto inicial foi a identificação da variedade de atores a serem incorporados no processo participativo da avaliação: usuários, agentes multiplicadores e estrutura social de atividades nos pontos de prostituição, rede sociossanitária, aparatos jurídicos e políticos – como administradores públicos, policiais e militares –, aparatos culturais, políticos e pessoal de pesquisa, e as diversas organizações ilícitas que circundam a prostituição.

Esta enumeração de atores que fazem parte de um projeto de prevenção mostra como é fútil e perigoso acreditar ingenuamente na autonomia social de uma pesquisa que ignoraria as ligações entre as linhas de atividades sociais, econômicas e políticas, seus controles e sua legitimidade. A estratégia para a abordagem de campo foi a de um plano operacional que se manteve sempre em interação com o conhecimento progressivo dos graus de perigo dos contextos sociocultural, sociopolítico e geográfico em que o projeto estava inserido. Exprimindo pontos de vista e opiniões pessoais, os participantes (inclusive a pesquisadora) podiam realizar um processo de objetivação (BOURDIEU, 2001), quando menos de seu discurso público. A participação dos atores locais no processo avaliativo permitiu a identificação de importantes variáveis contextuais que contribuíam para ações preventivas distintas daquelas elaboradas no programa do projeto de prevenção.

A experiência brasileira tem sido analisada sob o duplo prisma da irrupção de imprevistos sociais e da verticalidade das relações entre os atores. Os projetos de prevenção possibilitam a inserção na realidade estruturante das culturas organizacionais locais, as quais incluem aspectos que o pesquisador não pode dispensar, como a historicidade destas organizações, que define a visão dos participantes. O conceito de verticalidade procura salientar que, para além dos canais hierárquicos explícitos e implícitos, estão os poderes informalmente aceitos, que na região do estudo são os traficantes de drogas, os donos dos bares onde se estabelece a prostituição, as gangues de rua e os políticos locais, com os quais o projeto de pesquisa não pode negociar como o faz com os pares "visíveis e reconhecidos" do sistema oficial de saúde (LAPERRIÈRE, BENZAKEN & ZÚÑIGA, 2004).

Os atores locais são bem mais lúcidos quanto às possibilidades e aos ajustes necessários à realização de projetos que foram formulados nos níveis superiores do aparato de saúde, garantindo-lhe as possibilidades concretas de participação em suas estruturas organizacionais e culturais locais. O sociólogo Pedro Demo fundamenta bem a necessidade de ir além da noção de participação ideológica e teórica das elites sociais, pois "uma participação sem autossustentação é uma farsa" (2001: 125).

Esta experiência foi rica em ensinamentos sobre a lógica avaliativa utilizada e seu potencial de contextualização num meio determinado. Ela levou os pesquisadores a insistir na multiplicidade dos atores envolvidos na cotidianidade do projeto, atores situados em relações desiguais de controle e influência, numa "verticalidade" relativa de poderes acentuada pelo "contexto do imprevisto", muito distante da lógica dominante de um esquema de pesquisa que pressupunha o controle da situação, objeto da avaliação.

2.2. O caso da palavra de uma coalizão comunitária: formalização imposta e racionalidade do implícito cotidiano

O segundo caso que nos fornece material empírico para reflexão e teorização é o das práticas avaliativas formais de órgãos comunitários de luta contra a Aids em Quebec. O problema que se apresentava era como prestar conta do trabalho realizado à fonte de financiamento governamental. Os programas governamentais subsidiados funcionam com formulários rígidos, genéricos, visando à geração de estatísticas de produtividade do órgão como organização formal – a voz da direção geral do órgão prestando contas da utilização de verbas em função dos resultados atingidos.

O formato restritivo do relatório esperado limitava-se à coleta de valores de produção de resultados preestabelecidos (o objetivo como contrato), e os interlocutores do governo deixam bem claro que a avaliação que eles esperam deve se deter apenas nisso. O efeito negativo desta realidade e de sua percepção é o de tornar supérflua a palavra escrita para a maioria dos participantes.

Os grupos comunitários, em geral, estão muito cientes de que se deparam com uma tripla tarefa: desenvolver uma voz autônoma (a missão do órgão como integração dos programas subsidiados), alimentar a ação internamente e enriquecer o discurso de justificação. O desafio é transformá-las em tarefas que o conjunto de seus membros vejam como modalidades de busca e de expressão da própria razão de ser dos grupos. Isto implica uma tarefa ainda não enfrentada, de procurar uma palavra que corresponda às ações reais, que perceba as atividades em sua riqueza concreta antes de decidir quais aspectos preservar no discurso oficial.

Na experiência aqui focalizada, o projeto de desenvolvimento de instrumentos de avaliação tem trabalhado por vários anos para enfrentar essa tarefa. Dois grupos de trabalho sucessivos, agrupando representantes de uma dúzia de órgãos cada um, vêm trabalhando desde 1995 para desenvolver uma perspectiva compatível com a dupla tarefa de oferecer os serviços programados e de inseri-los no contexto de uma globalidade social e comunitária. Ambos os grupos têm mantido sempre um contato relutante com um "conselho" paritário, formado por representantes da coalizão e das fontes de financiamento federal e provincial. Embora os atritos tenham sido evitados, sempre ficou claro que toda ação de avaliação autônoma devia ter lugar dentro dos limites dos critérios de avaliação e das exigências de produtividade dos programas federais e provinciais que a financiam.

A tensão entre essas duas perspectivas não é apenas oposição de atores. O projeto tem recebido sempre o apoio dos órgãos de financiamento, que tem visto nele uma contribuição. O primeiro documento elaborado teve seu uso recomendado a todos os órgãos da coalizão, e as agências governamentais têm salientado que esperam que ele seja utilizado em todas as avaliações e relatórios de andamento. Mas o trabalho não tem sido fácil.

A história da distância entre o mundo da administração científica e o de práticas de intervenção – especialmente sociais – é complexa. O primeiro forneceu a ideologia do controle de gestão: "Não nos interessa entender o que aconteceu. Queremos apenas saber qual foi o resultado – *em números*". O mundo da prática profissional tem se utilizado da ideologia da autodefesa em contexto de vulnerabilidade: "Não diga nada além do estritamente necessário a respeito do que você faz. Tudo o que você falar acabará sendo controle, exercido contra você." Do ponto de vista positivo de Schön (1994), que estimula os profissionais a desenvolverem seu discurso explícito, e de Mintzberg, de compreensão das "burocracias profissionais" como pautadas por uma lógica própria, muito diversa da lógica industrial do controle de produtividade (1982), o leque inclui o reconhecimento do caráter de estratégia defensiva da ausência de discurso (DETIENNE & VENANT, 1974), a recomendação de desenvolver "práticas silenciosas" no trabalho social para evitar os controles, e o "sistema D" (a *débrouillardise* – manhas e jeitinhos) do silêncio estratégico.

A perspectiva metodológica desenvolveu-se interagindo com a experiência de grupos de trabalho, consultas a grupos específicos e reuniões de intervenientes.

Dois desafios mostraram-se cruciais. De um lado, a definição implícita da avaliação como pesquisa evocava fantasmas de linguagem abstrusa, de estatísticas saídas de indicadores forçados. De outro, os objetivos deviam ir além da ideia de que eram necessariamente descendentes, que eram apenas a formulação das exigências externas do financiamento, para assumirem a noção de que eram também a expressão da dinâmica de ação coletiva. Tampouco era necessariamente verdade que o fato de os objetivos predeterminados não serem atingidos fosse sempre culpa dos intervenientes, pois ele podia decorrer da falta de realismo desses objetivos, estabelecidos *a priori* e em função de critérios externos. A consideração do contexto e a adaptação progressiva do projeto às suas circunstâncias concretas de atualização não eram defeitos, mas virtudes da ação. Os trabalhos dos projetos de preparação de instrumentos de avaliação foram concebidos e realizados como oportunidades de coconstrução de significações das experiências vivenciadas no dia a dia, e que deviam refletir e exprimir a identidade coletiva do grupo:

> Hoje, quando falamos em identidade, espontaneamente a formulamos como pergunta: Quem sou eu? Mas a resposta não pode ser um nome e uma genealogia. A resposta à pergunta nasce de se entender o que é mais importante para nós. Saber quem eu sou é um aspecto de saber qual é a minha posição. Minha identidade é definida pelos compromissos e as identificações que delimitam o horizonte do qual eu posso determinar, em cada caso, o que seja bom, ou valioso, ou o que deveria ser feito, ou o que defendo ou o que com-

bato. Em outras palavras, minha identidade é o horizonte do qual eu posso adotar posições (TAYLOR, 1989: 27).

O trabalho de construção de instrumentos de avaliação reflete uma relação de diálogo permanente com muitos dos quarenta grupos da coalizão. Os membros dos grupos de trabalho têm compartilhado suas reflexões e também as demandas de orientação e apoio que receberam neste "saber dizer". Foram organizadas reuniões de informação e jornadas de trabalho com diretores, funcionários, voluntários, usuários e intervenientes para analisar tanto as necessidades quanto o valor prático dos instrumentos de avaliação propostos. Um dos avanços mais significativos foi a compreensão de que uma avaliação é acima de tudo uma tomada de consciência das posições sustentadas e das ações realizadas visando à realização de um projeto de mudança, e de como essa avaliação é sempre uma tensão entre os atores diretamente envolvidos na ação transformadora e aqueles que os enquadram, dirigem e controlam – atores também legítimos e necessários, embora com pontos de vista que precisam de uma compreensão interna daquilo que enquadram. Logo, a avaliação é necessariamente interna e externa, não só pela posição dos diversos atores como também, e mais profundamente, porque a intenção transformadora deve ouvir a realidade que procura transformar: todo ator autônomo é responsável pelos fins, pelos meios que ele escolhe e pela constatação do resultado de seus esforços.

A distância entre avaliadores e executores reflete uma tensão real, mas não pode justificar a incompreensão mútua. Um projeto coletivo é também uma multiplicidade de ações de intervenção individualizadas, realizadas com pessoas concretas, em situações específicas, e a avaliação deve refletir esta realidade social para evitar tanto o romantismo ilusório das boas intenções quanto as medidas míopes que contam gestos, mas não percebem as transformações humanas, sempre mais sutis que qualquer índice. A tarefa não é fácil. As linguagens de comunicação da pesquisa e da gestão não são as do mundo da ação direta. De Schön (1994) a Mendel (1998), de Detienne e Venant (1974) a Mintzberg (1998), as palavras mostram a dificuldade de serem reconhecidas como tais, sem serem confundidas com as ideias que expressam nem com os gestos que designam.

As duas experiências de campo, ambas com vários anos de duração, tinham uma intencionalidade abstrata comum (a prevenção da Aids), mas com formas de ação muito diferentes. Em ambas o trabalho foi concebido e realizado procurando-se maximizar o papel dos participantes em todas as etapas das avaliações, da definição de metas e de meio até a elaboração de estratégias de coleta e de análise de informações e redação dos relatórios. Nas duas situações, os participantes dos grupos comunitários locais surgiram como um setor de mediação no qual eles funcionaram como agentes multiplicadores e de contato. Em ambas foi possível ultrapassar a barreira da palavra escrita, ao menos reduzindo as desconfianças que ela inspira. Uma das evidências do sucesso dos projetos é o grau em que o envolvimento desses mediadores levou a que eles se apropriassem da experiência, de modo que seu compromisso com ela fosse muito mais que uma simples obrigação. Outra, e igualmente proveitosa, foi a geração de um discurso que os pesquisadores sempre submeteram à consideração desses colaboradores, que definiram sua participação não só nas tarefas a realizar como na influência que exerciam sobre o produto final, que devia atender a seus critérios de clareza e utilidade.

3. A pesquisa-ação participativo-qualitativa: analisando algumas ambiguidades

3.1. As palavras para a ação

A relação entre a palavra e a ação é essencial na definição da função da avaliação escrita. As palavras antecedem, determinam e substituem a ação concreta, e podem inibir a palavra que a designa.

Todos os conflitos epistêmicos da avaliação têm a mesma origem: considera-se o espaço pensado como uma confirmação do mundo real. Surge assim como que um segundo mundo teórico ao lado do mundo percebido e concebido. E quem decide nos casos em que essas duas visões de mundo forem contraditórias? (RIEDL, 1989: 70).

A resposta de Mendel é clara: "O conceito de ação absorveu o ato como fenômeno, a ponto de ambos parecerem ter-se fusionado, terem se tornado intercambiáveis –, mas sempre em favor do primeiro." Assim, o ato é concebido como um pálido reflexo da ideia. Ele não inclui nem a resistência nem a intenção que o sujeito tenta exercer sobre o mundo, nem a sua interação com este, que o modifica como sujeito enquanto ele supõe estar modificando-o (MENDEL, 1998: 7-8). Sua perspectiva crítica tem sido central em nossa análise:

Figura 1 – Mendel – A ação pensada e o ato realizado

O peso do ato concreto é crucial para ancorar a avaliação num contato real com a realidade que ele pretende modificar. A previsão ou o "pré-ato" não deveria pretender determinar o resultado esperado, deturpando-o ao observá-lo apenas através do filtro dos índices preestabelecidos. Quando os conceitos aceitam ser integrados no mundo da ação, o caminho da ação inclui a totalidade dos atos realizados, bem como o modo pelo qual são incorporados ou sofrem resistência. O resultado é, portanto, uma novidade imprevisível, a história de uma interação do mundo das ideias do sujeito com o da sua realização numa realidade que lhe é externa, que o antecede e a ele resiste.

As palavras que exprimem intenções e ação são mais do que palavras. Elas são atos transformadores, que criam novas realidades. Os trabalhos dos filósofos da linguagem (AUSTIN, 1982; SEARLE, 1986; MATURANA & VARELA, 1984; FLORES, 1994) mostram a palavra como sendo diferente tanto da ideia quanto do ato material, como uma variável do ato transformador: ela é um "ato que fala". Assinalando e designando é que se determinam as ações sociais. Quando a pessoa de cor é um negro, quando a trabalhadora do sexo é uma puta, quando a criança que passa por um conflito é um desadaptado ou um deficiente e quando o imigrante é um *sudaca*[1], suas vidas foram transformadas – empobrecidas, marginalizadas, aviltadas – por uma palavra. Ninguém queira convencer essas pessoas de que as palavras não constroem realidades que veiculam uma eficácia mortífera.

Palavras também são atos de compromisso, pois o fato de designar envolve o ator que designa. Os autores citados buscam distinguir claramente a ideia da palavra, que é ideia, mas é também reflexo de uma interação e uma forma de ação interativa. Para eles, palavras são "conversações para a ação". "Conversações para a ação são aquelas por meio das quais conseguimos que as coisas sejam feitas [...] em sua forma mais simples, uma conversação para a ação é uma solicitação e uma promessa de atendê-la" (FLORES, 1944: 44). A avaliação é um exemplo claro que exige um duplo compromisso: tornar explícitos os valores e critérios em que se baseia o juízo de valor que orienta a avaliação e garantir a veracidade e a qualidade da informação fornecida. Maturana acrescenta uma segunda nota no resumo de sua posição com os aforismos-chave de seu livro: "Todo fazer é conhecer" e "Tudo o que é dito é dito por alguém" (MATURANA & VARELA, 1984: 13). As ideias que resultam no envolvimento no mundo concreto são oportunidades de avanço do conhecer, e esse conhecer nunca é impessoal: sempre é alguém que conhece, com base em sua história pessoal, sua posição social e seus compromissos sociais e valores. Em situações de divergência de interesses sociais, a avaliação escrita pode ser a palavra do promotor acusador ou do advogado defensor, mas dificilmente pode pretender ser a do juiz capaz de proclamar a sua neutralidade isenta e desvinculada.

A avaliação é a construção de um ator social que, exatamente por ser responsável, procura eficácia nas mudanças que entende serem necessárias. Ver uma realidade, julgá-la com base nos valores que definem uma perspectiva e agir para aproximá-la de uma realização mais plena são os momentos de uma ação social de transformação, que visa a objetivos, mas considera-os contextualizados, enraizados em uma situação particular e nos interesses e posturas assumidos por todos os envolvidos ou afetados pelas mudanças propostas. A avaliação qualitativa pode contribuir, identificando esses atores e interesses e certificando-se de que o projeto avaliado e a avaliação não desconsiderem ou esqueçam o que puder explicar os resultados específicos de uma ação.

1. N. T.: Termo pejorativo que designa o imigrante sul-americano na Espanha.

3.2. Falando de ciência, pesquisa e ação

O tema da pesquisa-ação é central no trabalho realizado e nós procuramos utilizá-lo de maneira mais rigorosa que a habitual. Para tanto, queremos distinguir quatro sentidos: a pesquisa como elemento exterior à ação pesquisada, a pesquisa envolvida na ação, a pesquisa como componente que faz parte da ação e, finalmente, a perspectiva praxiológica e pragmática, que rejeita a distinção radical entre ideias e ações, entre teoria e prática.

A maioria dos pesquisadores que aceitam trabalhar em relação direta com a ação tem como pressuposto que "pesquisa" é um termo unívoco, especialmente quando está associado ao adjetivo "científica". Na maior parte dos meios acadêmicos e de pesquisa, as duas palavras aludem não só a um pretenso rigor específico, como também à legitimação social que o torna válido. A exigência de publicar em "revistas indexadas" faz do *Institute of Scientific Information* (editor de *Current Contents* e *Citation Index*) o árbitro do reconhecimento científico. As duas publicações se sustentam, por sua vez, no conceito de "revista com comitê de leitura", de "avaliação pelos pares" em publicações consideradas de alta qualidade científica – sem se indagar sobre os fundamentos da seleção do comitê de leitura e de quem define quem sejam os pares. Disso resulta uma seleção de publicações periódicas que reúne quase exclusivamente revistas em inglês e editadas nos Estados Unidos. Como já foi ressaltado por muitos autores, de Kuhn até Latour, a validação social de ambos os processos fica imersa nas sombras. O que é pesquisa científica? Cabe perguntar se a resposta permitirá incluir o sentido que a pesquisa-ação lhe conferiu desde suas origens latino-americanas – uma de suas fontes primeiras:

> Devemos lembrar que a pesquisa-ação participativa, ao mesmo tempo em que faz questão de defender uma rigorosa busca de conhecimentos, é um processo aberto de vida e trabalho, uma vivência, uma progressiva evolução que visa a uma transformação total e estrutural da sociedade e da cultura com objetivos sucessivos e parcialmente coincidentes. É um processo que exige um compromisso, uma postura ética e persistência em todos os níveis. Em definitiva, é tanto uma filosofia da vida quanto um método (RAHMAN & FALS BORDA, 1992: 213).

Chaudhary (2001) enriquece a síntese da pesquisa qualitativa de tipo participativo ao salientar o sinal de seus contextos de produção, que se distanciam dos da tradição formal da pesquisa científica. Em seu trabalho, este autor analisa as formas de controle da produção e da legitimação de conhecimentos, que incluem os filtros sociais de acesso aos recursos da sociedade, o uso de idiomas estrangeiros ou linguagens técnicas excludentes e a restrição dos conteúdos de conhecimento pertinente àqueles que correspondem às sociedades que controlam o investimento de recursos. A análise de Chaudhary coloca em oposição duas formas de conhecimento: a do "modo dominante" de produção e a do "modo popular". O modo dominante caracteriza-se por seu propositado afastamento da cotidianidade, sua individualização e sua abstração, que fazem dele uma propriedade a serviço de organizações de perpetuação da ordem estabelecida. O modo popular faz da produção de conhecimentos um evento social coletivo, igualitário e descentralizado, propriedade comum a serviço do questionamento da ordem estabelecida e da busca de ordens sociais alternativas (p. 114-121).

As raízes no Terceiro Mundo têm ressaltado, por vezes até em demasia, que o positivismo não é apenas uma lógica de pesquisa, mas uma visão de mundo que deve grande parte da sua força ao fato de ser imposta por centros de poder político mais do que científico. Esta visão de mundo favoreceu um modelo universal e centralizado, que é definido como o ideal a ser atingido e é difundido como exportação política que acompanha a exportação científica. É neste contexto que autores como Paulo Freire, Orlando Fals Borda, Rodolfo Stavenhagen e Pablo González Casanova dão uma contribuição pela qual negam que ciência e política possam ser (ou já tenham sido alguma vez) duas esferas de compreensão ou de ação mutuamente impermeáveis.

Fals Borda (1992; 1997) assinala enfaticamente a concepção latino-americana da pesquisa-ação, ressaltando as relações reais indissolúveis entre práxis e ciência instrumental, racionalidade e ciência, explicação e compreensão. A reflexão crítica rompe com a ideia de que a difusão deva ser unidirecional, do centro de produção para a periferia de consumo, à qual só chegam as oportunidades de incorporação mediante manuais traduzidos e cursos de aperfeiçoamento importados. Para Fals Borda, a ruptura das relações de submissão, de exploração ou de dominação tem direitos equivalentes aos dos esforços pelo estabelecimento de relações de incorporação e de inserção numa ciência recebida. Para a pergunta "O que são a ciência e a comunidade científica?", as perspectivas praxiológicas e pragmáticas propõem respostas diante das quais não se pode ficar indiferente. Latour (1999) mostrou a contribuição dos "estudos sobre a ciência" como forma de tornar a legitimar o debate sobre quais as variáveis que podem ser consideradas intrínsecas ao pensamento científico e quais são apêndices culturais, como o princípio de universalidade abstrata, o uso de uma língua franca e a identificação da ciência com o desenvolvimento socioeconômico de acordo com um modelo específico de "ordem e progresso".

Se esse conflito ensina alguma coisa, é que a academização da ciência não se deu sem consequências. A mais importante delas foi a deslegitimação de formas de conhecimento, como o conhecimento prático, tanto em suas modalidades profissionais quanto nas políticas, que não podem ser desconsideradas. Para a concepção da produção de conhecimentos como um processo que exige a pureza estéril do laboratório ou da academia, torna-se cada vez mais difícil negar a sua realidade concreta, onde seu produto está sempre em diálogo com a sociedade, com o momento e com os interesses em jogo na sociedade que os gera (DENIS, LEHOUX & CHAMPAGNE, 2004; NOWOTNY, SCOTT & GIBBONS, 2001). Embora seja difícil creditar este reconhecimento à pesquisa qualitativa, como se tivesse sido uma meta propositada, é evidente que graças a ela ampliou-se o horizonte dos conhecimentos que podem ser reconhecidos e incorporados ao acervo de uma comunidade, e que se pode entender a avaliação como uma atividade que se insere em situações mais amplas, nas quais seus efeitos vão muito além de seus objetivos e afetam um número de pessoas e atores sociais muito maior do que o previsto.

3.3. A relação entre pesquisa e ação social

As propostas que procuram estabelecer uma relação explícita entre pensamento social e ação social têm uma longa história. Nos termos da literatura social moderna, talvez as influências mais marcantes no debate tenham sido as do abade Cardijn, pelo seu impacto no sindicalismo francófono europeu e francês, e de Paulo Freire, cujo conceito de "conscientização" passou da educação para a ação social em geral, iniciando ao mesmo tempo uma transição de uma visão católica para um vínculo explícito com o pensamento político marxista. Kurt Lewin colocou este conceito em posição central na psicologia social e comunitária. Orlando Fals Borda estabelece o termo em seu impacto no Terceiro Mundo, que se alastra por toda a América Latina e também na Ásia, principalmente em suas parcerias com cientistas indianos como Chanmdhary e Rahman. No mundo norte-americano, o educador canadense Budd Hall tem sido um elo explícito entre o Terceiro Mundo e os Estados Unidos e o Canadá. A ele devemos diversas formulações que enumeram os princípios básicos da pesquisa participativa, como o de situar a definição dos problemas a enfrentar na comunidade, fazer da pesquisa um instrumento de mudança social a serviço das condições de vida dos grupos sociais mais marginalizados e desfavorecidos, bem como defender que o controle político da pesquisa não pode ficar isolado do controle científico, e que em ambos cabe à comunidade o direito de participar de todas e cada uma das etapas (ver versões de sua enumeração em CAVE & RAMSDEN, 2002; HAGEY, 1998; HALL, 2001: 173). Na atualidade, a literatura sobre pesquisa-ação já atingiu uma fase em que começam a abundar obras que procuram mostrar a variedade e os traços comuns que a caracterizam (cf. por exemplo, SALAZAR, 1992; REASON, 1994; REASON & BRADBURY, 2001; McTAGGART, 1997; DALLAIRE, 2002).

Em toda esta literatura, muito diversa, o termo "pesquisa" adota significados diferentes e mesmo contraditórios:

a) *Pesquisa sobre a ação* – A contribuição da ciência para a ação. Em toda a história da ciência há evidências e discursos que provam que ela nunca esteve muito distante da ação social e pode atribuir-se um valor prático além do valor de compreensão. O fato de a ciência demonstrar pertinência social direta constitui um desafio que sempre encontrou respostas, indo de uma afirmação como a de Kurt Lewin, para quem "nada é mais prático que uma boa teoria", até os discursos que justificam uma ciência social "aplicada" – passando pela defesa dos progressos sociais atribuíveis ao conhecimento científico e pelos ataques daqueles que denunciam uma ciência a serviço de estados nefastos.

b) *Pesquisa de acompanhamento da ação* – Boa parte da chamada pesquisa-ação aproxima os atores pesquisadores dos atores na ação social, em uma parceria que visa a interesses comuns, mas na qual ambos mantêm suas identidades profissionais. Como forma imediata de colaboração, ela parte do pressuposto de que a ação concreta segue sua própria lógica, sobre a qual os pesquisadores procuram lançar luzes para uma melhor compreensão. A colaboração é mais intensa na primeira etapa, na qual o pesquisador propõe um estudo e aceita comentários para depois incluí-los no seu projeto, e na última, quando os pesquisadores voltam ao campo, oferecendo os lampejos que seu estudo tenha proporcionado à ação. A pesquisa avaliativa oferece esta esperança de melhora, geralmente na forma de "recomendações" que reconhecem o caráter externo do avaliador, mas ressaltando os subsídios que ele pode trazer.

c) *A pesquisa como reflexão integrada à ação social* – A pesquisa-ação participativa é uma ruptura radical com as duas versões, como mostraremos no desenvolvimento a seguir. A pesquisa-ação não é uma soma, "pesquisa + ação", mas uma fusão transformadora de ambas. Nem o pesquisador pode definir sua objetividade em função de sua distância da ação, nem os atores podem limitar seu papel a uma ação que espera receber de outros a reflexão sobre seu sentido, suas opções de ação e seu modo de assumir os efeitos dessa ação. Esta linha de pensamento tem sido desenvolvida por autores como Schön (1994) e Reason (1994); Bradbury & Reason (2001), que salientaram a contribuição das práticas profissionais como uma "reflexão na ação", uma elaboração de "práticas reflexivas coletivas" (RACINE, 2000).

d) *Ação e mudança social* – Evolutiva e radical. As contribuições que deram lugar a metodologias qualitativas na América Latina e em regiões do mundo marginalizadas dos centros de produção de conhecimentos oficiais têm raízes em contextos sociopolíticos, não podendo ser desconsideradas como se não dissessem respeito à produção de ciência social. As ciências sociais tiveram de aprender a admitir que fazem parte de um objeto de estudo empírico, que tem o direito de se perguntar até que ponto todo pensamento social reflete necessariamente as condições de produção histórica em que se desenvolveram:

> Talvez seja o destino das ciências sociais não só refletirem as formas dominantes da organização social de sua época como também – como têm feito desde que se desmembraram do pensamento social e político da ilustração – que devam tornar-se meios importantes de expressão para as contracorrentes radicais e para a consciência crítica originada por estas formas de organização. Esta relação dialética entre as ciências sociais e a sociedade consegue penetrar nos papéis conflitantes e muitas vezes ambíguos que os cientistas sociais, como indivíduos, são forçados a desempenhar na sociedade moderna (STAVENHAGEN, 1992: 39).

As ciências sociais norte-americanas e depois as europeias fizeram da "mudança social" um valor abstrato, aparentemente consensual: parece que "é bom as coisas mudarem". Algumas experiências dolorosas na antropologia (STAVENHAGEN, 1981; 1992) e nas ciências políticas (HOROWITZ, 1974; 1994) evidenciaram a ingenuidade do pressuposto de virtude intrínseca da mudança não especificada. Que mudança? Do que para o quê? Boa na opinião de quem? Quais os custos previstos e assumidos? Quando a mudança parece evolutiva, sem custos aparentes, há pouca celeuma; quando a mudança é "radical" (ZÚÑIGA, 1976), ela abala os próprios fundamentos da comunidade e necessariamente marca toda ação com os traços da escolha dolorosa entre a preservação da ordem ou sua derrocada. Como denunciou Horowitz, de maneira tão bem fundamentada, mudança social é "progresso e desenvolvimento" ou "insurgência e terrorismo" conforme a relação do processo de produção científica com seus contextos políticos extracientíficos. Como Paiva analisa cruamente (2000), a pedagogia de Freire não está isenta dos modelos dominantes de tipo desenvolvimentista. Esta consciência política é central na constituição da pesquisa social.

3.4. Participação – filosófica, social e política

Na literatura sobre pesquisa social de hoje costuma-se identificar a participação com pressupostos igualitários e democráticos que parecem caracterizá-la. A história deste conceito, ainda presente nas suas conotações, contradiz este uso fácil.

Em suas raízes filosóficas, para Platão, Plotino e Santo Tomás de Aquino, participação é a relação entre a ideia transcendental e as formas sensíveis que a refletem como suas projeções ou emanações. Nada poderia estar mais longe de seus pensamentos que lhe atribuir um caráter igualitário. Participação é essencialmente uma dependência: da realidade material com relação à ideia que a constitui, da criatura com relação a seu criador, do "participante" com relação a um projeto preestabelecido que continua sob o controle hierárquico de seus autores.

Em sua versão social ou sociopolítica, a participação acrescenta de fato um matiz de reivindicação de compartilhar uma visão, um diagnóstico e uma responsabilidade da ação coletiva. No entanto, basta um curto espaço de tempo para que a realidade macrossocial resulte em uma estratégia necessária de democracia representativa: todos participam, mas as decisões do dia a dia são delegadas. Em muitos sistemas políticos, como no caso do Canadá, "participar" significa pouco mais do que "ser consultado", "poder expressar uma opinião". Em demasiados casos, a participação na pesquisa científica utiliza ingenuamente este conceito como se fosse óbvio, uma virtude inquestionável. No manual de avaliação participativa publicado e distribuído pelo Ministério da Saúde do Canadá, salienta-se a importância da participação como instrumento de ação social, mas como era de se esperar, encerra-se uma enumeração de princípios determinando que "os responsáveis por um projeto devem formular as perguntas específicas da avaliação, definir os índice de sucesso e fixar as datas de realização..." (SANTÉ CANADA, 1996).

O dilema religioso se mantém nas conotações do termo. A ênfase católica conceitualiza a participação como uma afirmação fundamentalmente ontológica: a pessoa é criatura, é membro da Igreja, é cidadão de um país ou de uma instituição social, de uma coletividade política. A ênfase protestante é a contrapartida subjetiva: participar é um gesto individual, consciente e voluntário, que cria a instituição social daqueles que compartilham dele – a Igreja dissidente, o partido de oposição, o grupo que reivindica. A participação política oficial obriga todos os membros a agirem segundo as premissas coletivas: obedecer às regulamentações de trânsito e às leis, pagar impostos, reconhecer filas no serviço militar não são convites, mas obrigações. As participações voluntárias incorporam uma subjetividade capaz de contestar a institucionalidade: rejeitar o serviço militar para uma guerra considerada injusta, manifestar-se contra impostos vistos como abusivos. Não posso "participar" aceitando como "fato" uma afirmação que não posso apoiar livremente.

Assim, a participação, em suas declinações políticas, apresenta-se como um conceito que abrange realidades sociais diferentes, dependendo da perspectiva da definição que for favorecida. Como conceito genérico, ela cobre e confunde significados muito distintos (quanto a isto, cf. tb. HOUSE & HOWE, 1999):

a) Pode-se falar de uma participação comunicativa quando alguém "participa" de um ato, de uma relação social na qual se insere e que o valoriza, que lhe permite identificar-se com ela – quer seja um concerto, um ato patriótico, uma celebração que gera o sentimento de um "nós", de "reconhecer-se" como parte de um todo transcendente, de uma comunhão.

b) Podemos dizer que uma participação é deliberativa quando ela inclui o direito outorgado e assumido de expressar um ponto de vista, uma opinião, uma proposta de ação. A grande maioria dos governos que se dizem democráticos cria instâncias de consulta, de sondagem de opinião, de manifestação por via telefônica ou eletrônica. A realização de audiências oficiais para ouvir as opiniões de interessados é a base de legitimidade não só de estruturas de consulta coletiva, como sondagens e pesquisas, como também de políticas públicas – em geral já decididas previamente. O governo se compromete a "escutar", a "levar em consideração", mas não a respeitar a vontade expressada.

c) Nenhuma das duas formas faz referência ao sentido mais pleno e exigente de uma participação decisória, na qual a inclusão do indivíduo e de grupos exprima seu direito de serem considerados como parte integrante do coletivo social que decide, elegendo. Somente na participação decisória se verifica um ato plenamente político e democrático, que reconhece que a totalidade social é uma construção coletiva onde todas as partes aceitam que a definição de linhas de ação comum torna necessário encontrar mecanismos de respeito mútuo e de incorporação de todas as perspectivas, posturas e opções de ação, fazendo-o da maneira mais racional e humana possível. E a participação nas decisões é o grande desafio das democracias representativas, nas quais o cidadão está longe da tomada de decisões, não só das do dia a dia como das que determinam grandes opções políticas. Um governo eleito fez "promessas", não assinou contratos... logo, não podemos ignorar a diferença entre democracia e consulta pública orquestrada e controlada pelas autoridades, num processo cuja conclusão está sempre presente, dirigindo as interações para o resultado preestabelecido.

No terreno concreto, o conceito de participação é academicamente bem visto e está na moda na retórica política e nas burocracias de gestão de serviços públicos. Ele parece ser útil – ao menos se utilizado sem maior análise crítica. Entretanto, essa análise parece sugerir algumas reflexões incômodas. Embora prematura, uma conclusão geral parece resultar e pode ser analisada em seus aspectos principais.

As raízes do conceito continuam a ser fundamentalmente hierárquicas. A participação não é um acordo entre pares, mas a inserção de membros numa realidade social preexistente, quer seja projeto de pesquisa, projeto histórico ou de sociedade ou Aliança, no sentido bíblico do termo. Esta realidade não só precede como transcende o indivíduo que adquire o direito ou "recebe a graça" de nela ser incluído. O caráter de avalistas transcendentais desta totalidade coloca nas mãos de seus representantes – religiosos, filosóficos ou políticos – o direito de fixar as regras do jogo dessa participação.

Em vista de nossas experiências no Brasil e em Quebec, somos obrigados a reconhecer nossa inserção em estruturas sociais que ainda estão profundamente influenciadas pela religiosidade cristã católica. Este contexto influencia o sentido local da participação, que pode afastá-lo de políticas sociossanitárias de níveis hierárquicos superiores, menos sensíveis aos fundamentos de crenças e à influência de estruturas de poder político e cultural nacionais e internacionais na aceitação e incorporação de novas formas de ação. Padovese (2001) mostra a impossibilidade de se fazer abstração da relação profunda entre o religioso e o político. Desde as comunidades cristãs até as realidades aparentemente dessacralizadas da atualidade, o chamado à participação sempre esteve justificado em termos de humanização da sociedade, tanto no político quanto no religioso, e o próprio processo de participação espelha regras práticas enraizadas em contextos específicos, sempre refletindo as relações de controle daqueles que propuseram ou impuseram uma maior participação. A submissão induzida pelas estruturas de poder político e religioso tornou igualmente difícil o desenvolvimento de perspectivas críticas de Estado e Igreja, e da relação que estas instituições podiam estabelecer (PADOVESE: 20). Como não reconhecer nestas longínquas origens as tensões que ainda caracterizam as relações entre as estruturas estatais e as organizações locais de tipo comunitário?

No campo político psicossocial, esta transcendência está expressa no fato de a participação ocorrer por dois caminhos muito diferentes: ou a pessoa é convidada a participar, ou ela ganha o direito de participar. Nos dois casos, participa-se de uma realidade preestabelecida, com uma estrutura de poder que determina que a participação se dê "por baixo", sob a tutela dos guardiões do templo. Na versão autoritária e paternalista, a pessoa é convidada a participar: quem fixa as regras deste convite é o dono da casa. Em Quebec, e também no Canadá, é o Estado quem convida as pessoas a expressarem sua opinião em face de um projeto estruturado preestabelecido, e em condições tais que fica difícil pretender que o resultado seja diferente do projeto inicial, que define o tema e a forma de participação. É contra esta versão que Godbout se insurge:

> ...a participação não era em geral uma complementação da democracia; pelo contrário, ela era seu substituto, uma maneira de evitar os mecanismos democráticos em benefício daqueles que, em seu trabalho, são incomodados pelo jogo democrático. Nas organizações, eles são os tecnocratas, profissionais e burocratas, isto é, todos os que se beneficiam de um esquema de poder que não resulta do proces-

so democrático, todos aqueles cuja legitimidade política não se baseia em sua representação política (GODBOUT, 1983: 7).

Em sua versão fraternal, a participação é um convite à expressão. Não é demais lembrar o caráter profundamente católico que o conceito ainda carrega em seu uso informal. Em toda cerimônia monumental na Catedral de São Pedro, a Igreja Católica e ainda mais claramente a Igreja Romana, e o Papa, como Primeiro entre seus pares ou como Servo entre os servos de Deus, transmitem uma visão que lembra aos fiéis uma definição de seus limitados direitos como participantes subordinados e dóceis. A participação no centralismo democrático leninista é outro exemplo histórico desta ambiguidade entre as versões paternalistas e fraternais: os tiranos que são modestos "secretários-gerais", supostamente a serviço do povo.

Uma conclusão resumida sobre o uso do termo "participação" não pode deixar de respaldar a reação de Hagey (1998). O uso atual é ou ingênuo ou, como ela entende, *oportunista*: hoje parece ser moda dizer que todo estudo é "participativo". Como já temos assinalado, há aspectos cuja precisão é imprescindível. O conceito de participação inclui dois sentidos radicalmente diferentes: o de fazer parte da normativa de um coletivo, que age em meu nome, sobretudo quando se trata de reclamar de uma decisão democrática, e o de optar livremente por envolver-me em uma ação coletiva para compartilhar a responsabilidade de orientá-la e conduzi-la. A variável participação não é dicotômica: há graus de participação. Há muita distância entre quem assiste a uma manifestação e quem a organiza. A participação tem formas muito diferentes: fazer parte de uma rede de comunicação (assistir a um comício, vibrar com uma realidade social), poder exprimir uma opinião que seja ouvida, poder participar politicamente de uma decisão coletiva.

A impressão geral acerca da literatura consultada é que a participação é uma tentativa generosa e reivindicatória de se garantir uma democracia que seja verdadeiramente a voz igualitária de todos e cada um dos membros de uma comunidade e também de uma sociedade. A demanda de plena incorporação está alicerçada em fundamentos aparentemente óbvios: o reconhecimento de uma unidade social comunitária, de um corpo social orgânico em que todos têm o direito de ser considerados partes legítimas da totalidade, que contribuem com sua autonomia para a soma dos recursos do conjunto. Nada parece ameaçar uma comunhão como essa. Mas a literatura não esclarece que participação não quer dizer igualdade, nem democracia participativa – nem mesmo igualdade de oportunidades dos diversos atores em sua contribuição para a ação coletiva.

O conceito continua a ser necessário. A participação é a coesão de propósito e ação que exprime a vitalidade de uma ação coletiva. Em que pesem suas ambiguidades, a pesquisa-ação participativa ainda é um subsídio necessário a uma concepção crítica da contribuição das ciências sociais para uma ação social que nem sempre depende delas, mas que não pode ignorar o aporte que elas fazem. A tarefa que hoje temos pela frente pode ser resumida, de modo um tanto desconcertante, nos termos do paradoxo de Latour: "Chegaremos alguma vez a ter o mesmo apreço por cientistas e políticos, para assim, finalmente, poder beneficiar-nos dos dois inventos que recebemos dos gregos: a demonstração e a democracia?" (LATOUR, 2001: 318).

4. Perspectivas futuras: Avaliação, comunidade e pesquisa qualitativa

Entendemos que toda reflexão sobre os métodos de avaliação está estreitamente ligada a opções metodológicas que são necessariamente políticas. Elas favorecem opções específicas de ação coletiva que sem dúvida afetam a distribuição do poder em uma determinada sociedade. Ficam muitas vezes nas sombras, nos bastidores da ideologia, que permitem que as opções com as quais elas se confundem sejam estigmatizadas como "extracientíficas" – e, portanto, podem ser excluídas da análise metodológica.

Toda avaliação da ação social é feita sob uma dupla tensão. De um lado, a ideia que norteia a ação contém valores, aspirações e esperanças que dinamizam a ação; de outro, ela implica a ascese de olhar para o projeto como mudança efetiva, confrontando a ideia generosa e otimista com os fatos que refletem as dificuldades no processo que visa a mudar uma realidade humana. Se a visão era provocar uma mudança, uma transformação, quais os sinais de que houve mudança, de que a ideia conseguiu deitar raízes, transformando a realidade? Esta tensão aciona no avaliador a pressão ética da tomada de consciência de seus próprios valores. O que o leva não só a ver que o copo está cheio até a metade, mas a expressar esta constatação dizendo que está meio cheio ou meio vazio? Avaliação é encontro do mundo das ideias com o das evidências, e sua expressão não poderá impor a linguagem de um sobre o outro...

A avaliação comunitária da ação social acrescenta um novo elemento. Não apenas temos uma tensão e um dilema ético na escolha dos termos, como também nos deparamos com a relação social entre discurso emitido e discurso transformado em ação. Produzir um discurso é abrir-se para um ator externo, em relação inevitavelmente inserida numa dinâmica de poder. O avaliador ajudará a realizar uma verificação externa, segundo o mandato de um poder de supervisão, ou a montar uma defesa interna, na tentativa de justificar os resultados obtidos, identificando-se com os interesses dos atores diretamente envolvidos na ação. Verificação visando ao controle social externo ou legitimação de defesa da ação realizada? Promotor de acusação ou advogado de defesa? A resposta fácil é negar o dilema. O avaliador (e com ele a avaliação) seria essencialmente neutro, não representaria um ponto de vista, não estaria ligado a interesse algum, a nenhuma racionalidade para além da constatação. A avaliação não teria metas, nem alianças que a contaminem...

A contribuição que a pesquisa qualitativa pode dar é importante e necessária. Como a literatura tem dito, em discurso que nunca foi o dominante, a avaliação não é apenas controle administrativo de uma modificação preconcebida e imposta. É preciso também compreender como esta operação se insere nas realidades locais do mundo cotidiano dos atores responsáveis pelo sucesso da transformação buscada. Um objetivo preestabelecido é um reflexo do que se sabe e se quer antecipadamente, e também do que ainda falta saber para garantir a sua eficácia, que só é certa quando é o resultado de uma colaboração entre todos os envolvidos. A participação é mais do que ideal abstrato: ela é também compreensão de como uma mudança afetará as vidas de todos os que forem atingidos. Esta mudança não será só positiva, também não será aceitável para todos. Um projeto de mudança social muda muito mais do que quer mudar, atinge muito mais gente do que pensa estar atingindo, e esta participação real de vontades diversas é que vai determinar o efeito do projeto, bem mais do que as qualidades intrínsecas da ideia que definia a intenção de mudança dos idealizadores e administradores dos programas. É aqui onde a pesquisa qualitativa – especialmente em sua linha de pesquisa-ação participativa – é mais que um convite para o compromisso político com a lógica do projeto: é também um chamado para um realismo que começa pelo respeito a todos aqueles que serão mesmo atores do projeto. Estes atores falam de "valores" quando enunciam os meios que irão favorecer a eficácia dos projetos: "Todo ponto de vista é a visão a partir de um ponto específico. Para se compreender como alguém diz algo é preciso saber como são seus olhos e qual a sua visão de mundo. O que faz com que toda leitura seja uma releitura" (BOFF, 2003: 9). Brandão (1985) descreve a pesquisa participativa como um modo de aprender a escrever a história com base nela própria.

Tem sido característica na análise teórica a identificação dominante de uma tensão nas experiências analisadas entre estruturas de enquadramento de caráter globalista, universalista e governamental e a luta por espaços de participação para os atores diretamente envolvidos na ação comunitária. Ela opõe a lógica de programas genéricos à das práticas reais de intervenção. Os modelos colonizadores procuram se impor em situações nunca consideradas em sua elaboração e enfrentam a vitalidade real de ações comunitárias, que podem respeitar as finalidades dos programas que realizam, mas recusam-se a excluir da sua análise as condições concretas que limitam a aplicabilidade do modelo preconcebido. A ruptura possível entre as conceitualizações importadas e as ações e conceitos instrumentais na ação direta (LAPERRIÈRE, 2004) ilustra duas lógicas de avaliação diferentes (SCRIVEN, 2004; MENDEL, 1998; CAMPBELL, 1984).

A avaliação é uma forma de consciência prática, ferramenta indispensável para os atores sociais. No ca so da avaliação comunitária, a avaliação produz uma voz que é interna, de coordenação dos esforços de todos os participantes, e também externa, destinada a conquistar um espaço de visibilidade e credibilidade para ações que talvez estejam ofuscadas pelas vozes que lhe são impostas. No entanto, o convite para desenvolver uma palavra é enganador. A palavra pode ser uma afirmação, mas também pode ser usada para a incriminação: existem razões para se fazer ouvir e outras para calar. Opacidade e silêncio são estratégias legítimas para situar-se num contexto social que pode ser hostil, repressivo, perigoso. Fazer-se ouvir ou calar? A resposta não é fácil, sobretudo quando não é enfrentado o dilema central de toda intervenção, inclusive a avaliativa. A palavra de quem? Para quem? Para quê? O avaliador – quer seja controlador, supervisor ou facilitador – deve admitir que sua palavra molda as palavras dos atores, suas experiências. Se a avaliação é uma palavra pública, também é uma palavra assinada por um novo ator, participante influente na situação que está relatando. Sua contribuição inclui suas experiências, bem como seus interesses específicos.

Silêncio e opacidade... A serviço de quem? Dos produtores do discurso ou dos sem-voz? Ainda que o termo pareça exagerado, um grupo comunitário pode ter *sentido profético*, um dom de visualizar um mundo diferente, mais próximo de seus valores, e o avaliador deve colocar-se existencialmente diante dessa profecia. É mais provável o silêncio favorecer o avaliador que o usuário, que vivencia o custo de sua afonia e sua invisibilidade. E a pesquisa pode incorporar no discurso público os elementos que ficaram invisíveis nas generalizações abstratas e estatísticas que as sustentam. Dar espaço à cotidianidade e à particularidade no discurso científico é garantir que ele espelhe mais adequadamente a realidade sobre a qual pretende lançar luz.

Referências bibliográficas

AUSTIN, J.L. (1982). *Cómo hacer cosas con palabras* – Palabras y acciones. Barcelona: Paidós.

BOFF, L. (2003). *A águia e a galinha* – Uma metáfora da condição humana. 40 ed. Petrópolis: Vozes.

BOURDIEU, P. (2001). *Sciences de la science de la réflexivité.* Paris: Raisons d'agir.

BRANDÃO, C.R. (1985). *Pesquisa participante.* São Paulo: Brasiliense.

CAMPBELL, D.T. (1984). Can we be scientific in applied social science? In: CONNER, R.; ALTMAN, D.G. & JACKSON, C. (orgs.). *Evaluation Studies Review Annual*, vol. 9. Beverly Hills: Sage.

CAVE, A.J. & RAMSDEN, V.R. (2002). La recherche-action participative. *Le médecin de famille canadien* [http://www.cfpc.ca/cfp/2002/Oct/vol 48-oct-resources-3_fr.asp].

CHAUDHARY, A. (2001). Communitarianism. *Stanford Encyclopedia of Philosophy* [http://plato.stanford.edu/entries/communitarianism/].

DALLAIRE, M. (2002). *Cadres de collaboration des approches participatifs en recherche*: recension des écrits. Chaire Approches communautaires et inégalités de santé (Casis). Montréal: Université de Montréal [http://www.cacis.umontreal.ca/publi.htm].

DEMO, P. (2001). *Participação é conquista.* 5. ed. São Paulo: Cortez.

DENIS, J.-L.; LEHOUX, P. & CHAMPAGNE, F. (2004). Knowledge Utilization in Health Care: From Fine-tuning Dissemination to Contextualizing Knowledge. In: LEMIEUX-CHARLES, L. & CHAMPAGNE, F. (orgs.). *Multidisciplinary Perspectives on Evidence-Based Decision-Making Health Care.* Toronto: Univ. of Toronto Press, p. 11-41.

DETIENNE, M. & VENANT, J.-P. (1974). *Les ruses de l'intelligence. La mètis des Grecs.* Manchecourt: Champs/Flammarion.

Fals-Borda, O. (1997). Participatory Action Research in Colombia: Some Personal Feelings. In: McTAGGART, R. (org.). *Participatory Action Research. International Contexts and Consequences*. Nova York: State University of Nova York, p. 107-112.

______ (1992). La ciencia y el pueblo: Nuevas reflexiones. In: SALAZAR, M.C. (org.). *La Investigación Acción Participativa: inicios y desarrollos*. Buenos Aires: Humanitas, p. 65-84 [Original publicado em 1980].

FLORES, F. (1994). *Creando organizaciones para el futuro*. Santiago: Dolmen.

GODBOUT, J. (1983). *La participation contre la démocratie*. Paris: Saint-Martin.

HAGEY, R.S. (1998). "La recherche participative: utilité et abus". *Maladies Chroniques au Canada*, 18(4), p. 187-195). Direction Générale de la Santé de la Population et de la Santé Publique (DGSPPSP).

HALL, B.L. (2001). I Wish There Were a Poem of Practices of Participatory Research. In: REASON, P.N. & BRADBURY, H. (orgs.). *Handbook of Action Research* – Participatory Inquiry and Practice. Thousand Oaks: Sage.

HOROWITZ, I.L. (1994). *The Decomposition of Sociology*. New York: Oxford.

______ (1974). *The Rise and Fall of Project Camelot*: Studies in the Relationship between Social Science and Practical Politics. Cambridge, MA: MIT. Press [Original publicado em 1967].

HOUSE, E.R. & HOWE, K.R. (1999). *Values in evaluation and social research*. Thousand Oaks, Calif.: Sage.

JALBERT, Y.; PINAULT, L.; RENAUD, G. & ZUÑIGA, R. (1997a). *Epsilon* – Guide d'auto-évaluation des organismes communautaires. Montreal: Coalition des Organismes de Lutte Contre le Sida (COCQ-Sida).

______ (1997b). *Epsilon* – A Self-Evaluation Guide for Community Organizations. Montreal: Coalition des Organismes de Lutte Contre le Sida (COCQ-Sida) [English adaptation by D. Buckley-Couvrette].

LAPERRIÈRE, H. (2004). *L'évaluation de l'action préventive en contexte d'imprévisibilité* – Les enjeux d'un projet de prévention des MTS/VIH/Sida par les pairs, Amazonas, Brésil. Montreal: Université du Montreal [Mémoire de Maîtrise/Faculté des Sciences infirmières].

LAPERRIÈRE, H.; BENZAKEN, A.S. & ZÚÑIGA, R. (2004). *Les déterminants sociopolitiques dans l'action conjointe à paliers multiples*. Les interlocuteurs dans un projet de prévention des MTS/VIH/Sida. Quebec:

2e Colloque International sur les Programmes Locaux et Régionaux de Santé, 12-15/10 [http://www.colloquequebec2004.com].

LATOUR, B. (1999). *La esperanza de Pandora* – Ensayos sobre la realidad de los estudios de la ciencia. Barcelona: Gedisa.

MARKOVA, I. (2003). Les Focus groups. In: MOSCOVICI, S. & BUSCHINI, F. (org.). *Les méthodes des sciences humaines*. Paris: PUF, p. 241-242.

MATURANA, H. & VARELA, G.F. (1984). *El árbol del conocimiento* – Las bases biológicas del entendimiento humano. Santiago: Universitaria.

McTAGGART, R. (1997). Guiding Principles for Participatory Action Research. In: ID. (org.). *Participatory Action Research* – International Contexts and Consequences. New York: State University of Nova York, p. 25-43.

MENDEL, G. (1998). *L'acte est une aventure* – Du sujet métaphysique au sujet de l'actepouvoir. Paris: La Découverte.

MINTZBERG, H. (1982). *Structure et dynamique des organisations*. Paris/Montreal: Les Éditions d'Organisation/Agence d'Arc.

MINTZBERG, H.; AHLSTRAND, B. & LAMPEL, J. (1998). *Strategy Safari*: A Guided Tour Through the Wilds of Strategic Management. Nova York: Free Press.

NOWOTNY, H.; SCOTT, P. & GIBBONS, M. (2001). *Re-thinking science*: Knowledge and the Public in an Age of Uncertainty. Cambridge: Polity Press.

PADOVESE, L. (2001). El problema de la política en les primeres comunitats cristianes. *Questions de vida cristiana* – Els cristians i la política (204). Barcelona: Publicacions de l'Abadia de Montserrat.

PAIVA, V. (2000). *Paulo Freire e o nacionalismo desenvolvimentista*. São Paulo: Graal.

RACINE, G. (2000). *La production de savoirs d'expérience chez les intervenantes* – Le rapport entre l'expérience individuelle et collective. Paris: L'Harmattan [Collection Action et Savoir].

RAHMAN, A. & FALS-BORDA, O. (1992). La situación actual y las perspectivas de la IAP en el mundo. In: SALAZAR, M.C. (org.). *La investigación-acción participativa*: inicios y desarrollos. Buenos Aires: Humanitas, p. 205-226.

REASON, P. (1994). Three approaches to participative inquiry. In: DENZIN, N.K. & LINCOLN, Y.S. *Handbook of Qualitative Research*. Thousand Oaks: Sage, p. 324-339.

REASON, P.N. & BRADBURY, H. (orgs.). (2001). *Handbook of Action Research* – Participatory Inquiry and Practice. Thousand Oaks: Sage.

RIEDL, R. (1989). Las consecuencias del pensamiento radical. In: WATZLAWICK, P. et al. *La realidad inventada. ¿Cómo sabemos lo que creemos saber?* Barcelona: Gedisa, p. 62-81.

SALAZAR, M.C. (org.) (1992). *La investigación-acción participativa*: inicios y desarrollos. Buenos Aires: Humanitas.

Santé Canada/La direction de la santé de la population (1996). *Guide d'évaluation de projet*: une démarche participative.

SCHÖN, D.A. (1994). *Le praticien réflexif* – À la recherche du savoir caché dans un agir professionnel. Montreal: Logiques [Trad. de *The reflective practitioner. How professionals think in action*, 1983].

SCRIVEN, M. (2004). Reflections. In: ALKIN, M.C. (org.). *Evaluation Roots* – Tracing Theorists' Views and Influences. Thousand Oaks: Sage, p. 183-195.

SEARLE, J.R. (1986). *Actos de habla* – Ensayo de filosofía del lenguaje. 2. ed. Madri: Cátedra.

STAVENHAGEN, R.(1992). Cómo descolonizar las ciencias sociales. In: SALAZAR, M.C. (org.). *La investigación-ación participativa*: inicios y desarrollos. Buenos Aires: Humanitas, p. 37-64 [Publicação original em 1971].

______ (1981). Seven Fallacies about Latin America. In: ID. (org.). *Between Underdevelopment and Revolution* – A Latin American Perspective. New Delhi: Abhinav, p. 1-20.

TAYLOR, C. (1989). *Sources of the self*: The making of the modern identity. Cambridge, Mass.: Harvard.

ZÚÑIGA, R.B. (1988). La gestion amphibie. *Revue Internationale d'Action Communautaire*, 19(59), p. 157-168.

______ (1976). "The experimenting society and radical social reform. The role of the social scientist in Chile's Unidad Popular experience". *American Psychologist*, 30(2), p. 99-115 [Trad. espanhola: El papel del psicólogo social en América Latina. In: MARTÍN-BARÓ, I. *Problemas de Psicología Social en América Latina*. 3. ed. San Salvador: Universidad Centroamericana José Simeón Cañas, 1985, p. 21-51].

Os textos dos autores se encontram disponíveis em suas páginas na Web: http://homepage.mac.com/ricardo.b.zuniga e http://homepage.mac. com/helenelaperriere/

6 Avaliação participativa em promoção da saúde: reflexões teórico-metodológicas

Marco Akerman
Rosilda Mendes
Cláudia Maria Bógus

O interesse em torno da avaliação e do monitoramento de políticas e programas sociais tem se intensificado na última década. Formuladores de políticas, gestores públicos, profissionais e acadêmicos debatem questões referentes à efetividade das ações sociais, especialmente aquelas voltadas aos interesses e necessidades sociais, priorizando o princípio da equidade e a redução das desigualdades sociais.

Isto não é diferente no campo da promoção da saúde. O I Seminário Brasileiro de Efetividade da Promoção da Saúde[1], realizado em maio de 2005, no Rio de Janeiro, e promovido pela União Internacional de Promoção e Educação na Saúde, Organização Pan-Americana da Saúde, Ministério da Saúde, Associação Brasileira de Saúde Coletiva, etc., foi uma demonstração firme do propósito de se buscar eficácia social na implementação de ações de promoção da saúde. Este evento permitiu discutir as estratégias de avaliação em promoção da saúde e compartilhar teorias, metodologias e práticas de monitoramento e avaliação que vêm ocorrendo em uma diversidade de experiências no país e no mundo.

A promoção da saúde no Brasil tem duas marcas de referência: a VIII Conferência Nacional de Saúde realizada em Brasília em 1986 e a I Conferência Internacional de Promoção da Saúde realizada em Ottawa, Canadá, que resultou na Carta de Ottawa, documento que se tornou referência para as demais Conferências Internacionais de Promoção da Saúde, promovidas pela Organização Mundial de Saúde (Adelaide, 1988; Sundswall, 1991; Bogotá, 1992; Jacarta, 1997; México, 2000).

1. www.ensp.fiocruz.br – Acesso em maio de 2005.

Nestas duas conferências foi recomendada a necessidade de se ampliar o conceito de saúde para além do modelo biomédico tradicional.

Saúde é compreendida, então, como um conceito "positivo" que enfatiza os recursos sociais e pessoais como elementos fundamentais na defesa da vida e da saúde. Tomando como referência este conceito de saúde, a promoção da saúde se expressa em duas dimensões, *a intersetorialidade*, entendida como convergência de esforços de diferentes setores governamentais e não governamentais, para produzir políticas que ofereçam respostas às necessidades sociais, e *a participação social*, que se dá em diferentes contextos, na construção de agendas sociais, na perspectiva de formação de redes sociais promotoras de qualidade de vida.

É neste diálogo, democrático e participativo, caracterizado pela diversidade de atores e sujeitos que estão envolvidos em múltiplas ações de mudança social que se opera de fato a Promoção da Saúde.

No seu sentido mais amplo, portanto, promover a saúde significa promover a vida, o que se traduz em um conjunto de princípios, valores, atitudes, procedimentos e tecnologias dirigidas a aumentar a capacidade de indivíduos, populações e organizações para enfrentar os determinantes pessoais, sociais, ambientais e econômicos e melhorar a qualidade da vida.

Mas que tipo de ações promoveriam saúde de uma maneira mais eficaz? Que métodos de avaliação poderiam ser desenvolvidos de modo a tomar os processos e resultados em sua dimensão política, social e econômica, e sua contribuição para a qualidade de vida?

Este capítulo recupera o debate do tema da avaliação em promoção da saúde e aponta para a perspectiva participativa como a alternativa que contempla os princípios da promoção da saúde e que necessariamente inclui os sujeitos envolvidos nas ações. Para isso, serão discutidas, em primeiro lugar, as perspectivas de avaliação em promoção da saúde. A seguir há indicação de metodologias participativas como opção para o desenvolvimento de capacidades avaliativas e, por fim, são apontados possibilidades e limites em relação a esta prática.

Esforços avaliativos para avaliação em promoção da saúde: algumas perspectivas

Vários autores e organismos internacionais vêm abordando o tema da avaliação em promoção da saúde. Alguns autores enfatizam a necessidade de se produzir evidências empíricas como demonstração de efetividade das ações, como por exemplo os trabalhos de Davies e MacDonald (1998), International Union for Health Promotion and Education (1999), Perkins et al. (1999), McQueen (2000; 2002), Winbush e Watson (2000), enquanto outros buscam fazer com que a avaliação, mais que um método para se produzir indicadores de efetividade, seja um meio para contribuir com o aprendizado, a ação e a transformação de práticas sociais e que esteja em consonância com os princípios filosóficos do movimento da promoção da saúde, como, por exemplo, os trabalhos de Wallerstein et al. (1997) e Springett (1998).

Esta discussão não é nova, e permeia a literatura de avaliação em promoção da saúde, tendo sido descrita como "um debate entre positivistas e estruturalistas" (WIMBUSCH & WATSON, 2000).

Nutbean (1998) procura evitar a polarização entre estes dois caminhos dizendo que "é importante fomentar desenhos que combinem as vantagens das diferentes abordagens de investigação, de maneira que se perceba qual estará mais adequada para cada estágio do programa. A avaliação deve ser formatada de acordo com as necessidades e circunstâncias dos programas, pois nenhuma abordagem isolada será adequada para todos os tipos de programa".

Em última análise, numa arena onde há recursos limitados, há necessidade de justificar as políticas e intervenções de promoção da saúde e demonstrar os seus benefícios tangíveis (SALAZAR & GRAJALES, 2004), bem como criar metodologias de avaliação para a análise dos processos e contextos locais de formulação e de implementação de suas políticas.

Evaluation in health promotion: principles and perspectives (Avaliação em Promoção da Saúde: princípios e perspectivas) é uma das mais recentes publicações sobre avaliação em promoção da saúde (ROOTMAN et al., 2001). Vários dos capítulos contidos nessa publicação como, por exemplo, *A framework for health promotion evaluation* ("Um marco conceitual para a avaliação em promoção da saúde") de Rootman et al. (2001); *Beyond process and outcome evaluation: a comprehensive approach for evaluating health promotion programmes* ("Além da avaliação de processo e resultados: uma abordagem ampliada para avaliar programas de promoção da saúde") de Potvin et al. (2001) e *Evaluation in health promotion: synthesis and recommendations* ("Avaliação em promoção da saúde: síntese e recomendações") de Goodstadt et al. (2001) apresentam os principais aspectos do atual debate no campo da avaliação em promoção da saúde.

Entretanto, vale frisar que a perspectiva expressa neste livro é, predominantemente, a dos países desenvolvidos, pois os autores envolvidos, por exemplo, no capítulo final, o de "síntese e recomendações" (GOODSTADT et al., 2001, p. 517) estão inseridos em organizações canadenses (Potvin, Goodstadt, Hyndman & Rootman), americana (McQueen) e inglesa (Springett).

Por outro lado, importa saber que a perspectiva destes autores sobre promoção da saúde não está guiada pelos cânones da biomedicina e que eles se guiam pelos princípios do "*empoderamento*, da integralidade, da participação, da intersetorialidade, da equidade, da sustentabilidade e da combinação de estratégias múltiplas para promover saúde como formulação de políticas públicas, mudanças organizacionais, desenvolvimento social, leis, advocacia, educação e comunicação" (ROOTMAN, 2001, p. 4).

Quanto à avaliação, a perspectiva proposta pelos idealizadores do livro é a de "estimular e apoiar abordagens e práticas inovadoras de avaliação em promoção da saúde" (ROOTMAN, 2001, p. 3). E para tal os autores identificaram nove importantes dimensões que poderiam fertilizar o terreno para que iniciativas inovadoras sobre avaliação em promoção da saúde possam proliferar: (1) é um campo em evolução; (2) pode contribuir para a prática; (3) padece da falta de demonstração de evidências de efetividade de iniciativas concretas; (4) envolve uma gama ampla de abordagens e modelos; (5) oferece possibilidade de utilização de abordagens tanto quantitativas quanto qualitativas; (6) utiliza uma grande quantidade de disciplinas e abordagens da área de ciências sociais; (7) tem como base uma gama variada de modos de planejar as iniciativas; (8) requer teoria e marco conceitual para ser efetiva; (9) propicia novos papéis para avaliadores e pesquisadores (GOODSTADT et al., 2001, p. 519-520).

Uma outra perspectiva neste campo, digna de nota, é a iniciativa da Organização Pan-Americana da Saúde (Opas) em indicar diretrizes para formuladores de política e gestores no que concerne à avaliação em promoção da saúde (PAHO, 2005), além de desenvolver um marco conceitual e metodologias para a avaliação participativa de ações comunitárias e intersetoriais voltadas para a promoção da saúde (PAHO, 2004).

O "Global Programme on Health Promotion Effectiveness" (Programa Global em Efetividade da Promoção da Saúde) impulsionado pela União Internacional de Promoção e Educação em Saúde (Uipes) a partir de 2002, em colaboração com a Organização Mundial da Saúde (OMS), é, também, uma outra perspectiva sobre avaliação em promoção da saúde, que pode ser consultada na página www.iuhpe.org – clicando na "página principal" em *projects*. Esta iniciativa está representada em todas as regiões do mundo, sendo que a iniciativa latino-americana denomina-se "Proyecto sobre Evidencias de Efectividad en Promoción de la Salud". Dentre vários objetivos que se propõe atingir, esta iniciativa busca demonstrar para os gestores a efetividade da promoção da saúde e para tal apoiará o desenvolvimento de projetos de avaliação neste campo.

Embora as três perspectivas valorizem o tema da participação na avaliação de iniciativas de promoção da saúde, elas vêm sendo elaboradas em distintos contextos. Nas duas primeiras abordagens foi considerada a perspectiva de países em desenvolvimento, pois o grupo responsável pela elaboração deste material contou com representantes de países da América do Sul e Central. Sua perspectiva está calcada na advocacia de políticas públicas voltadas para a promoção da saúde e na participação ativa dos sujeitos das iniciativas no processo avaliativo. A terceira perspectiva, por outro lado, concentra-se mais na construção de uma base de evidências em promoção da saúde.

De qualquer forma, o grande desafio identificado por estes diferentes grupos refere-se à adoção de um desenho metodológico que contemple a complexidade do processo avaliativo na perspectiva da promoção da saúde, em especial o componente participativo.

Uma escolha para desenvolver capacidades avaliativas: métodos participativos

O presente capítulo indica a metodologia da avaliação participativa como um caminho a ser explorado no esforço avaliativo de iniciativas de promoção da saúde. A participação, como um dos princípios básicos da promoção da saúde, diz respeito ao efetivo envolvimento dos vários atores sociais na elaboração, implementação e gestão dessas iniciativas. Esse, no entanto, não é um processo simples de ser conduzido, pois são relações de poder, permeadas de conflitos e contradições.

As metas e objetivos precisam ser compartilhados coletivamente por todos os atores envolvidos e isto é um facilitador para ampliar a participação. Esta metodologia é formativa, participativa, combina indicadores qualitativos e quantitativos, é empreendida ao longo do processo de implementação da ação e é desenvolvida por atores internos e externos ao projeto. Sendo um processo de aprendizagem "sobre a marcha" favoreceria a inclusão de atores ao longo de todo o processo.

Com isso busca-se enfrentar a crítica apontada pela literatura que identificou esta lacuna nos estudos avaliativos publicados, que, tradicionalmente, adotam desenhos somativos, empreendidos por atores externos ao projeto/programa com ênfase em indicadores quantitativos, que poderiam inibir uma participação mais ampliada (AKERMAN et al., 2002).

A implementação de um processo de avaliação participativa em promoção da saúde pode favorecer a aglutinação crítica de atores sociais. A questão, então, é fazer do processo avaliativo não um exercício meramente científico, que busque possibilidades de se replicar experiências bem-sucedidas ou descartar aquelas malsucedidas, constatando-se "o que é efetivo", ou "o que não é efetivo", mas procurando-se detectar, principalmente, "por que tal projeto é efetivo" ou "por que não é efetivo", numa localidade específica.

Na América Latina são raros os programas que aprofundam seus esforços avaliativos, no sentido de demonstrar efeitos e impactos. A maior parte deles restringe-se apenas à descrição das discrepâncias entre o realizado e o programado, e entre os recursos aplicados e as coberturas alcançadas (BUVINICH, 1999).

No campo da Promoção da Saúde isto não é diferente e se agrava pela natureza do objeto da promoção (ZIGLIO & SHATCKUTE, apud ROOTMAN, 1997). Uma vez que requer múltiplos enfoques, depende de informações advindas de campos disciplinares distintos e demanda desenvolvimento de longo prazo para produzir resultados, fica inadequado avaliar sua prática a partir dos métodos usualmente utilizados para avaliar o cuidado médico e a prevenção de doenças (NUTBEAN, 1998).

Por isso, o Relatório *Health Promotion Evaluation: Recommendations to Policymakers* publicado em 1998 pelo Escritório Regional para a Europa da OMS (WHO Regional Office for Europen, 1998) indicou que a implementação do conceito de Promoção da Saúde da Carta de Ottawa (1986) – o processo de capacitar pessoas e populações para aumentar o seu controle sobre e para melhorar a sua saúde – depende de ações que sejam *empowering*, participativas, holísticas, intersetoriais, equânimes, sustentáveis e multiestratégicas.

Dito isto, há que se desenvolver estratégias avaliativas que ultrapassem as fronteiras da tradicional prática em saúde, centrada no biológico e na prevenção de doenças através da redução de riscos individuais.

Baseado nestes princípios, acima enumerados, o grupo de trabalho, que elaborou o relatório, estabelece que uma avaliação de iniciativas de promoção da saúde será consistente com sua concepção ampliada se contiver os seguintes aspectos:

- Participação: a avaliação de iniciativas de Promoção da Saúde deve envolver, de uma maneira apropriada, em cada estágio da avaliação, todos aqueles que têm interesse legítimo na iniciativa que está sendo avaliada.
- Múltiplos métodos: a avaliação de iniciativas de Promoção da Saúde deve ser delineada utilizando-se elementos de vários campos disciplinares, lançando mão de vários procedimentos para coletar dados, assegurando que seja utilizado um *mix* de informação relacionado com processo e resultado.
- Capacitação (*capacity building*): a avaliação de iniciativas de Promoção da Saúde deve aprimorar a capacidade de indivíduos, organizações e governos de equacionar relevantes problemas de Promoção da Saúde.
- Adequabilidade (*appropriateness*): a avaliação de iniciativas de Promoção da Saúde deve ser planejada levando-se em conta a natureza complexa da intervenção e o seu impacto de longo prazo.

Poland (1996a; 1996b) chama atenção que outros aspectos podem ser agregados e que cada grupo local necessitará considerar qual destes elementos melhor se aplica à sua realidade e se há outros aspectos a serem adicionados a esta lista.

Poland destaca: (1) a necessidade de uma *abordagem participativa* integrada ao programa que leve em conta valores, utilize múltiplos métodos, enfoque os processos e não, apenas, os resultados e que dê *feedback* oportuno e compreensível aos participantes; (2) a incorporação de uma *ciência social com perspectiva crítica* que equacione aspectos de poder, que explicite as bases da teoria adotada, posições políticas e ideológicas, paradoxos entre teoria e prática, a dialética entre estrutura social e experiência individual e que sensibilize participantes para o grau de incerteza dos fenômenos sociais; (3) o desenvolvimento de um *modelo conceitual, delineado localmente*, que seja consistente com os propósitos e estratégias do movimento e sensível às necessidades e perspectivas dos vários atores sociais e permeável ao uso de múltiplos métodos de abordagem.

Poland nos alerta, também, que apesar de advogar firmemente uma avaliação participativa, não deixa de prestar atenção cuidadosa aos aspectos políticos e epistemológicos da teoria e dos métodos adotados.

Para desenvolver um processo de avaliação participativa

O desenho metodológico avaliativo deve ser suficiente para captar todos os aspectos envolvidos numa iniciativa de promoção da saúde e que contribua para o fortalecimento dos sujeitos envolvidos com o empreendimento.

Neste sentido, o desenho metodológico precisa privilegiar o componente participativo. Todas as atividades descritas são registros de percepções e sugestões que vão sendo incorporadas visando solucionar problemas não previstos no planejamento e se certificar de que o caminho a ser percorrido leva a resultados esperados inicialmente.

Assim, cada passo concluído resulta na elaboração de recomendações específicas que podem promover mudanças necessárias e caminhos futuros a serem perseguidos pelo projeto.

São utilizadas técnicas participativas que favorecem a integração das pessoas, para opinar, esclarecer suas dúvidas e defender pontos de vista diferentes como um elemento motivador, onde os envolvidos podem acompanhar o seu próprio desenvolvimento.

Trata-se de uma avaliação que "olha para frente", para correções ou adequações e procura afetar as decisões cotidianas, operativas para indicar qualitativamente o grau de mudança produzida, em relação ao processo e envolvimento dos atores (COHEN & FRANCO, 1994; CONTANDRIOPOULOS et al., 2000).

Essa avaliação participativa desenvolve-se em oito estágios que se complementam e se retroalimentam, simultaneamente: (1) compartilhar uma história comum; (2) criar uma visão comum de futuro; (3) identificar os diversos atores com interesse no processo avaliativo; (4) identificar metas, objetivos e indicadores; (5) identificar estratégias para se alcançar metas; (6) coletar dados e construir indicadores; (7) analisar dados; (8) comunicar resultados (WALLERSTEIN et al., 1997).

PASSOS DO PROCESSO DE AVALIAÇÃO

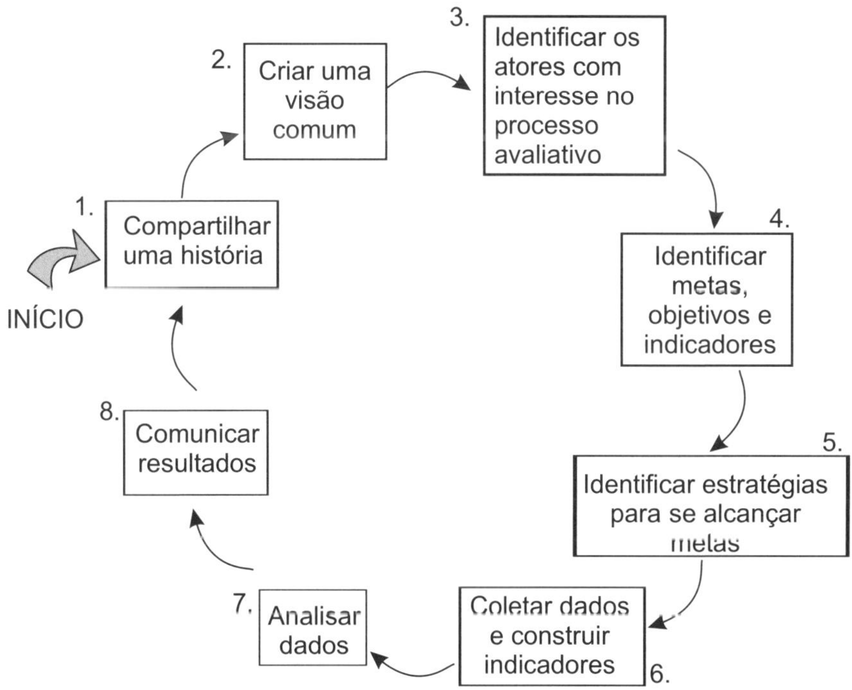

Fonte: Wallerstein, N.; Maltrud, K. and M. Participatory evaluation workbook for community initiatives – Healthier Communities. New Mexico – 1997.

Este processo pressupõe: um desenho compartilhado entre comunidade, técnicos e financiadores; que as habilidades e conhecimentos produzidos no desenrolar do programa sejam transferidos para os membros da comunidade; que haja contínuo processo de retroalimentação e reflexão e, finalmente, pressupõe um envolvimento de diferentes atores sociais no processo de avaliação.

Possibilidades e limites

Vários aspectos potencializam positivamente a avaliação participativa. Este desenho de avaliação é uma resposta viável à crítica de que a maior parte dos estudos avaliativos divulgados e publicados adota desenhos somativos, empreendidos por atores externos aos projetos e programas, com ênfase em indicadores quantitativos.

A inserção de processos de avaliação participativa em promoção da saúde pode favorecer a aglutinação crítica de atores sociais, envolvidos, em algum grau, com as iniciativas, mas é preciso que todos os envolvidos na tarefa de avaliação, incluídos os coordenadores da prática em questão, compreendam os princípios e pressupostos da metodologia e apoiem a sua adoção.

É importante que o enfoque da metodologia da avaliação participativa seja formativo, no sentido de ter como pressuposto que as informações coletadas e os resultados obtidos sejam material de retroalimentação para as práticas de promoção da saúde, que são objeto da avaliação.

O uso dessa metodologia ao longo do processo de implementação da ação reforça seu caráter formativo e possibilita readequações mais rápidas e, assim, mais eficientes para o êxito da iniciativa.

Outro aspecto interessante neste tipo de avaliação é o fato de envolver atores internos ao projeto na atividade de avaliação, o que permite caracterizá-la também como uma experiência educativa e que contribui para o desenvolvimento dos participantes na tarefa. A inclusão das perspectivas dos "beneficiários" da prática de promoção da saúde facilita o desvendamento dos reais problemas e das limitações existentes. Além disso, o consequente desenvolvimento dos atores internos pode facilitar a consolidação e a sustentabilidade da ação.

Entretanto há que se considerar o fato de que possíveis vieses podem ocorrer quanto ao fato de serem pessoas que voluntariamente quiseram participar e isto pode não representar devidamente os atores que deveriam estar participando (ASSIS, HARTZ & VALLA, 2004).

Considerando a adequação do uso dessa metodologia em projetos e práticas voltadas para o desenvolvimento social e comunitário, ainda com relação ao envolvimento e real inclusão dos atores internos ao projeto, é preciso estar atento na seleção das técnicas para a coleta e análise dos dados, pois elas devem se ajustar ao perfil dos participantes quanto aos aspectos culturais, ao nível de instrução e ao tipo de experiência de cada um, entre outros. De qualquer forma, os instrumentos podem ser simples e compreensíveis para os participantes, mas não podem abrir mão da validade e confiabilidade necessárias para mostrar e/ou demonstrar o que pretende.

Vale recomendar que o orçamento englobe o estudo e o treinamento do grupo de participantes que está envolvido com o processo avaliativo (SPRINGETT, 2001).

Em geral, esse tipo de metodologia contempla o uso combinado de indicadores quantitativos e qualitativos, em uma perspectiva de avaliação mais global e integrada que pretende detectar, principalmente, por que tal projeto é efetivo ou por que não é efetivo, em um contexto específico e em uma localidade concreta.

Ao comparar com as fragilidades de propostas de avaliação não participativa, há, pelo menos, dois aspectos que acabam por reiterar a validade do uso de metodologias participativas: a incorporação de percepções importantes, o comprometimento das pessoas envolvidas tanto com os resultados obtidos quanto com o próprio desenvolvimento do trabalho e o fortalecimento das habilidades e da capacidade dos participantes para planejar e avaliar em situações futuras.

Alguns dilemas (WALLERSTEIN, 2000; 2002) podem surgir na aplicação da avaliação participativa. A maior parte deles em decorrência da pouca prática participativa que se tem no desenvolvimento de projetos e programas e de processos avaliativos com a inclusão da comunidade para a qual são dirigidas as ações.

A relação de poder entre a equipe de pesquisadores e a comunidade é um fator importante que precisa ser enfrentado, assim como, em alguns casos, a falta de princípios comuns que precisa ser superada na busca de um consenso sobre aspectos e conceitos mínimos, o que é necessário para viabilizar a realização da tarefa.

Outro fator é a representatividade dos atores sociais participantes: estão todos os grupos? Como buscar a perspectiva das pessoas excluídas? Ao menos, é preciso reconhecer se a inclusão é parcial para não ocorrer distorções ou a difusão de resultados de forma equivocada.

Os responsáveis pelo processo de avaliação necessitam ter como meta reduzir as desigualdades de poder entre os participantes, por meio de espaços de diálogo diversos em que as barreiras de comunicação possam ser superadas (SPRINGETT, 2001).

Especificamente, quanto aos limites da avaliação participativa (*Save the Children*, 1994), destaca-se que a organização de uma avaliação com tais características pode tomar muito mais tempo porque envolve maior número de pessoas, os instrumentos são construídos de forma conjunta e todas as etapas são cumpridas coletivamente.

Em algumas situações pode ser pouco objetiva, se as pessoas tiverem receio de perder apoio ou financiamento, em função dos resultados obtidos.

Com relação à difusão dos resultados da avaliação e ao seu uso pelas agências financiadoras, infelizmente ainda há maior confiabilidade no trabalho realizado exclusivamente por avaliadores externos (SPRINGETT, 2001).

Além das limitações já descritas, a potencialidade da avaliação participativa em promoção da saúde também pode ser contrastada com algumas variáveis críticas encontradas no acompanhamento e na análise de uma experiência de avaliação participativa (AKERMAN et al., 2004):

1) Como introduzir mudanças durante o processo, em decorrência dos dados obtidos, para solucionar problemas não previstos no planejamento. Como a prática da participação é pouco comum, isso precisa ser facilitado com o uso contínuo de técnicas participativas que favoreçam a integração das pessoas, garantindo-lhes voz, esclarecimento de dúvidas, defesa de seus pontos de vista e participação nos processos decisórios.

2) Como decidir o foco da avaliação, pois isto significa definir e/ou rever as próprias metas propostas pelos projetos. A decisão quanto ao foco do processo avaliativo pode representar uma grande dificuldade para o grupo composto pelos atores sociais de diferentes segmentos porque não é fácil encontrar metas e objetivos de interesse comum e, portanto, estabelecer consensos. O que cada um dos participantes traz do grupo social ou entidade que representa precisa ser compartilhado e convergir para uma mesma meta, passível de ser atingida pela ação que estão desenvolvendo juntos, considerando que iniciativas de promoção da saúde são implicitamente complexas e, assim, não é simples estabelecer relações entre as ações desenvolvidas e os resultados em termos de condições de saúde. Assim, a formulação de um marco lógico avaliativo (JORDAN, 1999; PFEIFFER, 2000), onde atividades, estratégias, objetivos e metas sejam explicitados, pode contribuir para clarear os objetivos e metas do processo avaliativo.

3) Como incorporar na gestão concreta das políticas públicas os elementos decorrentes da prática avaliativa (MENDES et al., 2004). Isso tem a ver com a pouca valorização que os gestores ou gerentes dão a esse tipo de processo, o que, muitas vezes, não só inviabiliza sua realização, mas também o desacredita frente aos participantes, técnicos e comunidade. Isso reitera as dificuldades encontradas no desenvolvimento de projetos sociais, nos quais o gestor local não se envolve e não investe, na perspectiva de realizar trabalhos compartilhados de corresponsabilidade.

Avaliação participativa: um exercício em progresso

A breve análise apresentada aqui partiu da experiência dos autores no desenvolvimento de um enfoque de avaliação que privilegia o fortalecimento de capacidades. São experiências iniciais, mas cujo valor relaciona-se com o fato de representarem avanços a partir da constatação dos limites de avaliações centradas em avaliadores externos que dominam a condução do processo avaliativo e que, muitas vezes, nem partilham seus achados com os sujeitos envolvidos.

Denota-se a necessidade de se advogar junto aos "tomadores" de decisão a prática sistemática da avaliação, com o uso de múltiplos métodos para a construção de uma base de evidências, na busca contínua por marcos conceituais adequados para a avaliação de cada prática de promoção da saúde desenvolvida.

Também há um caminho a percorrer junto aos profissionais da área de promoção da saúde (SPRINGETT, 2001), no sentido de que confiem no enfoque participativo como uma possibilidade adequada de avaliação e que aceitem que este enfoque é inerentemente político e que é preciso aceitar os conflitos resultantes e aprender a manejá-los.

Além disso, é preciso que se envolvam nos processos avaliativos, porque eles podem oferecer contribuições valiosas para os que são responsáveis pela formulação de políticas públicas promotoras de saúde.

O foco é, então, pedagógico e, "em ato", pois o interesse maior se concentra no desenvolvimento de culturas avaliativas locais que envolvam "promotores e beneficiários", em um exercício permanente e sistemático de aprendizagem na avaliação.

Mas, em hipótese alguma, perder de vista o eixo central de um processo avaliativo: o de construir formas de indicar se objetivos previamente pactuados são atingidos ou não.

Como diz Ayres (2004), "trata-se da adoção de critérios de realismo, fecundidade e operacionalidade na escolha de quê, como e quando avaliar".

Referências bibliográficas

AKERMAN, M.; MENDES, R. & BÓGUS, C.M. (2004). "É possível avaliar um imperativo ético?" *Ciência & Saúde Coletiva*, 9(3), p. 605-615.

AKERMAN, M.; MENDES, R.; BÓGUS, C.M.; WESTPHAL, M.F.; BICHIR, A. & PEDROSO, M.L. (2002). "Avaliação em promoção da saúde: foco no município saudável". *Revista de Saúde Pública*, 36(5), p. 638-646.

ASSIS, M.; HARTZ, Z.M.A.; VALLA, V.V. (2004). "Programas de avaliação da saúde do idoso: uma revisão da literatura científica no período de 1990 a 2002". *Ciência & Saúde Coletiva*, 9(3), p. 557-581.

AYRES, J.R. (2004). "Norma e formação: horizontes filosóficos para as práticas de avaliação no contexto da promoção da saúde". *Ciência & Saúde Coletiva*, 9(3), p. 583-591.

BUVINICH, R. (1999). "A importância da avaliação de programas e projetos sociais". *Vivavoz*, 8, set. Brasília: Fundação Banco do Brasil.

COHEN, E. & FRANCO, R. (2000). *Avaliação de projetos sociais*. 4. ed. Petrópolis: Vozes.

CONTANDRIOPOULOS, A.P.; CHAMPAGNE, F.; DENIS, J.L. & PINEAULT, R. (2000). A avaliação na área da saúde: conceitos e métodos. In: HARTZ, Z.M.A. (org.). *Avaliação em saúde*: dos modelos conceituais à prática na análise da implantação de programas. 1ª reimpressão. Rio de Janeiro: Fiocruz, p. 29-47.

DAVIES, J.K. & MacDONALD, G. (1998). *Evidence and Effectiveness in Health Promotion*: Striving for Certainties. Londres: Routledge.

GOODSTADT, M.; HYNDMAN, B.; McQUEEN, D.; POTVIN, L.; ROOTMAN, I. & SPRINGETT, J. (2001). Evaluation in health promotion: synthesis and recommendations. In: ROOTMAN, I. et al. *Evaluation in Health Promotion*: principles and perspectives. Copenhague: WHO-Europe, p. 517-533.

International Union for Health Promotion and Education (2002). *Global Programme on Health Promotion Effectiveness* [www.iuhpe.org – Acesso em maio de 2005].

______ (1999). *The Evidence of Health Promotion Effectiveness*. Luxemburgo City: ECSC/ EC/Eaec.

JORDAN, G. (1999). *The state of the art of logic modeling*. American Evaluation Association Conference [mimeo.].

McQUEEN, D. (2002). "The evidence debate". *J. Epidemiol. Community Health*, 56(2) p. 83-84.

______ (2000). *Strenthening the Evidence Base For Health Promotion* – A Report on Evidence for the Fifth Global Conference on Health Promotion. México: WHO.

MENDES, R.; BÓGUS, C.M. & AKERMAN, M. (2004). "Agendas urbanas intersetoriais em quatro cidades de São Paulo". *Saúde e Sociedade*, 13(1), p. 47-55.

NUTBEAN, D. (1998). "Evaluating health promotion – Progress, problems and solutions". *Health Promot. Int.* 13(1), p. 27-44.

Pan-American Health Organization (2005). *Health Promotion evaluation*: Recommendations for Policymakers in the Americas. Washington: Paho.

______ (2004). *Participatory Evaluation of Healthy Municipalities*: a practical resource kit for acction. Washington: Paho.

PERKINS, E.R.; SINMETT, I. & WRIGHT, L. (1999). *Evidence-Based Health Promotion*. Indianapolis: Wiley.

PFEIFER, P. (2000). "O quadro lógico: um método para planejar e gerenciar mudanças". *Revista do Serviço Público*, 51(1), p. 81-123.

POLAND, B.D. (1996a). "Knowledge development and evaluation in, of and for Healthy Community Initiatives. Part I: Guiding principles". *Health Prom.*, 11, p. 237-234.

______ (1996b). "Knowledge development and evaluation in, of and for Healthy Community Initiatives. Part II: Potential content foci". *Health Prom.*, 11, p. 341-349.

POTVIN, L.; HADDAD, S. & FROHLICH, K.L. (2001). Beyond process and outcome evaluation: a comprehensive approach for evaluating health promotion programmes. In: ROOTMAN et al. *Evaluation in Health Promotion*: principles and perspectives. Copenhague, WHO-Europe, p. 45-62.

ROOTMAN, I.; GOODSTADT, M.; HYNDMAN, B.; McQUEEN, D.V.; POTVIN, L., SPRINGET, J. & ZIGLIO, E. (2001). *Evaluation in Health Promotion*: principles and perspectives. Copenhague: WHO-Europe.

ROOTMAN, I.; GOODSTADT, M.; POTVIN, L. & SPRINGETT, J. (2001). A framework for health promotion evaluation. In: ROOTMAN et al. *Evaluation in Health Promotion*: principles and perspectives. Copenhague: WHO- Europe, p. 7-38.

SALAZAR, L. & GRAJALES, C.D. (2004). "La evaluación-sistematización: una propuesta metodologica para la evaluación en promoción de la salud. Un estudio de caso en Cali, Colombia". *Ciência & Saúde Coletiva*, 9(3), p. 545-555.

Save the Children (1994). *Guia de monitoreo y evaluación*. Londres: Save the Children [mimeo.].

SPRINGETT, J. (2001). Participatory approaches to evaluation in health promotion. In: ROOTMAN et al. *Evaluation in Health Promotion*: principles and perspectives. Copenhague: WHO-Europe, p. 83-105.

______ (1998). *Practical Guidance on Evaluationg Health Promotion*. Copenhague: WHO-Europe.

WALLERSTEIN, N.; MALTRUD, K. & POLACSECK, M. (2002). Participatory evaluation model for coalitions: the development of system indicators. *Health Promotion Practice*, 3(3) p. 361-373.

______ (1997). *Participatory Evaluation Workbook for Community Initiatives*. New Mexico Department of Health, Public Health Division, Healthier Communities Unit.

WALLERSTEIN, N. et al. (2000). *Currícula sobre participación social y empoderamiento en el contexto de la promoción de la salud*. Albuquerque: Universidad del Nuevo México [mimeo.].

WIMBUSCH, E. & WATSON, J. (2000). "An evaluation Framework for Health Promotion: theory, quality and effectiveness". *Evaluation*, 6(3), p. 301-321.

World Health Organization Regional Office for Europe (1998). *Health Promotion Evaluation*: recommendations to policymakers. Copenhage: WHO-Europe.

Parte III

Modelos

7 Pesquisa avaliativa por triangulação de métodos*

Maria Cecília de Souza Minayo

Do ponto de vista ético, a avaliação das intervenções sociais se dirige para mudanças que precisam ser construídas no chão da realidade social. A competente análise de um programa torna mais evidente para a sociedade a aplicação de seus recursos, evitando ou denunciando desperdícios. Essa orientação é tanto mais eficaz quanto mais o conceito e a prática avaliativa passam a fazer parte do cotidiano das instituições.

O hábito de avaliar programas e projetos sociais com métodos e técnicas científicas é relativamente recente. Tornou-se frequente após a Segunda Guerra Mundial nos países centrais do capitalismo, acompanhando os maciços investimentos em políticas públicas de bem-estar social. A avaliação passou, portanto, nos últimos 60 anos, a fazer parte da pauta de investimentos teóricos e práticos, ao lado das pesquisas sociais, visando à maior eficiência na aplicação de recursos e à efetividade nas ações. Ela tem sido introduzida ora como uma ação externa isolada, ora como etapa do planejamento e da gestão de programas e projetos e no seu sentido mais nobre, acompanhando as ações sociais desde o seu primeiro desenho. Autores como Scriven (2003) a apontam, na atualidade, não apenas como uma técnica, mas uma "transdisciplina", com um campo de estudo próprio e ao mesmo tempo oferecendo instrumentos de reflexão para outras áreas de conhecimento.

Na etapa de evolução do capitalismo atual (etapa chamada por diversos autores como pós-moderna ou como pós-industrial), a avaliação

---

* Este texto contém as ideias e é uma versão resumida do capítulo denominado "Introdução à avaliação por triangulação de métodos", no livro *Avaliação por triangulação de métodos*, publicado pela Editora Fiocruz (2005) e organizado por MINAYO, M.S.C.; ASSIS, S.G. & SOUZA, E.R.

de políticas sociais passou a ser intensamente valorizada. Isso se deve a mudanças profundas no paradigma das relações sociais de produção, cujas características são o acelerado crescimento do fluxo de informações, de economia de escala e de focalização de ações. Ela se torna verdadeiro desafio na área social, onde as decisões de investimento são muito complexas, difusas e marcadas por fortes componentes culturais e políticos, exigindo um desenho de instrumentos que valorizem toda essa gama de intervenientes.

O processo de institucionalização das tecnologias de avaliação de intervenções sociais, no Brasil em particular, além de ser recente, é ainda muito tímido, o que se deve principalmente à cultura autoritária e clientelista que costuma orientar a práxis política do país, independentemente dos governos vigentes. Essa práxis impregnada de populismo retrógrado, que persiste ainda hoje e convive com modelos altamente sofisticados de gestão, só conhece um momento de avaliação das ações: aquele em que começa um governo (federal, estadual, municipal), em que tudo o que foi feito anteriormente é sumariamente criticado. A gestão pública, nesses casos, parece ter começado da estaca zero, ao bel-prazer da competência ou da incompetência do gestor de plantão. Descontinuidade administrativa é o termo mais adequado para denominar esse desmando. Prejuízo à população é o resultado do descalabro. É verdade que as questões da cultura política populista e clientelista se reproduzem secularmente e ultrapassam os limites do Brasil e de uma introdução sobre avaliação (NUNES, 1997). No entanto, tais problemas precisam ser nomeados e minimamente compreendidos para que seja possível avaliar a dinâmica dos programas sociais aqui e alhures.

Geralmente a avaliação apressada e movida por juízo de valor partidário sobre a gestão passada é simplista: tudo o que foi antes nao serve, não presta. E a partir de um marco zero estabelecido por critérios de benefício político, a roda da nova administração recomeça a girar lentamente. Espera os dois anos finais para intensificar ações que dão visibilidade eleitoreira, para, em seguida, declinar ao final dos quatro anos de governo. Então se inicia o momento em que a roda será de novo reinventada.

Apesar da crítica anterior, é preciso reconhecer que, a partir dos anos 1990, se intensificaram as propostas e as práticas de avaliação na área social no Brasil (COHEN & FRANCO, 1993; HARTZ, 1997; UCHIMURA & BOSI, 2002; SILVA & BRANDÃO, 2003; RAPOSO, 2003; CARVALHO, 2001; COSTA REIS, 2004, dentre outros). Vários fatores têm contribuído para isso. Dentre eles, destacam-se: (a) a reforma do Estado que fez diminuir sua presença direta nas áreas sociais e aumentar seu papel de formulador de políticas e repassador de recursos para o terceiro setor; (b) a focalização da ação governamental em determinadas atividades exigindo análise de eficácia dos investimentos; (c) a entrada de organizações não governamentais e da iniciativa privada na prestação de inúmeros serviços de interesse público, em relação aos quais há uma concorrência por recursos e tanto as empresas como os governos cobram resultados; (d) as exigências dos órgãos internacionais que financiam projetos sociais; (e) a ampliação e o aprofundamento dos mecanismos de controle social colocando os recursos públicos sob vigilância da sociedade civil gerando pressão dos meios de comunicação e da opinião pública. É necessário levar em conta, também, o aumento da capacidade teórico-metodológica, técnica e crítica dos intelectuais e pesquisadores para uma mais ativa colaboração tanto com os governos como com o terceiro setor.

Este texto apresenta as diversas questões teóricas e práticas sobre avaliação e sobre avaliação por triangulação de métodos: (a) o que avaliar; (b) o que é avaliar um programa social e como fazê-lo; (c) as premissas e os conceitos fundamentais da investigação avaliativa; (d) as especificidades, os fundamentos teóricos e metodológicos da pesquisa avaliativa por triangulação de métodos e as etapas para sua realização.

O que é avaliar e que é avaliar um programa?

Muitas são as noções de *avaliação*, que é um processo essencialmente humano e realizado cotidianamente por qualquer pessoa. Quer dizer julgar, estimar, medir, classificar, analisar criticamente alguém ou alguma coisa. Tecnicamente, esse processo é realizado com procedimentos sistemáticos. Eis uma definição genuinamente acadêmica e tradicional, falando de avaliação em geral: "É a sistemática para medir um fenômeno ou o desempenho de um processo, comparar o resultado obtido com os critérios estabelecidos e fazer uma análise crítica, considerando-se a magnitude da direção da diferença" (PABON, 1985: 37).

Avaliação, enquanto técnica e estratégia investigativa, é um processo sistemático de fazer perguntas sobre o mérito e a relevância de determinado assunto, proposta ou programa. Um processo de avaliação de programas e projetos sociais geralmente tem vários sentidos, sendo o mais nobre o de fortalecer o movimento de transformação em prol da cidadania e dos direitos humanos. Para que isso ocorra, destacam-se quatro critérios: (a) a dimensão de *utilidade*, pois jamais se deve empreender uma avaliação inútil; (b) a dimensão da *viabilidade* do ponto de vista político, prático e de custo-benefício; (c) a dimensão *ética* que ressalta o respeito aos valores dos interessados; (d) a dimensão da *precisão* técnica (PENNA FIRME, 2003).

Do ponto de vista da sua utilidade prática, uma boa avaliação visa a reduzir incertezas, a melhorar a efetividade das ações e a propiciar subsídios para a tomada de decisões relevantes. Guia-se por quatro objetivos: (1) oferecer respostas aos beneficiários, à sociedade e ao governo sobre o emprego dos recursos públicos; (2) orientar os investidores sobre os frutos de sua aplicação; (3) responder aos interesses das instituições, de seus gestores e de seus técnicos; (4) buscar sempre uma melhor adequação de suas atividades. Ao mesmo tempo em que esses objetivos geralmente se somam em projetos sociais, cada um deles pode se constituir especificamente como único, compondo o foco e o contexto da avaliação (CONTANDRIOPOULOS et al., 1997; POSAVAC & CAREY, 2003; COSTA REIS, 2004). É importante enaltecer tanto o sentido como a orientação prática desse tipo de ação, pois nem toda avaliação é produtiva: "avaliar pode ser um empreendimento de sucesso, mas também de fracasso; pode conduzir a resultados significativos ou a respostas sem sentido; pode defender ou ameaçar" (PENNA FIRME, 2003: 1), dependendo de seus propósitos e da seriedade intelectual com que é feita.

Os dois primeiros objetivos assinalados acima são tradicionalmente conhecidos, pois tratam de evidenciar a eficiência, a eficácia e a efetividade na orientação das propostas de intervenção social, no atendimento aos destinatários e nos efeitos multiplicadores que elas possam apresentar. Nesses casos, o que se espera de uma avaliação de projetos e programa social pode ser resumido em três pontos: (a) compreender o que contribui para o êxito dos programas, projetos e serviços; (b) o que possibilita seu alcance; (c) o que questiona seus limites. Toda avaliação útil, ética e tecnicamente adequada acompanha o desenrolar de uma proposta e subsidia a correção de rumos e a reorientação de estratégias de ação. Seu sentido ético se alia ao seu valor técnico e de responsabilidade social.

Em relação à missão institucional, a avaliação de programas visa à economia interna da atuação e à criação de uma capacidade técnica adequada e de qualidade. Nesse caso, ela lida com fortes componentes subjetivos, corporativos e de visão de desenvolvimento. Em outras palavras, a avaliação também é ideológica. Para que tenha sucesso, o terceiro objetivo precisa vir junto com a valorização da avaliação como um processo de aprendizagem que pode apoiar pessoas, organizações e grupos sociais a fazerem escolhas mais consistentes em relação aos rumos de suas iniciativas. Gestores e técnicos que vislumbram o papel da avaliação como parte de seu planejamento e de sua práxis cotidiana criam espaços permanentes de reflexão sobre a prática. Isso lhes permite desconstruir ideias, alinhar conceitos, fazer correção de rumos, mudar prioridades, abrir mão de iniciativas que não se mostram frutíferas e até trocar gestores.

O conceito de *avaliação de programas sociais* é um pouco mais restrito e pode ser compreendido como um conjunto de atividades técnicocientíficas ou técnico-operacionais que buscam atribuir valor de eficiência, eficácia e efetividade a processos de intervenção em sua implantação, implementação e resultados (ROSSI et al., 1999; AGUILLAR & ANDER- EGG, 1994). Nas palavras de Rossi e colaboradores, a avaliação de programas pode ser definida como a:

> Utilização de metodologias de pesquisa social para investigar, de forma sistemática, a efetividade de programas de intervenção social, que foi adaptada ao seu ambiente político e organizacional e planejada para conformar a ação social, de maneira que contribua para a melhoria das condições sociais (ROSSI et al., 1999: 2).

Na atualidade, análises críticas sobre os tipos de avaliação formal vêm permitindo o surgimento de tentativas mais inovadoras e contemporâneas de conceituação, como a produzida por Silva & Brandão:

> Entendemos avaliação como a elaboração, a negociação, a aplicação de critérios explícitos de análise, em um exercício metodológico cuidadoso e preciso, com vistas a conhecer, medir, determinar e julgar o contexto, o mérito, o valor ou o estado de um determinado objeto, a fim de estimular e facilitar processos de aprendizagem e de desenvolvimento de pessoas e de organizações (2003: 2).

No caso da definição de Pabon (1985), a ênfase de sua definição é dada à tecnologia do ato de avaliar e os verbos ressaltam a ação de *medir*, *comparar dinâmicas*, *analisar* e *diferenciar*. É como se o autor tratasse de uma atividade sem sujeito. Dos termos colocados por Pabon se depreende que a avaliação é concebida como uma intervenção externa aos objetos e sujeitos avaliados.

Na abordagem de Silva & Brandão, a relevância é dada ao sentido *construcionista* e de parceria do processo. Os autores usam expressões tais como *elaboração, negociação, uso de critérios explícitos, processo de aprendizagem, desenvolvimento de pessoas e de organizações.* É o mesmo modelo preconizado por Penna Firme, quando diz que é preciso investir em:

> Avaliações sensíveis à responsabilidade situacional, metodologicamente flexíveis, no entendimento político e substancialmente criativas para integrarem todas essas dimensões na direção do desenvolvimento e do aperfeiçoamento de seu objeto (2003: 3).

No texto de Silva e Brandão (2003) e de Penna Firme (2003), os verbos colocam pessoas e instituições em interação e a metodologia proposta faz parte do próprio conceito.

Na citação de Rossi e colaboradores (1999), a relevância é dada ao método científico a favor da busca de efetividade dos programas e da institucionalização dos resultados do processo. Propostas mais ou menos semelhantes às deles são delineadas por Aguilar & Ander-Egg (1994) e por Contandriopoulos e colaboradores (1997), buscando separar o que consideram *avaliação normativa* e *pesquisa avaliativa.*

Embora distintas e até opostas em sua concepção filosófica, as definições descritas acima, em sua essência, enfatizam alguns aspectos comuns da avaliação: (a) ela é uma emissão de juízo de valor sobre determinada intervenção; (b) deve ser incluída no processo de planejamento das ações; (c) tem o papel de subsidiar a gestão; (d) não visa a castigar as pessoas atingidas ou nela envolvidas e sim a melhorar a performance da atuação.

A concepção deste trabalho se inclui nas tentativas científicas contemporâneas que consideram a avaliação não um evento isolado e sim um processo, em que se integram avaliadores e avaliados em busca do comprometimento e do aperfeiçoamento dos indivíduos, grupos, programas e instituições. Dentro das tipologias correntes, insere-se na modalidade de *investigação avaliativa* (CONTANDRIOPOULOS et al., 1997; SILVA & FORMIGLI, 1994), em oposição ao termo *avaliação normativa.* Neste último caso, a ênfase teórica se coloca nas tecnologias que tratam o evento a ser analisado, buscando isolá-lo de qualquer interferência de contexto:

> É a atividade que consiste em fazer julgamento sobre uma intervenção, comparando os recursos empregados e sua organização (estrutura), os serviços e os bens produzidos (processo) e os resultados obtidos, com critérios e normas (CONTANDRIOPOULOS et al., 1997: 37).

A *investigação avaliativa* comporta outras características como menciona Contandriopoulos e colaboradores: "pretende analisar a pertinência, os fundamentos teóricos, a produtividade, os efeitos e o rendimento de uma intervenção, assim como as relações existentes entre a intervenção e o contexto no qual se situa" (p. 37). Ou seja, tem fundamentos científicos e acrescenta, ao processo normativo, os elementos de contexto.

Embora tenha relevância e referências científicas (não só técnicas), a investigação avaliativa deve se distinguir da noção de investigação acadêmica. Pesquisadores e avaliadores trabalham dentro do mesmo paradigma, mas assumem papéis gerenciais diferentes e atuam para diferentes audiências. Worthen & Sanders (2004) apresentam algumas oposições complementares que distinguem esses papéis:

- *Com relação à motivação*: a investigação satisfaz curiosidades por meio de avanços no campo do conhecimento; a avaliação contribui na solução de problemas práticos.
- *Com relação aos objetivos*: a investigação busca conclusões; a avaliação conduz à tomada de decisões.
- *Com relação à autonomia*: a investigação costuma ser uma atividade mais ou menos independente e autônoma; a avaliação deve ser conduzida (embora com autonomia científica), de acordo com a demanda do cliente.
- *Com relação às propriedades do fenômeno*: a investigação se faz, primordialmente para gerar conhecimento; a avaliação visa a analisar a utilidade social e o valor da proposta.
- *Com relação aos critérios de adequação*: uma investigação é julgada por sua validade interna e externa. O julgamento de uma avaliação deve levar em conta: precisão, credibilidade, utilidade, viabilidade e adequação.
- *Com relação aos clientes*: a investigação costuma acontecer a partir de uma ideia bastante genérica sobre os possíveis resultados. A avaliação se inicia identificando claramente seus destinatários e seu objetivo.
- *Com relação aos limites de tempo*: uma investigação organiza seu cronograma com critérios científicos e orçamentários. A avaliação segue um cronograma restrito dos rumos da intervenção e acordado com a demanda dos destinatários.
- *Com relação aos aspectos disciplinares*: uma investigação pode ou não se interdisciplinar, cabendo ao investigador defini-lo. A avaliação

precisa lançar mão de um amplo espectro de perspectiva e técnicas para cotejar resultados quantitativos e qualitativos de várias ordens.

• *Com relação à preparação*: geralmente um investigador atua dentro do âmbito de sua disciplina. O avaliador precisa estar familiarizado com uma grande variedade de métodos e técnicas, tendo em vista a diversidade de informações que recolhe e que são exigidas para a compreensão do processo: dados econômicos, sociais, organizacionais e outros.

O esquema aqui citado padece das limitações de todo esquema: torna reducionista a reflexão. Permite, no entanto, destacar necessárias diferenças entre as duas propostas.

Como avaliar programas e projetos sociais

A avaliação tradicional de políticas sociais geralmente trabalha com instrumentos quantitativos e analisa as estruturas dos programas, como eles se realizam processualmente e quais são seus resultados. A avaliação das *estruturas* contém informações sobre recursos físicos, humanos, materiais, formas de organização e funcionamento (normas e procedimentos), especificação de equipamentos e tecnologias disponíveis. O estudo dos *processos* se dirige às atividades realizadas pelos provedores da intervenção, incluindo-se aí os componentes técnicos e as relações interpessoais. A análise de *resultados* se refere aos efeitos e aos produtos que as ações e os procedimentos provocam, de acordo com os objetivos da intervenção.

Visando a tratar a avaliação como um processo e uma construção que envolve os mais diferentes atores, vêm se tornando habituais outras formas de abordagem, quebrando-se o modelo quantitativista e positivista predominante. Desde a metade dos anos 1980 começou-se a falar especificamente em *avaliação qualitativa*. Essa abordagem que se baseia nas correntes compreensivistas ainda é pouco desenvolvida e não constitui um corpo teórico completo e validado. Surgiu na área da saúde e nutrição (SCRIMSHAW & HURTADO, 1987; PATTON, 1987; MINAYO et al., 1990; MINAYO, 1991; ATKINSON, 1993; DEMO, 1999; NUTO & NATIONS, 1999; UCHIMURA & BOSI, 2002) e seu método se fundamenta na apropriação de estratégias de abordagem antropológica para aplicá-las à avaliação de programas e serviços. Convém observar que a expressão *avaliação qualitativa* necessariamente não significa a mesma coisa que *avaliação de qualidade*. Essa última expressão, embora excepcionalmente seja tratada por meio de estratégias qualitativas, tradicionalmente se compõe de um corpo teórico-metodológico em que se privilegia a mensuração de procedimentos. Uchimura e Bosi (2002) e outros autores fazem uma longa discussão desse último conceito, mostrando que, em geral, ele é desenvolvido dentro de uma dimensão formal, no interior de seus próprios componentes, o que termina por conferir-lhe um sentido reducionista e unidimensional.

Embora apresentadas de várias formas, as abordagens qualitativas têm um núcleo comum: (a) Referem-se à necessidade de levar em conta a participação e as percepções dos sujeitos envolvidos na criação e na implementação dos programas sociais; (b) Consideram as relações e as representações como parte fundamental dos êxitos e limites das ações; (c) Partem da crença de que é possível simplificar e tornar operativa, para fins de análise de intervenções, a abordagem antropológica; (d) Acreditam que os profissionais das áreas sociais, mesmo sem formação acadêmica em antropologia, teriam condições de aprender o instrumental dessa disciplina, para aplicá-lo na avaliação de ações e instituições, produzindo formas mais sistemáticas de críticas e sugestões de mudanças.

Ao treinar e sensibilizar profissionais de saúde, educação e serviço social, por exemplo, para utilizarem as técnicas de entrevista, grupos focais, observação, descrição sociocultural, econômica e demográfica dos contextos analisados, os que atuam com avaliação qualitativa acreditam num aumento de eficácia da observação do contexto. Pois é possível tornar mais compreensiva, sistemática, estruturada e interativa tanto a proposta de intervenção como a definição da situação por parte de todos os atores sociais envolvidos na implementação da ação.

A proposta deste texto é avançar em relação ao que é preconizado, de forma geral, pela *investigação avaliativa* convencional, mas se classificando dentro de sua tipologia[1]. Ela se fundamenta também na teorização do contexto e do conteúdo do programa a ser avaliado e usa os instrumentos operacionais para analisar a produtividade, os efeitos e o rendimento da intervenção. Mas acrescenta aos outros elementos a obser-

---

1. Existe uma grande diversidade, até confusão, de termos classificatórios de avaliação de programas sociais, conforme os autores. Por exemplo, Posavac e Carey (2003) num livro bastante didático e que já está na 6. ed. consideram 4 tipos (avaliação de necessidades, de processo, de resultados e de eficiência), categorizando-os pelo objetivo da avaliação. Neste trabalho usam-se os conceitos de Contandriopoulos et al. (1997) que separam a avaliação técnica focalizada da avaliação contextualizada que utiliza métodos científicos.

vação e a análise da dinâmica visível e subjacente dos atores sociais envolvidos no processo e suas representações, tanto em relação à ação sob julgamento como no interior do próprio processo de avaliação.

Visando a fazer distinções, esclarece que a proposta de *avaliação por triangulação de métodos* não se confunde com o que é denominado, comumente, de *avaliação participativa*. Para ser coerente com as exigências teóricas da pesquisa participativa (BRANDÃO, 1985; GAJARDO, 1986) os interlocutores que são o alvo da observação, num processo de *avaliação participativa*, deveriam tomar parte em todas as etapas da investigação: na sua concepção, na definição do problema, na teorização, no levantamento de dados, nas análises do material coletado e na elaboração dos resultados. Nos trabalhos mais atuais sobre o tema, *avaliação participativa* se confunde muito com autoavaliação (WAISELFISZ, 1998; MANCUSO, 2000; COHEN & FRANCO, 1993) ou com *avaliação interna*.

Na *investigação avaliativa por triangulação de métodos*, a autoavaliação faz parte do processo e o integra, mas o conjunto de elementos e procedimentos propostos é muito mais amplo e complexo. Ela conjuga: (a) presença do avaliador externo; (b) abordagens quantitativas e qualitativas e (c) controle dos grupos de comparação; (d) de forma relevante, a análise do contexto, da história, das relações, das representações e a participação.

Em síntese, a *avaliação por triangulação de métodos* pretende ir além das duas formas de abordagem mais comuns, a positivista e a compreensiva. No desdobramento metodológico e prático, neste texto se retomam os três pilares da avaliação tradicional e a eles agregam os princípios básicos da sociologia compreensiva, não como superposição e sim como síntese. Abordam-nos de forma complementar, fazendo dialogar questões objetivas e subjetivas, privilegiando análise de consensos, de conflitos e de contradições como indícios de mudança. Desta forma, em lugar de se apoiar num marco referencial disciplinar, a presente proposta amplia o espectro de contribuições teórico-metodológicas, de forma a permitir perceber movimentos, estruturas, ação dos sujeitos, indicadores e relações entre micro e macrorrealidades.

Triangulação é um conceito que vem do interacionismo simbólico e é desenvolvido por Denzin (1979), significando (a) a combinação e o cruzamento de múltiplos pontos de vista; (b) a tarefa conjunta de pesquisadores com formação diferenciada; (c) a visão de vários informantes; (d) o emprego de uma variedade de técnicas de coleta de dados que acompanha o trabalho de investigação. Seu uso, na prática, permite interação, crítica intersubjetiva e comparação (DENZIN, 1979; MINAYO & SANCHES, 1993; MINAYO & CRUZ NETO, 1999).

Premissas e conceitos da avaliação por triangulação de métodos

Avaliação por triangulação de métodos[2] pode ser compreendida como expressão de uma dinâmica de investigação e de trabalho que integra a análise das estruturas, dos processos e dos resultados, a compreensão das relações envolvidas na implementação das ações e a visão que os atores diferenciados constroem sobre todo o projeto: seu desenvolvimento, as relações hierárquicas e técnicas, fazendo dele um *constructo* (SCHUTZ, 1982) específico. Além da integração objetiva e subjetiva no processo de avaliação, esta proposta inclui os atores do projeto e do programa não apenas como objetos de análise, mas, principalmente, como sujeitos de autoavaliação. Essa postura ética e teórica que se fundamenta nos princípios da filosofia comunicativa (HABERMAS, 1987) propicia meios para que, no desenvolvimento do processo de análise, os que o implementam ou recebem seus influxos se apropriem da compreensão dos dados quantitativos e qualitativos gerados pelo trabalho e recolham subsídios para as mudanças necessárias.

Vários autores como Denzin (1979), Jick (1979), Samaja (1992) e Minayo (2004) estudaram tecnicamente a triangulação metodológica, mostrando que seus princípios ecoam no interior de uma larga tradição das ciências sociais, seja por motivos práticos de validade ou por razões epistemológicas. Samaja (1992) em seu artigo sobre "Metodologia e dialética do trabalho interdisciplinar" demonstra que a integração acontece por razões práticas, sobretudo quando se trata de processar e analisar dados produzidos por vários instrumentos, na perspectiva de diversas disciplinas. Mas ela acontece também, diz o autor, por motivos epistemológicos, na medida em que se tenta superar as dicotomias entre quantitativo *versus* qualitativo; entre enfoque disciplinar *versus* interdiscipli-

2. A expressão "métodos" aqui está sendo empregada na acepção quadripolar de Bruyne et al. (1991). Nesse sentido, um método pode ser visto a partir de quatro polos: epistemológico (vigilância crítica, regras da produção científica), teórico (conceitos e regras de interpretação), morfológico (regras de estruturação, de formatação do objeto científico) e técnico (controle da coleta de dados).

nar, entre outros. Samaja vai mais além, quando afirma que o processo de investigação, de uma forma explícita ou implícita, sempre utiliza conceitos e noções de várias áreas do conhecimento.

Jick (1979) encontra um valor universal na triangulação metodológica, ao constatar que cada método, por si só, não possui elementos mínimos para responder às questões que uma investigação específica suscita. E Denzin (1979) enfatiza a contribuição metodológica como instrumento de iluminação da realidade sob vários ângulos. Mostra que essa prática propicia maior claridade teórica e permite aprofundar uma discussão interdisciplinar de forma interativa e intersubjetiva.

Uma das fundamentações mais importantes da *triangulação de métodos* se pode encontrar em algumas ideias de Kant, desenvolvidas no "Sistema dos princípios do entendimento" em sua obra sobre a *Crítica da razão pura*. Kant ensina que a "a possibilidade da experiência é oferecida pela realidade objetiva a todos os nossos conhecimentos *a priori*" (1980: 115). Ora, a experiência se constrói na unidade sintética dos fenômenos, numa síntese de conceitos sem o qual a ação não chegaria a se transformar em conhecimento. Logo, à atuação concreta subjazem princípios e regras universais relativas à *unidade na síntese* dos fenômenos, cuja realidade objetiva pode ser mostrada pela experiência: "é no objeto que a unidade sintética dos conceitos evidencia uma realidade objetiva" (1980: 116).

Para Kant, se apresentam como quantidades extensivas no tempo e no espaço que só podem ser apreendidas pela composição de homogêneos múltiplos e pela consciência da unidade sintética deste múltiplo. São representadas por partes homogêneas e sucessivas e conformam um todo. Kant chamou à quantidade intensiva de "qualidade" das sensações, assinalando que a vivência dessa qualidade é sempre empírica, não podendo, de modo algum, ser representada *a priori*. Da mesma forma, nas quantidades só se pode conhecer, *a priori*, uma qualidade: sua continuidade. E na qualidade, só uma quantidade extensiva, ou seja, a de possuir um grau: "Chamarei matemáticos os dois princípios precedentes, sendo ambos constitutivos dos fenômenos" (KANT, 1980: 123).

O ponto crucial do processo reflexivo é o que aponta ser possível exercer uma superação sobre o objetivismo puro, em função da riqueza de conhecimentos que pode ser agregada com a valorização do significado e da intencionalidade dos atos, das relações e das estruturas sociais. A postura própria dos trianguladores deve levá-los a compreender que dados subjetivos (significados, intencionalidade, interação, participação) e dados objetivos (indicadores, distribuição de frequência e outros) são inseparáveis e interdependentes. Ela lhes permitirá exercitar um processo de dissolução de dicotomias: entre quantitativo e qualitativo; entre macro e micro; entre interior e exterior; entre sujeito e objeto.

Pré-requisitos do processo de avaliação por triangulação de métodos

A proposta de avaliação por triangulação depende de duas condições imprescindíveis. A primeira é de ordem prática. Consiste na exigência de uma equipe formada por profissionais de várias áreas que desejam trabalhar cooperativamente. Ou seja, ela depende de pessoas dispostas emocional e mentalmente ao diálogo e a experimentar a possibilidade de complementação entre diferentes métodos e disciplinas, realizando um movimento intelectual específico em direção a um objeto empírico. Em torno do objeto aprofundam-se as reflexões em busca de compreendê-lo e explicá-lo em suas múltiplas dimensões.

A equipe de avaliação multidisciplinar deve, num esforço dialógico, participar de todas as fases da investigação, desde a concepção até a apresentação dos resultados. O êxito deste trabalho em grupo de "diferentes" requer capacidade de discutir, diferenciar e relacionar teorias, conceitos, noções e métodos, tratados como fragmentos teóricos de uma abordagem mais ampla. O resultado deste esforço é a substituição da hierarquia, *a priori*, dos campos científicos por uma visão cooperativa entre eles e o mundo da vida (HABERMAS, 1987).

A segunda condição, paradoxalmente, é a competência disciplinar de cada componente do grupo. É a segurança disciplinar que permite o aprofundamento teórico-metodológico em relação ao conhecimento do objeto. É necessário ter claro que se trata de combinação, de triangulação de métodos que conservam sua especificidade no diálogo inter ou transdisciplinar. Trabalha-se, portanto, de forma dialética a integração dos contrários e a distinção entre eles. Ao se juntarem, as especificidades metodológicas não se dissolvem, continuam a existir no trato com questões que exigem uma ou outra abordagem, como mostram estudos de Samaja (1992); e Minayo (1993; 1999; 2004). Samaja ressalta que a combinação de teorias e métodos é sempre desigual havendo, na prática, a supremacia de uma disciplina sobre outra. Esta assimetria costuma ter vários motivos que vão desde a idiossincrasia dos investigadores até os objetivos pretendidos, o que levaria a dar prioridade a aspectos da avaliação marcados disciplinarmente.

Além da articulação entre os opostos que se realiza na "distinção e integração entre teorias e métodos", e o da "dialógica entre investigadores e várias disciplinas", os avaliadores que trabalham com a triangulação precisam levar em conta alguns princípios que hoje são tratados pelas teorias da auto-organização e da complexidade (MORIN, 1993; 1996) e consideradas a partir da própria natureza dos processos sociais (HARTZ, 1997; MINAYO & CRUZ NETO, 1997).

O primeiro é o da *complexidade de causas* que se opõe à visão de linearidade entre causa-efeito e enfatiza as dimensões de complicação, de incalculáveis interações e de inter-retro-ações que os fenômenos possuem. Destacam-se (a) as relações numa visão hologramática no sentido de que o todo contém as partes, a parte contém o todo, mas cada um (parte e todo) possui características e propriedades específicas; (b) a inseparabilidade da ordem e da desordem em qualquer projeto, proposta ou organização; (c) a irredutibilidade do acaso, da incerteza e do inacabado em todos os fenômenos sociais. A ideia de articulação combinada de várias causas se fundamenta na constatação do dinamismo da realidade. Ela se apresenta ora em movimentos circulares, de mão dupla, ora em espiral, incorporando atrasos, contradições, desvios e orientações endógenas e exógenas.

O segundo princípio é o da *organização recursiva*, da autoprodução e da auto-organização a partir de elementos previsíveis ou do acaso e por interferências internas ou externas. Essa constatação conduz a pensar interativamente: o papel do observador e do objeto; da racionalidade e da emoção; da natureza e da cultura; da ordem e da desordem; do uno e do múltiplo; da ciência e do senso comum; do pensamento e da ação.

O terceiro princípio é o *discursivo complexo* que comporta a associação entre conceitos e noções complementares e concorrentes, buscando entender seus diferentes níveis de desenvolvimento teórico e prático no interior das áreas disciplinares. Dentre as antinomias relevantes se encontram as relações entre o universal e o particular; entre o global e o local; entre o micro e o macro; entre o coletivo e o individual; entre o todo e as partes; entre a análise e a síntese, dentre outras.

Do diagnóstico situacional à avaliação de resultados e ao depois...

A *pesquisa avaliativa por triangulação de métodos*, em termos gerais, proporciona todos os elementos presentes numa perspectiva ex-*ante*, de acompanhamento e do tipo *ex-post* (COHEN & FRANCO, 1993). Apresenta (a) uma análise diagnóstica situacional inicial; (b) uma avaliação da implantação e da implementação; (c) ao final, uma apreciação dos resultados, valorizando também o processo e as tendências, entendendo que os efeitos das intervenções sociais não findam quando ela cessa.

a) A primeira etapa da pesquisa avaliativa visa a reconhecer *o estado do problema* em relação ao qual ocorrerá a avaliação (*base-line*) no início do projeto. Seus parâmetros são os indicadores estabelecidos para o conteúdo da intervenção e os procedimentos estabelecidos para a implantação. Ela se constitui como uma *Avaliação Diagnóstica Básica*, precedendo ao processo de intervenção.

b) A *avaliação da implantação* considera todos os passos necessários à efetivação da intervenção. Visa a (1) verificar a extensão do alcance do programa para a população-alvo; (2) monitorar a "dose do programa", ou seja, a frequência da sua aplicação e a participação dos sujeitos envolvidos nas atividades previstas; (3) avaliar a variabilidade do contexto organizacional ou situacional na qual o programa se implementa; (4) correlacionar a extensão na qual os programas são implementados e as metas propostas; (5) mensurar o seu custo de implementação (McGRAW et al., 1989; 2000). Elder e colaboradores (1994) acrescentam que essa avaliação permite verificar fatores ambientais e situações por vezes seculares que podem afetar o resultado de um programa, independentemente das ações por ele desenvolvidas. Nos estudos de implantação de programas se constata que, em geral, os avaliadores utilizam diferentes perspectivas teóricas e modelos de pesquisa.

c) O estudo sobre a *implementação* de um programa, realizado *in loco*, visa a (1) análise da extensão com que ele alcança a população-alvo; (2) frequência e a intensidade de aplicação da proposta e a participação dos sujeitos envolvidos; (3) questões organizacionais e administrativas; (4) viabilidade e variabilidade das metas propostas; (5) formação da equipe de intervenção nos diferentes níveis. Quando realizada em diferentes etapas do processo, a análise da *implementação* permite também aferir mudanças ocorridas nos ambientes e com os atores sociais envolvidos, tendo em vista as estratégias em curso. E deve apontar pontos cruciais para a correção de rumos, visando ao sucesso do programa *pari passu* a seu andamento. McGraw e colaboradores (2000) observam que as medidas para avaliação da implementação de programas variam consideravelmente por falta de consistência e clareza na definição dos objetivos das ações que vão ser analisadas.

d) A *avaliação de resultados* visa a dimensionar, qualitativa e quantitativamente, as diferenças entre o momento inicial e as metas atingidas ao final de uma intervenção. Como já se mencionou anteriormente, esses resultados devem ser previstos da forma mais clara possível dentro das estratégias de planejamento que antecedem aos primeiros passos da intervenção. Na análise da *implementação* é possível dar ênfase ao que merece mais investimento, dedicação e empenho por ser essencial e o que pode ser dispensado ou pelo menos minimizado no caso de exigir grande dispêndio de energia e pouco acrescentar aos objetivos e metas propostos. Na avaliação de resultados, mesmo que formalmente se trabalhe colocando um ponto final em alguma ação, é preciso assinalar o caráter complexo e provisório dos processos sociais. As dificuldades de apropriação da totalidade das mudanças não ocorrem, como pensam McGraw e colaboradores (2000) e outros positivistas, apenas pela imprecisão de instrumentos, mas pelo dinamismo dos fenômenos sociais. A dinâmica das intervenções quase nunca coincide, matematicamente, com a possibilidade de se medir todos os benefícios, frutos de uma determinada ação, pois eles só amadurecem ao longo do tempo. O contrário também é possível: ao colocar o fecho numa atividade, pode-se, também, estar inaugurando uma *descontinuidade* que traz efeitos negativos: a avaliação de resultados pode e deve assinalar a necessidade ou não de dar sequência a algum tipo de intervenção.

É importante situar o *depois*, uma vez que, coerente com a filosofia de atuação que este livro propõe, mesmo quando se apresentam os resultados, considera-se a avaliação um *processo inacabado*, no qual o ponto final provisório obedece a uma lógica de gestão da instituição que executa a intervenção, dos financiadores e dos parceiros. Uma visão dialética da sociedade e das mudanças aconselha a olhar a intervenção social de forma dinâmica, conflituosa, contraditória e por vezes até imponderável. Isso quer dizer que transformações ocorrem por via de intervenções planejadas e, também, pelas mais impensáveis situações e circunstâncias que escapam mesmo às análises contextualizadas. Pode acontecer que a intervenção que está sob avaliação seja apenas um dos elementos causadores de mudanças, embora talvez o mais relevante.

Os passos práticos da avaliação por triangulação de métodos

Do ponto de vista operacional, a triangulação de métodos é uma atividade de cooperação que se faz por etapas. Didaticamente podem se desdobrar em oito passos: (1) formulação do objeto ou da pergunta referencial que vai guiar todo o processo; (2) elaboração dos indicadores; (3) a escolha da bibliografia de referência e das fontes de informação; (4) construção dos instrumentos para a coleta primária e secundária das informações; (5) organização e a realização do trabalho de campo; (6) análise das informações coletadas; (7) elaboraçao do informe final; (8) entrega, devolução e discussão com todos os atores interessados na avaliação, visando à implementação de mudanças.

1) Para a *formulação do objeto ou da pergunta principal* é importante que os profissionais de várias disciplinas, os grupos e atores sociais a serem avaliados e quem encomenda a avaliação estejam juntos, pois essa primeira definição orientará todo o trabalho posterior. A seguir se determinam os objetivos gerais e específicos do trabalho, a elaboração de um cronograma, os ajustes administrativos e as formas de solução de conflitos e problemas que sempre surgem. Nesta etapa de definições fazem-se os acertos relativos às divisões de trabalho, às coordenações, aos espaços, aos ritmos e as abordagens. Em seguida se discutem os conceitos principais a serem trabalhados: os que atravessam as áreas de conhecimento e os que têm sua abordagem restrita a determinada área disciplinar. O esforço dedicado para completar esse desenho inicial varia em função da complexidade do programa e da relação com todos os agentes envolvidos, inclusive com os financiadores.

É fundamental, nessa primeira etapa, insistir sobre a comunicação dos avaliadores com os diferentes copartícipes do programa de intervenção a ser avaliado nos momentos de negociações, acordos e decisões que cercam a fase de planejamento. Colocar no papel os acordos feitos permite recordá-los aos participantes durante o processo de avaliação, evitando-se discrepâncias ou mudanças de rumo indesejadas. Aqui se realiza a primeira estratégia de triangulação, ou seja, o privilegiamento dos vários pontos de vista.

São várias as abordagens por meio das quais se prepara um guia de planejamento e de implementação da avaliação. Alguns pontos merecem ser priorizados como lembram Posovac e Carey (2003):

- Identificar o programa a ser avaliado e todos os envolvidos em sua implementação, o que abarca sua descrição completa, seus desdobramentos, sua filosofia de intervenção, sua forma de gerenciamento; o *status* de seus agentes; o perfil da população-alvo, seu tamanho e foco, entre outras características.

• Promover encontros dos que coordenam e dos que vão executar as atividades em campo. O coordenador das intervenções e os gestores intermediários são pessoas-chave para contato, desde o início e durante toda a extensão do projeto avaliativo. Mas é muito importante ouvir outros atores, sobretudo os que estão na prática, buscando entender se há sintonia entre gestores e os que aplicam o programa.

• Formular perguntas básicas aos diferentes participantes: quem está solicitando a avaliação? Por que ela está sendo solicitada? Que tipo de avaliação parece mais apropriado? Em que momento e por quanto tempo a avaliação deverá ser realizada? Com que nível de detalhamento? Quais os recursos disponíveis para isso?

• Ter clareza a respeito do grupo que solicita a avaliação e se há algum ator que resiste a ela. Em geral, tanto a equipe gestora e implementadora de uma intervenção social como os financiadores deveriam desejar uma avaliação que antecedesse e acompanhasse seu desdobramento, seguindo uma tendência contemporânea de implantação e implementação de políticas públicas (BULMER, 1986). No entanto, isso nem sempre acontece e, nessa primeira etapa, é preciso fazer perguntas que induzam ao consenso sobre a necessidade de avaliar, pois o processo só ocorre com sucesso se os vários implicados entram em entendimento.

• Debater em conjunto com os diferentes atores, a pergunta central a ser formulada. E, a partir desse ponto, apresentar os vários tipos de estratégias disponíveis e porque se recomenda alguma em particular. A incorporação simultânea de vários tipos de técnica, o que é desejável, depende da complexidade das metas, dos objetivos do programa e dos recursos destinados à avaliação.

• Negociar o tempo de duração da avaliação. Frequentemente os patrocinadores e gestores das intervenções preferem avaliação rápida. É necessário fazer um balanço entre os desejos e os requisitos necessários para um trabalho cuidadoso, metódico e fundamentado. Os avaliadores devem considerar o tempo para preparar a proposta, para ter acesso a registros e a informações primárias e secundárias, para promover encontros de definição da situação, para o desenvolvimento de critérios e medidas, para exploração de campo, assim como para apresentar os resultados de forma compartilhada. Ao longo de sua experiência teórica e prática, os avaliadores desenvolvem um sentido da medida do tempo necessário para as diversas etapas de produtos da avaliação.

- Delimitar os recursos disponíveis. A disponibilidade de recursos é crucial para se poder prever o nível de detalhamento do processo de avaliação. É preciso ser prático: ter uma lista, por escrito, do custo de cada ação de avaliação, adequando-se às especificidades da demanda e ter controle do orçamento desde que se iniciam os desembolsos.
- Ter certeza de que é factível avaliar a intervenção em curso. Ainda que essa pergunta diga respeito aos executores da intervenção, os avaliadores precisam fazê-la para produzir uma base racional para sua atuação. É fundamental ter segurança de que, uma vez procedidas as negociações, cada um dos atores envolvidos no processo assume sua tarefa, o que inclui os objetivos da avaliação e os critérios e estratégias para alcançar as metas propostas. As melhores avaliações abarcam: (a) acesso aos desdobramentos das atividades do programa durante o processo de implementação; (b) respostas sobre dificuldades e contradições; (c) informações sobre a extensão e a intensidade com que os participantes se apropriam dos objetivos, perseguem as metas e observam os aspectos éticos de sua ação.

2) A segunda etapa do processo é a criação dos *indicadores*, fase que deve reunir, outra vez, toda a equipe de pesquisa e os grupos a serem avaliados, buscando-se decidir em conjunto os mais pertinentes, os que foram levados em conta na ação a ser avaliada, o valor que será dado a cada um e os critérios para julgá-los. O processo de construção de indicadores faz parte essencial das mediações entre a pergunta central e os instrumentos de pesquisa. A equipe de investigação deve antecipar o encontro coletivo, elaborando e apresentando sua proposta sobre o assunto e abrindo uma ampla discussão sobre ele. O lugar dos indicadores corresponde à síntese entre o pensamento e a realidade ou o que Samaja chama *representação de um procedimento* (1993: 166). Todo dado científico vincula um conceito com o que está acontecendo na realidade a ser avaliada, mediante a execução de um procedimento aplicado a uma ou mais dimensões consideradas observáveis do dito conceito.

Os indicadores no caso da triangulação de métodos devem ser contextuais, relacionais e de medição da ação em si (absolutos). Por isso, precisam conter, em si, duas propriedades: primeiro, que sejam observáveis e, segundo, que permitam criar procedimentos para observá-los. Em síntese, um indicador deve permitir medidas quantitativas ou qualitativas, heuristicamente úteis para a intervenção. O momento de elaboração de indicadores é de fundamental relevância para o grupo, pois oferece a oportunidade de alinhar conceitos que geralmente estão na cabeça dos vários participantes, mas não têm o mesmo significado para todos.

3) O terceiro passo consiste na definição das *fontes de informação*, de tal forma que cada indicador selecionado possa ser conhecido teoricamente e na sua expressão concreta. As fontes são os diferentes atores sociais (formuladores institucionais, gestores, técnicos, população atendida, financiadores), os documentos instituidores e históricos, os de convênio, os instrumentos operacionais, os relatórios de avaliação interna, de prestação de contas, de publicidade e outros. Mas deve-se considerar também a leitura de bibliografia que possa compor o campo semântico da avaliação sobre os conceitos centrais, sobre os objetivos, indicadores e intervenções semelhantes e sobre o contexto de âmbito institucional, nacional e internacional, este último, caso seja necessário.

4) A definição e a *elaboração dos instrumentos de investigação* constituem uma tarefa técnica de responsabilidade dos investigadores. Tendo em vista o objeto, os objetivos e os indicadores, os instrumentos de pesquisa empírica devem ser elaborados por meio de equipes organizadas disciplinarmente, como subprojetos que se incluam no todo e contenham a ideia do todo, mas de forma peculiar. As abordagens quantitativas e qualitativas exigem teoria e métodos próprios e se prestam a fins de natureza diferenciada: as primeiras visam a dimensionar e a quantificar os dados de processo ou de resultado. E as segundas são apropriadas para aprofundar a história; captar a dinâmica relacional de cunho hierárquico, entre pares ou com a população; compreender as representações e os símbolos e dar atenção, também, aos sinais evasivos que não podem ser entendidos por meios formais.

Na construção dos vários instrumentos é preciso que sejam contemplados: a cobertura do programa, que se refere ao grupo-alvo atingido; a implementação das ações previstas; o ambiente organizacional e o envolvimento dos atores, o que diz respeito a seu envolvimento e a suas habilidades e atitudes em relação à realização do programa. Geralmente o subgrupo qualitativo deve elaborar vários instrumentos, cada um sendo destinado a atores específicos. Esse momento de separação formal dos subgrupos não impede encontros informais. O importante é que seja seguido por reuniões coletivas com o objetivo de socializar, criticar e adequar os instrumentos construídos por ambos os lados à pergunta inicial que provocou o processo de avaliação.

5) O momento do *trabalho de campo* se beneficia de etapas preparatórias para ajustamento de conceitos, indicadores e instrumentos. Seria desejável, para seu êxito, que a equipe de avaliação pudesse contar com uma assessoria ou com coordenação executiva. Sua função seria a de administrar os cronogramas de trabalho e as agendas de todos os atores sociais envolvidos, programando reuniões, entrevistas, grupos focais, respostas a questionários, disponibilização de material, de espaços e outros.

Além disso, a experiência mostra que a realização de uma pesquisa interdisciplinar exige uma boa dose de trabalho de gestão que, quanto melhor conduzido, mais favorece o bom desempenho de todos. Os investigadores de campo precisam compreender a pesquisa, seu escopo, seus objetivos e serem treinados para o adequado relacionamento com o ambiente e as pessoas, para a observação e para a aplicação dos instrumentos. Ou seja, quando o investigador chega ao local da pesquisa, devem persistir poucas dúvidas quanto aos procedimentos a serem realizados e sobre como conduzir as interações com as pessoas. Um processo de avaliação é uma ação muito delicada (mais delicada ainda que outros tipos de pesquisa), pois, em geral, muitos participantes se creem julgados e confrontados com os possíveis resultados: essa situação peculiar exige que os trabalhadores de campo sejam pessoas com boa experiência, formação, sensibilidade e capazes de mediar conflitos.

6) A *análise das informações* recolhidas recebe os influxos do êxito ou dos problemas das etapas anteriores. Por isso, a experiência em avaliação leva a valorizar cada passo do processo. Do ponto de vista operacional, esta etapa consiste na ordenação dos dados, na sua classificação e na análise propriamente dita. Buscando comparar os objetivos gerais e específicos e os resultados, analisando o uso dos recursos e dos insumos previstos, dimensionando as metas determinadas para cada etapa do processo e os efeitos e impactos quantitativos e qualitativos da intervenção como um todo.

Na estratégia de triangulação de métodos está previsto que as operações já mencionadas sejam realizadas, primeiro, separadamente. Os que utilizam questionários, de acordo com o desenho e o modelo adotados passam a tabular, a digitar, a categorizar, a produzir estatísticas simples e cruzamentos, chegando, aos poucos, a análises capazes de transformar em números, indicadores de processos e de resultados. Quem faz análise qualitativa passa a separar as diferentes modalidades dos instrumentos aplicados e dos materiais históricos e institucionais recolhidos. Numa dinâmica de leitura que vai do campo para as categorias analíticas e vice-versa, estabelece as bases compreensivas da unidade reflexiva que é o objeto ou a pergunta inicial.

Faz parte desta etapa os vários encontros da equipe multidisciplinar para efetuar a compatibilização entre as informações quantitativas e qualitativas, e as análises de todo o material primário e secundário. Essa busca de diálogo entre disciplinas e abordagens tem a finalidade de produzir um *informe único*, que deve refletir não informações justapostas, mas o intercâmbio de teorias e métodos a favor do esclarecimento e do aprofundamento dos vários aspectos da realidade.

7) A elaboração do *informe final* merece muita atenção dos avaliadores. Ele deve conter sucintamente: o objeto de avaliação; os objetivos; uma síntese teórica dos conceitos principais que informam as análises; as metodologias de abordagem; a contextualização e a história da intervenção sob avaliação; a descrição dos processos avaliados sob a perspectiva de todos os atores; a análise da gestão e da logística da proposta; os resultados e as conclusões. É importante estar atento para os *impactos ampliados* do programa, não previstos na programação. Essas observações, embora sem indicadores e não quantificáveis são, no entanto, informações relevantes e precisam ser registradas. Além de oferecer aos instituidores e financiadores uma melhor visão do alcance do projeto poderão contribuir para a construção de novos indicadores.

O informe ou relatório, parcial ou final, não é e nunca será, na concepção da triangulação, uma somatória de resultados disciplinares. É uma construção do coletivo de pesquisa, em forma de síntese. Nele poderão existir capítulos mais históricos, outros de base mais estatística, outros que dão ênfase à elaboração de significados, mas cada um vem iluminado pela contribuição dos outros.

Esse conjunto de informações pode ser apresentado de duas formas: intensiva ou executiva ou de ambas, concomitantemente. Considerando-se que, em geral, aos executores da intervenção interessa uma análise detalhada dos achados é importante que se lhes seja oferecido um produto mais denso e pormenorizado. No entanto, os resultados da avaliação interessam também e principalmente aos financiadores dos projetos. Em geral, essas pessoas são sumamente práticas e preferem documentos que contenham, em duas a três páginas, de preferência ilustrados com gráficos ou outros meios visuais, informações que lhes permitam balizar suas decisões de continuar a financiar, de redirecionar suas propostas, de investir mais em determinadas ações ou aspectos do problema em pauta. Atenção especial deve ser dada ao capítulo final de resultados (seja de processo, seja de produto). Essa parte do relatório se compõe de sentenças, ao mesmo tempo, sintéticas e abrangentes, propiciando uma ideia geral de todo o trabalho. Destaques precisam ser dados aos aspectos críticos, às lições aprendidas e à visão de futuro.

8) Merece relevância a dinâmica de *comunicação dos resultados*. Se for possível, é importante ter a parceria dos atores que estão sendo avaliados numa discussão preliminar dos achados da pesquisa. Não se trata aqui de fazer concessões ou de negociar informações que poderiam mudar resultados indesejados para a instituição ou para os envolvidos. O aspecto ético da pesquisa precisa prevalecer sobre interesses corporativos, preservando-se um diálogo franco sobre os limites da intervenção social, sobre seus aspectos críticos e também sobre suas potencialidades. Seja durante ou ao final do trabalho, é preciso valorizar a comunicação de informações que permita, como previsto desde o início, gerar mudanças, corrigir rumos, potencializar ações e intervenções e constituir um aprendizado para todos.

É importante que avaliadores, avaliados e financiadores criem um consenso sobre as dificuldades de se estabelecer conclusões fechadas: a realização da avaliação por si só já gera mudanças entre todos os participantes do processo, mas mudanças sociais são difíceis, lentas e sutis. Inclusive muitas só se tornam visíveis por meios qualitativos ou depois que o processo de análise termina. Sugerir a continuidade dos projetos e acompanhá-los sempre com instrumentos de avaliação que possibilitem manter vivo o sentido da ação seja, talvez, uma das mais importantes lições que os avaliadores de projetos sociais aprendem. Como lembra Lima (2004) a avaliação deve revelar os brotos, as flores, os ramos em desenvolvimento e não somente os frutos.

Algumas conclusões para os avaliadores

Os avanços recentes da avaliação, como uma área de conhecimento específica, evidenciam importantes mudanças na postura dos profissionais. Em geral, a maioria das propostas hoje busca integrar avaliadores e avaliados, pois se considera esse par complementar como aprendizes que, estudando e refinando conceitos e técnicas, crescem junto com o processo de análise. Nessa concepção a avaliação é muito menos classificatória e muito mais promocional. Serve para consolidar entendimentos e parcerias, apoiar mudanças sucessivas, corrigir rumos, ampliar o comprometimento dos diferentes atores e promover o aperfeiçoamento dos indivíduos, grupos instituições e sistemas, lembra Penna Firme (2003).

No caso da *avaliação por triangulação de métodos*, uma das modificações fundamentais se dá quando a equipe dos investigadores aceita o desafio de um trabalho cooperativo. Pois, ressalta-se uma vez mais que, do ponto de vista teórico, a triangulação de métodos e as atividades interdisciplinares repousam em três posturas opostas e complementares: (1) profundo respeito aos campos disciplinares; (2) relativização da visão fragmentada de cada um deles; (3) crença na capacidade dialógica dos pesquisadores frente a propostas teóricas e metodológicas diferentes e com os sujeitos que atuam no mundo da vida.

No entanto, a postura desejada dos que se envolvem nesse tipo de avaliação não inviabiliza o desenvolvimento de teorias, análises e publicações próprias ao campo de conhecimento de cada pesquisador. O que se sabe por experiência é que a produção disciplinar, resultante da experiência de triangulação que compartilha as reflexões de outras áreas, nunca será igual ao fruto do esforço monológico do investigador individual e solitário. Nessa proposta, independentemente da área específica de cada um, todos recebem o influxo da interfertilização de saberes que, em certa medida, rompem barreiras epistemológicas, teóricas e práticas.

Referências bibliográficas

AGUILAR, M.J. & ANDER EGG, E. (1994). *Avaliação de serviços e programas sociais*. Petrópolis: Vozes.

ATKINSON, S. (1993). "Anthropology in research on the quality of health services". *Cadernos de Saúde Pública*, 9(2), p. 283-299.

BRANDÃO, C.R. (1985). *Repensando a pesquisa qualitativa*. São Paulo: Brasiliense.

BRUYNE, P.; HERMAN, J. & SCHOUTHEETE, M. (1991). *Dinâmica da pesquisa em ciências sociais*. Rio de Janeiro: Francisco Alves.

BULMER, M. (1986). *Social Policy research*: lecture in social administration. Londres: Macmillan.

CARVALHO, M.C.B. (2001). Avaliação de projetos sociais. In: DE ÁVILA, C. (org.). *Gestão de projetos sociais*. São Paulo: APCCS, p. 59-73.

COHEN, E. & FRANCO, R. (1993). *Avaliação de projetos sociais*. Petrópolis: Vozes.

CONTANDRIOPOULOS, A.P., CHAMPAGNE, F., DENIS, J.L. & PINEAULT T. (1997). In: HARTZ, Z.M.A. (org.). *Avaliação em saúde*: dos modelos conceituais a práticas da implantação de programas. Rio de Janeiro: Fiocruz, p. 27-49.

COSTA REIS, L.G. (2004). *Avaliação de projetos como instrumento de gestão*. São Paulo [mimeo.].

DEMO, P. (1999). *Avaliação qualitativa*. São Paulo: Cortez.

DENZIN, N.K. (1973). *The research act*. Chicago: Aldine.

DUART, J.M. (1999). *La organización ética de la escuela y la transmisión de valores*. Barcelona: Paidós.

ELDER, J.P.; McGRAW, S.A.; STONE, E.J.; REED, D.B.; HARSHA, D.W.; GREENE, T. & WAMBSGANGS, K.C. (1994). "Process evaluation of environmental factors and programs". *Health Education Quarterly*, supl. 2, p. 107-127.

GAJARDO, M. (1986). *Pesquisa participante na América Latina*. São Paulo: Brasiliense.

HABERMAS, J. (1987). *Teoría de la acción comunicativa* I y II. Madri: Taurus.

HARTZ, Z.M.A. (1997). Explorando novos caminhos na pesquisa avaliativa das ações de saúde. In: ID. (org). *Avaliação em saúde*: dos modelos conceituais à prática na análise da implantação de programas. Rio de Janeiro: Fiocruz, p. 19-28.

JICK, T.D. (1979). "Mixing Quantitative and Qualitative Methods: triangulation and action". *Administrative Science Quarterly*, 24, p. 602-611.

KANT, I. (1980). *Crítica à razão pura*. São Paulo: Abril.

LIMA, M.A.M. (2004). "Avaliação de programas gerenciais de T&D: uma proposta de metodologia flexível em construção". *Revista Eletrônica de Administração & Negócios* [www.terravista.pt/enseada – visitada em 03/05/2005].

MANCUSO, R. (1998). Feiras de ciências: produção estudantil, avaliação e consequências. *Contexto educativo*. São Paulo: FDE [Série Ideias, n. 8].

MARTINELLI, M. (1996). *Aulas de transformação* – O Programa de Educação em Valores Humanos. São Paulo: Fundação Petrópolis.

McGRAW, S.A.; McKINLAY, S.M.; McCLEMENTS, L.; LASATER, T.M.; ASSAF, A. & CARLETON, R.S. (1989). "Methods in program evaluation: the process evaluation system of the Pawtucket Health Program". *Evaluation Review*, 13(5), p. 459-483.

McGRAW, S.A.; SELLERS, D.; STONE, E.; RESNICOW, K.A.; KUESTER, S.; FRIDINGER, F. & WECHSLER, E. (2000). "Measuring implementation of school programs and policies to promote healthy eating and physical activity among youth". *Preventive Medicine*, 31 p. 86-97.

MIGLIORI, R.F. (1999). Educação em valores humanos: o resgate da construção do indivíduo ético. In: BRANGER, L.N.; RODRIGUES, M.M. & VIEIRA, A.G. (orgs.). *O direito é aprender*. Brasília: Ministério da Educação.

MINAYO, M.C.S. (2004). *O desafio do conhecimento*. 8. ed. São Paulo: Hucitec.

______ (1991). "Abordagem antropológica para avaliação de políticas sociais". *Revista de Saúde Pública*, 25(3), p. 233-238.

MINAYO, M.C.S. & SANCHEZ, O. (1993). "Quantitativo-qualitativo: oposição ou complementaridade?" *Cadernos de Saúde Pública*, 9 (supl. 1), p. 239-262.

MINAYO, M.C.S. & CRUZ NETO, O. (1999). Triangulación de métodos en la evaluación de programas y servicios de salud. In: BRONFMAN, M. & CASTRO, R. (coords.). *Salud, cambio social y política: perspectivas desde América Latina*. México: Edamex, p. 65-90.

MINAYO, M.C.S., D'ELIA, J.C. & SVITONE, E. (1990). *Programa de Agentes de Saúde do Ceará*: estudo de caso. Fortaleza: Unicef.

MINAYO, M.C.S.; SOUZA, E.; ASSIS, S.G.; CRUZ NETO, O.; DESLANDES, S.F. & SILVA, C.M.P.F. (1999). "Avaliação dos Centros de Orientação e Apoio Sorológico/CTA/Coas da Região Nordeste". *Cadernos de Saúde Pública*, 15(2), p. 355-367.

MINAYO, M.C.S.; ASSIS, S.G. & SOUZA, E.R. (org.) (2005). *Avaliação por triangulação de métodos*. Rio de Janeiro: Fiocruz.

MORIN, E. (1996). *O problema epistemológico da complexidade*. Lisboa: Europa-América.

______ (1993). *Ciência como consciência*. Lisboa: Europa-América.

NUNES, E. (1997). *A gramática política do Brasil*. Rio de Janeiro: Zahar.

NUTO, S.S. & NATIONS, M.K. (1999). "Avaliação qualitativa dos serviços como processo de construção de cidadania". *Ação Coletiva*, 2, p. 25-29.

ONETTO, F. (1998). *¿Con los valores quién se anima*? Buenos Aires: Bonum.

PABON, H. (1985). *Evaluación de servicios de salud*. Cali: XYZ.

PATTON, M.Q. (1987). *How to use qualitative methods in evaluation*. Newbury Park: Sage.

PENNA FIRME, T. (2005). *Avaliação em rede* [http:// www.rits.org.br – Visitada em 04/05/2005].

POSAVAC, E.J. & CAREY, R.G. (2003). *Program evaluation*: methods and case studies. New Jersey: Upper Saddle River.

RAPOSO, R. (2001). Avaliação de ações sociais: uma abordagem estratégica. In: DE ÁVILA, C. (org.). *Gestão de projetos sociais*. São Paulo: APCCS, p. 99-111.

ROSSI, P.; HOWARD, P. & LIPSEY, M. (1999). *Evaluation*: a systhematic approach. California: Sage.

SAMAJA, J. (1992). "La combinación de métodos: pasos para una comprensión dialéctica del trabajo interdisciplinario". *Educación Médico- Social*, 26(1), p. 4-34.

SCRIMSHAW, S. & HURTADO, E. (1987). *Rapid assessment procedures for nutrition and primary health care*: anthropological approaches to improving programme effectiveness. Tokio: The United Nations University Press.

SCRIVEN, M. (2003). Evaluation in the new millennium: the transdisciplinarity vision. In: DONALSON, S.I. & SCRIVEN, M. (orgs.). *Evaluating social programs and problems*: visions for the new millennium. New Jersey: Lawrence Earlbaum, p. 48-58.

SILVA, L.M.V. & FORMIGLI, V.L.A. (1994). "Avaliação em saúde: limites e perspectivas". *Cadernos de Saúde Pública*, 10(2), p. 80-91.

SILVA, R.S. & BRANDÃO, D. (2003). *Construção da capacidade avaliativa em organizações da sociedade civil*. São Paulo: Instituto Fontes.

SCHUTZ, A. (1982). *A Common sense and Scientific Interpretations of Human Actions*. Colleted Papers, vol. 1. Hague: Martiness Niphoff.

UCHIMURA, K.Y. & BOSI, M.L.M. (2002). "Qualidade e subjetividade na avaliação de programas e serviços de saúde". *Cadernos de Saúde Pública*, 18(6), p. 1.561-1.569.

WAISELFISZ, J. (2003). *Avaliação participativa*. São Paulo: FDE [Série Ideias, n. 8].

WATSON, J. (1985). *The philosophy and science of caring revised*. Boulder, Colorado: Colorado Associated University Press.

WORTHEN, B. & SANDERS, J. (2004). Avaliação *versus* pesquisa. *Introdução à avaliação de programas sociais*. São Paulo: Instituto Fontes, p. 34-39.

8 Avaliação para o conhecimento e transformação

Juarez Pereira Furtado

Entre o quantitativo e o qualitativo: os fins articulariam os meios?

Situando-se na confluência de diversas disciplinas, as pesquisas e práticas em avaliação de programas e serviços constituem-se em pano de fundo privilegiado para o debate em torno da diversidade metodológica, sobretudo aqueles relativos à oposição entre abordagens quantitativas e qualitativas.

A formação de consensos entre os sistemas de investigação quantitativo e qualitativo ou a superação de seus antagonismos a partir do surgimento de novas sínteses parecem situar-se em um distante e talvez improvável horizonte (DUBOIS & MARCEAU, 2005). Existem pesquisadores que identificam nos métodos qualitativos o único e exclusivo caminho possível e adequado para a pesquisa científica, podendo-se encontrar igual postura dentre aqueles que defendem a utilização exclusiva de métodos quantitativos (COOK & REICHARDT, 1997).

Entre estes dois polos, aparece significativo número de pesquisadores adeptos de tentativas de aproximação entre os dois métodos, na qual a extensão e o papel a serem desempenhados por cada uma das abordagens se combinariam em proporções e modos distintos, seja através da compatibilização ou da complementaridade (GENDRON, 1996).

Mas, afinal, o que estamos a dizer quando nos referimos às abordagens quantitativas e qualitativas? Estamos nos referindo a informações e métodos ou a paradigmas, fundamentos ontológicos, epistemológicos e teóricos?

A nosso ver, os termos *quantitativo* e *qualitativo* remetem para além das técnicas utilizadas na coleta ou geração de informações (TESCH, apud BOSI & MERCADO, 2004), constituindo-se como *paradigmas* na acepção de Khun (1987), ou seja, um conjunto de suposições interligadas e relativas ao mundo social, proporcionando referencial filosófico para o estudo organizado deste mundo. Ou ainda, segundo Morin (1996), o paradigma como "aquilo que está no princípio da construção das teorias, o núcleo obscuro que orienta os discursos teóricos neste ou naquele sentido".

Olhando-se para as respectivas origens, percebe-se que a distinção central entre referenciais quantitativos e qualitativos origina-se nas diferenças filosóficas entre as escolas do realismo e do idealismo e suas reformulações posteriores (FILSTEAD, 1997), sendo a abordagem qualitativa essencialmente interpretativa e a abordagem quantitativa de natureza analítica (GENDRON, 1996).

A abordagem qualitativa possui dois traços fundamentais que a definem: sua natureza desreificadora dos fenômenos, do conhecimento e do ser humano e a rejeição da neutralidade do saber científico. Além disso, a pesquisa qualitativa tem como características gerais: o fato de ser descritiva; de ter o ambiente natural como fonte direta dos dados e o pesquisador como instrumento-chave; ser voltada preferencialmente para a compreensão do processo mais do que para os resultados; utilizar o referencial indutivo e preocupar-se centralmente com o significado (TRIVINÕS, 1988).

Já a pesquisa quantitativa baseia-se nos princípios positivistas segundo os quais: o mundo social funciona regido por leis causais; a base da ciência é a observação sensorial; a realidade possui estruturas identificáveis e que podem potencialmente fornecer dados para generalizações; é essencialmente analítica; preocupa-se centralmente em identificar resultados e estabelecer explicações para os fenômenos (MINAYO, 1996; FILSTEAD, 1997).

Tais diferenças implicam no enfrentamento de questões decisivas a eventuais esforços de convergir os dois referenciais aqui considerados. Guba e Lincoln (1989) criticaram a desvinculação entre métodos e paradigmas no intento de articular estes dois referenciais, seja por triangulação ou combinação. Para eles, são indissociáveis as dimensões ontológica, epistemológica e metodológica da busca do conhecimento e assim como as respostas às questões epistemológicas dependem das respostas provenientes das questões ontológicas, também as respostas às questões metodológicas irão depender das duas primeiras.

As questões ontológicas (relativas à constituição e estrutura da natureza da realidade social), as epistemológicas (relativas às condições e limites estruturais que sustentam o processo de conhecimento, a relação entre sujeito e objeto e a origem, limites e natureza do conhecimento humano) e as questões metodológicas (relativas às condutas ou regras a serem seguidas para analisar ou compreender o objeto) seriam interligadas e essencialmente distintas nos paradigmas quantitativos e qualitativos sendo, portanto, irredutíveis a um mesmo patamar de concepções e operações (GUBA & LINCOLN, 1989).

O paradigma convencional, ou positivista, ou pós-positivista, baseia-se em uma ontologia realista que pressupõe a existência de uma realidade independente do observador e de seus interesses, imutável, regida por leis naturais da qual será extraída a verdade. A epistemologia, neste paradigma, é dualista, calcada na objetividade e na relação sujeito-objeto desprovida de influências mútuas. A metodologia é impermeável ao contexto e busca estabelecer como o objeto realmente é e como realmente opera, supondo uma verdade não relativa com vistas a prever e controlar.

O paradigma construtivista ou naturalista baseia-se numa perspectiva ontológica relativista, que considera a existência de múltiplas e socialmente construídas realidades, não governadas por leis naturais. Neste caso, a "verdade" é definida a partir de construções individuais ou coletivas. A epistemologia, neste paradigma, é subjetivista, considerando a interação e reconstrução mútua entre objeto, investigador e realidade. Finalmente, a metodologia neste paradigma é hermenêutica, envolvendo contínua e dialética interação, análise, críticas e novas análises.

As diferenças entre os dois paradigmas são tão profundas que se manteriam mesmo que adeptos de um lado venham a utilizar técnicas metodológicas de outro. Assim, a utilização de métodos etnográficos acoplados a estudos de natureza quantitativa para a exploração, descrição ou ilustração destes não provoca aproximações, mas ao contrário, repousarão sobre crenças do positivismo uma vez que se baseiam em premissas ontológicas e epistemológicas do mesmo (GUBA & LINCOLN, 1989).

Para Haldemann e Levy (1996), o estabelecimento de vínculos com a ressignificação e alteração do mundo vivido representaria um compromisso teleológico do referencial qualitativo, como o construtivista – compromisso essencial e inerente a este modo de pensar, mas incompatível com o ideário da ciência pós-positiva.

Este compromisso com a construção e transformação do mundo vivido torna incompatíveis os dois referenciais, uma vez que o paradigma positivista é refratário à ideia de transformar qualquer coisa que não o conhecimento, além do que o compromisso com mudanças do mundo chocaria frontalmente com princípios básicos do pós-positivismo, como o distanciamento pesquisador-objeto e a imparcialidade (HALDEMANN & LEVY, 1996). No entanto, é justamente nas ideias de transformação e mudança que reside a força do paradigma construtivista.

Para estes dois autores (HALDEMANN & LEVY, 1996) seria possível algum grau de complementaridade somente a partir da delimitação dos fins da pesquisa. Assim é que, ao almejar uma investigação integrando os dois referenciais, mas visando a explicar um fenômeno, deve-se optar por um desenho de pesquisa que pressuponha a predominância do referencial positivista ou, nas palavras dos mesmos, de um "positivismo forte" que pode ser apoiado por um construtivismo subsidiário ou "fraco".

Por outro lado, se o que se pretende é compreender o fenômeno, transformando-o e reconstruindo-o, a pesquisa deverá pautar-se por um referencial predominantemente qualitativo e construtivista, podendo ser subsidiado e apoiado pelo referencial positivista, que aqui cumpriria o papel menor ou "fraco".

De modo a tornar mais claras estas argumentações, reproduzimos adiante esquema ilustrativo do que vimos discutindo (vide figura 1).

A desconsideração da complexidade intrínseca a cada referencial através da desvinculação entre método e paradigma de um lado, ou o acirramento de posições unilaterais de outro, não nos parecem contribuir para o avanço em direção à superação do impasse, que acaba por restringir-se somente à defesa de posições.

O reconhecimento da complexidade, coerência e articulação interna entre os componentes de cada paradigma não significa considerá-los incompatíveis de maneira absoluta. Assim sendo, uma vez definida a finalidade da pesquisa e, conforme o caso, percebendo-se a pertinência de valer-se da integração entre os dois referenciais, deve-se operar a partir da premissa de que um deles cumprirá o papel de subsidiário do outro, havendo um referencial maior e determinante, calcado no modo de conceber a realidade, a relação sujeito-objeto e a própria finalidade da ciência. Será sempre uma integração avessa à fusão, muito mais próxima da alegoria da imbricação: os dois referenciais dispostos de modo a que só em parte sobreponham-se um ao outro, como as telhas de um telhado ou as escamas de um peixe.

Figura 1 – A cooperação entre paradigmas constituída a partir das finalidades da pesquisa (Extraído de HALDEMANN & LEVY, 1996: 253 – traduzida por FURTADO, J.)

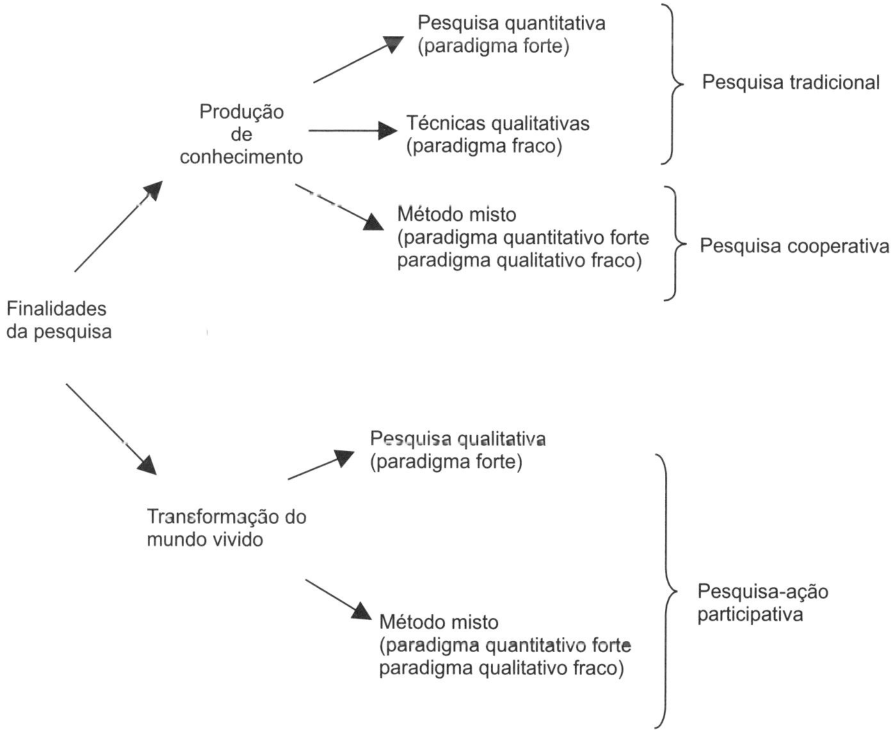

Entre a teoria e a prática: esboçando um processo avaliativo construtivista

Para Dubois e Marceau (2005), a avaliação de programas e serviços tem se constituído em uma disciplina a reboque de uma revolução científica que não se encerra nunca. Segundo os autores, o ingresso do paradigma construtivista na avaliação, a partir de seu surgimento nas ciências sociais, inseriu um segundo núcleo duro na primeira. A coexistência antagônica desses dois núcleos (construtivista e pós-positivista) conduziu a avaliação a um período de revolução científica (no sentido khuniano do termo) cujo retorno ao período de ciência normal (KUHN, 1989) não é vislumbrado a curto ou médio prazo.

Para os autores, os dois núcleos duros (construtivismo e pós-positivismo) provocam-se e interagem muito menos do que sugere a teoria de Kuhn. Além disso, suas respectivas teorias nascem e se desenvolvem sem ligações ou interações com o pensamento do outro referencial, tornando os dois paradigmas fechados sobre si mesmos e autossuficientes, trazendo como consequência raras interlocuções e debates, prolongando-se um estado de incerteza que não é superado (DUBOIS & MARCEAU, 2005).

Outra importante questão levantada por Dubois e Marceau (2005) – e que contribuiria para o não avanço da avaliação – seria o fato de que os níveis teóricos e empíricos no campo da avaliação estariam pouco interligados. De um lado, os pesquisadores situados em torno de questões epistemológicas não desenvolveriam suas ideias em campo, no plano empírico. Por outro, os avaliadores e outros profissionais e trabalhadores de programas e serviços, por razões diversas, prescindiriam da apropriação e utilização de teorias que sustentam a área. Para Lakatos (apud DUBOIS & MARCEAU, 2005) a ausência de relações entre as teorias e a pesquisa empírica poderia conduzir a disciplina a uma estagnação ou mesmo à degeneração de seus fundamentos teóricos.

O que vimos afirmando neste tópico aponta para o fato de que a avaliação encontra-se em um estado de crise paradigmática, a partir da inserção em seu campo de dois referenciais centrais e não convergentes. Além disso, esta disciplina estaria carecendo de mais interação entre os planos teóricos e empíricos para sua evolução, de modo a que teoria e prática possam se realimentar. Por essa razão, gostaríamos de apresentar de maneira sintética um esboço de aplicação prática de uma avaliação de cunho construtivista, baseado em pesquisa de campo por nós realizada em outro momento. Tal apresentação tem justamente o intuito de promover a interlocução e o debate entre premissas teóricas e a prática concreta da avaliação de programas e serviços[1].

Este esboço tem forte inspiração no método proposto pelos autores da Avaliação de Quarta Geração (GUBA & LINCOLN, 1989) – que por sua vez são devedores da avaliação responsiva de Stake (STAKE & ABMA, 2001) – e também se apoia nas reflexões desenvolvidas pelo autor do Método Paideia (CAMPOS, 2000). Nele encontram-se sintetizados quatro passos interligados em um processo avaliativo, a saber.

Identificação dos grupos de interesse

Para que a avaliação contribua com o enriquecimento dos programas e serviços, faz-se necessário o envolvimento dos diversos atores a estes

1. O resumo apresentado é baseado em outros trabalhos de nossa autoria, aos quais remetemos o leitor interessado em mais detalhes (FURTADO, 2001, 2001a).

ligados. A reformulação e aperfeiçoamento de práticas e postura tornam-se mais efetivas na medida em que os trabalhadores, usuários e outros grupos de interesses sejam tomados não como um objeto de avaliação, mas como cocondutores do processo e ao mesmo tempo fonte de informações e de transformação da realidade.

Dessa forma, a inclusão no processo avaliativo de representantes de diferentes segmentos envolvidos em um programa ou serviço, na qualidade de condutores ou beneficiários do mesmo, é fundamental e vem sendo defendida por diversos autores, seja: para aumentar a chance de utilização dos resultados da avaliação (PATTON, 1997); para estimular a participação, a capacitação e o empoderamento dos envolvidos (VASCONCELOS, 2003; FEUERSTEIN, 1990); para a consideração dos diferentes interesses, questões e reivindicações existentes (GUBA & LINCOLN, 1989); para relevar as aprendizagens silenciosas do cotidiano (LEHOUX, LEVY & RODRIGUE, 1995) e propiciar espaço para negociações e trocas simbólicas entre os envolvidos (CAMPOS, 1997).

Assim sendo, o primeiro passo a ser dado em uma avaliação construtivista é a identificação de alguns grupos de interesses a partir de incursões ao campo. Estes grupos podem se expandir, agregando-se outros na medida em que sejam identificados ou sugeridos pelos participantes do processo avaliativo.

Estabelecimento do modelo teórico

Alguns parâmetros devem ser estabelecidos e consensuados entre os participantes da avaliação, de modo a balizar as construções da realidade efetivada por cada grupo. Um instrumento eficaz para isso é o modelo lógico ou modelo teórico, que indica de maneira explícita ou tacitamente como os participantes concebem e compreendem a missão, modos de operar, principais problemas sobre os quais atuam e os resultados de determinado programa ou serviço a ser avaliado.

Para Rossi et al. (1999) o modelo teórico seria uma descrição das principais hipóteses e suposições sobre as quais um programa ou serviço se baseia para obter os resultados esperados, ou seja, sua concepção teórica e desenho operacional. Segundo Hartz (1999), o modelo teórico seria uma representação do como e do porquê dos programas atuarem nos grupos populacionais. Para esta autora, a construção do modelo teórico descreveria o problema, população-alvo e contexto visados pela intervenção bem como os mecanismos através dos quais se produziriam os efeitos esperados.

Ao iniciarmos um processo avaliativo devemos buscar, desde o início, estabelecer o modelo teórico subjacente à prática desse serviço. Tal iniciativa pode determinar se o serviço ou programa é avaliável (sua avaliabilidade), ou seja, a existência de compreensão e consenso mínimos entre os envolvidos sobre seus objetivos e resultados pretendidos, já que a inexistência destes parâmetros básicos tornaria impossível a execução da avaliação (WHOLEY, 1982).

Classicamente, a elaboração de modelos teóricos não faz parte do arsenal da avaliação responsiva ou da avaliação de quarta geração. No entanto, pudemos perceber em nossa prática que a elaboração do modelo teórico aumenta a compreensão não só do avaliador como também do restante dos participantes do processo sobre como supõe-se operar um programa ou serviço.

Tal percurso possibilita a atualização de concepções, entendimentos e questões dos grupos de interesses sobre o programa ou serviço a que estão ligados, que nem sempre são iguais ou convergentes, como pudemos ver na prática. O exercício coletivo de um grupo em estabelecer como opera o serviço ou programa é em si gerador de diversas informações, revelações e discussões entre seus integrantes e o pesquisador e/ou avaliador.

Raros são os serviços ou programas que possuem documentos explicitando o modelo segundo o qual desenvolvem suas práticas (ROSSI et al., 1999), o que implica em que o mesmo deverá ser construído ou especificado. Para tanto, o avaliador deve se basear em dados colhidos junto aos implicados no programa ou serviço, através de entrevistas com informantes-chave, de grupos focais com os grupos de interesses, da observação e de análises documentais, entre outros. Ao final, o avaliador deverá apresentar e legitimar o modelo teórico proposto junto aos grupos de interesse para validá-lo (CHEN, 1990).

Condução do processo avaliativo junto aos grupos de interesses

Uma vez definido o modelo teórico sob o qual opera o serviço ou programa, parte-se então para a realização de discussões junto aos grupos de interesses definidos. Concebe-se princípios de horizontalidade entre os grupos que integrarão o Círculo Hermenêutico proposto por Guba e Lincoln (1989). Nesta fase, deverão ser levantados as questões, reivindicações e interesses dos grupos implicados em relação ao programa ou serviço avaliado.

A utilização das técnicas de grupos focais (WESTPHAL, BÓGUS & FARIA, 1996; MORGAN, 1997) nos parece adequada para a condução dos referidos grupos de discussão. Os grupos focais permitem a coleta de informações relevantes sobre um determinado tema, possibilitando a apreensão não somente do que pensam os participantes, mas também porque eles pensam de determinada forma, além de possibilitar a observação da interação entre seus componentes e os diferentes graus de consensos e dissensos existentes (WIGGINS, 2004).

O avaliador desempenhará importante papel na condução das negociações entre os diferentes grupos de interesses. Os interesses, questões e reivindicações de um determinado grupo (de usuários, familiares, trabalhadores, financiadores, etc.) deverão fomentar a discussão seguinte a ser desenvolvida com outros grupos. Além das discussões dos grupos precedentes, os achados provenientes de análises documentais e de observações de campo também deverão alimentar as discussões subsequentes dos outros grupos. Um determinado grupo poderá também apontar outros atores sociais que deveriam participar do processo, sobretudo aqueles que tenham opiniões diversas do precedente (GUBA & LINCOLN, 1989), enriquecendo o debate, a análise e a compreensão do foco da pesquisa. Para maior clareza do que vimos expondo, reproduzimos adiante o círculo hermenêutico proposto por Guba e Lincoln (1989) (vide figura 2).

Figura 2 – Círculo hermenêutico (extraído de GUBA & LINCOLN, 1989: 152)

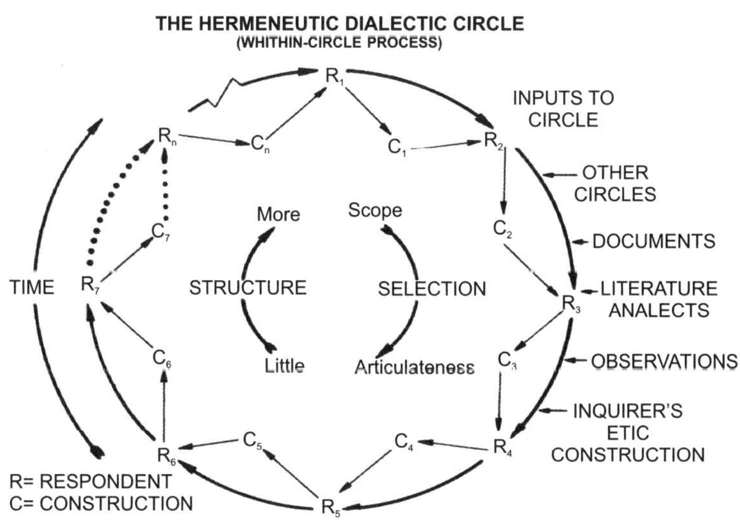

Além do material gerado nos grupos, os achados da literatura científica devem alimentar as discussões desenvolvidas no processo de modo a expandir a interlocução e o referencial utilizado pelos participantes. Porém, coerentemente com a opção metodológica aqui exposta, tais documentos não devem adquirir caráter transcendente, mas, ao contrário, devem ter ressaltado seu caráter social e historicamente construído. As questões a serem consideradas no processo avaliativo deverão ser definidas pelos grupos de interesse, a partir de seus pontos de vista, que virão somar-se àquelas oriundas do avaliador.

Questões originárias do avaliador ou informações provenientes da literatura científica também devem ser consideradas e discutidas junto aos grupos envolvidos, de modo a oferecer eventuais contrapontos aos mesmos, fomentando a reflexão. Afinal, os grupos de interesses esperam mais do que incorporar ou verem contemplados os seus pontos de vista no processo: anseiam também por novas informações e esclarecimentos (*insights*) a serem ofertados pelo avaliador e outras fontes externas, de modo a promover releituras de sua própria realidade (CAMPOS, 2000).

Outro importante papel do condutor da avaliação é o de mediador e negociador dos eventuais desacordos existentes entre os grupos sobre determinados aspectos do objeto avaliado, a partir dos quais se buscará construir novas sínteses. Para Campos (2000) o dissenso é um importante substrato para a investigação das diferenças e base para a constituição de um novo modelo.

Poderá surgir também a necessidade de mais informações e mesmo a criação e análise de indicadores, que podem ser efetivados tanto no processo de elaboração do processo avaliativo quanto na coleta e análise dos dados pelos grupos envolvidos na condução do processo avaliativo (FEUERSTEIN, 1990).

O processo avaliativo em sua totalidade não pretende esgotar ou resolver o conjunto de questões existentes. Poderão ocorrer impasses que deverão ser rediscutidos até serem superados e outros cuja superação fugirá aos propósitos do processo avaliativo, o que equivale a dizer que o processo não "acaba", mas é "interrompido" a partir dos constrangimentos de diversas ordens (urgências de soluções, financiamento, cronograma, etc.). Porém, espera-se atingir ao final do processo níveis superiores de compreensão e análise dos aspectos problemáticos do programa ou serviço avaliado por parte dos participantes do processo e por outros interessados.

Elaboração do relatório final

Um relatório preliminar deve ser apresentado aos grupos de interesses para discussão e somente depois tornar-se o relatório final. Coerente com o referencial utilizado em todo o processo, o relatório final da avaliação deverá conter não somente dados, mas também espelhar os sentidos e interpretações agregados em torno destes pelos grupos de interesse. Tal relatório deve extrapolar a descrição e análise do objeto avaliado e seu contexto, proporcionando ao leitor capacidade para perceber igualmente como os grupos de interesse estabelecem os sentidos dos "fatos" e por que o fazem. Tal relatório deve compor-se em linguagem acessível aos diferentes grupos, além de estimular a utilização de seu conteúdo através do fornecimento de subsídios que aumentem a compreensão do serviço ou programa avaliado, instrumentalizando os grupos de interesses para a efetivação de transformações e mudanças consideradas necessárias.

A questão do rigor neste tipo de pesquisa

Guba e Lincoln (1989) propõem a utilização de critérios paralelos aos tradicionais referenciais de qualidade da pesquisa convencional, de tal forma a prover rigor ao estudo, mas que mantenham coerência com o posicionamento ontológico e epistemológico do referencial construtivista e qualitativo. Estes novos critérios seriam: credibilidade, aplicabilidade, auditabilidade e confiabilidade.

O critério da "credibilidade" é correlato ao de "validade interna" dos estudos quantitativos que se baseia na pretensão de isomorfismo entre os dados e a realidade objetiva. No critério de credibilidade procura-se estabelecer isomorfismo entre os constructos de realidade dos participantes e as reconstruções a eles atribuídos na pesquisa. Neste caso, o rigor seria garantido por um prolongado engajamento junto ao objeto pesquisado, acrescido de observações persistentes, do desnudamento das construções e interpretações prévias do pesquisador e pela apresentação e confrontação dos dados e interpretações junto aos grupos envolvidos (GUBA & LINCOLN, 1989).

À "validade externa" temos o critério de "aplicabilidade" na pesquisa qualitativa. Se por um lado o referencial positivista baseia-se em procedimentos estatísticos para definir o potencial de generalização de um estudo, com o critério "aplicabilidade" procura-se prover dados e informações tão completas quanto possíveis de modo a facilitar a transposição de conhecimentos de um contexto para outro.

O critério de "auditabilidade" seria o correlato da confiabilidade, empregado no referencial convencional. Neste caso, o exame por uma segunda equipe poderia determinar se a documentação e o raciocínio que sustentam a avaliação poderiam levar às mesmas conclusões se desenvolvidos por terceiros (WORTHEN, 2004; GUBA & LINCOLN, 1989).

Finalmente, o critério de objetividade do paradigma convencional teria como correlato, no referencial que vimos discutindo, o critério de "confiabilidade". Para Guba e Lincoln (1989), este critério asseguraria que as informações, interpretações e resultados da pesquisa estejam correlacionados ao contexto e aos atores sociais considerados e que não seriam provenientes da simples imaginação do pesquisador. Porém, ao contrário do referencial convencional, que identifica na supressão de valores, motivações ou ideologia do pesquisador importantes fatores de garantia de objetividade, a abordagem construtivista caracterizaria-se justamente por estabelecer a objetividade considerando sistematicamente fatores contextuais, políticos e inerentes ao próprio pesquisador e que podem afetar direta ou indiretamente o curso e resultados da pesquisa.

A avaliação como dispositivo

O caráter político das práticas avaliativas é inegável e o afloramento de jogos de poder onde estas se realizam é frequente, o que requer do avaliador atenção constante de modo a evitar cumplicidades de diversas ordens ou que se venha a sucumbir às pressões políticas e administrativas. O trabalho do avaliador dentro de sistemas públicos de saúde e promoção social não deve se limitar à execução de tarefas definidas por grupos particulares, uma vez que tais sistemas se pretendem universais, mas nuançar ao máximo possível a diversidade que envolve o programa ou serviço avaliado.

O acompanhamento e controle do processo avaliativo por parte dos grupos de interesse em uma dada intervenção, a consideração da complexidade do contexto – bem como dos dados e construções daí originados – aliados à preocupação com a utilização dos resultados da avaliação para o desenvolvimento dos programas e serviços, deveriam se tornar diretrizes para a ampliação do papel até agora restrito que o campo da avaliação tem desempenhado dentro das iniciativas sociais do terceiro mundo.

Toda ação social se desenvolve em um contexto de complexidade crescente, envolvendo vários atores sociais, portadores de papéis, interesses, lógicas e linguagens diversos e não raramente contraditórios. A ação avaliativa é uma ação social específica, desenvolvida em ambientes complexos – programas ou serviços – nos quais não é possível atribuir significado específico a um elemento sem considerar a lógica e a interferência de outros (WORTHEN et al., 2004; DENIS & CHAMPAGNE, 1997). No entanto, a despeito de toda a complexidade de atores e posições envolvidos, a avaliação tem sido, na maioria das vezes, voltada para os gestores e/ou financiadores em detrimento dos usuários, profissionais do programa ou serviço e dos parceiros institucionais e comunitários, dentre outros.

O esboço apresentado no tópico anterior baseia-se na ideia de que as dificuldades apresentadas pelas equipes e grupos de trabalho em analisar e reconstruir planos, posturas e formas de ação via de regra não se originam somente na falta de informações ou dados relativos à estrutura, processos ou resultados do programa ou serviço considerado.

Outros fatores de ordem política, organizacional e subjetiva interferem decisivamente, impedindo a análise mais aprofundada e eventuais tomadas de decisões por parte dos coletivos organizados para a produção em estabelecerem novas formas de organização (CAMPOS, 2000). Ou seja, se o acúmulo de informações não implica necessariamente na reconstrução de novos sentidos e significados para as relações sociais, devemos estar atentos em avançar para além do restrito levantamento de dados.

Por essa razão, processos avaliativos realmente compromissados com a transformação de uma realidade considerada devem levar em conta a efetiva inserção de grupos de interesses e mediar suas inter-relações, facilitando interlocuções e propiciando espaços concretos e subjetivos para a análise e revisão de concepções e práticas presentes no dia a dia.

Desse modo, um processo de avaliação construtivista tornar-se-ia um *dispositivo* na acepção de Barremblitt (1992), ou seja, um artifício para produzir inovações, gerando acontecimentos, concretizando virtualidades, possibilitando renovações em um dado grupo, serviço ou instituição. Os "dispositivos" assim pensados seriam recursos que alteram o funcionamento das organizações, mas que não fazem parte destas, sendo usados para instaurar algum processo novo (CAMPOS, 1999).

O contexto atual tendente à massificação da pesquisa em avaliação visando à eficiência dos programas merece reservas por parte dos avaliadores (Hartz, 1999). Criar alternativas à hegemonia do aspecto financeiro na análise de intervenções bem como minimizar eventuais efeitos perversos aos grupos implicados nas mesmas parece ser alguns dos benefícios da instauração de processos avaliativos participativos.

Referências bibliográficas

BAREMBLITT, G. (1992). *Compêndio de análise institucional e outras correntes*: teoria e prática. Rio de Janeiro: Rosa dos Ventos.

BEZZI, C. (1999). "Aspetti metodologici del coinvolgimento degli attori sociali cosidetta valuatazione partecipativa". *Rassegna Italiana di Valutazione*, 13(1), p. 3-10.

BOSI, M.L.M. & MERCADO, F.J. (2004). *Pesquisa qualitativa de serviços de saúde*. Petrópolis: Vozes.

CAMPOS, G.W.S. (2000). *Um método para análise e cogestão de coletivos* – a constituição do sujeito, a produção de valor de uso e a democracia em instituições: o Método da Roda. São Paulo: Hucitec.

______ (1999). "Equipes de referência e apoio especializado matricial: um ensaio sobre a reorganização do trabalho em saúde". *Ciência e Saúde Coletiva*, 4(2), p. 393-403.

______ (1997). *Reforma da reforma*: repensando a saúde. São Paulo: Hucitec.

CHEN, H.T. (1990). "Issues in constructing program theory". *New Directions for Program Evaluation*, 47, p. 7-18.

COOK, T.D. & REICHARDT, C.H.S. (1997). *Métodos cualitativos y cuantitativos en investigación evaluativa*. 3. ed. Madri: Ediciones.

DENIS, J.L. & CHAMPAGNE, F. (1997). Análise de implantação. In: HARTZ, Z.M.A. (org.). *Avaliação em saúde*: dos modelos conceituais à prática da implantação de programas. Rio de Janeiro: Fiocruz, p. 49-87.

DUBOIS, N. & MARCEAU, R. (2005). "Un état dex lieux théoriques de l'évaluation: une discipline à la remarque d'une révolution scientifique qui n'en finit pas". *The Canadian Journal of Program Evaluation*, 20(1), p. 1-36.

FEUERSTEIN, M.T. (1990). *Avaliação*: como avaliar programas de desenvolvimento com a participação da comunidade. São Paulo: Paulinas.

FILSTEAD, W.J. (1997). Una experiencia necesaria en la investigación evaluativa. In: COOK, T.D. & REICHARDT, C.H.S. *Métodos cualitativos y cuantitativos en investigación evaluativa*. Madri: Morata, p. 59-79.

FURTADO, J.P. (2001). "Um método construtivista para a avaliação em saúde". *Ciência e Saúde Coletiva*, 6(1), p. 165-182.

______ (2001a). *A avaliação como dispositivo*. Campinas: Unicamp/Faculdade de Medicina [Tese de doutorado em saúde coletiva].

GENDRON, S. (1996). "L'alliance des approches qualitatives et quantitatives en promotion de la santé: vers une complémentarité transformatrice". *Ruptures*, 3(2), p. 158-172.

GUBA, E.G. & LINCOLN, Y.S. (1989). *Fourth Generation Evaluation*. Newbury Park: Sage.

HALDEMANN, V. & LEVY, R. (1996). "Œcuménisme métodologique et dialogue entre paradigmes". *Ruptures*, 3(2), p. 244-255.

HARTZ, Z.M.A. (1999). "Avaliação dos programas de saúde: perspectivas teórico-metodológicas e políticas institucionais". *Ciência e Saúde Coletiva*, 4(2), p. 341-353.

KUHN, T.S. (1987). *A estrutura das revoluções científicas*. São Paulo: Perspectiva.

LEHOUX, P.; LEVY, R. & RODRIGUE, J. (1995). "Conjuguer la modélisation systémique et l'évaluation de quatrième génération". *Ruptures*, 2(1), p. 56-72.

MINAYO, C. (1996). *O desafio do conhecimento*. São Paulo: Hucitec.

MORGAN, D.L. (1997). *Focus groups as qualitative research*. Thousand Oaks: Sage.

MORIN, E. (1996). *Ciência com consciência*. Rio de Janeiro: Bertrand.

PATTON, M.Q. (1997). *Utilization-focused evaluation*. Beverly Hills: Sage.

ROSSI, P.H.; FREEMAN, H.E. & LIPSEY, M.W. (1999). *Evaluation: a systematic approach*. 6. ed. Thousand Oaks: Sage.

STAKE, R.E. & ABMA, T.A. (2001). "Stake's Responsive Evaluation: Core Ideas and Evolution". *New Directions for Evaluation*, n. 92.

TRIVIÑOS, A.N.S. (1988). *Introdução à pesquisa em ciências sociais*. São Paulo: Atlas.

WESTPHAL, M.F.; BÓGUS, C.M. & FARIA, M.M. (1996). "Grupos focais: experiências precursoras em programas educativos em saúde no Brasil". *Boletim da Oficina Sanitária do Panamá*, 120(6), p. 472-482.

WHOLEY, J.S. (1982). L'appréciation de l'évaluation d'un programme. In: LECONTE, R. & RUTINAN, L. (org.). *Introduction aux méthodes de recherche évaluatives*. Otawa: Université de Carleton.

WIGGINS, G.S. (2004). "The analysis of focus groups in published research articles". *The Canadian Journal of Program Evaluation*, 19(2), p.143-164.

WORTHEN, B.R.; SANDERS, J.R.; FITZPATRICK, J.L. (2004). *Avaliação de programas*: concepções e práticas. São Paulo: Gente, 2004.

9 Avaliação da qualidade em saúde: delineamentos para um modelo multidimensional e correlacional

Mauro Serapioni

O tema da qualidade não é um fenômeno novo no contexto dos serviços de saúde. Procedimentos e mecanismos para garantir a qualidade já existem há muito tempo, também, nesse setor. Em nível internacional, a qualidade encontra sua primeira fundamentação na Conferência de Alma Ata da Organização Mundial da Saúde em 1978. Na declaração dessa conferência, recomenda-se a cooperação entre profissionais e usuários como parte de uma estratégia mundial para melhorar a saúde (WHO, 1978), porém somente a partir dos anos 1990 a qualidade adquiriu relevância nas políticas públicas de saúde. A novidade do movimento contemporâneo, segundo Nogueira (1994), é colocar em primeiro plano a opinião do usuário como um aspecto determinante no julgamento da qualidade. A qualidade, de fato, implica a presença de culturas, competências e métodos de avaliação que se desenvolveram nos últimos 15 anos, quando a centralidade do cidadão foi reconhecida e incorporada nas administrações públicas e nos sistemas de saúde, superando as resistências das corporações administrativas e profissionais (RANCI ORTIGOSA, 2000). Com efeito, o campo da saúde sempre caracterizou-se por um grande desnível informativo entre oferta e demanda, que garante à primeira uma posição de dominância e uma forte capacidade de influenciar os usuários.

Várias razões contribuíram para o desenvolvimento de estratégias de garantia da qualidade, entre elas cabe mencionar (OMS, 1988; SHAW & KALO, 2002): i) a inadequada segurança dos sistemas de saúde; ii) a ineficiência e os custos excessivos de algumas tecnologias e procedimentos clínicos; iii) a insatisfação dos usuários; iv) o acesso desigual aos serviços de saúde; v) as longas listas de espera; vi) o desperdício inaceitável advindo da baixa eficácia. Enfim, a constatação da alta variabilidade das práticas clínicas e assistenciais – seja entre as mesmas profissões, seja entre diferentes áreas geográficas – assim como a variabilidade dos custos, nem sempre referentes a fatores epidemiológicos ou clínicos, têm representado um importante estímulo para introduzir a avaliação sistemática da qualidade da atenção.

A partir dessas premissas e apoiando-se em uma revisão da literatura internacional especializada, este trabalho propõe-se a contribuir para o delineamento de uma proposta de avaliação da qualidade coerente com a complexidade conceitual e metodológica do tema em tela. Com essa finalidade, após ter percorrido as mais conhecidas concepções de qualidade em saúde e ter abordado a complexa relação entre qualidade e equidade, o ensaio analisa algumas questões-chave que deveriam nortear as avaliações em saúde, inclusa a avaliação da qualidade. Na continuação, é apresentada uma definição de qualidade que identifica os principais grupos de interesse que atuam no âmbito do sistema de saúde e, sucessivamente, são traçadas algumas estratégias de aproximação entre a pluralidade dos olhares. Concluindo, o artigo recapitula os diferentes estágios da qualidade que desenvolveram e legitimaram as três visões de análise e aponta algumas linhas de trabalho para os próximos anos, na perspectiva "pluralista", "multidimensional" e "correlacional".

Finalmente, para evitar equívocos, convém explicitar que a premissa de base que norteia a nossa proposta de avaliação fundamenta-se na pluralidade metodológica e reconhece que a avaliação da qualidade, embora valorize as perspectivas de diversos atores sociais, nem sempre se inclui no campo da análise qualitativa. Algumas dimensões da qualidade são objetivas e implicam processos de mensuração; outras refletem a experiência e a subjetividade dos atores. O importante, ressaltam Uchimura e Bosi (2002: 1563), é que o processo de análise seja baseado em "atividade científica, que requer, para sua execução, determinado rigor metodológico".

A complexidade do conceito de qualidade da atenção à saúde

O conceito de qualidade em saúde tem muitas facetas e autores diferentes podem utilizar significados distintos para esse termo (VUORI, 1991). Analisando a literatura sobre o tema é possível encontrar inúmeras abordagens e definições de qualidade (UCHIMURA & BOSI, 2002). No contexto dos sistemas europeus de saúde, por exemplo, foram identificadas 60 diferentes abordagens do tema da qualidade dos serviços de saúde (QUINTI, 2001).

Sem dúvida, o conceito de qualidade não é simples, nem unívoco, mas complexo e polivalente. A complexidade da qualidade depende de vários fatores: a) em primeiro lugar, é preciso assinalar a complexidade da mesma concepção de saúde que, após as críticas ao processo de medicalização da vida (ILLICH, 1976; ENGEL, 1977; EISENBERG & KLEINMAN, 1981), considera a pessoa na sua unidade e integridade biopsíquica, inclusos os componentes espirituais, relacionais e sociais; b) essa complexidade é reforçada pela variedade de atores que agem no âmbito dos sistemas de saúde e pela diversidade dos pontos de vista: pacientes atuais e potenciais; profissões das diferentes categorias; gerentes, dirigentes e administradores dos serviços; indústrias farmacêuticas; produtores de tecnologias sanitárias; faculdades de medicina e outras; associações de consumidores e de defesa dos direitos dos pacientes, gestores e planejadores de políticas de saúde. Cada um deles expressa pontos diversos da qualidade a partir da própria posição, ideais e interesses particulares (SERAPIONI, 1999); c) a pluralidade de abordagens e metodologias de análise da qualidade depende, também, do caráter intrinsecamente multidimensional do conceito de qualidade (COLOZZI, 1998; UCHIMURA & BOSI, 2002). Nesse sentido, a Organização Mundial da Saúde (ROEMER & AGUILAR, 1988) considera que uma assistência qualitativamente adequada deve incluir, pelo menos, os seguintes elementos: qualidade técnica, uso eficiente dos recursos, controle dos riscos oriundos das práticas assistenciais, acessibilidade da atenção, aceitabilidade por parte dos pacientes; d) é preciso também focar as peculiaridades das ações de saúde que não produzem bens, mas serviços que incluem um amplo componente de trabalho imaterial com acentuada personalização e relacionalidade e com exigência de tempestividade e rapidez das decisões e ações (RANCI ORTIGOSA, 2000). Diferentemente do que acontece numa empresa industrial, o produto nos serviços de saúde é o resultado do contato direto entre profissionais e pacientes e das ações e interações que constituem essa relação. No âmbito da saúde o usuário desempenha um duplo papel: é consumidor de atenção, mas também seu coprodutor; e) finalmente, a concepção de qualidade é condicionada por fatores de contexto históricos, culturais, políticos, sociais e institucionais. "De cultura a cultura – ressalta Donabedian (1990: 113) – mudam as normas de adequação e a disponibilidade dos recursos, as preferências das pessoas, suas crenças e, consequentemente, devem mudar os critérios para avaliar a qualidade da atenção".

Todos esses fatores de complexidade enriqueceram o conceito de qualidade da atenção à saúde, mas, ao mesmo tempo, o tornaram de difícil definição. Por essa razão, muitos estudiosos preferem evidenciar uma série de dimensões da qualidade, ao invés de correr o risco de adotar interpretações restritivas (RANCI ORTIGOSA, 2000). Nesse sentido, vale lembrar algumas leituras redutivas da qualidade, ainda comuns no campo da saúde, que têm contribuído para deformar a realidade que se pretendia analisar (QUINTI, 1997). Faz-se referência à qualidade entendida como eficácia técnica, preocupada exclusivamente com os aspectos diagnósticos e terapêuticos; ou a qualidade interessada somente nos aspectos relacionados aos gastos com saúde; ou, ainda, a qualidade que considera somente as percepções dos pacientes, reduzindo a avaliação da qualidade a uma mera sondagem de opiniões, excluindo, assim, a perspectiva de análise dos outros atores envolvidos no processo. A qualidade em saúde não se relaciona, exclusivamente, com um ou outro dos aspectos mencionados, mas é o resultado de uma profícua integração e conexão entre eles.

Para Cipolla (2002: 15) a complexidade do conceito de qualidade pressupõe "uma abordagem analógica e não digital". Em outras palavras, sublinha o autor, "a questão da qualidade é ligada a um problema de gradação e não de presença/ausência". Por exemplo, pode-se encontrar um serviço de saúde com uma elevada qualidade técnica, mas com uma baixa qualidade relacional, ou vice-versa. Para isso, insiste o autor, a mesma mensuração da qualidade deve prever a possibilidade de gradação e basear-se, portanto, numa multiplicidade de informações.

Algumas definições de qualidade em saúde

Muito conhecida, nacional e internacionalmente, é a conceituação de Donabedian (1989) – considerado o pioneiro nesse setor – sobre os métodos de garantia da qualidade da atenção e das práticas assistenciais: a estrutura, o processo e o resultado. A abordagem estrutural analisa os recursos em termos de força de trabalho, condições físicas, instalações, equipamentos e estrutura organizacional para verificar sua adequação aos critérios e padrões estabelecidos, tais como os padrões de segurança e higiene, nível de educação dos profissionais e critérios técnicos dos equipamentos. Para Vuori (1991) o fundamento da abordagem estrutural consiste em que boas precondições têm mais possibilidade de desenvolver processos adequados de cuidado e obter, por consequência, resultados favoráveis. Os métodos mais utilizados são o credenciamento das práticas dos profissionais de saúde e a "acreditação" das estruturas de saúde. A abordagem do processo procura analisar se as atividades e as tarefas são executadas de forma prevista e se as técnicas e procedimentos utilizados são apropriados à luz do conhecimento corrente. Se tudo isso acontece, é provável – observa Donabedian (1989) – que os resultados sejam alcançados. A avaliação do processo é focada na interação e comunicação entre profissionais e pacientes, nas metodologias utilizadas, no nível de informação oferecido ao paciente e na dimensão temporal (tempo de espera para conseguir uma consulta ou internação e duração da consulta). O método de avaliação mais utilizado dessa abordagem é a auditoria clínica (*clinical audit*). A abordagem do resultado analisa a capacidade do serviço de atingir seus objetivos, propiciando melhoria das condições de saúde, restaurando a capacidade funcional, aliviando a dor e o sofrimento e refletindo mudanças no conhecimento e no comportamento dos pacientes. Há consenso entre a maioria de estudiosos de que a avaliação de resultados deve incluir, também, a satisfação dos usuários (DONABEDIAN, 1989; VUORI, 1991; CARVALHO et al., 2000). A análise dos resultados é realizada através de indicadores diretos e indiretos do nível de saúde e da medida de satisfação do paciente. A apreciação dos resultados, porém, como ressaltam vários autores, encontra diversas dificuldades de mensuração. Para Contandriopoulos et al. (1997: 36) esse tipo de avaliação "é muitas vezes insuficiente para se fazer um julgamento válido sobre os resultados de uma intervenção". Para Carvalho et al. (2000: 80) "a avaliação de resultado tem, em si, dificuldade de mensuração, pois os resultados obtidos em saúde são devidos a múltiplos fatores". Para Vuori (1991: 22) "a ciência médica não está realmente bem equipada para definir um prognóstico confiável. Consequentemente, está faltando um dos elementos básicos da abordagem de qualidade – um padrão, isto é, o resultado esperado – com que se possa medir o resultado observado".

Entretanto, a tríade estrutura-processo-resultado não é propriamente uma definição de qualidade, mas uma importante abordagem para a apreciação da qualidade dos serviços de saúde. Com efeito, essa ferramenta é profícua para levantar dados sobre i) as condições estruturais do serviço; ii) as atividades e procedimentos que descrevem a prática da atenção à saúde; iii) os resultados alcançados pelo serviço.

Mais apropriada para a definição da qualidade em saúde e para construir critérios e indicadores de avaliação, embora menos citada no nível nacional, é uma outra conceituação de Donabedian. Para o autor (1989) a busca de uma definição de qualidade requer a divisão operativa do conceito em três componentes: a atenção técnica, relacionada à aplicação do conhecimento e da tecnologia médica com vistas a otimizar os benefícios sem aumentar o risco para o paciente; a dimensão interpessoal da qualidade, referente ao tipo de relação que se estabelece entre paciente e profissional; o ambiente físico onde se realiza o processo de atenção. De fato, os resultados das pesquisas realizadas nos últimos dez anos sobre a satisfação dos usuários mostram que quem utiliza os serviços valoriza a comunicação, as informações recebidas, a maneira de ser dos profissionais, a acessibilidade, a continuidade do tratamento por parte dos profissionais e o ambiente físico das estruturas sanitárias.

Outra definição dimensional da qualidade bastante citada no nível internacional é a de Maxwell (1984) que identifica os seguintes elementos: acessibilidade, relevância em relação às necessidades, equidade, aceitabilidade social, efetividade e eficiência. Trata-se de uma definição muito abrangente e que responde aos interesses de muitos potenciais utilizadores da avaliação, sobretudo, dos provedores de serviços (ØVRETVEIT, 1998). Semelhante a essa definição é aquela da *Joint Commission for Accreditation of Healthcare Organizations* (JCAHO), dos Estados Unidos (ØVRETVEIT, 1998; NOVAES, 2000), que acrescenta a "continuidade" do tratamento (preocupação com o acompanhamento do processo assistencial e com o intercâmbio de informações entre os diferentes níveis de atenção), porém a JCAHO omite, na sua definição de qualidade, a "equidade", uma dimensão imprescindível para um sistema de saúde público. Mas isso é compreensível considerando os valores que orientam o sistema de saúde dos Estados Unidos: crença no mercado como garantia da eficácia dos serviços e da satisfação das necessidades; concepção da saúde como bem de consumo adquirível no mercado; desconfiança nas formas de controle e coordenação do estado.

Tanto na definição de Maxwell como naquela da JCAHO, não aparece nenhuma referência à dimensão da qualidade entendida como satisfação do paciente.

Qualidade *versus* equidade

Com relação ao tema da equidade[1], é necessário abordar, brevemente, a relação entre esse aspecto e a qualidade. A grande insistência com que está sendo posto o tema da qualidade nos últimos anos exige, a nosso ver, que, também, o tema da eqüidade seja colocado com a mesma ênfase. Qual é a relação entre os dois termos? Para Altieri (1997: 97) não se trata de uma relação sem problemas, mas suscetível de fortes tensões. De fato, acrescenta o autor, numa situação de recursos limitados para o setor saúde e na ausência de mecanismos de regulação social, um possível desfecho poderia ser "mais qualidade para poucos, combinada com menos equidade". Isso é um risco que correm todos os sistemas de saúde segmentados, como é o caso do sistema de saúde brasileiro que, de acordo com Mendes (2001: 72-73), divide a população em três faixas de clientela: usuários do Sistema Único de Saúde, do Sistema de Atenção Médica Supletiva (os planos de saúde) e do Sistema de Desembolso Direto.

Com efeito, como assinala Novaes (2000: 557), é no próprio setor privado que se observa um maior interesse pelas propostas de gestão e garantia da qualidade. Paganini e Vazzano (2002) enfatizam que na América Latina a qualidade da atenção proporcionada à população varia com as condições econômicas, sociais e com a modalidade de financiamento do sistema de saúde. O resultado dessa situação se reflete nos problemas de acesso e cobertura que, de acordo com os dados da Opas, são responsáveis pela presença de 25% da população do continente (cerca de 100 milhões de pessoas) sem acesso aos serviços básicos de saúde (ALLEYNE, 2000: 2). É evidente, acrescentam Paganini e Vazzano (2000), que as iniciativas adotadas para promover a qualidade baseadas exclusivamente na "acreditação" dos estabelecimentos sanitários não têm conseguido reduzir as desigualdades em saúde.

É preciso, portanto, esclarecer de que forma a equidade se relaciona com a qualidade. Nesse sentido, é interessante analisar a definição de qualidade da OMS (1988: 15): "A avaliação da qualidade da atenção em saúde pretende que *cada paciente* (o grifo é nosso) receba o conjunto das

---

1. Estamos utilizando o termo "equidade" conforme as referências bibliográficas (em espanhol, inglês e italiano), citadas neste texto. Contudo, é preciso explicitar que, no contexto de nossa análise, esse termo corresponde mais ao conceito de universalidade de cobertura e do atendimento e menos ao conceito de equidade entendida como política de discriminação positiva para a redução de desigualdade (ALMEIDA, 2000).

prestações diagnósticas e terapêuticas que melhorem a sua saúde, tendo em conta o estado atual do conhecimento científico – com o menor custo possível e os menores riscos iatrogênicos – obtendo a sua satisfação a respeito das intervenções recebidas, aos resultados obtidos e às interações humanas desenvolvidas dentro do sistema de saúde".

Nessa definição, o tema da qualidade não é considerado isoladamente, mas está estritamente relacionado com as outras dimensões: efetividade, eficiência, qualidade técnica, confiabilidade, satisfação, humanização e equidade. No que diz respeito à relação com a equidade, quando a OMS afirma "cada paciente", seguramente está se referindo a "cada paciente potencial" e não somente aos que já utilizam os serviços. De fato, é importante não apenas satisfazer as necessidades dos pacientes, mas garantir que todos os que precisam do mesmo serviço possam consegui-lo. Equidade – salienta Altieri (1997) – significa criar as condições que permitam a cada usuário potencial tornar-se usuário efetivo. Qualquer intervenção que, em nome da qualidade, crie obstáculos de natureza econômica, logística, psicológica ou cultural fomenta incoerências e conflitos entre qualidade e equidade. Os dois conceitos não deveriam entrar em contradição, sobretudo num sistema público de saúde cujo objetivo fundamental é garantir a saúde para todos os cidadãos. Para esse fim, os serviços públicos de saúde devem responder a critérios de efetividade, eficiência, qualidade, mas também de equidade.

Premissas teórico-metodológicas que deveriam nortear a construção de uma proposta de avaliação da qualidade

A avaliação é uma área de conhecimento ainda jovem. Existem diferentes definições e classificações, mas não há sempre coincidência e acordo entre os diferentes estudiosos e avaliadores. Apesar da discordância e dos desentendimentos entre as diferentes escolas e perspectivas de avaliação, nos últimos dez anos a reflexão conceptual e metodológica tende a convergir sobre alguns denominadores comuns fundamentados em abordagens mais pragmáticas e menos ideológicas. Analisando a produção de alguns estudiosos do setor (GLASSER, 1972; GUBA & LINCOLN, 1987; SCRIVEN, 1991; COHEN & FRANCO, 1994; AGUILAR & ANDER-EGG, 1995; MADAUS et al., 1996; STUFFLEBEAM, 1996; STAKE, 1996; PATTON, 1997; ØVRETVEIT, 1998; WEISS, 1998; ROSSI et al., 1999; BEZZI, 2001), foram identificados três aspectos (ou questões-chave) que, com diferentes *nuances* e ênfases, permeiam as diversas definições: 1) atenção pelas questões metodológicas, em que se pode constatar um consenso sobre o fato de que a avaliação é uma atividade de pesquisa; 2) preocupação com a finalidade e utilidade da avaliação e com a necessidade de aumentar o seu valor de uso no âmbito dos processos de tomada de decisões; 3) reconhecimento do pluralismo de valores ("avaliar significa julgar") e da importância, portanto, de incluir distintos pontos de vista e grupos de interesses no processo avaliativo. A seguir, analisaremos as três premissas ou questões-chave que deveriam nortear as avaliações em saúde, inclusa a avaliação da qualidade:

1) Em relação à linha metodológica, a avaliação utiliza os mesmos métodos e técnicas geralmente adotados pela pesquisa social e, obviamente, tem o mesmo "rigor" e a mesma "debilidade". Porém, como apontam vários autores, a avaliação é mais problemática do que a pesquisa social, pois não pretende somente compreender a ação social, mas visa, também, a expressar um juízo (GLASSER, 1972). Por isso – salientam AGUILAR e ANDER-EGG (1995) – os juízos devem apoiar-se em dados e informações pertinentes. Nessa mesma direção, Bezzi (2001: 29) afirma que a avaliação é "um conjunto de atividades que permite expressar um juízo argumentado" sobre programas, serviços, políticas, desempenho, etc. Para o autor a "argumentação" é o alicerce sobre o qual é preciso construir um processo de avaliação sistemático, profissional e não improvisado ou informal. Argumentação significa apresentação de todos os elementos a partir dos quais foram formulados os juízos, assim como os procedimentos metodológicos através dos quais aqueles elementos foram analisados, interpretados e comparados. A pesquisa avaliativa representa, portanto, o coração da avaliação.

Ainda em relação à questão metodológica, cabe assinalar que a tradicional aspereza e polarização entre as diversas perspectivas e métodos de aproximação da realidade (construtivismo *versus* realismo e qualitativo *versus* quantitativo) tendem, nessa nova fase, a assumir posições e tons menos radicais (MINAYO & SANCHES, 1993; SERAPIONI, 2000). Com efeito, após anos de conflitos e acrimoniosos debates, aos métodos qualitativos é reconhecida a mesma respeitabilidade e o mesmo *status* dos métodos quantitativos (PATTON 1997: 266). Observa-se – como afirmam Madaus e colab. (1996) – a disponibilidade de aceitar formas de comunicação entre os que advogam abordagens positivistas/quantitativas para a avaliação e os que propõem abordagens fenomenológicas/qualitativas. Para Patton (1997: 268), por exemplo, na avaliação centrada na utilização, nenhum dos dois paradigmas é intrinsecamente melhor do que o outro, mas representam alternativas para o avaliador à luz das questões e dos propósitos da avaliação. O autor propõe um paradigma – que ele define *paradigm of choice* – que deve dispor de um amplo repertório de métodos e técnicas a serem utilizados na variedade dos problemas. Esse paradigma – acrescenta o autor – reconhece que diferentes métodos são apropriados para diversas situações e propósitos de avaliação (PATTON, 1997: 297). Até os mesmos Guba e Lincoln (1987: 259), teóricos da abordagem construtivista em avaliação, admitem que, embora o avaliador da quarta geração use prioritariamente os métodos qualitativos, "há momento em que os métodos quantitativos – testes, ou outros instrumentos de mensuração – são e devem ser utilizados". Há, portanto, um amplo consenso sobre a importância de adotar uma "pluralidade metodológica" (HARTZ, 1999) para responder às diversas questões postas pelas avaliações e pelas necessidades dos diferentes implicados (*stakeholders).*

2) No que diz respeito à preocupação pela utilidade dos resultados, as diferentes definições analisadas enfatizam que a avaliação não deve ser considerada como uma atividade separada do processo de tomada de decisões. Nesse sentido, Stufflebeam (1996: 118) afirma que o mais importante propósito da avaliação "não é provar, mas melhorar" (*is not prove but to improve*). Trata-se, continua o autor, de uma ferramenta para aprimorar os programas com vistas a responder às necessidades dos beneficiários. Ela nasce num contexto específico – o contexto decisional ou gerencial – que justifica e explica a necessidade de um processo cognitivo (a avaliação) voltado à redução da complexidade (BEZZI, 2001) e da incerteza (WEISS, 1998). Como afirmam Aguilar e Ander-Egg (1995: 132), não se avalia por interesses acadêmicos ou por curiosidade intelectual, mas com um claro sentido utilitário e prático. A pesquisa avaliativa deve ser efetuada para que seus resultados e recomendações sejam realmente aplicados. Entretanto, todas as experiências de avaliação realizadas nos Estados Unidos, a partir dos anos 1960, demonstraram uma escassa capacidade de influenciar as decisões e os programas sociais do governo. Essa constatação levou Patton (1997) a escrever um livro específico sobre o assunto: *Utilization-Focused Evaluation* (Avaliação Focada na Utilização), em que afirma que "os resultados das avaliações deveriam ser julgados por sua utilidade" (PATTON, 1997: 20). O autor recomenda aos avaliadores manter uma estreita relação com os promotores e financiadores da avaliação para ajudá-los a identificar os pontos críticos do programa ou serviço e escolher o tipo de avaliação de que eles ne-

cessitam. Para Patton (1997), os que encomendaram a avaliação são mais motivados e propensos a aplicar as recomendações do estudo, se foram envolvidos nas diferentes etapas da avaliação (identificação de seus interesses, participação na interpretação dos dados, disseminação dos resultados etc.) e se foram considerados atores principais desse processo. Para isso, é importante que o avaliador prepare o terreno para que os resultados da avaliação sejam utilizados.

3) Em relação ao reconhecimento do pluralismo de valores, é importante analisar o modelo de avaliação proposto por Guba e Lincoln (1989), intitulado "Avaliação da quarta geração" (*Fourth Generation Evaluation*), que visa a valorizar as demandas, as preocupações e os assuntos postos pelos diversos atores e grupos de interesses. Para os autores, é a interação constante entre avaliador e implicados que cria o produto da avaliação através da adoção da abordagem hermenêutico-dialética. Esse modelo que os autores denominam *responsive construtivist evaluation* (avaliação responsável e construtivista) pretende superar os limites das anteriores gerações de avaliação e, precisamente, o excessivo poder da visão gerencial no processo avaliativo; a incapacidade de aceitar e conciliar o pluralismo de valores; o excessivo envolvimento com o paradigma científico de tipo positivista. Com *responsive* os autores querem delinear, a partir das elaborações de Stake (1996), uma maneira diferente de focar a avaliação, ou seja, um processo interativo, participativo e negociado que envolve todos os sujeitos, incluindo as pessoas empenhadas na produção, no uso e na implementação da avaliação; os beneficiários do processo avaliativo; as vítimas, ou seja, as pessoas que podem ser prejudicadas ou afetadas negativamente por esse processo (GUBA & LINCOLN, 1989: 201). Metodologicamente, o processo de avaliação da quarta geração inclui várias etapas: i) a primeira consiste na identificação de todos os sujeitos implicados, de seus interesses, reivindicações e problemas; ii) sucessivamente, as demandas e questões apresentadas por cada sujeito são submetidas às críticas, comentários e consenso de outros participantes através da aplicação do círculo hermenêutico-dialético. Essa fase permite identificar as múltiplas construções em relação ao objeto da avaliação; iii) neste momento, tudo o que não foi consensuado se torna objeto de ulterior aprofundamento e o avaliador procede na coleta de novas informações; iv) a partir das informações coletadas, o avaliador prepara uma agenda de negociação para discutir os argumentos que ainda não alcançaram um pleno consenso; v) em seguida, será produzido um relatório que informe sobre os aspectos negociados; vi) e, novamente, recomeça o ciclo para os aspectos não resolvidos.

Com o termo *constructivist* os autores referem-se a uma metodologia de pesquisa alternativa àquela positivista e fundamentada na premissa de que a verdade não corresponde a uma realidade objetiva, mas é o resultado do consenso entre construtores informados. A realidade, sublinham os autores, é uma construção social e podem existir tantas construções quantas são as pessoas envolvidas. Epistemologicamente, esse modelo nega o dualismo sujeito-objeto e defende que as descobertas científicas representam o resultado da interação entre observador e observado. Enfim, essa abordagem visa a criar um espaço democrático e dialético onde os sujeitos participantes do processo de avaliação, além de capacitar-se e desenvolver-se reciprocamente (FURTADO, 2001), podem interagir e apresentar seus próprios pontos de vista. O avaliador participa, junto aos outros atores, na construção desse consenso, desempenhando o difícil papel de mediador, que requer capacidades e habilidades de negociação entre todos os grupos e perspectivas de análise (GUBA & LINCOLN, 1989; ROSSI et al., 1999). De fato, nesse processo de negociação, como advertem Aguilar e Ander-Egg (1955: 90), "é preciso conciliar ou compatibilizar as demandas dos que contratam a avaliação (considerando todos os interesses em jogo dos atores sociais implicados), com as exigências de uma investigação que deve ater-se às exigências e demandas do método científico".

Uma abordagem pluralista, multidimensional e correlacional da avaliação da qualidade em saúde

Uma proposta de avaliação da qualidade da atenção à saúde deveria, a nosso entender, incorporar os aspectos essenciais das três premissas teórico-metodológicas acima apresentadas; deveria basear-se nos pressupostos científicos e metodológicos da pesquisa avaliativa e utilizar as técnicas e procedimentos disponíveis no repertório da pesquisa social; deveria adotar todas as precauções metodológicas e operacionais para que seus resultados sejam realmente utilizados para retroalimentar as organizações; deveria preocupar-se com o envolvimento dos principais atores que atuam no serviço a ser avaliado.

A avaliação da qualidade da atenção à saúde, portanto, deve fundamentar-se num enfoque multidimensional, que implica o envolvimento de diferentes atores (pacientes, representantes dos usuários, profissionais, administradores, gerentes, etc.), todos dotados de perspectivas próprias de avaliação. Também as organizações que representam os usuários de serviços devem ocupar o centro do processo da avaliação, pois nem sempre os pacientes têm a capacidade de exigir os seus direitos ou de julgar a qualidade da atenção. Essa abordagem, que Robertson (1995) define como "democrática", recupera não só elementos próprios da perspectiva técnica (que define a qualidade de uma intervenção em função de sua correspondência com os padrões estabelecidos pela comunidade científica dos profissionais), mas também da perspectiva dos usuários e da organização.

Nessa linha, parece-nos interessante e profícua a conceituação de qualidade proposta por Øvretveit (1996: 2), que afirma que a qualidade é a "completa satisfação das necessidades de quem mais precisa do serviço de saúde ao custo mais baixo para a organização e dentro das regulamentações estabelecidas". Essa definição é importante porque, além de incorporar os critérios de satisfação dos pacientes, de efetividade e de eficiência, enfatiza também o critério de equidade (quem mais precisa). Merece destacar, também, que essa exposição não se limita a ver a qualidade somente como satisfação do paciente e da demanda expressa, como frequentemente temos observado na prática dos serviços de saúde. Os usuários dos serviços de saúde nem sempre sabem do que precisam e poderiam requerer terapias inapropriadas e até danosas. É, portanto, necessário incluir, junto à opinião do paciente, uma definição profissional de "necessidade". "A necessidade – salienta Øvretveit (1996: 3) – deve ser definida por pacientes e profissionais, seja em nível individual, seja em nível de população". De fato, como tinham já apontado vários estudiosos (HOPKINS, 1990; VUORI, 1991; WILLIAMS, 1994), a satisfação do usuário é apenas uma das facetas da qualidade. É por essa razão que Donabedian (1989), já em seus trabalhos publicados em 1980, recomendava que a avaliação da qualidade fosse baseada não somente na subjetividade do paciente, mas também em fatores objetivos.

Assim, um serviço que responda às necessidades dos usuários, de acordo com a sua percepção, bem como às dos profissionais pode ser considerado efetivo, porém poderia não ser de qualidade, na medida em que desperdiça recursos que poderiam ser destinados para outros pacientes, resultando, assim, ineficiente (ØVRETVEIT, 1996: 4). Por essa razão, o autor reconhece a importância dos gerentes e administradores – no mesmo patamar dos usuários e profissionais – como atores fundamentais no processo de avaliação da qualidade. Cabe frisar que esse relevo à participação dos gerentes não é compartilhado por todos os estudiosos. Para Robertson (1995: 107), por exemplo, Øvretveit poderia ser criticado por enfatizar excessivamente a preocupação dos administradores. Por outra parte, o mesmo Donabedian pode ser questionado por ter desconsiderado as "condições operacionais, administrativas e de cultura organizacional" (NOVAES, 2000: 555).

Finalmente, um serviço pode não ser de qualidade se não responde às exigências legais, éticas, contratuais e às diretrizes estabelecidas pelas autoridades do país (ØVRETVEIT, 1996: 4).

Resumindo, a definição de qualidade de Øvretveit – compartilhada também por outros estudiosos (FITZPATRICK, 1990; RANCI ORTIGOSA, 2000; GIARELLI, 2002) – identifica três dimensões que correspondem aos principais atores que agem no âmbito dos serviços de saúde:

a) *qualidade avaliada pelo usuário*: o que os usuários e acompanhantes desejam do serviço, seja como indivíduos, seja como grupos;

b) *qualidade profissional*: se o serviço satisfaz as necessidades definidas pelos profissionais que prestam a atenção e se as técnicas e os procedimentos necessários utilizados são executados de forma apropriada;

c) *qualidade gerencial*: o uso eficiente e produtivo dos recursos para responder às necessidades de todos os usuários dentro dos limites e das diretrizes estabelecidos pelas autoridades.

Essas dimensões – enfatiza Øvretveit (1996: 4) – correspondem aos mais importantes grupos de interesse, cujas perspectivas deveriam ser integradas para especificar a qualidade de um serviço. De fato, nenhuma dessas dimensões pode ser ignorada, mas, como têm demonstrado várias experiências, os diferentes grupos de interesse (dos pacientes, de seus familiares, dos profissionais, dos gerentes, dos administradores e dos gestores) tendem a privilegiar um aspecto ou outro da qualidade com a óbvia consequência de desenvolver abordagens e métodos de avaliação diferentes. Por isso, cabe perguntar: Como essa abordagem consegue satisfazer todos esses interesses? Ou seja, como pode um serviço de saúde ofertar uma qualidade que seja avaliada positivamente por pacientes, profissionais e gerentes? A esse ponto da argumentação o autor (1996: 5) introduz o conceito de padrão de qualidade.

Com efeito, a qualidade supõe a definição de padrões referentes a cada dimensão: a qualidade avaliada pelo usuário, pelo profissional e pela gerência. Os padrões, enfoca o autor, definem com precisão o que um serviço deve ofertar, além de facilitar a identificação de conflitos e a busca de solução através do envolvimento dos diferentes atores. A abordagem da qualidade, acrescenta Øvretveit (1996: 5), não é uma "coisa mágica", como, às vezes, foi apresentada, mas um conjunto de "métodos e uma filosofia" que obriga as pessoas a enfrentarem conflitos de interesses, a lidarem com situações em que o aumento de um aspecto da qualidade pode prejudicar outro e a elaborarem soluções qualificadas para tais conflitos.

Entretanto, apesar das recomendações metodológicas sugeridas pelo autor, ainda falta uma estratégia de avaliação integrada em que a pluralidade dos olhares sobre qualidade possa buscar uma forma de interconexão e confronto. Outros autores, a partir da conceituação de Øvretveit, têm avançado na tentativa de reduzir, gradualmente, as distâncias entre os três pontos de observação, evitando enfatizar a exclusividade de cada um deles e privilegiando as possíveis interconexões (RANCI ORTIGOSA, 2000; GIARELLI, 2002; CIPOLLA, 2002). GIARELLI (2002: 434) e CIPOLLA (2002: 24), por exemplo, propõem uma abordagem pluralista e correlacional da qualidade cuja característica não é mais a predominância de um ponto de vista sobre outro – por meio do controle da incerteza advinda da relação de poder existente entre os sujeitos implicados na arena da saúde –, mas o resultado da interconexão entre as diversas perspectivas. A partir dessa análise, recomenda-se uma leitura da qualidade da atenção à saúde articulada nas seguintes três correlações: a) *qualidade prestada*, fruto da interconexão entre conteúdos e competências especificamente técnicas (referentes ao saber do médico e de outros profissionais da saúde) e conteúdos e competências organizacionais e gerenciais; b) *qualidade percebida*, resultado da interconexão entre a qualidade prestada e a dimensão relacional privilegiada pelos pacientes. De fato, essa avaliação pode dirigir-se tanto às atividades técnicas e relacionais dos profissionais como aos aspectos organizacionais dos serviços, tais como: estrutura, hotelaria, tecnologias, acessibilidade, etc.; c) *qualidade social*, referente à distribuição dos recursos e das ações de saúde em relação às necessidades e às expectativas das comunidades. Esse item é o resultado da interconexão entre qualidade organizacional e gerencial (ou planejada) e a qualidade esperada pelos usuários.

Considerações finais

Para finalizar, julgamos oportuno recapitular os três estágios da qualidade que desenvolveram e legitimaram as três perspectivas de análise, bem como apontar alguns elementos críticos no processo de aproximação dos diversos olhares e dos respectivos métodos de avaliação.

1) Inicialmente, o tema da qualidade da atenção à saúde interessava somente a pequenos grupos de médicos iluminados. A *Quality Assurance* (Garantia de qualidade) pode ser considerada o primeiro método, desenvolvido originalmente nos Estados Unidos no começo do século XX, para controlar e reduzir a alta variabilidade dos resultados terapêuticos através de um processo formalizado de avaliação do cuidado médico. Mas é somente a partir dos estudos pioneiros de Donabedian (1989) que a *Quality Assurance* se desenvolve conceitual e metodologicamente e se difunde, graças ao apoio da OMS, em muitos países do mundo. Sucessivamente, foram desenhados outros métodos para monitorar e avaliar a qualidade técnica da atenção à saúde. A auditoria clínica e a auditoria médica, a "acreditação" profissional e, mais recentemente, a medicina baseada em evidências e as *guidelines* representam um conjunto de ferramentas, cujo objetivo principal é avaliar o desempenho profissional e estimular mudanças nas práxis adotadas.

Assim, até a metade dos anos 1980, o debate sobre a qualidade da atenção à saúde referia-se somente à qualidade na dimensão técnica, ou seja, à capacidade dos profissionais da saúde de escolher as práticas assistenciais consideradas mais adequadas ao progresso do conhecimento técnico-científico. Entretanto, o risco de reduzir a qualidade somente à dimensão técnico-profissional, com preocupantes efeitos de responsabilização dos profissionais de saúde, tem favorecido, a partir do final dos anos 1980, o desenvolvimento de uma segunda etapa da qualidade. Esse segundo momento focaliza-se nos aspectos organizacionais e nos processos gerenciais que as abordagens precedentes não tinham suficientemente considerado (GIARELLI, 2002). Os sistemas de *Qualidade Total* e do *Melhoramento Contínuo da Qualidade*, advindos das empresas industriais japonesas e americanas, concentram-se na gestão dos processos de saúde orientados às expectativas do cliente. Nessa mesma direção, é preciso mencionar outros métodos de avaliação da qualidade na visão do gerente, tais como a Certificação de qualidade e a "Acreditação" institucional.

A ênfase no cliente e, ao mesmo tempo, a afirmação de abordagens orientadas para a humanização da atenção e para a valorização de relações mais equitativas entre profissionais e pacientes têm legitimado o ponto de vista do usuário e a importância da sua satisfação. O relatório Griffith de 1983, o livro branco do governo britânico *Working for patient* de 1989, assim como a institucionalização das Cartas de Serviços (*Citizens' Charters*) no começo dos anos 1990 representam os momentos inspiradores da terceira fase da avaliação da qualidade em saúde. A partir desse momento a visão do paciente/usuário é considerada essencial junto à perspectiva técnica e a organizacional. Questionários, grupos focais, assembleias públicas, análise de queixas e reclamações dos pacientes, análise dos processos de fluxo dos pacientes e várias tipologias de estudos etnográficos representam as possíveis estratégias para identificar a qualidade percebida pelos usuários. Contudo, é preciso assinalar que a grande maioria das pesquisas de satisfação dos usuários é realizada, nacional como internacionalmente, por meio de questionários estruturados, muito criticados por apresentarem sérios *vieses* conceituais e metodológicos, responsáveis pelos altos índices de satisfação obtidos. Por essa razão, os estudiosos do setor recomendam adotar, também, abordagens narrativas (*narrative-based*), fundamentadas em premissas fenomenológicas e hermenêuticas que põem no centro da análise a experiência do paciente sobre a sua doença, o percurso terapêutico e a interpretação que ele atribui à própria experiência (GOOD, 1999).

2) Entretanto, o tema da qualidade dos serviços ofertados à comunidade ainda representa um aspecto crítico para os gestores municipais e administradores dos serviços de saúde. O assunto da satisfação dos usuários foi bastante explorado nos últimos 15 anos, mas ainda são poucas as avaliações de qualidade mais abrangentes, que envolvem a participação de diferentes atores na produção da saúde. Todavia, a preocupação pela qualidade da atenção está se impondo, cada vez com mais força, na agenda nacional e internacional e nos debates sobre reforma dos sistemas de saúde. Trata-se de um processo gradual e diferenciado – com avanços e algumas regressões – que implica uma reconfiguração das relações entre profissionais e pacientes, entre demanda e oferta de atenção e que pode ser afetado, também, pela variação dos níveis de desigualdade social em saúde.

Como já se observou, a qualidade da atenção à saúde não pode ser reduzida a uma das dimensões ou correlações identificadas. Somente quando forem integradas reciprocamente poderão oferecer uma adequada resposta às expectativas e necessidades dos beneficiários dos serviços de saúde. Reduzir as tensões entre as três visões da qualidade, conceber como osmóticas e não incomunicáveis as diversas dimensões e traçar estratégias de integração representam os grandes desafios para os próximos anos. Para Ardigò (2002: 50-51) a acentuação da complexidade e a riqueza das contribuições sobre o tema em debate sugerem não reduzir o esquema da qualidade à tríade estrutura-processo-resultado. O crescimento das complexas dimensões sociossistêmicas entre os atores de um hospital e/o de outra estrutura sanitária não permite privilegiar essa tríade, mas recomenda tematizar a qualidade como "exigência primária de pensamento reflexivo, capaz de modificar a mesma gestão [...] ou seja, é preciso verificar continuamente a missão do sistema de saúde e suas prioridades".

Do ponto de vista metodológico, a perspectiva "pluralista", "multidimensional" e "correlacional" reconhece a copresença de métodos e técnicas que demonstrem a capacidade de captar tanto as dimensões estruturais do ambiente sanitário como as dimensões relacionadas às representações sociais dos atores envolvidos e às expectativas de saúde dos cidadãos.

Porém, ao se analisar as experiências em andamento, nacional e internacionalmente, observa-se que ainda existe uma multiplicidade de linguagens, práxis e métodos de avaliação da qualidade que dificultam o desenvolvimento de estratégias de integração. Isso é, também, o resultado das resistências das organizações profissionais (dos técnicos, dos gerentes, etc.) que continuam promovendo abordagens da qualidade muito especializadas e setoriais.

Referências bibliográficas

AGUILAR, M.J. & ANDER-EGG, E. (1995). *Avaliação de serviços e programas sociais*. Petrópolis: Vozes.

ALLEYNE, G.A. (2000). "A vision for health system reform in the Americas". *Revista Panamericana de Salud Pública*, 8(1/2).

ALMEIDA, C. (2000). "Saúde e equidade nas reformas contemporâneas". *Saúde em Debate*, 24(54), p. 6-21.

ALTIERI, L. (1997). Valutazione della qualità/qualità della valutazione. Problemi metodologici della ricerca valutativa in sanità. In: ALTIERI, L. & LUISON, L. (orgs.). *Qualità e strumenti sociologici*. Milão: Angeli, p. 93-114.

ARDIGÒ, A. (2002). Welfare state e qualità dei servizi alla persona: l'emergere del problema "qualità" nell'evoluzione del welfare state in Occidente. In: CIPOLLA, C.; GIARELLI, G. & ALTIERI, L. (orgs.). *Valutare la qualità in sanità*. Milão: Angeli, p. 9-52.

BEZZI, C. (2001). *Il disegno della ricerca valutativa*. Milão: Angeli.

CARVALHO, G.; ROSEMBURG, C.P. & BURALLI, K.O. (2000). "Avaliação de ações e serviços de saúde". *Mundo da Saúde*, 24, p. 72-88.

CIPOLLA, C. (2002). Per un approccio correlazionale alla qualità sociale della salute. In: CIPOLLA, C.; GIARELLI, G. & ALTIERI, L. (orgs.). *Valutare la qualità in sanità*. Milão: Angeli, p. 9-52.

COHEN, E. & FRANCO, R. (1994). *Avaliação de projetos sociais*. Petrópolis: Vozes.

COLOZZI, I. (1998). "Cosa significa migliorare la qualità nelle aziende sanitarie: una introduzione al tema". *Sociologia e Politiche Sociali*, 2(1), p. 9-28.

CONTANDRIOPULOS, A.P.; CHAMPAGNE, F.; DENIS, J.L. & PINEAULT, R. (1997). A avaliação na área de saúde: conceitos e métodos. In: HARTZ, Z.M.A. (org.). *Avaliação em saúde*: dos modelos conceituais à prática da implantação de programas. Rio de Janeiro: Fiocruz, p. 29-47.

DONABEDIAN, A. (1990). "La dimensión internacional de la evaluación y garantía de la calidad". *Salud Pública de Mexico*, 32, p. 113-117.

______ (1989). *La qualità dell'assistenza sanitaria*. Roma: Nuova Italia Scientifica.

EISENBERG, L. & KLEINMAN, A. (1981). *The relevance of social science for medicine*. Dordrecht: Reidel.

ENGEL, G.I. (1977). "The need for a new medical model: a challenge for biomedicine". *Science*, 196, p. 129-136.

FITZPATRICK, R. (1990). Measurement of patient satisfaction. In: HOPKINS, A. & COSTAIN, D. (orgs.). *Mearuring the Outcome of Medical Care*. Londres: Royal College of Phisicians of London & King's Fund.

FURTADO, J.P. (2001). "Um método construtivista para a avaliação em saúde". *Ciência & Saúde Coletiva*, 6(1), p. 165-181.

GIARELLI, G. (2002). Le connessioni possibili: i sistemi di miglioramento della qualità. In: CIPOLLA, C.; GIARELLI, G. & ALTIERI, L. (orgs.). *Valutare la qualità in sanità*. Milão: Angeli, p. 430-437.

GLASSER, P.H. (1972). *La ricerca valutativa*. Padova: Fondazione Zancan.

GOOD, B.J. (1999). *Narrare la malattia*. Torino: Comunità.

GUBA, E. & LINCOLN, Y. (1989). *Fourth Generation Evaluation*. Newbury Park: Sage.

HARTZ, Z.M.A. (1999). "Avaliação dos programas de saúde: perspectivas teórico-metodológicas e políticas institucionais". *Ciência & Saúde Coletiva*, 4(2), p. 341-353.

HOPKINS, A. (1990). *Measuring the Quality of Medical Care*. Londres: Royal College of Phisicians of London.

ILLICH, I. (1976). *Nemesi medica* – L'espropriazione della salute. Milão: Mondadori.

MADAUS, G.F.; SCRIVEN, M. & STUFFLEBEAM, D.L. (1996). *Evaluation Models* – Viewpoints on Educational and Human Services Evaluation. 11. ed. Dordrecht: Kluwer Nijhoff.

MAXWELL, R. (1984). "Quality assessment in health". *British Medical Journal*, 288, p. 1470-1472.

MENDES, E.V. (2001). *Os grandes desafios do SUS*. Tomo I. Salvador: Casa da Qualidade.

MINAYO, M.C. & SANCHES, O. (1993). "Quantitativo-qualitativo: oposição ou complementaridade?" *Caderno de Saúde Pública*, 9(3), p. 239-262.

NOGUEIRA, R.P. (1994). *Perspectivas da qualidade em saúde*. Rio de Janeiro: Qualitymark.

NOVAES, H.M. (2000). "Avaliação de programas, serviços e tecnologia em saúde". *Revista de Saúde Pública*, 34(5), p. 547-559.

OMS – Organizzazione Mondiale della Salute (1988). "Qualità dei servizi sanitari". *Quaderni di sanità pubblica*, 57, p. 4-36.

ØVRETVEIT, J. (1998). *Evaluating Health Interventions*. Buckingham: Open University Press.

______ (1996). *La qualità nel servizio sanitário*. Nápoli: Edises.

PAGANINI, J.M. & VAZZANO, H. (2002). *La acreditación para la calidad en salud en la región de las Americas*. La Plata: Faculdade de Ciências Médicas/Centro Inus.

PATTON, M.Q. (1997). *Utilization-Focused Evaluation* – The new century text. Thousand Oaks: Sage.

QUINTI, G. (2001). *Qualità e politiche sanitarie*. Roma: Officina.

______ (1997). Strumenti di valutazione della qualità nei servizi sanitari: dalle definizioni ai percorsi metodologici. In: ALTIERI & LUISON (orgs.). *Qualità e strumenti sociologici*, p. 79-92.

RANCI ORTIGOSA, E. (2000). La qualità nei servizi sanitari. In: ID. (org.). *La valutazione di qualità nei servizi sanitari*. Milão: Angeli.

ROBERTSON, A. (1995). Definire e valutare la qualità nei servizi socio-sanitari. In: BERTIN (org.). *Valutazione e sapere sociologico*. Milão: Angeli, p. 105-125.

ROEMER, M.I. & MONTOYA-AGUILAR (1988). *Evaluación y garantía de la calidad en la atención primaria de salud*. Genebra: Organización Mundial de la Salud.

ROSSI, P.; FREEMAN, H.E. & LIPSEY, M.W. (1999). *Evaluation. A systematic approach*. 6. ed. Thousands Oaks: Sage.

SCRIVEN, M. (1991). *Evaluation Thesaurus*. 4. ed. Newbury Park: Sage.

Serapioni, M. (2000). "Métodos qualitativos e quantitativos: algumas estratégias para a integração", *Ciência & Saúde Coletiva*, (5)1, p. 187-192.

______ (1999). "Avaliação da qualidade em saúde: a contribuição da sociologia da saúde para a superação da polarização entre a visão dos usuários e a perspectiva dos profissionais". *Saúde em Debate*, 53, p. 81-92.

SHAW, C.D. & KALO, I. (2002). *A background for national quality policies in health systems*. WHO Regional Office for Europe, p. 43.

STAKE, R.E. (1996). Program Evaluation, Particularly Responsive Evaluation. In: MADAUS, G.F., SCRIVEN, M. & STUFFLEBEAM, D.L. (1996). *Evaluation Models* – Viewpoints on Educational and Human Services Evaluation. 11. ed. Dordrecht: Kluwer Nijhoff.

STUFFLEBEAM, D.L. (1996). The Cipp Model for Program Evaluation. In: MADAUS, G.F.; SCRIVEN, M. & STUFFLEBEAM, D.L. (1996). *Evaluation Models* – Viewpoints on Educational and Human Services Evaluation. 11. ed. Dordrecht: Kluwer Nijhoff.

UCHIMURA, K. & BOSI, M.L. (2002). "Qualidade e subjetividade na avaliação de programa e serviços em saúde". *Caderno de Saúde Pública*, 18(6), p. 151-169.

VUORI, H. (1991). A qualidade da saúde. *Divulgação em Saúde para Debate*, 3, p. 17-25.

WEISS, C. (1998). *Evaluation*. 2. ed. New Jersey: Prentice Hall/Upper Saddle River.

WILLIAMS, B. (1994). "Patient Satisfaction: A Valid Concept?" *Social Science & Medicine*, 38(4), p. 509-516.

World Health Organization – WHO (1978). *Primary Health Care. Report of the Conference*. Geneve: WHO.

PARTE IV

Estudos empíricos

10 Rádio ADO: avaliação qualitativa de uma intervenção radiofônica de educação-entretenimento no México

Enriqueta Valdez Curiel

Em 2005 teve lugar na cidade de Morelia, estado de Michoacán, México, a Primeira Conferência Ibero-Americana de Educação-Entretenimento para a Mudança Social; foi uma primeira tentativa e uma oportunidade – para aqueles que utilizam estratégias de entretenimento como ferramenta educativa para promover a mudança social – de trocar experiências, criar redes sociais de apoio e, em conjunto, identificar deficiências e virtudes da área da EE, como chamaremos a educação-entretenimento de agora em diante.

Na reunião de Morelia, bem como na Conferência Internacional de EE realizada na África do Sul em 2004, uma das grandes deficiências das intervenções de EE continuava sendo a falta de avaliação dessas intervenções. Embora se tenha reconhecido o sucesso dos projetos, não se atentou para o quê, o como nem o porquê deles; isto é, não se conseguiu explicar – ao menos não com "fatos documentados e reproduzíveis" – o processo por meio do qual alguns projetos atingiam um alto nível de impacto e penetração no seu público.

Com o intuito de ajudar a preencher o vazio existente entre as intervenções de EE e sua falta de avaliação, este documento visa principalmente a apresentar a metodologia qualitativa como uma alternativa de avaliação formativa e de impacto que permite explicar os processos por meio dos quais se chegou, ou não, aos resultados esperados pela intervenção.

O que é educação-entretenimento e por que é importante avaliar seus processos e resultados?

Singhal e Roger (1999; 2002), dois estudiosos de alternativas em comunicação e estratégias para a educação na área de saúde, definiram a educação-entretenimento como o processo por meio do qual é propositalmente elaborada e implementada uma mensagem para a mídia com o duplo propósito de entreter e educar. Assim, a EE tem por finalidade: a) aumentar o conhecimento do público ouvinte a respeito de alguns assuntos educativos, b) gerar atitudes favoráveis e c) mudar normas sociais. A EE é desenvolvida por meio de diversas estratégias, entre as quais a telenovela. Neste gênero, o México foi pioneiro ao apresentar a primeira telenovela avaliada com fins educativos: foi a novela *Acompáñame* (Acompanha-me), de Miguel Sabido (SINGHAL, CODY, ROGER & SABIDO, 2004). Este teledrama foi ao ar em 1977 e seu objetivo foi educar a população sobre a importância do planejamento familiar. Sabido incorporou a teoria da aprendizagem social de Albert Bandura (1977) e sua própria teoria tonal (SABIDO, 2002) aos personagens da telenovela. Além disso, com recursos da Secretaria de Saúde do México e da empresa na qual trabalha (Televisa), ele implementou uma ampla campanha de avaliação que lhe permitiu identificar o impacto do seriado na população estudada.

O sucesso dos seriados de TV dramáticos com elementos de EE no conteúdo já se estendeu pelo mundo afora. Na América Latina temos exemplos como o do Brasil, com o personagem do adolescente viciado em drogas na novela *O clone*, e, na Colômbia, o sucesso da telenovela *Machos*. As duas produções são bons exemplos de telenovela com componentes com sentido social; infelizmente, elas não foram planejadas como intervenções de EE e consequentemente também não foram avaliadas.

Já o seriado nicaraguense *Sexto sentido*, cujo cenário é uma espécie de *Friends* (seriado norte-americano de popularidade internacional) com jeito centro-americano onde os personagens vivem dramas ligados à diversidade sexual, à igualdade de gênero, à gravidez não planejada e à prevenção da Aids. Trata-se de um projeto de EE para TV e rádio planejado e elaborado para esse fim e que tem sido avaliado continuamente[1].

Outra forma bem-sucedida de intervenção de EE tem sido a radionovela. Podemos citar, na Tanzânia, o antecedente de *Twende na Wakati (Vamos com o tempo)*, uma radionovela dramática educativa sobre Aids

---

1. Ainda não existe publicação dos resultados de avaliações que tenham sido feitas da intervenção de *Sexto sentido*. Quem desejar obter maior informação sobre esse projeto poderá entrar em contato com a Produtora Executiva, Amy Bank (amy.bank@puntos.org.ni), ou consultar a página da organização *Puntos de Encuentro*, responsável pela produção de *Sexto sentido*: www.puntos.org.ni

(ROGER e colab., 1997); no Caribe temos o caso da ilha de Santa Luzia e sua radionovela sobre planejamento familiar e Aids, *Apwe Plezi (Depois do prazer vem a dor)* (VAUGHAN, REGIS & CATHERINE, 2000); por sua vez, o Peru desenvolveu recentemente o radiodrama *Loma Luna, tierra de pasiones*[2] (Loma Luna, terra de paixões), cuja temática também abordava questões ligadas a HIV/Aids e planejamento familiar. Por fim, não menos bem-sucedido é o programa radiofônico *Minga Peru* (SINGHAL, RATTINE-FLAHERTY & ELIAS, no prelo) na Amazônia peruana. Todos são exemplos de produções radiofônicas de EE de grande impacto avaliadas quantitativa e qualitativamente.

Há intervenções musicais, como a lançada pela Universidade Johns Hopkins em 1986, para o México e o resto da América Latina, com a canção e o vídeo *Cuando estemos juntos* (Quando estivermos juntos) interpretados por Johnny (ex-*Menudo*) e Tatiana (atriz e apresentadora mexicana de programas infantis) para incentivar o adiamento da primeira relação sexual entre os adolescentes, que também teve grande impacto no público da faixa etária à qual se destinava (KINCAID, JARA, COLEMAN & SEGURA, 1988). O disco atingiu alto índice de vendas e o vídeo teve excelente audiência na TV. Nos grupos focais, os adolescentes lembravam a mensagem enviada na letra da canção e, na sua maioria, diziam concordar com a proposta de Johnny e Tatiana. Estes são apenas alguns exemplos das muitas intervenções de EE com foco na promoção da saúde. São conhecidas em detalhe as causas do sucesso ou do fracasso de algumas delas, mas não de todas, pois em alguns casos não houve um processo de avaliação.

É importante avaliar o desenvolvimento e o resultado dos projetos de intervenção de EE porque a avaliação – em suas diferentes formas e fases – permite monitorar, identificar, corrigir, reorientar, reorganizar, sistematizar e sustentar processos, programas e planos. Por outro lado, quando se trata de processos, programas e planos surgem indagações sobre o *quê* e o *como*, às quais se responde com observações, relatos, entrevistas, documentos, imagens fixas, vídeos, conversas em grupo, dias e

2. *Loma Luna* foi avaliada pela Asociación de Comunicadores Sociales Calandria (www.calandria.org.pe) e por Population Communications International (www.population.org). Para obter mais informação contatar Celia Aldana, responsável pelo Programa de Saúde e Meio Ambiente (celia@calandria.org.pe) e Natalia Vaccarezza (natalia@population.org).

semanas de convívio com o grupo estudado – em suma, uma combinação de metodologia qualitativa.

A falta de avaliação em muitos dos projetos de EE é justificada principalmente pelo fato de que, até 15 ou 20 anos atrás, as organizações filantrópicas que patrocinam projetos internacionais não pediam avaliações do impacto dos programas – bastava enviar-lhes um relatório anual de atividades e administrar adequadamente os recursos financeiros. No entanto, com o aumento da concorrência por fundos e as mudanças internas nas agências, passou a ser necessário demonstrar que o projeto que estava recebendo apoio tinha grande impacto, e este impacto devia estar refletido fundamentalmente em índices custo-benefício. Isto não foi benéfico para a pesquisa qualitativa, pois de qualquer maneira a avaliação não numérica não tinha valor para aqueles que "sustentavam" financeiramente o projeto.

Felizmente, na área de EE, intervenções de avaliação relacionadas à educação para a saúde como as realizadas em países como México, Índia, Turquia, Nigéria, Santa Luzia e Tanzânia por pesquisadores das universidades de Ohio, Novo México e Johns Hopkins incluíram metodologia qualitativa em suas avaliações, alcançando resultados impressionantes para seus patrocinadores (KINCAID e colab., 1988; SINGHAL & ROGERS, 1988; SINGHAL & ROGERS, 1989; KINCAID, YUN, PIOTROW & YACER, 1993; ROGER e colab., 1997; VAUGHAN e colab., 2000). As agências financiadoras ficaram tão impressionadas pelo enriquecimento dos dados numéricos com os relatos das cartas enviadas pelo público das intervenções de EE radiofônicas ou televisivas que, agora, mais fundações autorizam recursos para avaliações qualitativas. Porém, isto não aconteceu em todas as áreas do conhecimento. Na maioria delas, os números continuam a ser o único dado aceitável.

É importante pensar que não se trata de uma situação irremediável e seguir em frente, abrindo caminho. Como? Desenvolvendo avaliações qualitativas e divulgando os resultados. Às vezes é possível utilizar o tempo e os recursos concedidos para pesquisas quantitativas – levando em consideração os devidos aspectos éticos – e *matar dois coelhos com uma cajadada só*, tomando o cuidado de não prejudicar ninguém e beneficiar a todos. No campo da avaliação qualitativa, existem muitas alternativas que podem ser aplicadas com pouco dinheiro, muita criatividade e boa vontade. Em Rádio ADO, o projeto do qual falaremos aqui, foram utilizadas algumas delas.

Rádio ADO: educação sexual por e para os adolescentes

Rádio ADO, conforme já apontado, é um projeto radiofônico de EE que se realiza na cidade de Morelia, estado de Michoacán, México, e está sob a órbita da Universidade de Guadalajara. A intervenção focaliza a educação sexual e os direitos reprodutivos dos/das jovens, é tecnicamente produzida por adolescentes e tem por alvo esse mesmo grupo etário. A adoção do nome "ADO" para o projeto respondeu a uma estratégia de *marketing*, tomando as três primeiras letras da palavra "adolescente".

Rádio ADO tem dois objetivos principais. Um deles é o de difundir pelo rádio educação sexual, num formato de revista interativa e entre iguais, isto é, de adolescentes para adolescentes. Este esquema conseguiu atrair e prender a atenção do nosso público-alvo, os e as adolescentes, com o propósito de lhes passar conhecimentos e promover neles uma mudança positiva no que diz respeito às condutas sexuais de risco, reforçando ou incentivando condutas seguras. O segundo objetivo é formar, por meio do programa de capacitação técnica e de promoção da juventude, pessoal adolescente que no futuro se incorpore aos meios de comunicação de massa e/ou às carreiras da área da saúde com um enfoque voltado para a liderança, a educação e a prevenção.

Assim, Rádio ADO conta com três componentes que são a base do projeto: a) o programa radiofônico ao vivo; b) o programa de Desenvolvimento Juvenil; c) o processo de avaliação. Para os fins deste livro, concentraremos nosso olhar no processo de avaliação do projeto.

Quando se pleiteia um financiamento, como bem sabem aqueles que buscam recursos em organismos internacionais, não se deve destinar mais do que 15% do orçamento à avaliação do projeto proposto, pois do contrário se corre o risco de ter essa parcela do orçamento recusada. Rádio ADO assumiu correr esse risco e reservou acima de 25% de seu orçamento para a avaliação; além disso, foram adotadas diversas estratégias de avaliação qualitativa em contraste com a pesquisa de opinião e a medição de audiência, instrumentos de avaliação quantitativa, e excepcionalmente o orçamento foi aprovado pela Fundação David and Lucile Packard.

A avaliação qualitativa, que ainda está em andamento, concentra-se nos dois componentes básicos do projeto – o impacto do programa de desenvolvimento juvenil em seus participantes e o impacto do conteúdo do programa de rádio na audiência – e tem por objetivo identificar o processo pelo qual um projeto radiofônico de educação sexual de e para adolescentes e que utiliza a metodologia de educação-entretenimento produz efeitos na audiência e em seus criadores, bem como o significado deste processo em suas vidas e as teorias emergentes que permitam explicar e multiplicar processos desse tipo por meio de intervenções semelhantes.

Atividades em Rádio ADO

O projeto Rádio ADO teve início em novembro de 2002. A equipe foi formada originalmente por uma diretora de projeto, um coordenador geral, uma coordenadora de voluntários, um assistente de pesquisa e prestadores de serviço social cuja permanência no programa varia conforme o tempo que suas instituições educativas lhes determinam. Um ano depois, um técnico em produção e dois assistentes somaram-se ao pessoal.

Os/as adolescentes são incluídos em Rádio ADO mediante um processo de audição (teste). Semestralmente, os adolescentes – garotos e meninas entre 10 e 19 anos de idade – da cidade de Morelia são convidados para participarem do projeto com a promessa de que poderão apresentar seu próprio programa radiofônico.

O convite para a audição é anunciado mediante cartazes colocados em cabines telefônicas, dentro e fora das escolas, fora dos centros comerciais, em praças, lojas de bairro, locais de *videogames*, *sites* de internet, etc. Também se divulga este evento diretamente em escolas de segundo grau e cursos preparatórios, quando permitido. Outra das estratégias é divulgar a audição pelo rádio, com mensagens que são transmitidas nas três semanas anteriores à data do evento, além da promoção feita no programa ao vivo. Por algum tempo houve também presença na televisão e este meio foi utilizado para promover as audições. Em cada audição um júri avaliador seleciona entre 12 e 15 adolescentes, procurando que haja igualdade de representação feminina e masculina.

O grupo de adolescentes selecionados permanece no programa Rádio ADO por um período de seis meses. Nesse período, os/as adolescentes devem comparecer à casa ADO – nome que os próprios adolescentes deram ao escritório do projeto – de segunda a sexta-feira das 16 às 20 horas, exceto na segunda-feira, dia de "crítica do programa", quando a reunião acontece das 17 às 19:30h. As atividades a serem desenvolvidas consistem na aprendizagem do processo de pré-produção, produção e pós-produção radiofônica e apresentação, bem como instrução em um amplo currículo de temas de educação sexual, doenças sexualmente transmissíveis e direitos reprodutivos dos adolescentes.

O grupo de *Ados* – apelido que designa os/as adolescentes no projeto e usado por eles/elas quando se dirigem aos ouvintes de sua faixa etária pelo rádio – recebe esta capacitação teórica e técnica em aulas ministradas por pessoal altamente qualificado que, na qualidade de voluntário, frequenta a casa ADO para oferecer oficinas aos jovens do projeto. O grupo de profissionais é formado por pessoal da Secretaria de Saúde, do Conselho Estadual para a Luta contra a Aids, Mexfam, professores das universidades de Morelia e conhecidos locutores de rádio da cidade.

Rádio ADO no ar

O programa Rádio ADO vai ao ar todos os sábados, no horário das 17 às 18 horas. Tem formato de revista interativa constituída de seções – previamente produzidas pelos *ados* –, quatro intervenções musicais, comerciais, uma entrevista ao vivo e chamadas veiculadas. As seções de EE que apresentamos no programa são *Ados en la Calle*, *BromADO*, *Capsulitas*, o *ReporteADO*, o *TestimoneADO* e a seção de maior destaque, *Pildoritas de la Vida Real*, que é o radiodrama de Rádio ADO.

Avaliando Rádio ADO

No princípio, o orçamento recebido para a avaliação qualitativa de Rádio ADO destinava-se exclusivamente ao desenvolvimento de grupos focais, estudos de caso e entrevistas aprofundadas com os/as *ados* que participam do projeto em períodos semestrais. Além disto, estava incluída a análise do conteúdo dos roteiros escritos pelos *ados* e das cartas e mensagens enviadas pela audiência. Todo o trabalho previsto foi realizado, salvo a análise das cartas, pois não recebemos nenhuma. A cultura de escrever cartas já não existe entre os jovens da cidade de Morelia, e a caixa postal que foi aberta para receber a correspondência enviada ao programa acabou sendo cancelada por falta de uso.

O que efetivamente se fez dentro do processo de avaliação, aproveitando que havia espaço para isso, tempo, disponibilidade, licenças, tecnologia e interesse, foi acrescentar elementos da etnografia como a observação participante e não participante, bem como outras metodologias como a fotografia participativa, a narrativa fotográfica, as histórias fotográficas e os caderninhos de narrativas.

Nos meses prévios ao lançamento do programa, teve lugar a primeira fase da avaliação formativa (PATTON, 1987; KOTLER & ROBERTO,

1989). Parte desta avaliação incluiu um estudo de factibilidade em que foram entrevistadas figuras-chave da comunidade, como representantes de órgãos federais, estaduais e municipais e organizações não governamentais que desempenhavam tarefas direta ou indiretamente ligadas ao bem-estar dos adolescentes, com o propósito de sondar sua opinião e disponibilidade de apoio a um projeto como Rádio ADO.

Entrevistamos a alta hierarquia da Igreja Católica na Arquidiocese de Morelia e os representantes da Pastoral da Juventude. Para surpresa da pesquisadora, o padre diretor dessa organização não só *viu com bons olhos* a futura presença de um projeto como Rádio ADO na cidade como recomendou que fosse implementado na cidade de Lázaro Cárdenas, Michoacán, dados os altos índices de gravidez de adolescentes e prostituição infantil que lá existiam.

Nas escolas preparatórias de primeiro e segundo graus da cidade, professores e diretores foram entrevistados para sondar a sua opinião sobre a necessidade de um programa de rádio no qual se falasse de educação sexual numa modalidade de contato entre iguais. Grupos focais foram realizados com os estudantes das mesmas turmas para sondar seu interesse pela criação deste programa; como deveria ser o programa, quais eram os temas que despertavam maior interesse, o que achavam de uma radionovela de adolescentes, quem deveria dirigir o programa, qual a emissora de rádio que deveria transmiti-lo, que tipo de música deveria tocar e qual seria o melhor dia para que fosse ao ar, entre outras questões.

A avaliação formativa desenvolvida antes de se implementar a transmissão permitiu identificar percepções e conhecimentos do público em geral (especialmente sobre o tema da radionovela), quais eram as suas expectativas quanto ao novo seriado, e até ajudou a determinar índices de audiência, uma vez que era grande o interesse despertado por uma radionovela para adolescentes. Quando se perguntava: "Você conhece alguma radionovela?", eles respondiam: "Conheço, sim", e à pergunta: "Qual?", a resposta mais comum foi: *Porfirio Cadena, el ojo de vidrio*[3]. Mas quando a pergunta foi mais concreta: "Você já ouviu alguma radio-

---

3. *Porfirio Cadena. El ojo de vidrio*: Radiodrama popular que atualmente é transmitido no México e em vários países da América Latina. O personagem principal é um bandido zarolho estilo Robin Hood da época posterior à revolução mexicana, que é temido pelo governo e pela alta sociedade e amado pelos pobres.

novela sobre adolescentes?", a resposta foi categórica: "Não, nunca". À pergunta decisiva para o projeto: "Se houvesse uma, você a ouviria?", a resposta foi: "Claro, seria legal". Esta última resposta nos encorajou.

Uma vez processada a informação desta primeira fase, com a certeza de que aquele era um projeto com bom potencial de sucesso e com o primeiro grupo de *ados* já escolhido, começou a segunda parte da avaliação formativa. Foram ouvidos diferentes formatos e produções de programas de EE de outras emissoras de rádio da América Latina. Depois se fez uma crítica desse material, analisando os pontos positivos e as deficiências de cada formato e produção e anotando o que valia a pena imitar. A partir deste processo começaram a surgir ideias sobre o formato que o programa teria, sobre possíveis personagens do radiodrama e nomes para as seções de Rádio ADO. Realizou-se uma extensa pesquisa documental sobre elaboração de roteiro literário e criação de personagens; a equipe optou por alguns modelos para a criação de personagens (FOSSARD, 1996), fortalecidos com a teoria da aprendizagem social de Bandura (1977), e começou a criar histórias.

A meta principal da segunda etapa de avaliação formativa foi aumentar a efetividade da intervenção radiofônica, especificamente da radionovela e dos elementos alternados de EE, como *BromeADO* e *Ados en la Calle* – que nessa altura já tinham nome – para obter maior impacto e provocar a mudança social visada, aumentar os fatores de proteção e diminuir os fatores de risco nas atitudes e atividades sexuais dos adolescentes de ambos sexos. Quando o programa foi ao ar, foi testado como piloto durante dois meses e com isso se iniciou, também, a terceira etapa da avaliação formativa, que foi a etapa de monitoramento, desenvolvida e mantida ao longo de toda a intervenção radiofônica.

Dos elementos do formato, o que mais era urgente testar era o radiodrama. A equipe de produção definira o cenário geral de *Pildoritas de la vida real* e o perfil dos personagens do seriado. Ficou decidido também que, tanto quanto possível, os personagens teriam nomes alusivos aos métodos anticoncepcionais e à sexualidade; daí surgiu o personagem estelar e papel positivo: "Pildorina" (pilulazinha) – em alusão à pílula anticoncepcional. Os demais personagens e histórias foram e ainda são criados por diferentes *ados* e em diferentes gerações. Assim, a história de *Pildoritas de la vida real* foi ganhando novos protagonistas: DIU, Virgínia, Pepe Látex, El Mechas, Esper Martinez, Richi e La Rapidina.

Avaliação das segundas-feiras: para todos chega a hora

As segundas-feiras foram destinadas a avaliar o programa do sábado anterior. A tarefa é ter ouvido a transmissão do Rádio ADO; entretanto, ficou decidido que era conveniente ouvir o programa novamente na casa ADO para reparar melhor em todos os detalhes, pois os *ados* argumentavam que às vezes ouviam o programa com os amigos ou andando de carro e não prestavam atenção, ou que simplesmente não o haviam ouvido. É uma exigência comparecer à sessão de crítica, sendo penalizados os apresentadores[4] do programa que faltarem a essa reunião.

Depois de todos ouvirem o programa, há uma rodada de comentários em que cada membro do pessoal e os/as *ados* – de maneira crítica e propositiva – comentam o que lhes agradou, o que acharam de muito má qualidade e, finalmente, o que fariam para melhorar o programa. Na primeira vez em que cada *ado* senta no *banco dos réus* as respostas variam, mas na maioria dos casos, podemos dizer que eles reagem colocando-se na defensiva, põem a culpa em outros ou alegam que estavam nervosos/as, começam a chorar ou se zangam. Na segunda ou terceira crítica, os/as *ados* já se familiarizaram com o procedimento, tanto que aceitam a crítica com tranquilidade, riem, explicam o que lhes aconteceu, assumem sua responsabilidade e agradecem os comentários, comprometendo-se a melhorar na próxima vez, se o grupo lhes dá outra oportunidade. Todos os *ados* e todos os programas são expostos a este tipo de avaliação.

Cabe acrescentar que houve casos de *ados* que desistiram do programa após a sua primeira crítica, e outros que ficaram para esperar a vez de alguém que os magoou especialmente apresentar o programa. Esperam que esse/a *ado* apresente um programa para ver se faz mesmo um bom trabalho ou se é bom/boa apenas para criticar. A pesquisadora toma conhecimento destes fatos porque alguns *ados* comentam em seus caderninhos de narrativas ou falam abertamente no dia da crítica. A coordenadora de voluntários tem a responsabilidade de tomar notas e resumir as críticas das segundas-feiras. Nos caderninhos de narrativas às vezes apa-

4. Os apresentadores do programa dos sábados mudam semanalmente e são indicados nas segundas-feiras, após a crítica. A indicação é feita por consenso. Os/as *ados* e o pessoal propõem nomes com base no desempenho, na criatividade, na disciplina e na frequência durante a semana anterior à indicação, e por maioria de votos decidem quem serão as duas pessoas que apresentarão o seguinte programa. Assim, todas as semanas os/as *ados* estão competindo para participar ao vivo. No entanto, todos têm chance de aparecer no programa, mas não ao vivo, pois as produções que realizarem durante a semana irão ao ar no programa do sábado.

recem notas que fazem referência a essas avaliações. As reuniões semanais têm facilitado o processo de detecção de erros, exposição de compromissos e avaliação contínua de Rádio ADO.

Os grupos focais: Do que eles gostaram no programa?

Os grupos focais são realizados com o intuito de conhecer a opinião dos ouvintes sobre o formato, os apresentadores, os entrevistados, a programação e, em especial, de "que" parte do material educativo se lembram e se podem repetir "como" aprenderam essa informação.

Os participantes devem ser adolescentes de ambos os sexos que tenham estado expostos pelo menos uma vez ao programa. Eles são recrutados mediante convites veiculados no programa radiofônico ou mensagens de e-mail reenviadas aos endereços daqueles que enviaram alguma pergunta ou saudação para Rádio ADO. Também são contatados participantes utilizando a lista de adolescentes que participam no estudo de avaliação quantitativa. Escolhem-se nesta lista os nomes de adolescentes que se sabe ao certo que ouvem o programa. Eles são convidados a participarem nos grupos focais e utiliza-se o recurso da técnica da bola de neve. Outra estratégia que tem funcionado muito bem para recrutar participantes é convidar adolescentes que se submeteram à audição para o projeto, mas não foram selecionados, aplicando-se também neste caso a técnica da bola de neve. Realizam-se grupos focais até se obter a saturação dos dados (MORSE, 1994), o que se consegue com no máximo 4 ou 5 grupos por semestre. Esta atividade é desenvolvida duas vezes ao ano.

O processo de recrutamento é frustrante porque muitos dos convidados "não comparecem" – em média, 8 ou 9 de cada 15 convidados não aparecem no dia marcado nem cancelam a sua participação. Com isso, a pesquisadora se viu forçada a implementar o que Greenbaum (1998) denomina minigrupo, isto é, grupos focais com menos de oito participantes. Tampouco pudemos ser estritos (como teríamos desejado) no que se refere a igualar a quantidade de homens e mulheres nos grupos, por isso em cada grupo tem predominado um ou outro gênero, dependendo de quem veio participar no dia marcado.

A atividade dos grupos focais é desenvolvida na casa ADO, onde dispomos de um espaço isolado e confortável para esse fim. Cada participante recebe uma folha de consentimento informando que ele/ela deve autorizar e um formulário com perguntas de tipo sociodemográfico que devem ser respondidas antes de começar a dinâmica grupal.

Explica-se o propósito e o procedimento do grupo focal e se apresenta a sua moderadora (diretora do projeto), a assistente (coordenadora de voluntários) e todos os participantes. Inicia-se o diálogo com a pauta de temas estabelecidos e cada grupo esgota a discussão em aproximadamente 40 a 45 minutos. O que se diz nos grupos focais é gravado em minidiscos e transcrito. Quando o grupo focal termina, os adolescentes visitam as instalações do projeto e são convidados para fazerem uma audição e telefonarem para o programa. Finalmente, eles recebem um Pacote ADO de brinde que contém objetos de publicidade de Rádio ADO – camiseta, caneta, pulseira tipo *livestrong* (mas de Rádio ADO), broche, boné, etc.

Os relatórios dos grupos focais – a partir do teste-piloto do programa – indicaram quais seções estavam funcionando e quais deviam sair do ar. *Pildoritas de la vida real* e *Bromeado* ficaram bem colocadas desde o início. Pildorina[5] tem sido, até agora, a personagem mais reconhecida pelos participantes, mas acontece algo curioso: ela é ou amada ou detestada. – Por que você gosta de Pildorina?, pergunta-se aos participantes. – Porque está sempre numa boa e é engraçada, respondem os que gostam dela. A maioria dos que dizem não gostar de Pildorina é de homens e sua principal justificativa é que "ela fala muito mal e é *naca*[6] (brega)".

Todos os participantes sabem quem é Pildorina e a identificam como a adolescente de voz engraçada, que é xereta e sabe tudo de educação sexual. É importante que eles se lembrem da voz de Pildorina porque esse é um traço que se destaca na personagem e foi desenvolvido com base na teoria dos tons de Sabido (2002), com o propósito de que Pildorina sobressaia no resto do grupo de adolescentes do seriado, de modo que suas falas chamem mais atenção.

Os/as participantes lembram-se pelo menos de dois temas tratados no programa ao longo do semestre e são capazes de repetir informação adquirida no *BromeADO*, no *ReporteADO* e na entrevista. Para eles, a informação que trouxe mais novidade é a que se refere às doenças sexual-

5. Pildorina é uma personagem de 16 anos de idade. Muito inteligente e aluna destacada, ela mora com a avó num bairro popular e pertence a uma classe social média baixa. Distingue-se pela voz estridente, pelas respostas espirituosas e por ser uma especialista em questões de educação sexual e conselheira de todos os seus amigos nessa área, pois sua paixão pelas aulas de biologia e psicologia lhe dá autoridade para isso. É intrometida com os amigos, mas age com muito boa intenção. É uma personagem positiva.

6. Naco/a: termo popular mexicano utilizado para tachar algo ou alguém considerado de categoria inferior.

mente transmissíveis, pois dizem que antes do programa só sabiam de HIV/Aids, mas desconheciam a existência de todas as doenças abordadas por Rádio ADO no programa. Também contam que ficaram sabendo da existência da camisinha feminina e aprenderam a usar a pílula do dia seguinte.

Em *Pildoritas de la vida real* há três bordões usados com frequência: um é o de Pildorina quando chama seus amigos e amigas de "manos e manas", outro é usado pelo Mechas quando diz "com certeza" em vez de "sim" e o terceiro é de Virgínia ao dizer "você me ouriça" em vez de "você me irrita, me enche, me aborrece". O uso dos bordões tem por finalidade sondar a popularidade de *Pildoritas de la vida real* na rua ou em outros ambientes. Os bordões são conhecidos pelos participantes dos grupos focais, que nem sempre identificam quem os usa, mas sabem que pertencem aos personagens de Rádio ADO.

Por que *Pildoritas de la vida real* é a seção mais comentada? Entre as razões apresentadas com maior frequência nos grupos focais estão o bom humor do seriado e a identificação com as histórias – ou "aventuras", nas palavras dos participantes. O que acontece aos personagens das *Pildoritas* já aconteceu aos participantes, daí que é comum ouvir comentários do tipo: "Comigo já aconteceu uma vez como na história de quando Virgínia tomou bomba em matemática e..." Além disso, os cenários do radiodrama são escolas, danceterias, praças, transportes públicos, isto é, locais como os que os adolescentes frequentam na cidade e nas redondezas, o que confere realismo à história, segundo os participantes.

Quando perguntados se o que ouvem em *Pildoritas de la vida real* faz com que procurem mudar algumas das condutas de risco na prática sexual, todos os participantes respondem afirmativamente, e os que dizem nunca terem se defrontado com um risco admitem que, agora que sabem dos "perigos", vão pensar duas vezes ou tomar precauções de proteção.

A teoria de aprendizagem social de Bandura (1977; 1986) possibilitou aos roteiristas de Rádio ADO a criação de protagonistas adolescentes (por meio de personagens positivos, negativos e transicionais) com as características necessárias para gerar no público-alvo, também adolescente, um sentido de identificação, emulação e adoção de modelos. Por sua vez, seções como *BromeADO* – que consiste em fazer brincadeiras com adolescentes na rua sobre o tema a tratar na semana – e a apresentação do programa todo por adolescentes agradaram plenamente aos participantes dos grupos focais porque, como eles disseram, tudo "soava" como "a gente faria" se estivesse no ar.

Isto permite asseverar que uma abordagem entre iguais em todo o formato (RUDD & COMINGS, 1994; DE JONG & WINSTEN, 1990) e a combinação de diferentes estratégias de comunicação interativa durante o programa foram determinantes do impacto positivo do projeto em seu público-alvo.

Os/as adolescentes fizeram recomendações sobre temas que consideravam muito importante abordar no programa, tais como suicídio e distúrbios alimentares. Infelizmente, esses temas não estão entre os objetivos do projeto e, portanto, não é possível dedicar a eles um programa completo; contudo, essa temática pode ser incluída num capítulo de *Pildoritas de la vida real* e combinada com algum outro tema de sexualidade. Outra recomendação foi que não houvesse comerciais e que o programa passasse a ter duas horas de duração.

Etnografia, observação e entrevistas: O amálgama de bandeja

Como colocam Hammersley e Atkinson (1995), a linha divisória entre observação participante e entrevista é tão sutil que quando ambas são utilizadas numa etnografia é difícil separar sua descrição metodológica; por isso, e para poupar espaço, neste documento resumiremos esta parte da avaliação sob um mesmo título. Em Rádio ADO, a diretora do projeto e pesquisadora principal realiza e documenta o trabalho de observação participante, observação parcialmente participante e entrevistas. A pesquisadora trabalha em Ciudad Guzmán, Jalisco, enquanto o projeto Rádio ADO está sediado no estado de Michoacán; por isso ela visita Rádio ADO apenas três dias por semana, mas podem se passar duas semanas sem que ela esteja presente. O papel dela em Rádio ADO é visto pelo pessoal adulto (coordenadores, técnicos, assistentes e estagiários) como de supervisão; para os *ados*, por sua vez, ela é a chefe – ou "Mamá Queta" como a chamam alguns *ados* da atual geração – que passa na sua visita.

Quando está fisicamente presente no projeto, a pesquisadora reside na casa ADO, onde tem um quarto com banheiro, de modo que ela começa e termina o dia em Rádio ADO, tendo o campo de observação "de bandeja". A sua presença na casa ADO não altera muito a rotina do pessoal nem as atividades dos *ados*, porque cada um já tem suas tarefas planejadas e ela só se integra para observar e perguntar o que está acontecendo e como está indo tudo. A cada três semanas, mais ou menos, ela marca reuniões com o pessoal para avaliar as atividades programadas, as realizações e os obstáculos, bem como para propostas de novas tarefas, desafios e novidades do projeto. Ela só faz reuniões de grupo com os *ados* quando surgem circunstâncias em que o coordenador do projeto e a coordenadora de voluntários entendem que ela deve intervir perante o grupo. Por exemplo, em certa ocasião a coordenadora de voluntários proibiu o apresentador incumbido do programa radiofônico de ir ao ar porque chegou 30 minutos atrasado à emissora. O jovem parou de frequentar Rádio ADO e foi desligado por número de faltas. Os demais colegas ficaram aborrecidos com a coordenadora e começou a circular o boato de que todos os *ados* abandonariam o projeto. Dadas as circunstâncias, os coordenadores entenderam que a diretora/pesquisadora deveria intervir.

O papel de *observadora participante* consiste em, além de "tentar se pôr no lugar de cada um/a dos/as observados/as", – como bem escreveu Jan Savage (2000) em seu artigo sobre observação participativa – orientar os/as *ados* no processo de redação dos roteiros, corrigir seu estilo, reforçar o diálogo dos personagens, dramatizar as histórias, rir com eles de suas saídas, questioná-los sobre as mentiras que contam nos roteiros e mandar que pesquisem mais na internet sobre o método anticoncepcional que estão abordando. Consiste também em aparecer na sala de produção e opinar sobre os fundos musicais, criticar que em toda produção queiram botar música *techno* e *eletrônica*, dar-lhes dicas para conseguir o tom do personagem que estão interpretando, elogiar as boas interpretações e encorajá-los para que continuem ensaiando essa fala que ainda não ficou boa. Se a observadora der sorte, talvez até seja incluída num roteiro e tenha de ler alguma linha de senhora gorda ou avó de um personagem de *Pildoritas de la vida real.*

Como *observadora parcialmente participante ou não participante* seu papel é sentar-se em qualquer dos espaços da casa ADO, observar, escutar para saber o que se passa e tomar nota. A casa ADO é um lugar bem democrático, pois ali não existem espaços ou móveis específicos das pessoas, ou seja, cada um se ajeita onde pode. A observadora gosta de levar seu *lap top*, chegar onde há mais de quatro *ados* reunidos e pôr-se a trabalhar perto deles. Ela sabe que ali vai ter muita conversa e interação, e que se por acaso achar o assunto interessante, poderá deixar seu papel passivo, entrar sem problema algum na conversa e até fazer uma entrevista. Outras vezes, eles é que falarão comigo para perguntar alguma coisa ou pedir-me que ouça alguma produção.

Convém deixar claro que a maioria das entrevistas informais feitas durante o período de observação não é gravada, mas a observadora registra os dados mais relevantes em seu caderno de notas de campo ou diretamente no *lap top* quando o tem à mão. Ao fazer observação, ela mantém dois arquivos abertos no computador: um para trabalhar em outros documentos de Rádio ADO e outro para registrar o que observa e ouve no dia a dia. Além disso, ela tira fotos continuamente.

Desde seu primeiro dia no projeto, os/as *ados* sabem que sua permanência no mesmo será estudada, que alguns deles serão escolhidos para um estudo de caso e que os resultados serão apresentados em fóruns nacionais e internacionais. Os/as *ados* maiores de 18 anos assinam ao entrarem para o projeto um documento pelo qual aceitam participar do estudo, e da mesma forma os pais dos menores de 18 anos dão seu consentimento pelos filhos.

As *entrevistas aprofundadas* são realizadas com todos os *ados* participantes selecionados na audição e que permanecem mais de quatro meses no projeto. Esta entrevista ocorre geralmente ao final de cada geração, uma vez que seu propósito é sondar o processo evolutivo dos/as *ados* por meio de sua participação em Rádio ADO e do modo como eles percebem a influência do projeto no seu presente e no longo prazo (PATTON, 1987). Trata-se de uma entrevista não estruturada que pode requerer duas seções de 45 a 60 minutos cada. Quando chega o momento da entrevista, existe um *rapport* total (muito importante neste processo) entre os entrevistados e a pesquisadora, o que não quer dizer que ela – por ser a diretora do projeto – saiba tudo sobre eles. Muitas vezes ela fica surpresa e se envergonha ao perceber que passou seis meses com os/as *ados* criativos do projeto, mas não sabe quem eles são fora dele. Houve uma geração em que 98% dos homens do grupo vinham de famílias nas quais faltava a imagem paterna, pois os pais tinham abandonado o lar quando os filhos eram pequenos. O fato de eles terem falado disso na entrevista esclareceu muito do que se experimentou com esse grupo durante o semestre de sua participação em Rádio ADO. É comum nas entrevistas aprofundadas que os/as *ados* e a pesquisadora se emocionem até as lágrimas, pois a intimidade da conversa, o fim de um período de mais de 450 horas de convivência na casa ADO deixam todo mundo com saudades.

A observação etnográfica, as entrevistas informais e as entrevistas semiestruturadas contribuíram para a avaliação formativa fornecendo dados sobre os significados pessoais que o projeto representa para cada participante. Isto tem permitido estruturar um primeiro mapa de relações culturais que explica o como, o quando, o quê e o porquê de cada processo interno do componente de Desenvolvimento Juvenil de Rádio ADO, com seus prós, seus contras e suas alternativas.

Estudos de caso

Em cada semestre são escolhidos, dentre os novos *ados*, um ou dois casos para serem estudados. A escolha é feita por volta do segundo ou terceiro mês da participação no projeto porque é então que se pode identificar quem tem o perfil buscado para esse fim. Os/as *ados* são escolhidos com base no nível de dificuldade que implica para eles participarem no projeto, nos obstáculos que têm de vencer e no grau de influência que Rádio ADO tem na vida de cada um. Assim foi selecionado, por exemplo, o caso de Verônica.

Verônica é uma menina que chegou a Rádio ADO quando tinha 17 anos. Naquela época, ela faltava muito às aulas da escola preparatória e, com três matérias pendentes, acabou perdendo o semestre; ademais, Verônica não se protegia na prática sexual e uma vez achou que estava grávida, mas foi falso alarme. Quando se formou no projeto, Verônica tinha regularizado as matérias e era uma aluna destacada. Foi considerada a melhor *ado* da sua geração. Atualmente ela faz licenciatura em Letras, se diz orgulhosa de só praticar sexo seguro e colabora com Rádio ADO toda vez que a gente lhe pede.

Em outras oportunidades o caso é selecionado em função da presença de incidentes críticos; isto determinou a escolha de Diego, um garoto que se incorporou ao projeto aos 16 anos e ainda continua a participar dele, embora apenas como colaborador. Ele é um *ado* com grande capacidade de liderança, muito sensível e solidário. Durante a sua geração, o melhor amigo dele foi punido por chegar atrasado para a apresentação. Em resposta à punição, o amigo se desligou do projeto e Diego saiu com ele. A mãe de Diego rompeu com todo o pessoal de Rádio ADO e por algum tempo os dois manifestaram sua inconformidade, encerrando a relação de amizade com a equipe.

Como Diego dá voz a um dos personagens mais importantes das *Pildoritas de la vida real*, sua repentina saída do projeto afetou gravemente o radiodrama. Por consequência, três semanas depois outro *ado* teve de interpretar esse personagem e quando Diego ouviu a má qualidade da voz de quem o substituía, ficou tão incomodado que voltou para o projeto e pediu sua readmissão. Desde então ele não deixou de ir uma vez por semana à casa ADO para dar voz a seu amado personagem. Diego está agora com 18 anos, estuda na escola preparatória aberta e vive com a mãe e, em 2006, os dois se mudarão para o Canadá.

Para colher os dados do estudo de caso, fazemos com os *ados* escolhidos mais entrevistas semiestruturadas formais e informais que com o resto dos *ados*, eles são observados de maneira mais planejada, registrando-se em uma lista de controle dados indicadores de seu desenvolvimento (mensagens de correio eletrônico referentes a eles, variações em suas notas na escola – no caso dos que estudam –, mudanças de aparência física, faltas por doença, novos namoros, etc.), e seus pais e amigos também são entrevistados. Isto visa a estabelecer os "quê" e os "como" de se fazer parte de um fenômeno (WILLIAMS, RICE & ROGER, 1988) chamado projeto Rádio ADO.

Análise dos textos: caderninhos de narrativas e mensagens da audiência[7]

A partir da quarta geração cada *ado* e cada membro do pessoal recebeu uma caderneta de anotação que foi chamada de Caderninho de Narrativas. O uso indicado para essa caderneta é anotar os eventos que cada pessoa ache relevantes durante sua permanência em Rádio ADO. A seguir, um exemplo de nota reflexiva sobre o trabalho da equipe e os motivos de desistência dos adolescentes, escrita por um *ado* de 18 anos em seu caderninho de narrativas:

> Aqui [na Rádio ADO] aprendi que os outros *ados* não eram como meus colegas da sala de aula que aceitavam minhas primeiras propostas só para a gente terminar logo o trabalho e poder ir embora. Aqui havia concorrência porque eles estavam na mesma situação que eu; tínhamos o compromisso de criar um programa radiofônico para quase um milhão de pessoas que vivem na minha cidade, pessoas que têm suas próprias vozes, que podem gerar uma ideia crítica do traba-

7. Estamos fazendo análises de conteúdo e semiótica dos roteiros das *Pildoritas de la vida real*, mas esse trabalho não foi incluído neste documento porque ainda se encontra em fase muito incipiente.

lho que fazemos na rádio. Isto fez com que começássemos a pensar em nós como uma equipe e não como seres individuais, mas é claro que nem todos conseguiram ou entenderam e foram cedendo com o tempo, foram embora.

Ao concluir sua permanência no projeto, cada *ado* deve entregar o caderninho à coordenadora de voluntários que ajuda a pesquisadora principal na transcrição e categorização dos temas. A participação da coordenadora é muito importante neste processo porque ela é uma fonte de informação crucial em tudo o que diz respeito aos *ados*; ela é quem os conhece melhor e quem consegue estabelecer maior relacionamento com cada um, devido ao seu caráter e à sua disponibilidade. Em seu caderninho a coordenadora escreveu o seguinte comentário quando refletia sobre o que aprendeu trabalhando com adolescentes, uma vez que seus trabalhos anteriores foram na área de jornalismo televisivo:

> [Na Rádio ADO] Aprendi a ser uma conselheira espiritual, uma mãe ADO... (os *ados*) contavam seus problemas e eu procurava aconselhá-los... virei o ombro amigo deles e cúmplice de suas aventuras, mas ao mesmo tempo aproveitava a confiança para conseguir que eles se integrassem às tarefas de Rádio ADO. Além disso, Rádio ADO preparou-me para a vida familiar, já que tenho um irmão de 18 anos e aprendi a me comunicar com ele e concordar sem desesperar diante de sua inexperiência de vida; aprendi a ser paciente e criativa, a tomar decisões sem zanga e a ter um grupo disciplinado sob meus cuidados.

As mensagens de correio eletrônico recebidas na conta de Rádio ADO passam por uma análise de conteúdo principalmente com o intuito de se avaliar o nível de interação parassocial (LAW & SINGHAL, 1999) gerado pelo radiodrama; no entanto, isto nem sempre é possível porque nem todas as mensagens contêm comentários sobre as *Pildoritas de la vida real* ou seus personagens. Entre as mensagens predominam as que trazem opiniões sobre os/as apresentadores/as:

> Por favor, tirem a apresentadora de hoje que me parece muito maçante e presunçosa, porque é muito monótona, só fala pouquinho e um pouquinho é muito maçante porque não gosto da voz dela, o apresentador está bem porque é divertido e gostei do que falou dos esperamas em camelinas. Gostei do programa, mas não da apresentadora. Obrigada, sempre ouço vocês. Não dão compactados de presente pela internet? (Ana)

Depois vêm as mensagens de consulta sobre assuntos de sexualidade:

> Oi *ados*; antes de tudo quero parabenizá-los pelo programa que é muito bom, mas agora preciso dos conhecimentos de vocês mais do que nunca porque acontece que tentei ou tive relações com meu namorado 8 dias antes da menstruação, mas ele não me penetrou quase nada porque doía demais, também não ejaculou e quero saber se tem possibilidade de eu ter engravidado? A verdade é que estou muito aflita e gostaria que vocês esclareçam minha dúvida; e também queria saber por que ele não consegue me penetrar, pois essa foi a segunda vez que tentamos e não conseguimos, mas mesmo assim tenho muito medo de estar grávida. Me ajudem a tirar essa dúvida por favor (Luzia).

Em terceiro lugar estão as mensagens com pedidos para participar no projeto ou ser inscrito na lista da próxima audição:

> ...aí, escrevo pra vocês esperando que ainda tenha vaga pro *casting* de sábado (já sei onde é) e, bem, meu nome é: ...meu endereço é: ...e tô com muita vontade de trabalhar com vocês *ados* porque gosto demais do programa, os temas estão legais e tomara que arranje uma vaga em suas audições de amanhã. Bem, nos veremos no *casting* amanhã, assinado: (um talvez futuro colega de vocês) (Tonho).

O conteúdo das mensagens vai da saudação mais amável ao comentário mais ácido e cruel para os/as locutores/as, propostas românticas e parabéns para a equipe de *ados*, bem como elogios para as diversas seções, consultas sobre preços de camisinhas e onde fazer um teste de HIV de graça. A linguagem utilizada na maioria das mensagens é informal e na forma cifrada de bate-papo ou celular (como a de Tonho), com muitos erros de ortografia, em tom carinhoso e de respeito, mesmo que não saibam quem é a pessoa que responderá. O coordenador do projeto é incumbido de responder às mensagens eletrônicas.

Fotografia participativa: Quem tem uma digital?

Inspirados no projeto peruano de Paulo Freire em que ele pediu aos participantes de um projeto que explicassem com fotografias o que era a exploração (BOAL, 1979), no trabalho de *photovoice* das camponesas chinesas (WANG, BURRIS & XIANG, 1996) e no projeto fotográfico de Minga Peru (SINGHAL, RATTINE-FLAHERTY & ELIS, no prelo; SINGHAL, 2005), consideramos a possibilidade de experimentar uma forma de avaliação qualitativa criativa, pouco utilizada e divertida para os *ados*: a fotografia participativa (SINGHAL e col., 2004).

A instrução dada aos/às *ados* foi responder fotograficamente à pergunta: "Que significou para você a sua participação em Rádio ADO?" As fotografias deviam ser tiradas com câmera digital e enviadas para a conta de correio eletrônico da diretora do projeto e pesquisadora principal. Cada fotografia devia vir acompanhada de um texto explicativo do significado da imagem. Um adolescente tirou a fotografia de um semáforo e escreveu a seguinte impressão:

> Um semáforo dá a pauta: ele indica quando você pode avançar, quando tem que prevenir e quando tem que parar. Rádio ADO, por sua vez, significou para mim e para os adolescentes o ensinamento do que a gente pode fazer livremente, quando a gente tem que prevenir e quando tem que parar, mas tudo para viver uma sexualidade plena, segura e informada, conhecendo seus direitos e suas obrigações. Para mim, luz verde é sexo seguro, luz amarela é sexo protegido e luz vermelha é sexo sem proteção. Depois de Rádio ADO, o semáforo não é mais o mesmo (Luis, 18 anos).

Geralmente, os pesquisadores fornecem câmeras (em muitos casos câmeras descartáveis) aos participantes para realizarem estes projetos. Em Rádio ADO isso não foi preciso porque havia pelo menos três câmeras digitais ou telefones celulares com esse acessório. Organizou-se o revezamento no uso das câmeras para que todos tivessem acesso à tecnologia digital, barateando o processo e poupando o custo da revelação. Isto foi possível porque no projeto todos se conhecem e existe confiança para compartilhar aparelhos eletrônicos.

Um segundo exercício fotográfico consistiu em selecionar entre as fotografias que os/as *ados* já tinham de sua passagem por Rádio ADO aquelas que pudessem responder à pergunta acima, acompanhá-las de um relato e enviá-las para o mesmo endereço. A narrativa que se segue corresponde a uma fotografia em que a adolescente participante do Rádio ADO está no centro da imagem e rodeada por grande parte dos seus companheiros de classe.

> Esta foto é de meus *companheiros*. O significado que tem Rádio ADO em minha vida é que se passa algo muito interessante com meu grupo; desde que entrei no [programa] Rádio ADO, posso dizer que me senti "informada", pois quando meus colegas têm dúvida sobre algum tema sobre

sexualidade, em lugar de buscarem nos livros ou perguntarem a um professor, perguntam a mim e, então, eu sempre procuro lhes responder. Se for algo que eu não sei, pergunto à equipe de Rádio ADO, e repasso a informação aos meus amigos. Participar do Rádio ADO também tem me ajudado bastante na escola, porque os professores, às vezes, me perguntam se posso expor algum tema porque acreditam que tenho facilidade de expor, e graças a essas exposições passei em algumas matérias (he, he); o pessoal da minha turma me pede para integrar sua equipe quando se trata de fazer exposições (Natasha, 17 anos).

Da mesma adolescente selecionou-se uma imagem em que aparecem ela, sua irmã e sua mãe abraçadas em uma praia, e esta fotografia se acompanhou do seguinte texto:

> A família é algo que Rádio ADO me ensinou a valorizar porque já não passo muito tempo com ela e é uma parte complicada, mas independentemente disso, no meu caso, a família sempre tem me apoiado no que eu estiver fazendo, daí que Rádio ADO significa muito porque apesar de que me afastei mais da minha família, ao mesmo tempo me aproximei mais, pois falo com eles de minhas coisas. Além disso, é muito engraçado porque me perguntam [minha família] sobre os temas e sempre se reúnem para ouvir minhas produções, e o melhor é quando é minha vez de apresentar o programa, aí eles estão lá em casa me ouvindo e é muito bom. Graças a Rádio ADO eu me aproximei mais deles, sabem o que gosto de fazer, sendo que antes não sabiam. Pois é, Rádio ADO significa muito mesmo porque me deu um monte de coisas, e não exatamente coisas materiais. E eles [minha família] estão muito orgulhosos de mim e gostam de me ver informada porque assim posso prevenir muita coisa que acontece na adolescência (Natasha, 17 anos).

Foram fixadas datas-limite para a recepção das imagens e depois foi marcada uma reunião com os *ados* e o pessoal para projetar as fotos com seus respectivos textos. Nessa reunião foram escolhidas por consenso as imagens que melhor respondiam à pergunta e foram programadas novas perguntas para um segundo exercício, estabelecendo-se o limite de cinco fotografias para responder a cada uma delas.

As duas práticas que envolviam fotografias foram interessantes para os/as *ados* e o resultado foi um entusiástico afluxo de imagens e relatos.

De todas as estratégias usadas para avaliar os processos de integração dos *ados* ao projeto, suas percepções deste e o impacto que ele teve em suas vidas e sua aprendizagem, o trabalho feito mediante imagens provou ser um dos mais efetivos, sobretudo quando se trabalha com jovens expostos a meios interativos.

De seis em seis meses também se realiza a história fotográfica (HARPER, 1994) de Rádio ADO. Para isto se faz uma compilação de imagens digitais geradas ao longo do semestre pelo pessoal e principalmente pela pesquisadora principal. A classificação das fotografias é feita por etapa e tema, inspirada no estudo de Bateson e Mead em Bali (1942), mas em formato de entretenimento para atrair a atenção dos/as *ados*. Monta-se uma apresentação em *PowerPoint* que resume em imagens as vivências de cada geração. Quando há tempo disponível, as imagens são acrescidas de chamadas em forma de nuvem ou de diálogo, às vezes criando pequenas fotonovelas. O resultado deste trabalho é apresentado na noite de encerramento de cada grupo. A história fotográfica auxilia na avaliação da evolução e do grau de integração dos *ados* durante sua permanência no projeto.

No primeiro trimestre de 2006, o projeto Rádio ADO concluirá sua fase na cidade de Morelia e o relatório da avaliação final determinará seu nível de impacto. Por enquanto, seu monitoramento e sua avaliação constantes permitiram a elaboração de um modelo que já está sendo reproduzido por outros grupos de organizações não governamentais do México, obtendo respostas similares às da intervenção em Morelia. É preciso ainda estender ao público ouvinte algumas das técnicas de avaliação qualitativa aplicadas com os/as *ados*, de modo a avaliar o impacto dos objetivos do programa na audiência. Também há necessidade de resumir três anos de intervenção e fazer a avaliação integral ou das metas (LASKI & BRINDIS, 1997), bem como o relatório final que encerrará o financiamento de Rádio ADO em Morelia, estado de Michoacán.

O que aqui se descreveu é um panorama geral que mostra como a triangulação metodológica aplicada por Rádio ADO permitiu a este projeto dar maior validez à sua avaliação qualitativa, substituir técnicas de "cadillac" por técnicas de "bicicleta" – como diria Dr. Arvind Singhal – e fazer com que os adolescentes que o desenvolvem montem e desmontem o Projeto Rádio ADO até que ele fique sob medida para eles. Por fim, cabe ressaltar que a avaliação qualitativa de Rádio ADO levou o triplo de tempo e esforço que o necessário para a parte quantitativa; entretanto, o uso de técnicas participativas e o resultado obtido com os diferentes métodos utilizados trouxeram também satisfação equivalente quanto à qualidade de informação e ensinamento.

Referências bibliográficas

BANDURA, A. (1986). *Social Foundations of Thought and Action*. Englewood Cliffs: Prentice-Hall.

______ (1977). *Social learning theory*. Englewood Cliffs: Prentice- Hall.

BATESON, G. & MEAD, M. (1942). *Balinese character*: photographic analysis. Nova York: New York Academic of Sciences.

BOAL, A. (1979). *The theatre of the oppressed*. Nova York: Urizen Books.

DE JONG, W. & WINSTEN, J. (1990). "The Use of Mass Media in Substance Abuse Prevention". *Health Affairs*, 9(2), p. 30-46.

FOSSARD, E. (1996). *How to Write a Radio Serial Drama for Social Development:* A Script Writer's Manual. Baltimore, Maryland: Population Communication Services/Center for Communication Programs/The Johns Hopkins University School of Public Health.

GREENBAUM, T.L. (1998). *The handbook for focus group research*. 2. ed. Thousand Oaks, CA: Sage.

HAMMERSLEY, M. & ATKINSON, P. (1995). *Ethnography*: Principles in practice. 2. ed. Londres: Routtledge.

HARPER, D. (1994). On the authority of the image: Visual methods at the crossroads. In: DENZIN, N.K. & LINCOLN, Y.S. (orgs.). *Handbook of Qualitative Research*. Newbury Park, CA: Sage, p. 403-412.

KINCAID, D.L.; JARA, R.. COLEMAN, P. & SEGURA, F. (1988). *Getting the message*: The communication for young people project. Washington D.C: U.S. Agency for International Development/AID Evaluation Special Study 56.

KINCAID, D.L.; YUN, S.H.; PIOTROW, P.T. & YACER, Y. (1993). Turkey's mass media family planning campaign. In: BACKER, T.E. & ROGER, E.M. (orgs.). *Organizational aspects of health communication campaigns*: *What woks?* Newbury Park, CA: Sage, p. 68-92.

KOTLER, P. & ROBERTO, E.L. (1889). *Social Marketing*: Strategies for changing public behavior. Nova York: Free Press.

LASKI, L. & BRINDIS, C. (1997). *Evaluación de Programas de Salud*. México: McGraw-Hill Interamericana.

LAW, S. & SINGHAL, A. (1999). "Efficacy in letter-writing to an entertainment-education radio serial". *Gazette*, 61, p. 355-372.

MORSE, J. (1994). Designing Funded Qualitative Research. In: DENZIN, N.K. & LINCOLN, Y.S. (orgs.). *Handbook of Qualitative Research*. Thousand Oaks, CA: Sage, p. 220-235.

PATTON, M.Q. (1987). *How to use Qualitative methods in evaluation*. Londres: Sage.

ROGER, E.M.; VAUGHAN, P.W.; SWALEHE, R.M.A.; RAO, N.; SVENKERUD, P.; SOOD, S. & ALFORD, K.L. (1997). *Effects of an entertainment-education radio soap opera on family planning and HIV/Aids prevention behavior in Tanzania*. Albuquerque, NM: University of New Mexico/Department of Communication and Journalism.

RUDD, R.E. & COMINGS, J.P. (1994). "Learner Developed Material: An empowering product". *Health Education*, 21: 313-327.

SABIDO, M. (2002). *El Tono. Acontecimientos teóricos, aventuras potenciales y entretenimiento con beneficio social*. México: Editorial Universidad Autónoma de México.

SAVAGE, J. (2000). "Participative observation: Standing in the shoes of others?" *Qualitative Health Research*, 10(3), p. 324-339.

SINGHAL, A. & ROGERS, E.M. (2002). "A theorethical agenda for entertainment-education". *Communication Theory*, 12(2), p. 117-135.

______ (1999). *Entertainment-education*: A communication strategy for social change. Mahwah, NJ: Lawrence Erlbaum Associates.

______ (1989). Pro-social television for development in India. In: RICE, R.E. & ATKIN, C. (orgs.). *Public communication campaigns*. 2. ed. Newbury Park, CA: Sage, p. 331-350.

______ (1988). "Television soap operas for development in India". *Gazette*, 41, p. 109-126.

SINGHAL, A., CODY, M.J., ROGER, E.M. & SABIDO, M. (2004). *Entertainment-Education and Social Change*: History, Research and Practice. Mahwah, NJ: Lawrence Erlbaum Associates.

SINGHAL, A. (2005). *Studying Entertainment-Education Effects*: Going Beyond the Usual [Documento apresentado no seminário Best Practices on Promoting Gender Equality through Media Program del Population Media Center. Burlington, 17-19/11].

SINGHAL, A., RATTINE-FLAHERTY, E. & ELIAS E. (s.d.). "Assessing Entertainment-Education by handing over the tools of knowledge production to co-participants: Understanding Minga Perú through pencils, markers, and cameras". *The International Journal of Communication Studie.*

VAUGHAN, P.W.; REGIS, A. & CATHERINE, E. (2000). "Effects of an Entertainment-Education Radio Soap Opera on Family Planning and HIV Prevention in St. Lucia". *International Family Planning Perspectives*, 26(4), p. 148-157.

WANG, C.; BURRIS, M. & XIANG, Y.P. (1996). "Chinese village women as visual anthropologists: A participatory approach to reaching policy-makers". *Social Science and Medicine*, 42(10), p. 1.391-1.400.

WILLIAMS, F.; RICE, R.E. & ROGER, E.M. (1988). *Research methods and the new media*. Newbury Park, CA: Sage.

11 Produzir ou remediar?: a experiência argentina na provisão pública de medicamentos sob uma análise qualitativa

Antonio Ugalde
Núria Homedes
Jimena Orchuela

Durante muitos anos a Argentina desfrutou de uma riqueza invejável na região. Dotado de abundantes recursos naturais e uma força de trabalho capacitada, o país foi a economia mais rica da América Latina. Sua posição econômica mudou no final da década de 1990, em decorrência da catastrófica política econômica neoliberal do governo do Presidente Menem (1989-1999). Após três anos de recessão, a partir de meados de 2002 o país sofreu a depressão econômica mais profunda de sua história. Em sete anos o PIB per *capita* perdeu exatamente a metade do valor, caindo de US$ 8.000 em 1995 para US$ 4.000 em 2003 (PERRY & SERVÉN, 2003).

O impacto da depressão econômica na saúde foi significativo. Mais de 66% da população perderam o seguro de saúde e com isso deixaram de ter acesso aos medicamentos parcialmente subsidiados pelos seguros. O fim da conversibilidade peso/dólar acarretou uma forte desvalorização e uma alta acelerada do preço dos medicamentos, tanto dos importados como dos produzidos na Argentina (97% do consumo), uma vez que todos os princípios ativos e alguns insumos eram importados. As consequências foram arrasadoras para os pobres, cujo número aumentava rapidamente e que em geral gastam com medicamentos uma porcentagem maior de sua renda que as outras classes sociais. Os doentes crônicos ficaram sem recursos para comprar medicamentos imprescindíveis, tais como insulinas ou anti-hemofílicos.

O Estado argentino, que por mandato constitucional deve garantir a saúde dos cidadãos, decretou emergência sanitária e viu-se obrigado a intervir para mitigar as dificuldades de acesso ao medicamento dos pobres e indigentes. Existem várias políticas voltadas para este objetivo, como a organização de fundos rotativos e o sistema de copagamentos, mas a resposta mais equitativa, e também a mais expeditiva e logisticamente menos complicada (embora não isenta de muitos problemas, como veremos), é a entrega gratuita de medicamentos às camadas sociais mais necessitadas. O governo nacional escolheu esta alternativa ao lançar o Programa Remediar. Duas das características deste programa que têm sido criticadas e que nós analisaremos são: o fato de ser um programa centralizado de distribuição de medicamentos dentro de um sistema de saúde altamente descentralizado como é o da Argentina, e a compra de medicamentos do setor privado em vez de se recorrer aos 38 laboratórios públicos federais, provinciais, municipais e universitários, que dispõem de capacidade de produção ociosa.

Em síntese, o presente capítulo tem como objetivo avaliar a resposta dada pelo governo argentino ao problema de falta de acesso aos medicamentos essenciais durante a recente crise econômica. Dada a importância dos medicamentos na atenção médica, o estudo das vantagens e limitações da experiência argentina pode ser útil para outros governos e contextos com programas de distribuição pública de medicamentos.

Metodologia

Ao empreendermos o presente estudo nós constatamos que existia pouca informação independente sobre o Programa Remediar, com exceção de um pequeno estudo que combinava uma enquete com médicos que trabalham nos centros de saúde da cidade de Corrientes e visitas de observação a esses centros com o fim de avaliar a adequação dos medicamentos distribuídos às necessidades locais (VALSECIA et al., 2004). Mais recentemente se realizou uma análise quantitativa do impacto distributivo do Remediar (MACEIRA et al., 2005). Quando iniciamos a nossa pesquisa também não havia informação sobre os laboratórios públicos. Só conseguimos achar um trabalho inicial sobre a produção pública de medicamentos (Comisión Pro Cátedra Libre de Salud y Derechos Humanos, 2003). Recentemente, Bibiloni et al. (2005) apresentaram um interessante avanço com relação a esse primeiro estudo, discutindo as vantagens para o Remediar da compra de medicamentos produzidos pelos laboratórios públicos.

Em razão da falta de informação básica e da própria natureza do estudo, que envolve dimensões políticas delicadas e interesses econômicos de elevado montante, teria sido impossível contribuir para a discussão sobre as vantagens ou os inconvenientes de uma política de distribuição centralizada e gratuita de medicamentos e o papel dos laboratórios públicos usando métodos quantitativos. Optamos então por um esquema qualitativo que combinasse: 1) o uso de materiais de arquivo (entre outros, leis, decretos, resoluções administrativas, publicações oficiais do Plano Remediar – inclusive relatórios, normas, licitações públicas, documentos de organizações internacionais –, publicações acadêmicas, matérias jornalísticas); 2) entrevistas aprofundadas com pessoal do Remediar, profissionais dos serviços de saúde provinciais, administradores de laboratórios públicos e acadêmicos; 3) visitas de observação a laboratórios públicos; 4) entrevistas formais com participantes de congressos e reuniões profissionais sobre medicamentos. O Quadro 1 (no final deste capítulo) apresenta a distribuição por categorias de entrevistados e visitas.

Os autores desenvolveram o trabalho de campo em diferentes momentos desde fins de 2002 até agosto de 2005. A maioria das entrevistas aprofundadas aconteceu no local de trabalho do entrevistado e teve duração de entre uma e duas horas. Exceto aquelas que foram gravadas, as entrevistas foram realizadas por dois ou três dos autores que se revezavam tomando notas e fazendo as perguntas preparadas anteriormente de acordo com a posição do entrevistado. A dinâmica das entrevistas era flexível, e com frequência a resposta a uma pergunta dava ensejo a outra pergunta para aprofundar a primeira ou sobre algum assunto novo que surgia.

Não foram gravadas as entrevistas feitas em conjunto por dois dos autores ou pelos três. As notas que um ou dois dos participantes iam tomando eram transcritas o quanto antes, geralmente ao terminar a entrevista. O nosso objetivo não é citar literalmente as palavras do entrevistado, mas chegar à compreensão de seu ponto de vista e sua opinião. Estamos cientes de que ao tomar notas é possível que se perca um pouco da fidelidade que oferece a gravação. Mas também achamos que não gravando conseguimos maior espontaneidade na entrevista, especialmente quando se trata de opiniões sobre as instituições em que trabalham os entrevistados ou que podem ter consequências políticas. As entrevistas foram feitas na cidade de Buenos Aires e em duas províncias.

As visitas aos laboratórios começavam com entrevistas aprofundadas com os diretores ou os gerentes, às vezes acompanhados do administrador ou alguma outra autoridade. Nesses casos, a entrevista tornava-se uma discussão entre quatro ou cinco pessoas, duas ou três do laboratório e duas ou três da equipe de pesquisa. Depois desta entrevista ou reunião fazia-se uma visita que, dependendo do tamanho do laboratório, podia durar entre quarenta minutos e uma hora. A visita incluía todas as dependências do laboratório e era uma oportunidade para fazer perguntas aos chefes das diversas unidades: áreas de produção, laboratório de controle de qualidade, depósitos de entrada e de saída, etc. No caso das áreas que deviam ficar isoladas para evitar a contaminação, a observação era feita através das janelas de separação e falando com a pessoa responsável em seu escritório. Visitamos um laboratório instalado num hospital, dois laboratórios provinciais, um laboratório municipal e um laboratório universitário. Também houve uma visita a um centro de saúde e sua farmácia, onde foi entrevistado o farmacêutico responsável.

Como é de praxe, com o intuito de proteger a confidencialidade dos entrevistados, toda vez que se cita informação proveniente de entrevistas omite-se a identidade da pessoa e o nome da instituição onde ela trabalha. O cargo da pessoa é descrito de modo a impedir a sua identificação.

Depois de uma breve descrição do Programa Remediar e de discutirmos seus aspectos positivos e suas limitações, apresentamos as condições da produção pública de medicamentos. Sendo limitado o espaço, abordaremos de forma muito concisa as consequências da centralização.

Características do Programa Remediar

O governo do Presidente Duhalde (2002-2003) estimou que havia ao todo 16 milhões de pessoas (cerca de 42% da população) que necessitavam de medicamentos, mas não tinham recursos para obtê-los e lançou o Programa Remediar no ano 2002 como resposta urgente à crise. O programa consiste na distribuição gratuita de 36 medicamentos "multiorigem"[1] em 45 apresentações por meio de 5.300 Centros de Atendimento Primário (CAPs) dependentes dos serviços provinciais e municipais de saúde, que representam quase a totalidade dos CAPs com médico.

---

1. Preferimos usar o termo multiorigem em vez de genérico ao referir-nos a medicamentos que perderam a exclusividade no mercado devido ao vencimento da patente ou de outros mecanismos de proteção. Para uma discussão sobre esta questão e a confusão que pode causar o uso da palavra "genérico", consultar Homedes e Ugalde (2005).

A descrição do Remediar baseia-se no exame de documentos oficiais, artigos e relatórios preparados por pessoas que trabalham para o programa (TOBAR, 2004; 2004b; 2002; Ministerio de Salud de la Nación de Argentina, 2004; 2003a; 2003b), bem como em entrevistas com executivos do Programa, sobretudo para preencher lacunas e esclarecer dúvidas a respeito da informação apresentada em documentos oficiais.

Conforme a nossa estimativa, o governo conseguiu alocar para o Plano Remediar US$ 106 milhões de um empréstimo do Banco Interamericano de Desenvolvimento (BID) originalmente concedido para financiar a reforma do sistema de saúde (Proaps) e entrou com mais US$ 71 milhões. O total de US$ 177 milhões deve cobrir os gastos do programa desde seu início até 2007.

Uma das maiores dificuldades dos programas de distribuição gratuita de medicamentos é evitar a corrupção na seleção e na compra dos medicamentos e o roubo desde o momento em que o fabricante entrega o produto até que o paciente o consome. Estes problemas se agravam em situações de grave crise econômica. Também é importante que a distribuição responda a critérios de necessidade e não à vontade de satisfazer ambições políticas.

Com esse propósito o Remediar elaborou a lista de medicamentos com base nas patologias de maior incidência, contratou o Programa das Nações Unidas para o Desenvolvimento (Pnud) para preparar as concorrências internacionais – muito embora a primeira licitação tenha sido nacional em razão da necessidade de lançar o programa com urgência – e escolheu por concorrência uma empresa para a distribuição dos medicamentos. A empresa recebe os medicamentos diretamente do fabricante, monta as caixas-farmácia e as distribui aos CAPs. O Remediar determina o número de caixas-farmácia entregue a cada CAP e a periodicidade das entregas de acordo com a utilização, que é calculada com base na população atendida no CAP. A pessoa responsável pelo Remediar no CAP recebe as caixas-farmácia e nesse momento deve entregar as receitas emitidas desde a última entrega – que devem estar assinadas pelo médico e pelo paciente que recebeu o medicamento – e um inventário da farmácia Remediar no CAP. Se não receber as receitas e o inventário, o distribuidor não entrega as caixas-farmácia. Em 2005 foram distribuídas mensalmente cerca de 15.000 caixas-farmácia. O importante deste sistema de distribuição é que, até o ato da entrega, a caixa-farmácia não fica em momento algum em uma repartição pública, o que diminui a probabilidade de roubo.

As receitas são redigidas utilizando a denominação comum internacional (DIC) e incluem o diagnóstico, os nomes do médico e do paciente, o endereço do paciente e a quantidade de medicamento prescrito e entregue. A quantidade de medicamento entregue é a mesma especificada na receita, de modo a se evitar o acúmulo de sobras nas casas dos pacientes. Tanto os dados do inventário quanto os das receitas são informatizados, o que permite manter o controle do estoque e adequar as entregas, bem como monitorar a qualidade da prescrição. A informação obtida nas entrevistas revela que nem sempre estas atividades são realizadas. Visitas às residências de pacientes selecionados aleatoriamente permitem confirmar se o medicamento foi entregue na quantidade indicada na receita. Desde o início do programa até setembro de 2004, 13.200 domicílios foram visitados para verificar que a entrega de medicamentos se efetuou conforme a receita.

O remediar também faz auditorias nos CAPs. Desde seu início e até setembro de 2004 o programa realizou 3.253 auditorias em 2.439 centros de saúde. A Cruz Vermelha e Cáritas, instituições que por sua integridade desfrutam de prestígio na sociedade argentina, colaboram na identificação de abusos e problemas locais na entrega de medicamentos aos pacientes. Estes controles permitiram (ao menos até fins de 2004) minimizar o roubo e os abusos na provisão dos medicamentos.

A produção pública na Argentina

O setor privado argentino conta com 280 laboratórios, sendo que apenas 25 deles respondem por 75% de todas as vendas. Em 2000, a indústria nacional argentina produzia 53% das vendas, as fábricas argentinas das transnacionais respondiam por 43% e os 6% restantes correspondiam ao setor público (Comisión Pro Cátedra de Salud y Derechos Humanos, 2003).

O sistema de saúde argentino está muito descentralizado. Cada província tem seu próprio Ministério da Saúde e as funções do ministério nacional são limitadas. Na área de medicamentos, o governo da nação criou em 1992 a Administração Nacional de Medicamentos, Alimentos e Tecnologia Médica (Anmat). Para um laboratório poder produzir medicamentos é preciso que tenha a habilitação (aprovação) de sua instalação industrial e a certificação dos produtos emitida pela Anmat ou pelo Ministério da Saúde provincial. No primeiro caso, o laboratório pode distribuir seus produtos em todo o país, no segundo apenas dentro da província. Um laboratório já aprovado pelo respectivo ministério provincial pode ter habilitada pela Anmat apenas uma das áreas para produzir um certo tipo de medicamento, por exemplo sólidos, semissólidos e/ou líquidos. Em 2005, somente oito laboratórios públicos receberam a aprovação (integral ou de alguma área específica) da Anmat.

O debate sobre a produção pública

Em 1997 Bennett et al. prepararam um documento para a OMS no qual apresentavam tanto os argumentos em defesa da produção pública de medicamentos quanto seus inconvenientes. Entre as vantagens o estudo ressalta: 1) poupar dinheiro; 2) poupar divisas; 3) ganhar divisas exportando medicamentos; 4) alcançar a autossuficiência em medicamentos. Ao examinarem vantagens e inconvenientes, os autores observaram em sua análise de um grande número de países que as margens de lucro das indústrias privadas de genéricos eram pequenas e que, portanto, a produção desses medicamentos pelos laboratórios públicos só se justificaria se atingisse o nível de eficiência da produção em grande escala do setor privado. Segundo os autores, a ineficiência da produção pública de medicamentos decorre de muitos dos problemas habitualmente associados ao setor público, tais como a ingerência política no processo decisório e outros problemas logísticos. Para Bennett et al. (1997) não há evidência suficiente para justificar a produção pública de medicamentos.

O documento da OMS não incluiu uma razão importante, talvez a mais importante para justificar a produção pública. A indústria farmacêutica inovadora é monopólica e tem mostrado escassa flexibilidade na hora de adequar os preços dos medicamentos ao poder aquisitivo de muitos países. Portanto, se os medicamentos são considerados um produto necessário, o Estado tem a obrigação de garantir o acesso a eles e uma forma de fazê-lo é produzi-los. O Brasil provou que a capacidade de produção pública é um instrumento para negociar preços com a indústria inovadora quando ameaçou quebrar as patentes.

Os preços dos medicamentos caem consideravelmente quando perdem a proteção da patente e, portanto, como ressaltam Bennett et al. (1997), a concorrência na produção de genéricos provoca uma diminuição de preços. Mas nem sempre é assim, especialmente no longo prazo. Fusões, cartéis e outras condutas empresariais podem às vezes impedir o acesso a medicamentos com preços razoáveis.

Pode-se fazer outro comentário sobre o documento da OMS. É bem verdade que com frequência o setor público não é tão eficiente quanto o setor privado, pelas razões mencionadas pelos autores. No entanto, a indústria privada tem gastos relativamente grandes que aumentam o custo dos medicamentos, como publicidade e promoção, altos salários de executivos e pagamento de dividendos aos acionistas, enquanto o setor público não tem gastos como esses. Deste ponto de vista, apesar de suas deficiências o setor público pode produzir a custos competitivos com os do setor privado. Obviamente, nos países com setor público eficiente essa economia pode ser significativa.

Na Argentina, a discussão sobre o papel dos laboratórios públicos começou com o lançamento do Programa Remediar. Alguns críticos fizeram objeção à compra de medicamentos no mercado quando o setor público tinha capacidade ociosa e argumentaram que pagar essas compras com um empréstimo do BID implicava endividar ainda mais o país. Para esses críticos, as verbas deveriam ser destinadas a melhorar a capacidade e a qualidade da produção pública (Comisión Pro Cátedra Libre de Salud y Derechos Humanos, 2003). O governo de Kirchner não parece interessado em promover a produção pública de medicamentos genéricos de alto consumo como os que são distribuídos pelo Remediar, por entender que o setor privado é competitivo e que é possível obter preços mais baixos comprando grandes quantidades mediante licitações internacionais. Em várias ocasiões o atual ministro tem explicitado esta ideia ao dizer que não é preciso o setor público produzir aspirinas (utilizando o nome deste produto para se referir genericamente a outros medicamentos também baratos e de grande consumo).

Aqueles que defendem a produção pública de medicamentos representam diversos interesses. De um lado está o pessoal dos laboratórios públicos, que quer preservar seu emprego, mas também se sente responsável por atender a uma necessidade. Por exemplo, a falta de financiamento para os hospitais públicos obriga as farmácias hospitalares a produzirem medicamentos. O diretor de uma delas, que não recebera aprovação para produzir medicamentos da Anmat nem do Ministério da Saúde provincial, explicou em entrevista que se descontinuasse a produção de medicamentos teria de paralisar outras atividades hospitalares para liberar recursos para comprar esses remédios no mercado. O diretor do laboratório estava perfeitamente ciente dos riscos que corria ao produzir medicamentos em condições precárias e até acrescentou: “Até agora não aconteceu acidente algum e espero que não aconteça enquanto eu estiver aqui" (março de 2005).

Outros incentivadores da produção pública são os prefeitos e vereadores que colhem benefícios eleitorais da distribuição gratuita de medicamentos produzidos pelo setor público, uma vez que, como veremos depois, os municípios pagam apenas uma parte dos custos de produção desses remédios. O diretor de um laboratório público explica: "Para o município, a diferença entre comprar dos laboratórios privados e usar este programa [o dos laboratórios municipais] significava poupar muito – não vou dar uma porcentagem porque não sei e não quero dizer tolices –, mas muito mesmo..." (setembro de 2004).

Também apoiam a produção pública aqueles que defendem uma maior intervenção do Estado na economia, em especial em setores considerados básicos para o bem-estar da população. Algumas destas pessoas acreditam que a falta de apoio do governo à produção pública decorre do interesse oficial no fortalecimento da indústria farmacêutica nacional, e não da incapacidade dos laboratórios públicos. De acordo com este ponto de vista, os laboratórios públicos podem facilmente produzir todos os medicamentos distribuídos pelo Remediar.

Os laboratórios públicos

Ao longo da década de 1990 houve uma grande expansão dos laboratórios públicos. Províncias e municípios criaram laboratórios para a produção de medicamentos em face do encarecimento dos produtos farmacêuticos, decorrente de políticas neoliberais como, por exemplo, a supressão dos controles de preços. Esses laboratórios eram a única alternativa dos governos provinciais e municipais para fornecerem medicamentos à população carente que utiliza seus hospitais e postos de saúde. Outros laboratórios foram organizados para fazer frente à crise econômica iniciada em 1998.

As condições dos prédios, a qualidade e a eficiência dos laboratórios são muito diversas. Três laboratórios são nacionais (federais), dez são provinciais, 14 são municipais e seis de universidades. Há também onze farmácias hospitalares que produzem medicamentos. Destes laboratórios, três estão localizados na Cidade Autônoma de Buenos Aires e 16 na província de Buenos Aires. Alguns laboratórios fabricam em grande escala uma variedade de medicamentos ou grandes quantidades de um número limitado de produtos.

As farmácias hospitalares recebem uma habilitação diferente da dos laboratórios e há certa confusão quanto a suas funções. Algumas produzem grande variedade de medicamentos em distintas apresentações (por exemplo, drágeas, xaropes, cremes e *blisters*) enquanto outras só produzem, rotulam e embalam fórmulas magistrais. Também existem farmácias hospitalares que fabricam produtos para outros órgãos públicos, mesmo sem terem autorização para isso. Quando perguntado se as farmácias hospitalares têm habilitação para produzir medicamentos, um diretor de um laboratório provincial respondeu:

> Bem, podem e não podem... porque não há muita legislação sobre este assunto. Em minha opinião, não deveriam. Em vários hospitais há produção [de comprimidos ou injetáveis] em pequena escala. Mas você não vai encontrar em lugar nenhum se é permitido ou proibido. O que se questiona sobre esses medicamentos é qual o controle de qualidade que está sendo feito neles, uma vez que o controle de qualidade de um medicamento requer equipamento e métodos bastante sofisticados para um simples hospital... nesse comprimido que é entregue e que o paciente consome, qual o controle de qualidade quanto à dose?... nenhum!! (outubro de 2004).

A maioria dos laboratórios mantém grande capacidade ociosa; alguns não trabalham um turno completo por dia, outros passam muito tempo sem produzir. Não existe um cálculo exato da capacidade instalada dos laboratórios públicos, mas apenas estimativas (BIBILONI et al., 2005); tampouco se fez um estudo do pessoal empregado, sua qualificação profissional ou o número de horas de trabalho. O cálculo da produção total também é difícil porque varia de um ano para outro, e poucos laboratórios podem planejar devido à incerteza da demanda e de seus orçamentos.

Os laboratórios que são sociedades estatais podem comercializar seus produtos. Outros funcionam com um sistema de troca; por exemplo, o município que precisa distribuir o medicamento "x" a seus centros de saúde encomenda a produção ao laboratório provincial, compra os insumos e os entrega ao laboratório. O laboratório não pode cobrar pelo trabalho realizado, mas pode pedir uma compensação em espécie pelos gastos que teve. Como explicou o diretor de um laboratório provincial:

> O município faz um pedido de medicamentos conforme o nosso catálogo, a quantidade tal do que necessite... de acordo com esse volume total nós pedimos que eles comprem matérias-primas... Se o município pede 100 comprimidos

de *enalapril*, eu respondo que isso custa tanto, tragam um saco de açúcar, que nós precisamos para fazer suspensões. É mais ou menos assim que nós funcionamos. Quando o município entrega... [o] que pedimos, ele retira os medicamentos que solicitou... O problema é que se, por exemplo, eu peço barricas de amoxicilina, eles vão comprar como determina seu sistema de compras, por licitação ou seja lá como for, das firmas que convidarem para a licitação, e a decisão é deles. Nós fazemos controle de qualidade; pode acontecer que a droga seja boa no sentido de ter a pureza que corresponde... mas a técnica de elaboração altera o tamanho do grânulo, a questão da síntese, se é de origem europeia ou não, isto é importante, porque dá diferença entre um lote e outro quando muda a origem da matéria-prima. A gente procura diminuir o pedido de matérias-primas importantes, pedindo aos municípios que forneçam coisas menos importantes como excipientes e tal, e a gente procura centralizar a compra das matérias-primas importantes.

Pergunta: Além disso, os municípios dão dinheiro?

Resposta: Não, não. Não se lida com dinheiro. É uma troca.

Pergunta: Como funciona o laboratório?

Resposta: Por meio do ministério [provincial]. Temos um orçamento outorgado. E agora também trabalhamos para hospitais provinciais, portanto, o orçamento dos hospitais provinciais tem uma parte destinada à produção de genéricos. Se não, não poderíamos... O laboratório surgiu em 1996 com os convênios municipais, onde havia troca de matérias-primas para medicamentos, nós quase não comprávamos matéria-prima, eram sempre os municípios que compravam, e o ministério entrava com o pessoal e tudo o mais, o custo de produção era coberto pelo ministério... Em 2001, com aquela "bagunça" [refere-se ao caos causado pela desvalorização do peso], foi acrescentada a demanda dos hospitais provinciais, o que trouxe uma confusão espantosa. A demanda dos hospitais ultrapassa a que já tínhamos dos municípios... [mas] Foi um avanço, por exemplo, conseguir que o ministério [provincial] pudesse importar diretamente matéria-prima em grandes volumes. Temos recebido milhares de quilos de *ibuprofeno*. Antes entrava apenas um lote, nisso tivemos uma grande melhora. E é claro que a cobertura para a província sempre é deficiente (setembro de 2004).

Quanto ao pessoal profissional, também há variações. Em alguns laboratórios todo o pessoal é efetivo e não há estagiários da universidade, ao passo que, em outros, estudantes de Farmácia trabalham como bolsistas. Por exemplo, num dos laboratórios de maior produção no país somente trabalham dois profissionais – dois farmacêuticos –, e os restantes cinquenta empregados são na sua maioria estudantes bolsistas, além de alguns funcionários administrativos. Em 2005, os bolsistas foram incorporados ao quadro de pessoal permanente.

Até mesmo a limpeza dos laboratórios traz problemas, como explicou um diretor técnico:

> O serviço de limpeza está aos cuidados de uma empresa que trabalha para o Ministério [provincial] da Saúde, da qual dois ou três empregados são destinados ao trabalho no laboratório. Como a limpeza que se faz aqui não é comum, é preciso treinar esse pessoal. E aí também você tem problemas: é a troca constante de pessoal – uns vão embora, outros são contratados. Com isso, tudo fica mais complicado!!! (outubro de 2000).

Como a fabricação de medicamentos é muito intensiva em capital, para se auferir o máximo rendimento do capital investido as máquinas têm de funcionar mais de um turno por dia. Alguns laboratórios privados trabalham 24 horas por dia e programam a produção de cada medicamento de maneira a terminar na sexta-feira, para aproveitarem o fim de semana para limpar as máquinas e começarem segunda-feira com a fabricação de outro produto (visita a um laboratório privado em Barcelona, Espanha, junho de 2005). Quando termina a produção de um medicamento, antes que se possa começar a fabricar outro é preciso limpar cuidadosamente todo o equipamento, para garantir a pureza do novo produto. Essa é uma atividade que pode levar muitas horas e tem custo muito alto, pois a produção fica paralisada enquanto se faz a limpeza das máquinas. O uso eficiente dos equipamentos exige uma cuidadosa programação da produção, para a qual é preciso um conhecimento prévio e certo das vendas, isto é, grande capacidade logística de planejamento, de maneira que o custoso equipamento fique paralisado o menor número de horas possível e que não haja excesso de produção. Nas atuais condições, com muita interferência política, dificuldades de coordenação entre as diversas repartições do setor público no momento certo (por exemplo, o financiamento), dificuldades em contratar pessoal quando necessário, licenças de importação de princípios ativos e de alguns excipientes, preparação de editais de licitação, é difícil o setor público atingir níveis de eficiência competitivos com o setor privado. Ainda que não seja impossível vencer algumas destas dificuldades, seria ingenuidade ignorá-las ou subestimá-las.

A entrevista com a direção de um laboratório provincial que chamaremos de Laboratório de Medicamentos Essenciais (LME) ilustra alguns desses problemas. O LME tem sessenta empregados, metade deles efetivos e metade contratados. Durante a visita pudemos ver que grande parte das instalações não estava em atividade. De acordo com um dos executivos, o LME tem dificuldade em programar a produção porque quem faz as encomendas é a Farmácia Central – uma repartição do governo provincial – com base nos pedidos dos hospitais e centros de saúde. Segundo nossas anotações da visita:

> O nível de produção é muito irregular porque depende do que a Farmácia pede. O laboratório parou em agosto e dezembro (de 2004) e também interrompeu a produção em janeiro [2005]... E nos dias de trabalho normal há horas vagas (sem produção). A produtividade do pessoal é muito baixa. Não se justifica aumentar o tempo de trabalho porque a demanda é insuficiente. Tiveram de ajustar a produção quando foi lançado o Remediar, que os atulhou de... [nome do medicamento] que é o forte do laboratório (março de 2005).

Outro problema do LME é que recebe uma verba anual do governo provincial e tem de gastá-la durante o ano fiscal ou devolver o excedente. É fácil entender que, por receio de futuros cortes orçamentários, há pressões por gastos que podem resultar no uso ineficiente dos recursos.

Um deputado provincial que defende a produção pública confirmou em uma entrevista que o LME "funciona poucas horas por dia quando deveria funcionar 24 horas e todos os 350 dias do ano, mas aqui há resistência a trabalhar muito tempo" (março de 2005). Este deputado viajou ao Brasil para conhecer a produção pública desse país e lá ficou convencido de que o setor público pode fabricar medicamentos com qualidade e baixo custo. Explicou que o LME quase foi vendido a uma empresa estrangeira devido ao mau estado de seu prédio. E acrescentou que para o LME era difícil cumprir com os planos e não havia sido possível cumprir uma troca de produtos que fora negociada com outro laboratório público da mesma província.

Um funcionário do ministério de outra província também fez referência à baixa produtividade:

> Há muita capacidade ociosa... o que é lógico se a gente considerar o horário de funcionamento, pois eles fazem apenas um turno. Aqui a província tem de vencer um monte de problemas, como o das nomeações de empregados; desde anos atrás, o pessoal que se aposenta ou pede demissão não é substituído. A gente vê isso em todo lugar, mas neste caso em particular é preciso considerar a diferença entre capacidade ociosa – o quanto se perde – e quanto seria gasto para ter mais cinco pessoas fazendo outro turno. Mesmo que isso seja muito fácil... na verdade não é, já que depende de decisões políticas... (agosto de 2004).

Os empecilhos com que se deparam os laboratórios públicos para poderem produzir com eficiência e concorrer com o setor privado não são de fácil solução. As anotações de uma visita a um laboratório municipal – do município que aqui chamaremos de Encarnación – ilustram este ponto. Trata-se de um laboratório municipal que tem uma produção consideravelmente grande e que faz intercâmbio de produtos com outros laboratórios públicos. A matéria-prima é adquirida na Argentina porque as quantidades são pequenas e não compensam os trâmites de importação. Segundo as anotações da entrevista,

> o custo da matéria-prima incide bem pouco no custo final, mas por outro lado os custos fixos são altos e há muita capacidade ociosa. Vão parar de fabricar alguns produtos porque não conseguem concorrer com os preços dos genéricos [no mercado]. No entanto, começaram a produzir alimento parenteral porque existe uma situação de monopólio e [este produto] é muito caro no mercado (março de 2005).

Esta estratégia é um exemplo da capacidade de reação do setor público em função dos preços dos produtos farmacêuticos. Nas entrevistas feitas com os serviços de saúde de Encarnación soubemos que "compravam medicamentos do laboratório municipal a preços similares aos obtidos no mercado mediante licitação. Antes da queda do preço dos genéricos, eles podiam adquiri-los do laboratório do próprio município por preços menores, mas agora alguns até ficam mais caros" (março de 2005). Em uma reunião sobre produção pública, o secretário de saúde de outro município fez este comentário: "Alguns contadores me dizem que os custos não fecham" (outubro de 2003), ou seja, que pode ficar mais barato comprar que produzir.

A própria fragmentação da produção pública faz com que alguns laboratórios tenham custos muito altos. Por exemplo, um laboratório compra amoxicilina ao preço de 120 pesos o quilo e outro bem próximo compra o mesmo produto por 90 pesos – a diferença decorre do volume adquirido.

Mas também há outras razões. De nossas anotações de campo reproduzimos as palavras de um funcionário com espírito autocrítico:

> O laboratório tem má fama porque seus produtos são de baixa qualidade e a distribuição é irregular. Além disso, os hospitais têm solicitado estudos de custos e eles [o laboratório] fizeram uma reunião onde apresentaram preços, mas não explicaram como chegam a esses preços. Os médicos pedem apresentações diferentes das que eles produzem, por exemplo, *ibuprofeno* de 400mg e eles fazem de 200mg; a amoxicilina suspensão pediátrica com menos de 500mg não tem aceitação, mas eles [o laboratório] fazem com 250mg... [a distribuição pública de medicamentos] não é totalmente correta na hora de distribuir o que [o laboratório] produz, tem de se adaptar ao contexto político e às necessidades do sistema de saúde provincial (março de 2005).

Muitos laboratórios têm problemas de qualidade. Em nossas anotações da visita a uma farmácia hospitalar lemos o seguinte:

> Visitamos todas as salas e tudo é muito primitivo... o pó de morfina em doses de 16mg é embalado em papeizinhos cuidadosamente dobrados pelos estagiários... os frascos tinham o dia de elaboração, o nome do produto e o da farmácia, mas não traziam nenhuma informação sobre posolo gia, modo de administração, efeitos secundários... nada. Eles estavam partindo/pulverizando pastilhas de *isoniacida* para adulto para ministrá-las a crianças. O invólucro das unidoses era um papelzinho dobrado (março de 2005).

A ingerência política na qualidade da produção também fica evidenciada, como explica o funcionário de um ministério provincial, referindo-se a diversas situações:

> Os laboratórios municipais estão subordinados a um prefeito e aí já entramos no campo político. Às vezes combinamos tudo entre os técnicos, mas depois chega o prefeito e diz que não, que ali tem que dizer "prefeitura"... Na última reunião falava-se de ajudar os laboratórios a otimizarem seu funcionamento. Eu colocava que o [nome do laboratório] precisa de uma atualização, pois foi instalado doze anos atrás... e a

> verdade é que quando estive lá tomei um susto! A colega dizia que precisa de tudo, de reformas de construção até equipamento... O que eu vi [noutro laboratório] em certa ocasião foi pavoroso, melhor nem lembrar... [Nossa] província tentou comprar e quando fizeram os controles [de qualidade no nosso laboratório] começaram a devolver lotes e mais lotes... e olha que [o laboratório fornecedor] tem habilitação de produtos da Anmat! Acho que estão procurando regularizar um pouco essa situação (agosto de 2004).

Em geral, os farmacêuticos que trabalham em muitos dos laboratórios públicos estão cientes dos problemas de qualidade e os reconhecem porque eles são os mais interessados em resolvê-los, mas frequentemente se deparam com problemas políticos, administrativos e econômicos. O diretor técnico de um laboratório admite que o prédio não tem condições mínimas para ser habilitado pela Anmat e a única saída é construir um edifício novo. Apesar disso, infringindo a lei, esse laboratório distribui medicamentos a outras províncias. Também é justo dizer que há laboratórios de construção recente que não têm problema algum quanto ao prédio ou aos equipamentos.

Resumindo, um número considerável de laboratórios públicos da Argentina defronta-se neste momento com problemas de qualidade e de falta de planejamento capaz de garantir um fornecimento seguro e oportuno de medicamentos, bem como problemas de eficiência.

Descentralização do setor de saúde e fragmentação da produção pública

A maioria dos laboratórios públicos tem percebido que não pode continuar funcionando de maneira tão isolada e desde 2002 começou a sondar a possibilidade de organizar uma rede para coordenar a produção. O propósito é que cada laboratório se especialize em poucos produtos e assim possa obter os benefícios econômicos e de qualidade da produção em grande escala. Por enquanto, tudo o que se fez foi organizar reuniões. Um dos problemas para o sucesso dos objetivos da rede é que os laboratórios estão sob diferentes jurisdições administrativas e cada uma delas tem suas prioridades econômicas e políticas. Não parece que seja fácil montar uma rede nacional dentro de um sistema de saúde descentralizado, uma vez que os laboratórios são financiados por recursos municipais e provinciais cuja alocação deve levar em conta também as necessidades eleitorais de seus políticos. Se o laboratório "x" é responsável pela produção do medicamento "y", mas por necessidades políticas ou problemas logísticos da sua burocracia não se desincumbe dessa obrigação, é difícil atingir o objetivo da rede.

Como já vimos, o Programa Remediar resolveu problemas de acesso de milhões de pessoas a um número limitado de medicamentos, mas ao mesmo tempo teve consequências negativas para a produção pública. Antes do início do programa algumas províncias e municipalidades distribuíam medicamentos produzidos pelos laboratórios públicos aos CAPs. O fornecimento era insuficiente e frequentemente descontínuo. Não houve coordenação da entrega de medicamentos do Remediar com a dos municípios e das províncias (entrevista com ex-funcionário do Ministério da Saúde da nação, março de 2005), e alguns CAPs recebiam o mesmo produto do Remediar e da província, acumulando esse medicamento nas suas farmácias.

A falta de coordenação gerou situações paradoxais. Uma autoridade do Remediar explicou que, apesar do alto nível de "desnutrição" [sic] da população, os CAPs estavam receitando pouco ferro e, portanto, o programa resolveu punir aqueles que não consumissem o ferro que lhes era enviado, diminuindo o número de caixas-farmácia na seguinte remessa (março de 2005). As autoridades de uma secretaria de saúde municipal esclareceram que também recebiam ferro de um programa da Unicef (março de 2005).

O Programa Remediar provocou alterações na produção dos laboratórios públicos. Um deles, que nós visitamos, tinha comprado princípios ativos e outros produtos para fabricar um medicamento que depois começou a ser distribuído pelo Remediar, o que obrigou esse laboratório a interromper a produção, ficando com os insumos desperdiçados no depósito e sofrendo prejuízos de certa importância. Outra consequência foi que aquelas províncias que compravam ou produziam medicamentos desinteressaram-se ou reduziram suas contribuições para o fornecimento de remédios à população, dado que a nação se responsabilizava por atender a essa necessidade. Lemos em nossas anotações da entrevista feita com um deputado provincial: "Enquanto o Programa Remediar existir não será possível coordenar a produçao pública porque... contando com o fornecimento do Remediar, as províncias não têm incentivo para produzir nos laboratórios públicos" (março de 2005).

A descentralização criou uma situação de indefinição no Ministério da Saúde da nação quanto à produção pública de medicamentos. "Ainda não há uma linha estratégica do ministério... não há técnicos avaliando esses projetos [de produção pública]... [o ministério] trabalha com a Secretaria de Ciência e Técnica, que para financiar faz uma avaliação dos projetos [de produção pública]", informou um alto funcionário desse ministério em março de 2005.

Na Argentina, a descentralização transferiu a responsabilidade pela saúde da população da nação para as províncias. Na área de medicamentos essa transferência cria situações contraditórias. Um ministério da saúde provincial aprova o medicamento "x" por considerá-lo seguro para sua população, mas esse medicamento não pode ser vendido em outra província mesmo que seu ministério da saúde também o considere seguro, a menos que a Anmat autorize. Logo, neste caso a responsabilidade pela saúde da população da segunda província acaba sendo assumida pela Anmat, que portanto passa a exercer o controle do comércio interno do país. Pode-se perguntar também: Se um medicamento fabricado na província A não pode ser vendido na província B porque a Anmat não o aprova, presumivelmente por não ser seguro, como é que pode ser vendido na província A? Não é preciso esmiuçar a questão para demonstrar a falta de lógica. A norma que proíbe laboratórios não habilitados pela Anmat de distribuírem medicamentos nem sempre é cumprida, como explicou o diretor técnico de um laboratório:

> No caso de doações ou emergência sanitária não há problemas com o trânsito dos medicamentos. Acho que não é questionável [...]. Mas é diferente se aparecer uma província que está comercializando-os, ou se, por exemplo, eu fizer uma troca entre a província [nome] e a província [nome]... isso não é permitido. Mas quando teve enchente, aí sim, os medicamentos saíram para lá a título de doação e não houve objeção alguma (setembro de 2004).

Isto aparece na página de internet de um laboratório: "Pelo decreto 1517/98 do governador da Província de Buenos Aires, determinou-se a fabricação de medicamentos de ajuda solidária para as províncias de Corrientes, Chaco, Entre Ríos, Misiones e Santa Fe, afetadas pelas enchentes." Neste caso, um governador passou por cima de uma disposição do governo nacional. Poder-se-ia argumentar que uma crise socioeconômica que impede a população de ter acesso a medicamentos necessários é tão grave quanto um fenômeno da natureza, e portanto o livre trânsito interprovincial de medicamentos deveria ser permitido durante a crise. Por outro lado, parece ser mais razoável que o governo nacional seja responsável pela política de medicamentos e pela sua segurança. Isto facilitaria a uniformização dos critérios de segurança e evitaria os problemas de coordenação na distribuição de medicamentos que temos mencionado anteriormente.

Discussão

Como temos explicado, são várias as razões pelas quais o Estado pode apoiar a produção pública de medicamentos. Uma delas é baratear os custos dos medicamentos para que eles sejam acessíveis à população. A informação que obtivemos até agora não fornece evidência de que os custos de muitos dos medicamentos produzidos pelos laboratórios públicos sejam competitivos com relação aos preços que o Remediar tem conseguido mediante licitações internacionais através das Nações Unidas. Não temos encontrado informação confiável sobre os custos de produção dos laboratórios públicos, e as comparações feitas por alguns economistas com os preços do mercado não são pertinentes, já que a comparação deve ser feita com os preços obtidos pelo Remediar e não com os das farmácias comerciais. Em 2004, os preços unitários do *ibuprofeno* (comprimidos) e do paracetamol adquiridos pelo Remediar foram de US$ 0,0107 e US$ 0,0125 respectivamente, sendo pouco provável que o setor público possa produzir mais barato neste momento.

A crítica que questiona o fato de o Programa Remediar ser financiado por meio da dívida pública seria procedente se o financiamento fosse estendido além do período estabelecido. Deve-se lembrar que os bancos multilaterais financiam gastos de investimento e relutam em financiar gastos correntes, como é o caso dos medicamentos, salvo em caso de crise econômica profunda como a da Argentina em 2002 ou em situações de desastre natural. Portanto, seria estranho que o BID volte a financiar a compra de medicamentos para o Remediar, uma vez que a economia argentina está em rápida recuperação. Isto é, se o governo nacional resolver dar continuidade ao Programa Remediar terá de financiá-lo com recursos próprios.

Se esse é o caso, a questão passa a ser quais medicamentos o governo deve comprar no mercado e quais nos laboratórios públicos. Para isso é preciso fazer estudos pontuais dos custos de produção de cada medicamento nos laboratórios públicos. Em vista da fragmentação dos laboratórios e da inexistência de dados precisos sobre sua capacidade produtiva – por enquanto tudo não passa de especulações mais ou menos teóricas que não levam em consideração as realidades políticas e do trabalho nos laboratórios – será difícil obter informação confiável se não houver um esforço concreto nesse sentido. Não basta uma análise econômica, também é preciso que se faça uma análise da realidade política e trabalhista, isto é, do contexto de produção desses laboratórios, pois com frequência a continuidade da produção e sua qualidade são tão importantes quanto os custos, e são fatores políticos e sociais os que influenciam a logística da produção.

A decisão do governo não é optar por Produzir ou Remediar. O Remediar provou que a Argentina pode ter um programa nacional de distribuição de medicamentos básicos a baixo custo. O que importa é garantir que o Estado encontre modos de fornecer medicamentos necessários a preços acessíveis e que esteja preparado para produzir medicamentos estratégicos quando a conduta pouco razoável ou pouco ética da indústria o exigir. Para isso, o Estado argentino precisa de uma política nacional de planejamento de produção de medicamentos de longo prazo, pois a política de medicamentos não deve resultar de projetos provinciais. Pode-se analisar a experiência do Brasil e construir centros nacionais de excelência para pesquisa, desenvolvimento e produção de medicamentos básicos com custos similares aos obtidos por meio de licitações internacionais, bem como de medicamentos mais especializados, inclusive os patenteados, para não depender dos laboratórios inovadores quando as condições sanitárias do país exigirem a quebra de patentes.

Dissemos que existem outras políticas para controlar a indústria. Alguns países impõem controles de preços, outros fixam preços referenciais, exercem seu direito de fazer importações paralelas ou quebram patentes quando acham que é necessário. A produção pública é mais uma política que se mostrou bem-sucedida no Brasil e que em certas condições poderia ter sucesso na Argentina.

Antes de se implementar uma política de produção pública, seria sensato certificar-se de que as condições requeridas são viáveis. São necessárias mudanças de legislação, visando por exemplo a centralizar a política farmacêutica e transformar a cultura burocrática para que seja possível sanar as deficiências apontadas neste trabalho, além de alcançar uma decisão consensual entre os partidos políticos que evite a interferência da politicagem nas decisões técnicas ou a mudança de política com cada mudança de governo.

Havendo consenso, o governo nacional pode modernizar os laboratórios nacionais, construir outros novos e/ou comprar laboratórios provinciais e municipais, escolhendo aqueles em condições físicas e de pessoal provadamente eficientes e que já apliquem ou possam facilmente chegar a aplicar boas práticas de manufatura. Se considerarmos o tamanho de sua população, a Argentina tem laboratórios públicos demais e talvez seja inevitável o fechamento de vários deles, como já está acontecendo. Um programa de distribuição com o nome Remediar ou qualquer outro continuará a ser uma política desejável, procurando reforçar seus aspectos positivos e resolver suas limitações.

Finalmente, é importante salientar que mesmo se a produção pública de medicamentos for mais onerosa que a compra no mercado, nem por isso o Estado deveria desistir de recorrer a ela. As decisões políticas não podem ser baseadas apenas em considerações econômicas. As nações mais ricas do mundo subsidiam sua agricultura principalmente para garantir a independência nutricional e não dependerem de outros países para satisfazer necessidades básicas, ainda que seja mais barato importar alimentos. O setor farmacêutico não é muito diferente. O governo francês esclareceu muito bem que se opôs à compra da Aventis (segunda empresa farmacêutica do país) por uma firma estrangeira com base em razões de segurança nacional, embora do ponto de vista econômico a oferta da Novartis fosse mais atrativa que a da Sanofi.

Referências bibliográficas

BENNETT, S., QUICK, J.D. & VELÁSQUEZ, G. (1997). *Public-private roles in the pharmaceutical sector*: Implications for equitable access and rational drug use. WHO/DAP/97.12. Ginebra: World Health Organization.

BIBILONI, A.; CAPUANO, C.; DE SARASQUETA, P.; MOYANO, G. et al. (2005). *Innovación tecnológica y políticas de medicamentos*. Trabalho apresentado nas Jornadas Plan Fénix, Universidad de Buenos Aires, 02-05/08.

Comisión Pro Cátedra Libre de Salud y Derechos Humanos (2003). "En una Argentina nueva es posible medicamentos para todos – Segunda parte: Por la producción pública de medicamentos básicos esenciales". *Boletín Fármacos*, 6(2), p. 99-110.

HOMEDES, N. & UGALDE, A. (2005). "Multisource drug policies in Latin America: survey of 10 countries". *Bulletin of the World Health Organization*, 83, p. 64-70.

MACEIRA, D.; APELLA, I. & BARBIERI, E. (2005). *Necesidades, focalización y aprendizaje en el programa Remediar*. Buenos Aires: Centro de Estudios de Estado y Sociedad.

Ministerio de Salud de la Nación de Argentina (2003). *Remediar* – Informe de Situación. Buenos Aires: Ministerio de Salud de la Nación, maio.

Ministerio de Salud de la Nación de Argentina. Proaps (2003a). *Innovaciones en adquisiciones y evaluación del Programa Remediar* [Trabalho apresentado na Semana de Desenvolvimento Social, 03-05/11. Washington D.C.: Banco Interamericano de Desenvolvimento].

______ (2003b). *Remediar* [http://www.remediar.gov.ar/site/boletines.asp – Acesso em 02/12/2003].

Ministerio de Salud de la Nación de Argentina./Proaps-Remediar (2004). *Control social directo*. Buenos Aires: Ministerio de Salud de la Nación.

PERRY, G. & SERVÉN, L. (2003). *The anatomy of a multiple crisis. Why was Argentina special and what can we learn from it?* Policy research working paper number 3081. Washington D.C.: The World Bank, junio.

TOBAR, F. (2004a). *Políticas para promoción del acceso a medicamentos*: El caso del Programa Remediar de Argentina. Nota técnica de discusión de salud, 2004. Departamento de Desarrollo Sostenible. División de Programas Sociales. Washington D.C.: Banco Interamericano de Desarrollo, enero.

______ (2004b). *El programa Remediar en la política de salud*: una estrategia en acción. Buenos Aires: Ministerio de la Nación de Argentina.

______ (2002). Acceso a los medicamentos en Argentina: diagnóstico y alternativas. *Boletín Fármacos*, 5(4), p. 35-45.

VALSECIA, M.E.; MORALES, S.D.; GEROMETTA, P.H.; CARRARA, C. & MALGOR, L.A. (2004). "Accesibilidad y Plan Remediar en Corrientes (Argentina)". *Boletín Fármacos*, 7(1), p. 53-56.

Quadro 1 – Lista de pessoas entrevistadas, visitas a laboratórios, observações em reuniões e entrevistas informais

3 entrevistas e 1 visita às instalações de produção	Diretor técnico de laboratório provincial	Setembro de 2004/outubro de 2004/agosto de 2005
1 entrevista	Funcionário de alto escalão da Direção de Farmácia do Ministério Provincial da Saúde	Agosto de 2004
1 entrevista	Deputado provincial	Março de 2005
2 entrevistas	Altos funcionários do Programa Remediar	Março de 2005
1 entrevista e 1 visita às instalações de produção	Diretor técnico de farmácia hospitalar	Março de 2005
1 entrevista	Assessor do Ministério da Saúde da nação	Março de 2005
1 entrevista grupal	Responsáveis pela área de medicamentos de um município	Março de 2005
1 entrevista e visita	Responsável pela farmácia de um CAP	Março de 2005
1 entrevista grupal e 1 visita às instalações de produção	Diretor técnico e diretoria de laboratório municipal	Março de 2005
1 entrevista grupal e 1 visita às instalações de produção	Responsável pela administração e APM (agente de propaganda médica) de laboratório provincial	Março de 2005
Informação obtida em fóruns e mediante entrevistas informais com acadêmicos	Fórum Social de Saúde/I e II Encontro para a Produção Pública de Medicamentos/Reuniões marcadas	Dezembro de 2002/novembro de 2004/março de 2005

1 entrevista e visita às instalações de produção	Diretor técnico de laboratório/Produtor universitário	Agosto de 2005
1 entrevista	Alto funcionário de um ministério da saúde provincial	Novembro de 2004
2 observações	Reuniões de coordenação provincial da produção/Participantes: Ministério da Saúde provincial, laboratórios produtores de medicamentos localizados na província, laboratórios de controle de qualidade, autoridades da Anmat	Maio e outubro de 2004
1 entrevista	Alto funcionário da Anmat	Março de 2005

12 Avaliação participativa do atendimento de enfermagem em uma unidade de tratamento intensivo na Espanha: da reflexão à mudança nas práticas do tratamento

Pilar Delgado Hito
Denise Maria Gastaldo

1. Introdução

As razões para a criação e implantação de uma nova política ou de um novo programa de saúde podem ser muito diferentes e às vezes até contraditórias. Enquanto que há políticas e programas que são sobretudo um meio de propaganda governamental ou institucional, outros visam à circulação de ideias e mesmo à mudança da prática assistencial. Idealmente, o objetivo deveria ser mudar práticas e rotinas que constituem o dia a dia das intervenções e cuidados oferecidos a usuários, famílias ou comunidades que utilizam o sistema de saúde, por meio da promoção de novas formas de compreensão e ação diante dos problemas identificados por qualquer um dos segmentos que compõem o sistema de saúde. Neste contexto de busca de transformação técnica e social, como vários capítulos desta obra ensinam, seria importante avaliar os resultados de programas implantados para verificar se eles atingem seus objetivos e talvez revê-los para propor mudanças que resultem na melhoria da qualidade da assistência à população.

Apesar de que este ideal promova e justifique a avaliação, isso não significa que avaliar seja sinônimo de promover mudança. Muitos processos avaliativos não têm efeito algum sobre os programas ou práticas que eles avaliam (CHIANCA, 2001), o que talvez explique uma certa resistência de grupos profissionais em face das propostas de avaliação. Paradoxalmente, as avaliações desenvolvidas por governos e organizações da sociedade civil vêm se tornando cada vez mais frequentes, sobretudo porque é preciso concorrer por verbas administradas com base numa lógica de eficiência neoliberal.

A busca de uma forma de avaliação que se realize em simultaneidade com o processo de mudança é uma tendência crescente que se consolidou no que hoje se conhece como avaliação participativa, em que avaliar programas ou práticas de saúde é trabalhar com as pessoas envolvidas nos mesmos, como os profissionais de saúde ou a população. Este capítulo apresenta um exemplo de avaliação "de baixo para cima", isto é, de um processo avaliativo criado porque os profissionais que prestavam assistência de enfermagem consideravam-se capazes de melhorar seus serviços e, com a ajuda de uma pesquisadora (Pilar Delgado Hito), envolveram-se num processo participativo com várias fases de avaliação e mudança de suas práticas.

Neste capítulo analisamos de que forma a pesquisa-ação participativa é uma metodologia qualitativa de avaliação e, concomitantemente, de proposta de mudança. Com esse fim, apresentamos o modelo dominante e emergente de avaliação, a avaliação participativa como forma de pesquisa, a pesquisa-ação participativa e o modelo de Kemmis e McTaggart como método avaliativo e participativo, exemplificando estes aspectos teóricos com um estudo que utilizou essa metodologia. Por fim, discutimos os resultados do estudo, bem como os limites e desafios da avaliação participativa.

2. Modelo dominante e emergente de avaliação

O termo "avaliação" é usado para representar diversas atividades, desde a avaliação clínica do estado do paciente, a apreciação da atuação profissional ou de um programa local, até um projeto de pesquisa multicêntrico de avaliação. Dos seis tipos de avaliação mencionados por Chianca (2001), a maior parte é realizada por um especialista ou um superior hierárquico daqueles que são "apenas" usuários do sistema ou que implementam o programa ou protocolo em questão. Tradicionalmente, as avaliações visam a mensurar o cumprimento dos objetivos e a tomada de decisões, baseando-se nas opiniões de especialistas (CHIANCA, 2001).

No contexto de assistência à saúde, St-Arnaud (1992) relata que as enfermeiras assistenciais estão sempre criando e avaliando novas estratégias de intervenção que estão consideravelmente distantes da atividadede científica tradicional. Para este autor, os profissionais se deparam todos os dias com novos problemas e produzem novos tipos de mudanças, em ritmo tão acelerado que a atividade científica só muitos anos depois consegue apreender uma parte do ocorrido.

A partir de uma revisão da literatura, Copnell (1998) constatou que na avaliação da prática de enfermagem com pesquisas para promover a mudança, o saber prático das enfermeiras, baseado em suas percepções e experiências, é pouco considerado no momento de avaliar e propor mudanças em programas e protocolos, sendo os conhecimentos científicos – geralmente descontextualizados – a forma de saber privilegiada. Em estudos feitos em serviços de saúde de diversos países, com frequência as enfermeiras ficam afastadas e limitadas num papel um tanto passivo porque, de acordo com o modelo científico dominante, se considera o pesquisador como um especialista no processo de avaliação. Entretanto, se os conhecimentos, a experiência e as opiniões das enfermeiras não forem valorizados, a avaliação não representará a realidade da prática cotidiana (BENNER, 1995; FINN, 1994; STRINGER, 1996; TANDON, 1981) e, mesmo que se consiga uma mudança, esta confirmará que as enfermeiras (e possivelmente os demais profissionais da saúde) são meras consumidoras de ciência.

Nos últimos 10 anos, porém, se percebe uma busca de superação do modelo tradicional nas pesquisas da enfermagem que se propõem a avaliar a prática cotidiana para gerar mudanças. Este processo emergente caracteriza-se por ser mais aberto, holístico e igualitário entre pesquisadores e profissionais: um processo no qual as enfermeiras assistenciais decidem e efetuam mudanças na sua prática (DEGERHAMMAR & WADE, 1991; KERR, 1996; NICHOLS, MEYER, BATEHUP & WATERMAN, 1997; STRINGER, 1996; TURCOTTE-BELLEY, 1990; WHYTE, 1991) e um processo em ação que precisa passar pela experiência e pela reflexão para conseguir avaliar e melhorar ou mudar as práticas (SCHÖN, 1996). Este tipo de pesquisa é chamado de "pesquisa participativa" por vários autores (ABBOT, BLAIR & DUNCAN, 1993; FINN, 1994; HALL, 1981; REASON, 1994a; REASON, 1994b; TANDON, 1981).

3. A avaliação participativa como forma de pesquisa

Tanaka e Melo (2004) afirmam que há imobilismo na adoção da avaliação como ferramenta do trabalho cotidiano nos sistemas de saúde. No que diz respeito às questões do dia a dia dos serviços de saúde, a avaliação é uma tarefa muito grande e ameaçadora, pois ainda hoje existe a ideia de que o processo seria controlado por agentes de fora do sistema (TANAKA & MELO, 2004).

Por outro lado, alguns autores mencionam que a participação enfrenta dificuldades que têm a ver com os usuários, profissionais e as instituições. Quanto aos usuários e profissionais, alguns dos obstáculos são de índole estrutural (baixo nível educativo, desinformação) e de atitude (desinteresse, falta de motivação e incentivo para participar). Quanto às instituições, existe centralização do poder, falta de abertura e de mecanismos de participação, bem como de canais de comunicação com os usuários e profissionais (VÁZQUEZ, SILVA, CAMPOS, SIQUEIRA, CAMPOS, DA SILVA, LEITE & KRUZE, 2002).

Neste contexto, muitas das avaliações realizadas nos serviços de saúde são de primeira geração (*medir* fenômenos) e há uma tendência a eliminar e a não levar em consideração os aspectos locais e sua influência nos resultados da avaliação (TANAKA & MELO, 2004). Em contrapartida, a quarta geração dos modelos avaliativos (GUBA & LINCOLN, 1989) tem como característica a eliminação da figura do especialista como única pessoa competente para avaliar. Trata-se do que aqui chamamos de avaliação participativa, pois ela leva em consideração o contexto onde ocorre e os atores sociais envolvidos no processo para definir parâmetros, critérios e limites do processo avaliativo (TANAKA & MELO, 2004). Logo, a avaliação participativa implica uma redistribuição de poder e recursos entre os diferentes grupos envolvidos; há abertura de espaços para a participação social; as instituições e seus funcionários perdem o monopólio na tomada de decisões, que terão de resultar do consenso entre os diversos agentes sociais (VÁZQUEZ, SIQUEIRA, KRUZE, DA SILVA & LEITE, 2002).

A avaliação participativa ou avaliação baseada na participação "envolve ativamente as pessoas interessadas ou diretamente afetadas pelo programa a ser avaliado" (CHIANCA, 2001, p. 23). Tendo sido criada como alternativa ao modelo tradicional de avaliação, ela procura superar os aspectos que eram considerados como pontos fracos desse processo. Assim, hoje ela é a variante avaliativa com maior crescimento no mundo inteiro e tem por princípios (CHIANCA, 2001): a participação dos usuários e/ou trabalhadores do programa na determinação do foco da avaliação, dos dados a serem coletados e dos critérios e valores utilizados para a análise do fenômeno estudado; a apreciação do valor do saber empírico dos participantes e do contexto em que o programa se desenvolve; a produção de dados relevantes para aqueles que utilizam o programa e nele trabalham, tornando mais provável que a avaliação seja utilizada para a mudança. Além disto, a participação dos usuários e/ou trabalhadores na avaliação de programas de saúde permite garantir que o ponto de vista dos membros esteja refletido nas descobertas e recomendações da avaliação, que eles desenvolvam habilidades de acompanhamento e avaliação e sejam estimulados a aprender (AUBEL, 2000).

Neste estudo, nós consideramos que a avaliação participativa é um processo de pesquisa que, como salientam Uchimura e Bosi (2004), com frequência não tem sido assim considerado no sistema de saúde, em razão da influência do pensamento positivista que restringia a pesquisa à medição de resultados em termos quantitativos. Se considerarmos a pesquisa avaliativa como uma abordagem metodológica, poderemos pensar quais são os paradigmas que influenciam as diferentes maneiras de concebê-la e desenvolvê-la na prática dos serviços de saúde.

Diferentes enfoques participativos têm sido utilizados com base nos princípios fundamentais das avaliações participativas. Neste sentido, Reason (1994b) divide-os em três categorias: a pesquisa cooperativa (p. ex.: Heron), a pesquisa-ação participativa – PAP – (p. ex.: Tandon & McTaggart) e a ciência-ação (p. ex.: Argyris & Schön). No entanto, este autor afirma que é difícil descrever as diferenças entre esses enfoques participativos, mas considera que uma diferença entre eles está na população focalizada, isto é, o grupo no caso da pesquisa cooperativa, a comunidade ou o lugar de trabalho na pesquisa-ação participativa e o indivíduo na ciência-ação.

Destes três enfoques, optamos por abordar a pesquisa-ação participativa porque ela pode ser realizada no local de trabalho e por ter sido a mais utilizada pelas enfermeiras para avaliarem e mudarem sua prática. As enfermeiras têm utilizado a PAP: 1) porque ela valoriza seus conhecimentos, suas experiências e suas opiniões, dando-lhes poder para mudar suas práticas (BELLMAN, 1996; TITCHEN & BINNIE, 1993); 2) por suas qualidades humanistas (HOLTER & SCHWARTZ-BARCOTT, 1993; WEBB, 1989; HYRKÄS, 1997); 3) por seu processo reflexivo durante a ação; 4) por ser mais participativa e colaborativa (BREDA, ANDERSON, HANSEN, HAYES, PILLION & LYON, 1997; MOLZAHN & SHEILDS, 1997; NOLAN & GRANT, 1993; SHEEHAN, 1990).

Portanto, embora existam diferentes maneiras de se avaliar e mudar a prática e, por consequência, diversos modos de potencializar a humanização nas unidades de cuidados intensivos (GAFO, 1994), neste estudo escolhemos um método que valoriza a experiência das enfermeiras e no qual elas fazem um processo de autoconsciência da realidade de sua prática (avaliação da prática *in situ*), estabelecem as estratégias de mudança que acharem adequadas para respeitar e levar mais em consideração o paciente e sua família e poder, enfim, prestar cuidados mais humanos num contexto excessivamente técnico.

4. A PAP e o modelo de Kemmis e McTaggart (1998)

Kurt Lewin foi o primeiro a transformar a noção de pesquisa aplicada experimental para incluir a participação dos interessados na realização da mudança (MORIN, 1992), especialmente no âmbito da psicologia e da educação (KEMMIS, 1993). Mas a ideia original de Lewin, de fazer as pessoas participarem da pesquisa, tem sido modificada. De acordo com Elden e Chisholm (1993), na pesquisa-ação clássica o pesquisador monopoliza a geração de conhecimento, ainda que não exclua as pessoas que facilitam a informação, permitindo que elas participem de algumas fases do processo de pesquisa. Na atualidade, o conceito de participação exige o compartilhamento, a participação real em todas as etapas do processo, o compromisso pessoal, a abertura para a atividade humana e a responsabilidade (HALL, 1981; KEMMIS, 1988; KEMMIS & McTAGGART, 1988; McTAGGART, 1991; 1997; MORIN, 1992; STRINGER, 1996; TANDON, 1981; WEBB, 1989; WHYTE, 1991). Além disto, a pesquisa participativa desenvolveu-se sobre o pressuposto de que as pessoas são capazes de aprender, de mudar e transformar seu mundo, ao contrário das pesquisas tradicionais ou positivistas em que as pessoas são consideradas meros objetos de observação (ABBOT e col., 1993).

Existem na literatura muitas definições de pesquisa participativa, mas a maioria delas sustenta que este tipo de pesquisa está caracterizado pelas seguintes palavras-chave: pessoas, poder no sentido de *empowerment* (BELLMAN, 1996; ELLIOTT, 1991; KEMMIS & McTAGGART, 1988; MASTERS, 1995; MEYER, 2000; OFFREDI, 1981; STRINGER, 1996; TITCHEN & BINNIE, 1993; WEBB, 1990; 1991; WHYTE, 1989; 1991), práxis (ação-reflexão) e conhecimentos práticos ou populares (KEMMIS & McTAGGART, 1988; REASON, 1994b; STRINGER, 1996).

Aperfeiçoando o método de pesquisa-ação participativa para profissionais que atuam na prática, Kemmis e McTaggart (1988) criaram uma alternativa que permite a realização de estudos avaliativos participativos em serviços de saúde, no sistema educacional ou em organizações da sociedade civil. Este modelo é composto de ciclos no interior de uma espiral. Cada ciclo contém 4 etapas: planejamento, ação, observação e reflexão (cf. Figura 1), embora exista uma etapa prévia chamada de reconhecimento do terreno pelos pesquisadores (em negro na figura), etapa que consiste, no caso do nosso estudo, em observação e análise da situação atual da prática de enfermagem em uma unidade de cuidados intensivos. Posteriormente começa um primeiro ciclo com suas quatro etapas, e este ciclo é repetido quantas vezes isto for necessário para os participantes do estudo.

Figura 1 – As espirais da pesquisa-ação participativa do modelo australiano de Kemmis e McTaggart (1988)

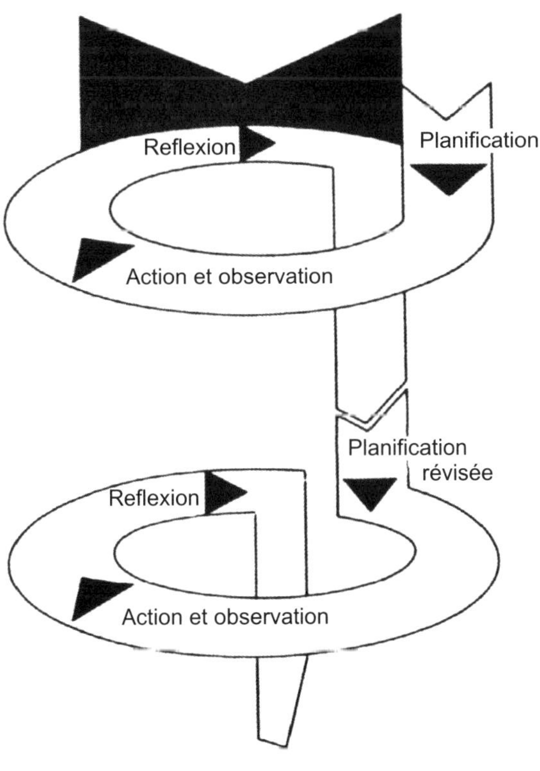

A partir de uma perspectiva avaliativa, pode-se dizer que a PAP está baseada em ciclos consecutivos de avaliação e aplicação de resultados, permitindo integrar avaliação e mudança num processo dinâmico no qual a avaliação é um mecanismo para conseguir uma mudança que represente uma melhora do padrão de funcionamento de um sistema em determinado contexto.

Kemmis e McTaggart (1988) afirmam que podemos objetivar uma mudança quando analisamos as três dimensões incluídas na cultura dos grupos: a linguagem, as atividades e as relações. Uma mudança nestas três dimensões deve ser observada ao longo do processo e, portanto, estas dimensões orientam o conteúdo de cada uma das etapas da pesquisa e os resultados aqui apresentados.

5. A orientação paradigmática do estudo

Este estudo está inserido no paradigma crítico-social. As teorias que compõem este paradigma compartilham a postura de que não existe saber neutro, que toda produção de conhecimento é mediada por relações de poder e está constituída pelo seu contexto social e histórico (FREIRE, 1980; KINCHELOE & McLAREN, 1998). O objetivo dos estudos realizados sob este paradigma é o de desenvolver análises críticas das relações que reproduzem os privilégios de alguns grupos sociais e submetem outros a opressão de classe, de gênero ou de raça, entre outras (KINCHELOE & McLAREN, 1998).

Algumas das metodologias oriundas desta forma de se conceber a produção de conhecimento são as pesquisas-ação e participativas, que colocam a mudança social como modo de entender as relações que constituem o cotidiano. O pressuposto epistemológico que as sustenta é que, para penetrar na essência fenomênica de um objeto, é preciso experimentá-lo e ao mesmo tempo refletir sobre ele (FREIRE, 1980). Isto é, a "práxis" é a unidade dialética (ação-reflexão) que permite às pessoas gerar saber e transformar o mundo (FREIRE, 1980). Neste contexto, a "conscientização" é um compromisso histórico e permanente que leva as pessoas a assumirem seu papel de gente que faz o mundo, que não se limita a experimentar as consequências de estar no mundo (FREIRE, 1980).

Tendo presente esta orientação paradigmática, passamos agora a descrever o estudo em que aplicamos esta perspectiva teórica e metodológica para, finalmente, refletirmos sobre as vantagens e limitações das avaliações participativas para conseguir mudanças significativas na prática profissional.

6. Apresentação do estudo

6.1. A problemática do estudo

Este estudo foi criado com base na identificação de alguns aspectos desumanizadores da assistência de enfermagem em unidades de cuidados intensivos (UCIs). A tecnologia e as técnicas complexas vão inevitavelmente ocupando um espaço cada vez maior e continuam marcando fortemente as práticas de enfermagem (BRIGGS, 1991; HENDERSON, 1980). O paciente que dá entrada nessas unidades encontra um meio que costuma ser considerado impessoal e tecnologicamente invasivo (DONAHUE, 1993; MARSDEN, 1991; SCULLION, 1994; TORRALBA, 1999).

A tecnologia e os profissionais especialistas atingem a integridade da pessoa, violando sua dignidade e sua autonomia; por consequência, os pacientes são reduzidos à condição de objetos (GADOW, 1984; 1989; HENDERSON, 1994; MARSDEN, 1991; WILLIAMS, 1997). Esta objetificação significa que o paciente não é visto com seus traços pessoais e individuais.

Embora a enfermeira[1] de cuidados intensivos possua conhecimentos e habilidades necessários relacionados aos aspectos tecnológicos (máquinas e procedimentos), isto não basta para prestar cuidados de qualidade (HENDERSON, 1980; JACKSON, 1996; POTINKARA & PAUNONEN, 1996; WALTERS, 1994). Se quisermos humanizar o atendimento nas UCIs, precisaremos mudar alguns fatores vinculados à comunicação (verbal e não verbal), às atividades ou práticas cotidianas e às relações que se estabelecem entre a enfermeira e os pacientes, seus familiares ou mesmo com outros profissionais de saúde.

6.2. Metodologia

Como já dissemos, projetamos um estudo qualitativo do tipo de pesquisa-ação participativa, tendo como orientação o modelo proposto por Kemmis e McTaggart (1988).

O estudo que aqui se apresenta teve por *objetivo geral* o de promover a reflexão sobre os cuidados de enfermagem com base num processo

1. Pilar Delgado foi a pesquisadora principal e Denise Gastaldo foi a orientadora deste estudo, que foi financiado pelo FIS-Fondo de Investigación Sanitária, Instituto de Salud Carlos III (FIS-00/0752) do Ministerio de Sanidad y Consumo da Espanha.

participativo dos intervenientes, visando a melhorar a assistência ao paciente. Foram *objetivos específicos*: 1) compreender como o processo de reflexão pode conduzir à avaliação da prática e à elaboração de estratégias que melhorem o atendimento de enfermagem; 2) analisar a introdução de um novo modo de cuidar os pacientes por meio de um grupo de reflexão-ação.

Este estudo foi conceitualizado com base na prática de Pilar e nas críticas e *insights* de suas colegas sobre a necessidade de humanização do trabalho das enfermeiras de cuidados intensivos, tendo sido realizado como pesquisa para o Mestrado em Enfermagem da Universidade de Montreal (Canadá), o que exigiu da pesquisadora um maior grau de iniciativa no início do projeto.

6.2.1. O contexto e o recrutamento dos participantes

O estudo foi realizado na UCI polivalente do Hospital de la Santa Creu i Sant Pau de Barcelona (Espanha). Esta unidade tem 16 leitos e a relação enfermeira/paciente é 1/2. O recrutamento dos participantes ocorreu ao longo de dois meses. Durante esse período, a pesquisadora Pilar Delgado fez várias reuniões para explicar o objetivo do estudo e convidar as enfermeiras para participarem do mesmo. Finalmente, oito das 45 enfermeiras formaram o grupo de participantes, sendo três do turno da tarde, duas de um dos turnos da noite e duas do outro. Todas eram mulheres com idade média de 32 anos, com, em média, 9 anos de experiência em UCI e com título de pós-graduação em Enfermagem Intensiva conferido pela Escola de Enfermagem desse centro. Não forneceremos mais dados das participantes porque esta informação poderia violar a confidencialidade sobre suas identidades.

6.2.2. O desenvolvimento das etapas da pesquisa participativa

A Tabela 1 (no final deste capítulo) apresenta a descrição das etapas e atividades mais importantes realizadas no decorrer do estudo.

I – *Reconhecimento do terreno*: A pesquisadora principal observou a atuação de 6 enfermeiras dos distintos turnos no momento da entrada de um paciente na UCI. Ela usava um diário de campo para anotar suas observações sobre a linguagem utilizada pelas enfermeiras, suas atividades e seu relacionamento com o paciente, com o propósito de identificar o que havia de mais característico na prática. A fim de questionar a descrição e obter o máximo de detalhes possíveis, as observações contidas neste reconhecimento foram lidas por alguém que não presenciara as observações.

II – *Primeiro ciclo*:

IIa – *Etapa de planejamento*: Durante esta etapa, realizada em duas reuniões de grupo com duas horas de duração cada uma, as participantes planejaram de que forma iriam realizar a observação de sua prática, decidindo-se pela auto-observação. Elas discutiram sobre a melhor maneira de fazer a auto-observação, bem como sua duração e o momento ideal para fazê-la. Também escolheram os nomes fictícios que utilizariam durante todo o estudo para preservar a confidencialidade. A pesquisadora distribuiu às participantes a seguinte documentação: descrição do modelo de Kemmis e McTaggart, informação sobre a técnica de observação participante e um guia para a elaboração do diário de campo, uma vez que elas o utilizariam nas etapas de observação e reflexão. Dada a natureza participativa e colaborativa deste processo, as enfermeiras se envolveram intensamente nesta primeira etapa, o que fortaleceu nelas a motivação e o interesse em analisar aspectos de sua prática.

IIb – *Etapas de ação e de observação*: Durante estas etapas cada uma das enfermeiras fez auto-observação de sua prática no momento da entrada de dois pacientes. A sistemática da observação foi a mesma utilizada na etapa do reconhecimento: observar e avaliar a realidade da prática de enfermagem com relação à linguagem, às atividades e ao relacionamento com o paciente. Depois, elas descreveram o que foi observado em seus diários de campo, bem como suas posteriores reflexões pessoais. Esta etapa foi baseada principalmente no desenvolvimento de ação-reflexão ou práxis, isto é, uma ação criticamente informada.

IIc – *Etapa de reflexão coletiva*: A reflexão coletiva baseou-se nas reflexões escritas pelas enfermeiras em seus diários. Durante duas reuniões de grupo de duas horas cada uma, as participantes expuseram o que pensavam sobre suas práticas *a priori* e o que realmente resultou de suas observações (diário de campo). A reflexão do grupo levou à reconstrução da significação da situação atual (uma consciência crítica ou uma tomada de consciência que levou as participantes a questionarem seu *status quo*) e estabeleceu a base para um plano de ação revisado, dando início assim ao segundo ciclo de ação-reflexão.

III – *Segundo ciclo*:

IIIa – *Etapa de replanejamento*: O ponto de partida desta etapa foram as reflexões críticas e os documentos resultantes da observação e da avaliação que as enfermeiras fizeram de sua prática. A partir dessas reflexões as participantes desenvolveram um plano de ação consensual para melhorar a assistência. Atentando para a realidade do dia a dia e os possíveis obstáculos materiais e humanos, as participantes elaboraram estratégias de mudanças viáveis e realistas (cf. DELGADO, 2001).

IIIb – *Etapas de ação e de observação*: Esta etapa tomou o dobro de tempo que a mesma do ciclo anterior, devido às férias de verão e à mudança de unidade por problemas arquitetônicos. As participantes implementaram na prática as estratégias de mudança, observando-as e refletindo criticamente sobre elas, sempre usando o diário de campo.

IIIc – *Etapa de reflexão coletiva*: Durante esta etapa, as participantes avaliaram o que ocorrera, o que era esperado, os limites e as consequências com relação às estratégias de mudança. A reflexão coletiva foi baseada nas reflexões individuais escritas pelas participantes em seus diários e em dois guias de perguntas (um sobre as estratégias e outro sobre a metodologia empregada para efetuar mudanças) entregues pela pesquisadora principal às participantes antes das reuniões de grupo.

6.2.3. Os papéis: a pesquisadora e as participantes

Neste tipo de estudo, tanto os pesquisadores quanto os participantes têm de desempenhar um papel ativo durante todo o processo (KEMMIS & McTAGGART, 1988; McTAGGART, 1997). Antes de começarem, as participantes conheciam e aceitaram os aspectos metodológicos do estudo, bem como o papel que elas deveriam desempenhar durante o mesmo. A Tabela 2 (no final deste capítulo) mostra o papel desempenhado pela pesquisadora e pelas participantes.

6.2.4. Coleta de dados

Como é natural nos estudos participativos, a coleta de dados e sua análise foram realizadas simultaneamente (MORSE & FIELD, 1995). Durante a fase de coleta de dados (12 meses) utilizou-se: 1) a observação sistemática: as anotações no diário de campo da pesquisadora sobre o reconhecimento do terreno, os progressos do grupo e do estudo, as reflexões e os sentimentos quanto ao processo permitiram contar com um relatório descritivo e íntimo da vivência do dia a dia; 2) reuniões de grupo: a pesquisadora promoveu sete reuniões de grupo com duração máxima de duas horas. Ela gravou todas as reuniões e transcreveu o conteúdo no computador; 3) documentos coletados: a pesquisadora colheu documentos elaborados pelas participantes (de maneira voluntária, todas ofereceram seus diários de campo à pesquisadora), gerados pelo hospital (notas de dois cursos realizados durante o período de implementação de estratégias de mudança) e os documentos sobre observação participante do sociólogo Oscar Guasch (1997).

6.2.5. Análise de dados

O processo de análise de dados foi realizado de maneira contínua e circular, tanto em nível de processo (todo o trabalho ou atividades do grupo mediante o diário de campo) quanto em termos da significação do *verbatim* (CATTERALL & MACLARAN, 1997). Para a análise dos documentos foi utilizada uma grade baseada em Miles e Huberman (2003) para a elaboração de fichas de síntese. A análise do diário de campo da pesquisadora possibilitou uma descrição detalhada do método, do processo e das participantes. O diário serviu não só como fonte de dados, mas para validar o conjunto da informação obtida durante o estudo (MORSE & FIELD, 1995).

Para analisar as reuniões, a pesquisadora principal aplicou um processo de codificação e de categorização (MORSE e FIELD, 1995; POPE, ZIEBLAND & MAYS, 2000) que leva em consideração a busca da significação do que dizem os participantes e a busca de uma resposta às perguntas do estudo (a Tabela 3 – no final deste capítulo – representa um exemplo de codificação e categorização surgido do estudo). Este processo possibilitou a reorganização das representações em torno de três temas: a prática reflexiva, da avaliação reflexiva à mudança, e da mudança à reavaliação da prática. Estes temas são apresentados na seção de resultados.

A triangulação é uma das estratégias que procuram garantir o rigor metodológico (BURNS & GROVE, 2001; DENZIN & LINCOLN, 1994; MASSEY, 1991; McTAGGART, 1997; MAYS & POPE, 2000; POUPART, DESLAURIERS, GROULX, LAPERRIÈRE, MAYER & PIRES, 1997), e neste estudo foi utilizada a triangulação de métodos e a triangulação de fontes (PATTON, 1980). Efetuou-se a triangulação de métodos mediante comparação entre a informação coletada dos documentos, do *verbatim* das reuniões de grupo e da observação anotada pela pesquisadora em seu diário de campo. A triangulação de fontes foi feita com base na confirmação, por parte das participantes, da análise elaborada pela pesquisadora (MEYER, 2000) e por uma pessoa alheia ao estudo.

6.2.6. Considerações éticas

A pesquisadora principal recebeu autorização para realizar o estudo da diretora de enfermagem e do Comitê de Ética do hospital. A fim de manter a confidencialidade das informações sobre as participantes, nas transcrições das reuniões e em todos os documentos as participantes foram identificadas com nomes fictícios. As enfermeiras participaram voluntariamente do estudo e sabiam que poderiam sair dele quando quisessem. Elas deram seu consentimento verbal e também autorizaram a gravação das reuniões.

6.3. Resultados

Os resultados foram abordados no contexto dos três temas que surgiram no processo de organização das representações das participantes: a prática reflexiva, da avaliação reflexiva à mudança e da mudança à reavaliação da prática. Para mais informações sobre o estudo, sugerimos a leitura de Delgado (2001) e Delgado, Sola, Mirabete, Torrents, Blasco, Barrero e col. (2001). A seguir apresentamos uma parte do processo realizado pelas participantes para ilustrar como elas avaliaram e mudaram sua prática com o paciente com relação às três dimensões descritas por Kemmis & McTaggart (1988): a linguagem que elas utilizaram, as atividades que desenvolveram e o relacionamento que estabeleceram com o paciente ao usar esta metodologia.

6.3.1. A prática reflexiva

Nesta seção apresentamos os resultados da reflexão realizada pelas participantes a respeito da observação da linguagem, as atividades e o relacionamento com os pacientes no momento da entrada na UCI. A avaliação participativa pela PAP deve começar com a tomada de consciência das participantes quanto àquilo que a observação sistemática revela sobre o que ocorre em sua prática, indo além das ideias preconcebidas sobre o dia a dia.

I – *O paciente de UCI como objeto de cuidado*:

Ia – “O trabalho é inversamente proporcional à comunicação”:

As participantes afirmaram que a linguagem utilizada com o paciente no momento da sua entrada era insuficiente ou mesmo inexistente, especialmente no caso de pacientes com sedação profunda, inconscientes ou muito graves. Elisa explicou: “Meus dois pacientes chegaram inconscientes, a comunicação foi nula, nem verbal, nem não verbal." Outra característica da linguagem foi o uso de chavões ou frases incorretas. Dizia Hortênsia: "...a expressão: 'não se preocupe!, a gente não vai lhe fazer mal nenhum!' que nós costumamos usar, eu acho que está errada... se o paciente quer se preocupar, então que se preocupe, o que eu posso fazer é tentar diminuir essa preocupação com informação prévia a qualquer intervenção". Para as participantes, frases deste tipo, que surgem de maneira inconsciente, levam o paciente a perder a confiança nelas.

Na maioria dos casos, as enfermeiras não sabiam o nome do paciente que dava entrada e o chamavam de "querido" (em espanhol "majo") ou "queridinho" ("majico"). Bon explica: "...como não sabia o seu nome, já que os papéis estavam com os médicos, eu o chamava de querido". As enfermeiras também achavam errado usar diminutivos ao falar com o paciente. Lola dizia: "...a gente pode dizer a um menino que levante a perninha, mas não pode falar isso com um paciente de 50 anos de idade que pesa 70 quilos, porque não é uma perninha, é uma perna... tratamos as pessoas como crianças".

Embora todas as participantes garantirem que explicavam ao paciente o que estava sendo feito com ele, algumas, ao observarem sua prática de trabalho, afirmaram, como Manolita: "Percebi que o que realmente faço não é bem o que eu achava que fazia... havia uma senhora que tinha encefalopatia hepática, ela estava em *off*, aí eu fui explicando para ela, só que daí a pouco eu estava falando com o residente como se ela não existisse, ou seja, a gente explica para o paciente [por um certo tempo] mas, e depois?" Além disso, elas disseram que as explicações eram unilaterais, já que não esperavam a resposta do paciente. Bon dizia: "Nós temos nosso ritmo" e Manolita acrescentava: "...eu digo ao paciente que vou trocar um curativo e depois continuo falando com minha colega".

Metade das participantes sempre se apresentava e identificava quando o paciente chegava, mas as demais só o faziam às vezes. A forma de linguagem era geralmente o grito. Bon contou: "Falei com o paciente, mas teria sido melhor nem ter falado porque só o que fiz foi gritar no ouvido dele e, como não sabia seu nome, o chamava de querido".

Ib – "Aplicamos o protocolo de admissão":

Antes da observação, as participantes pensavam que, quando um paciente dava entrada, elas priorizavam suas atividades de acordo com as características da pessoa, mas a realidade observada foi algo diferente. Segundo elas, o que faziam era aplicar o protocolo de admissão que consiste em colocar o paciente na cama, registrar os sinais vitais, realizar as técnicas necessárias, fazer os exames e administrar a medicação. Elas perceberam que seguiam esse procedimento de maneira automática, sem pensar, pois estava muito incorporado à dinâmica de admissão de pacientes. Hortênsia explica: "Em situações de urgência ou estresse, a gente fica tão concentrado nas técnicas que se esquece de que trabalha com um ser vivo, com seus sentidos e sentimentos mais ou menos despertos", e Marta acrescentou: "Não é só o que a gente faz, mas como o faz... as atividades que realizamos são sobre o paciente e não com ele... são atividades sobre um objeto".

Algumas participantes justificavam a falta de atividades ligadas a aspectos psicológicos alegando dificuldade de comunicação com esse tipo de paciente. Dizia Carla: "Com um paciente traqueostomizado ou entubado, a comunicação leva mais de dois minutos, em especial quando se trata destes temas, e muitos não conseguem escrever..." Elas também afirmavam que a rapidez das atividades impedia a participação do paciente. Bon exemplificava: "Pedimos que o paciente levante o braço, mas já o estamos levantando nós mesmas". Finalmente, as participantes disseram que o respeito à intimidade da mulher não recebia suficiente atenção, uma vez que até o fim das verificações de admissão todo paciente permanecia com um lençol cobrindo a zona genital, de modo que as mulheres ficavam com os seios à mostra.

Ic – "Mais atividades, menos linguagem; menos linguagem, menos relacionamento":

A gravidade do paciente no momento do seu ingresso na unidade era um dos fatores que influíam no relacionamento estabelecido pela enfermeira. Bon explicou: "Quanto mais complicada a admissão e mais atividades ela requerer, menor o relacionamento que a gente estabelece com o paciente e sua família". Elas identificaram diferentes tipos de relacionamento: o informativo, definido como cordial porém distante, o superprotetor ou paternalista e o de submissão por parte do paciente. A maioria das participantes achava que em certos momentos o relacionamento baseava-se no desrespeito ao paciente.

II – *Da avaliação reflexiva à mudança: sugerindo mudanças na prática de UCI*

IIa – *Do paciente objeto ao paciente sujeito*:

O componente de ação da PAP geralmente é utilizado na prática assistencial para que os profissionais, após a tomada de consciência, continuem conhecendo/estudando seu meio e a si próprios por meio da tentativa de mudar aquilo que a avaliação revela como aspectos problemáticos. Neste estudo, as participantes elaboraram uma série de estratégias destinadas a melhorar a linguagem, as atividades e o relacionamento com seus pacientes. Quanto à linguagem, elas prepararam dois conjuntos de estratégias para melhorá-la. O primeiro conjunto foi aplicado antes da chegada do paciente e consistiu em: saber o nome do paciente e, caso isso não fosse possível com antecedência, chamá-lo de senhor ou senhora, e conhecer mais sobre a pessoa, quer perguntando ao médico, procurando a unidade de tratamento semi-intensivo se ela vinha dali ou telefonando para o setor onde ela se encontrasse. Bon explicava: "Antes que o paciente chegue, nós precisamos saber, além dos dados físicos e o nome, o que é que aconteceu, por que está vindo... até para podermos ter tudo mais bem preparado".

O segundo grupo de estratégias para melhorar a linguagem foi aplicado depois da admissão do paciente na UCI. A primeira medida era manter contato quando o paciente ainda estava na maca. Manolita explicou: "...estando a pessoa na maca, a gente se apresenta e lhe diz que ela foi transferida para outra unidade e, assim que ela estiver no leito, daremos orientação de tempo e espaço, mas não daquele jeito, bum, bum... rápido". A segunda consistia em evitar chavões e a terceira em não fazer comentários que não vêm ao caso. Disse Bon: "Se não tivermos cuidado com isso, o paciente pode pensar: 'O que é que estou fazendo aqui com essas doidas?'" A quarta estratégia procurou concentrar a linguagem no paciente, nas questões profissionais e, se possível, fazer com que a pessoa participe das conversas. A quinta consistiu em esperar a resposta do paciente quando lhe fazemos uma pergunta ou damos alguma explicação. Marta afirmou: "Evitar os monólogos, esperar a resposta, ou seja, não falar sozinha dizendo o que eu sei que devo dizer e aí se a pessoa entende ou não, tanto faz..." A sexta estratégia foi explicar ao paciente tudo o que era feito com ele, a sétima foi evitar o tom paternalista e a oitava baixar o tom de voz.

No referente à melhora das atividades com o paciente, a primeira e a segunda estratégias foram: pedir a ajuda do paciente e realizar as atividades mais lentamente, se a situação permitisse. Afirma Cristina: "Devemos dar-lhe a oportunidade, mesmo que tenhamos pressa". A terceira medida foi agir com maior flexibilidade na hora de realizar o protocolo de admissão, levando mais em conta as demandas do paciente, enquanto a quarta estratégia consistiu em dar um certo tempo ao paciente para que expresse seus sentimentos. Como disse Manolita, "estarmos cientes da necessidade de dedicar algum tempo a estas questões, ou pelo menos dizer isso ao paciente, oferecer-se [para ouvir]..." A última medida foi lembrar-se de cobrir os seios das pacientes.

Quanto à relação enfermeira-paciente, as participantes adotaram como primeira estratégia a de estabelecer um verdadeiro relacionamento terapêutico em que a enfermeira estivesse mais acessível, mais próxima, mais disponível, com respeito e mantendo o profissionalismo. A segunda estratégia consistiu em combinar estratégias e negociar com os pacientes conscientes.

III – *Da mudança à reavaliação da prática: refletindo sobre as mudanças e o método*:

Nesta terceira fase do ciclo os participantes podem criticar, adaptar ou refinar, ou seja, reavaliar a sua primeira proposta de mudança com base no que aprenderam ao aplicar as estratégias elaboradas pelo grupo. Esta fase permite uma aproximação do ideal de mudança aos limites da realidade concreta que experimentam os participantes. É uma oportunidade de reconhecimento da práxis como unidade analítica da transformação social.

IIIa – *Refletindo sobre as mudanças*:

As participantes consideraram muito positiva a implantação das estratégias, pois como resultado o paciente era tratado com mais respeito e consideração. Alguns depoimentos revelaram sua satisfação. Bon: "Por um lado a mudança de atitude pessoal, mais profissional, com mais autoconsciência depois de refletir e, por outro, no que diz respeito ao paciente, mais respeito"; Lola: "A comunicação em nível profissional, a personalização do atendimento e a nossa valorização como profissionais... Acho que respeito mais o paciente ou ao menos estou mais consciente do que faço"; Manolita: "...quando o paciente chega, voltar a atenção para ele, para a informação médica, para a família, especialmente no primeiro contato para passar tranquilidade".

IIIb – *Refletindo sobre o método*:

As participantes viram neste método uma proposta simples e de senso comum, considerando-o democrático, baseado na experiência e desenvolvido na prática. Nas palavras de Marta, "...a gente observa o que faz, vê o que gostaria de modificar e o concretiza... é uma forma de estruturar algo que eu acho que nós fazíamos, mas desordenadamente, é uma forma mais racional de analisar... acho que é positivo e que faz a gente mudar." Elas também acharam que este método ajudava a compreender e melhorar sua própria prática. Hortênsia o explicou assim: "...isto me ajudou muito a refletir e tomar consciência de tudo o que faço", e Cristina acrescentou: "Compreender como e por que faço as coisas". E Carla disse: "...o fato de ter refletido e ter analisado as coisas me levou a agir de maneira diferente durante o ingresso do paciente".

Elas também opinaram que a reflexão era essencial para a mudança, pois se ela não acontece, o grupo não pode mudar. Bon afirmou: "...a reflexão é o único modo de mudar realmente, dado que a imposição alheia não pode ser compreendida nem aceita". As participantes disseram que o método tinha sido uma ajuda para aprenderem a refletir, a estar mais cientes do que se pode ou não mudar e a perceber os erros de sua prática profissional. Carla explicou: "...perceber certas coisas que antes você não percebia, poder mudar e dar-se conta dos erros que todos cometemos..."

6.4. Discussão

Este estudo visava a promover a reflexão sobre o atendimento de enfermagem com base num processo participativo dos intervenientes com o propósito de apontar mudanças na sua prática profissional, ao mesmo tempo em que pretendia, de um lado, compreender de que forma o processo de reflexão pode levar à avaliação e à mudança da prática e, de outro lado, examinar a inclusão de um novo modo de se conceber a ação de enfermagem mediante um grupo de reflexão-ação.

6.4.1. A reflexão como base para promover mudanças

O conceito de reflexão é um dos elementos centrais da PAP (KEMMIS & McTAGGART, 1988; KOCH & HARRINGTON, 1998). O processo reflexivo é caracterizado pela contínua autocrítica e autoavaliação de nossas práticas. As pessoas envolvidas neste processo tornam-se mais conscientes de aspectos de sua prática que faziam inconscientemente. A auto-observação seguida de reflexão individual e coletiva possibilita a superação daquilo que as participantes "pensam que já sabem" sobre seu próprio trabalho. A avaliação participativa permite que os agentes desenvolvam uma consciência crítica de sua situação (DICK, 1997; KEMMIS & McTAGGART, 1988; KOCK & HARRINGTON, 1998; McTAGGART, 1991; 1997; OSUNA & LUQUE-RIBELLES, 2003) e por consequência, no contexto deste estudo, desencadeou um debate sobre os cuidados oferecidos pelas enfermeiras intensivistas a partir de uma compreensão ampliada e crítica do cotidiano.

Por meio de um processo de avaliação reflexiva, as participantes puderam conhecer-se melhor a si mesmas e ser mais sensíveis e críticas num determinado contexto prático (JOHNS, 1998). Elas também desenvolveram uma consciência mais apurada sobre o que fazem, sendo assim possível o início de um processo de mudança que envolveu cada participante, impedindo que a crítica apontasse apenas à mudança das práticas das demais. Assim, com o processo reflexivo, as participantes puderam elaborar em conjunto estratégias de mudança que resultaram numa nova maneira de conceber a prática de enfermagem.

Mais concretamente, as participantes evidenciaram que sua linguagem, suas atividades e seu relacionamento com o paciente tinham diversos elementos que contribuíam para a despersonalização e a objetificação do paciente. Muitos desses elementos têm sido abordados na literatura, por exemplo a linguagem insuficiente ou inexistente com o paciente inconsciente (GASTALDO & HOLMES, 1999; HEARTFIELD, 1996; HENDERSON, 1994) ou os gritos (MORSE, 1999). Estas atitudes representam um desrespeito ao paciente, agravando a sua já crítica situação (RUBIO, 1997), mas foi por meio da reflexão sobre as auto-observações que as participantes conseguiram entender em detalhe de que forma este processo acontecia em sua unidade e como podiam propor mudanças.

6.4.2. Mudança visando a um novo modo de se conceber a ação de enfermagem

A mudança da prática de enfermagem trouxe nestas profissionais uma modificação da sua maneira tradicional de conceberem o tratamento. Johns (1999) baseia-se nas ideias de Belenky, Clinchy, Goldberger e Tarule (1986) ao explicar que a reflexão gera um empoderamento nas enfermeiras para trocarem o silêncio ("silence"), em que as técnicas são consideradas mais importantes que os cuidados de enfermagem, por uma voz construída ("the constructed voice") que lhes permite mover-se na direção de uma prática desejada e efetiva. Com um esforço individual e coletivo, as participantes modificaram e transformaram paulatinamente sua filosofia de cuidados e passaram a conceber essa tarefa de forma menos tradicional e mais holística. Para Gadow (1984), esta nova ação de enfermagem adotada pelas participantes está inserida no paradigma empático onde o corpo é considerado um sujeito. Por isso, as enfermeiras mudaram para uma ação de enfermagem que respeita e leva mais em conta o paciente.

7. Considerações finais

Como outras enfermeiras que têm utilizado a metodologia de PAP (BELLMAN, 1996; BREDA e col., 1997; KERR, 1996; KITE, 1995; PEARCEY & DRAPER, 1996; RAMUDU, BELLET, HIGGS, LATIMER & SMITH, 1994), as autoras certamente acreditam que o processo que se verifica neste tipo de pesquisa é eficaz para avaliar e provocar mudanças na prática profissional, e que o modelo de Kemmis e McTaggart é recomendável para aqueles pesquisadores que nunca fizeram um estudo do tipo PAP, já que é simples e explícito em suas etapas.

Como principais vantagens da avaliação participativa, e mais concretamente da PAP e do processo de avaliação participativa que dela decorre, observamos que os profissionais: 1) ao examinarem sua prática de forma sistemática (neste caso com um guia sobre linguagem, atividades e relacionamento) experimentam um processo de conscientização sobre a diferença entre o que supõem ou dizem fazer e o que realmente fazem; 2) desenvolvem habilidades para avaliar periodicamente sua prática cotidiana de maneira mais crítica e, portanto, podem redefinir seus papéis profissionais e seus relacionamentos com os usuários e outros profissionais; 3) identificam novas necessidades, percebem os recursos existentes de uma nova perspectiva e elaboram orientações para a ação que estão imbuídas pelo contexto de seu ambiente de trabalho; 4) tornam-se coparticipantes na busca de soluções para problemas da prática, isto é, na elaboração de estratégias de mudança realistas e viáveis enraizadas nas práticas que realmente ocorrem no dia a dia dos serviços prestados à população; 5) aprendem tanto no nível pessoal (a ser mais tolerantes) e profissional (a dialogar, a compartilhar) quanto no nível metodológico (a serem mais autocríticos e mais conscientes de que as práticas podem ser mudadas).

Muitas destas características são também conhecidas como avaliação de empoderamento (*empowerment evaluation*), que inclui, entre outros fatores, oportunidades educativas, *advocacy* e liberação de algumas formas de opressão (AUBEL, 2000; BECKER, EDMUNDO, NUNES, BONATTO & DE SOUZA, 2004; FETTERMAN, 1994; FETTERMAN & WANDERSMAN, 2005). Contudo, as avaliações participativas podem ser muito difíceis de realizar porque devem abranger a todos os atores sociais envolvidos com a questão a ser avaliada (CHIANCA, 2001). Isto pode implicar altos custos, além da dificuldade na organização do processo. Neste sentido, Galvin, Andrews, Jackson, Cheesman, Fudge, Ferris e col. (1999) entendem ser necessário um bom treinamento no que diz respeito a habilidades interpessoais e de pesquisa para que seja possível fazer estudos deste tipo. Além do mais, as avaliações participativas não estão livres da pressão de grupos que querem ver seus valores representados na avaliação em detrimento das posições de outros grupos profissionais ou de cidadãos.

Diversas dificuldades surgiram no contexto do estudo apresentado: a inexperiência das participantes para fazer a observação, a mudança de unidade durante dois meses por causa de problemas arquitetônicos, o que acarretou diminuição de pessoal e do número de pacientes, as férias e a falta de voluntários no turno da manhã. Ao mesmo tempo, se a pesquisadora principal não tivesse assumido a supervisão do desenvolvimento da metodologia, esse teria sido mais um fator a acrescentar complexidade ao processo. Finalmente, o fato de as supervisoras (enfermeiras-chefe) não terem participado do grupo facilitou o estudo, já que as participantes achavam que não teriam falado tão abertamente sobre sua prática se as "chefas" estivessem presentes e, talvez, os resultados teriam sido diferentes.

A metodologia da PAP foi criticada pelas enfermeiras que participaram do estudo. Elas acharam difícil separar a linguagem dos relacionamentos (dois dos elementos essenciais do modelo de PAP utilizado) e manifestaram também as dificuldades ligadas ao próprio processo: segundo elas, nem todas as estratégias puderam ser implementadas em toda a unidade porque nem todas as enfermeiras estavam envolvidas no estudo.

É importante salientar que devido ao tipo de pesquisa (inserida em um programa de Mestrado em Enfermagem) e ao tempo a ela dedicado (um ano para a coleta de dados), a mudança não foi feita por todas as enfermeiras da unidade. Apesar disso, ao finalizar o estudo as participantes disseram estar interessadas em continuar aplicando o processo. Criaram um grupo de representantes de todos os turnos para liderarem minigrupos para ensinar o processo e envolvendo todo o pessoal na avaliação e na mudança dos cuidados. Portanto, como metodologia de avaliação e mudança de práticas, a PAP desenvolve nos atores participantes um sentimento de necessidade, motivação e interesse para continuarem avaliando e mudando sua prática com o objetivo de oferecer cuidados mais humanizados num contexto excessivamente tecnicizado.

Por sua vez, alguns aspectos ajudaram o bom funcionamento do grupo. De um lado, o apoio institucional (indispensável quando se trata de uma PAP dentro de um centro ou organização) em recursos materiais, como um local de reuniões, papel para impressos ou fotocópias, e em recursos humanos, como ao organizar as folgas de trabalho das participantes para que pudessem assistir às reuniões. De outro lado, as atitudes de apoio e incentivo das enfermeiras para com a pesquisadora, tratando-a como uma colega. Acreditamos que o sucesso no relacionamento foi resultado da confiança estabelecida entre pesquisadora e participantes.

Concluindo, a PAP é um meio eficaz para se avaliar e ao mesmo tempo efetuar mudanças na prática em contextos assistenciais específicos, mas os limites e desafios que ela implica devem ser levados em consideração no momento de utilizar este tipo de metodologia.

Referências bibliográficas

ABBOT, K.; BLAIR, F. & DUNCAN, S. (1993). "Participatory research". *The Canadian Nurse*, 89: 25-27.

AUBEL, J. (2000). Manual de evaluación participativa del programa. Involucrando a los participantes del programa en el proceso de evaluación. *Servicios Católicos de Socorro* – Proyecto de apoyo técnico a la supervivencia infantil [http://www.childsurvival.com].

BECKER, D.; EDMUNDO, K.; NUNES, N.R.; BONATTO, D. & DE SOUZA, R. (2004). "*Empowerment* e avaliação participativa em um programa de desenvolvimento local e promoção da saúde". *Ciência e Saúde Colectiva*, 9(3) p. 655-667 [www.scielo.br].

BELENKY, M.F.; CLINCHY, B.M.; GOLDBERGER, N.R. & TARULE, J.M. (1986). *Women's ways of knowing* – The development of self, voice, and mind. Nova York: Basic Books.

BELLMAN, L. (1996). "Changing nursing practice through reflection on the Roper, Logan and Tierney model: the enhancement approach to action research". *Journal of Advanced Nursing*, 24, p. 129-138.

BENNER, P. (1995). *De novice à expert* – Excellence en soins infirmiers. Quebec: Erpi [Original publicado em inglês em 1984].

BREDA, K.L.; ANDERSON, M.A., HANSEN, L., HAYES, D., PILLION, C. & LYON, P. (1997). "Enhanced nursing autonomy through participatory action research". *Nursing Outlook*, 45(2), p. 76-81.

BRIGGS, D. (1991). "Critical care nurses' roles-traditional or expanded/ extended". *Intensive Care Nursing*, 7, p. 223-229.

BURNS, N. & GROVE, S.K. (2001). *The practice of nursing research*: Conduct, critique and utilization. 4. ed. Filadelfia: Saunders.

CATTERALL, M. & MACLARAN, P. (1997). "Focus group data and qualitative analysis programs: Coding the moving picture as well as the snapshots". *Sociological Research Online*, 2 (1) [www.socresonline.org.uk/socresonline/2/1/6.html].

CHIANCA, T. (2001). Avaliando programas sociais: conceitos, princípios e práticas. In: CHIANCA, T.; MARINO, E. & SCHIESARI, L. *Desenvolvendo a cultura de avaliação em organizações da sociedade civil*. São Paulo: Global/Instituto Fonte.

COPNELL, B. (1998). "Understanding change in clinical nursing practice". *Nursing Inquiry*, 5, p. 2-10.

DEGERHAMMAR, M. & WADE, B. (1991). "The introduction of a new system of care delivery into a surgical ward in Sweden". *International Journal of Nursing Studies*, 28, p. 325-336.

DELGADO, P. (2001). *La modification des pratiques infirmières par la réflexion:* une recherche-action participative à Barcelone. Montreal: Université de Montréal.

DELGADO, P.; SOLA, A.; MIRABETE, I.; TORRENTS, R.; BLASCO, M.; BARRERO, R.; CATALÀ, N.; MATEOS, A. & QUINTEIRO, M. (2001). "La modificación de la práctica enfermera através de la reflexión: una investigación-acción participativa". *Enfermería Intensiva*, 12, p. 110-126.

DENZIN, N.K. & LINCOLN, Y.S. (1994). *Handbook of Qualitative Research*. Londres: Sage.

DICK, B. (1997). A beginner's guide to action research. *Action research and evaluation on line* [http://www.scu.edu.au/schools/sawd/arr/guide.html].

DONAHUE, L. (1993). *L'évolution des besoins de membres de familles ayant un proche hospitalisé aux soins intensifs*. Montreal: Université de Montreal [Dissertação de mestrado].

ELDEN, M. & CHISHOLM, R.F. (1993). "Emerging Varieties of Action Research: Introduction to the special issue". *Human Relations*, 46(2), p. 121-141.

ELLIOTT, J. (1991). *Action Research for Educational Change*. Filadélfia: Milton Keynes.

FINN, J.L. (1994). "The Promise of Participatory Research". *Journal of Progressive Human Services*, 5(2), p. 25-42.

FETTERMAN, D.M. (1994). "Empowerment evaluation". *Evaluation Practice*, 15(1), p. 1-15.

FETTERMAN, D.M. & WANDERSMAN, A. (2005). *Empowerment evaluation*: principles in practice. Nova York: Guilford Press.

FREIRE, P. (1980). *Conscientização* – Teoria e prática da libertação. São Paulo: Moraes.

GADOW, S. (1989). "Clinical subjectivity: Advocacy with silent patients". *Nursing Clinics of North America*, 24(2), p. 535-541.

______ (1984). "Touch and Technology: Two Paradigms of Patient Care". *Journal of Religion and Health*, 23(1), p. 63-69.

GAFO, J. (1994). La humanización de la praxis sanitaria. In: ID. (org.). *Ética y legislación en enfermería*. Madri: Universitas, p. 45-48.

GALVIN, K., ANDREWES, C., JACKSON, D., CHEESMAN, S., FUDGE, T., FERRIS, R. & GRAHAM, I. (1999). "Investigating and implementing change within the primary health care nursing team". *Journal of Advanced Nursing*, 30(1), p. 238-247.

GASTALDO, D. & HOLMES, D. (1999). "Foucault and nursing: a history of the present". *Nursing Inquiry*, 6(4), p. 231-240.

GUASCH, O. (1997). *Observación participante*. Madri: Centro de Investigaciones Sociológicas.

GUBA, E.G. & LINCOLN, Y.S. (1989). *Fourth Generation Evaluation*. Londres: Sage.

HALL, B.L. (1981). "Participatory Research, Popular Knowledge and Power: A Personal Reflection". *Convergence*, XIV(3), p. 6-19.

HEARTFIELD, M. (1996). "Nursing documentation and nursing practice: a discourse analysis". *Journal of Advanced Nursing*, 24, p. 98-103.

HENDERSON, A. (1994). "Power and knowledge in nursing practice: the contribution of Foucault". *Journal of Advanced Nursing*, 20, p. 935-939.

HENDERSON, V. (1980). "Preserving the essence of nursing in a technological age". *Journal of Advanced Nursing*, 5, p. 245-260.

HOLTER, I.M. & SCHWARTZ-BARCOTT, D. (1993). "Action research: what is it? How has it been used and how can it be used in nursing?" *Journal of Advanced Nursing*, 18, p. 298-304.

HYRKÄS, K. (1997). "Can action research be applied in developing clinical teaching?" *Journal of Advanced Nursing*, 25, p. 801-808.

JACKSON, I. (1996). "Critical care nurses' perception of a bereavement follow-up service". *Intensive and Critical Care Nursing*, 12(1), p. 2-11.

JOHNS, C. (1999). "Reflection as empowerment?" *Nursing Inquiry*, 6, p. 241-249.

______ (1998). Caring through a reflective lens: giving meaning to being a reflective practitioner. *Nursing Inquiry*, 5 p. 18-24.

Kemmis, S. (1993). Action research and social movement: A challenge for policy research. *Education Policy Analysis Archives* [http://olam.ed.asu.edu/epaa/v1n1.html].

______(1988). Action research in retrospect and prospect. *In*: Kemmis, S. & McTaggart, R. (ed.). *The Action Research Reader*. Austrália: Deakin University Press, p. 27-37.

KEMMIS, S. & MCTAGGART, R. (1988). *The action research planner*. Austrália: Deakin University Press.

KERR, D. (1996). "The use of action research as an appropriate method of introducing and evaluating change in nursing care in an accident & emergency unit in Durban". *Curationis*, 19, p. 7-16.

KINCHELOE, P. & MCLAREN, P. (1998). Rethinking critical theory and qualitative research. In: DENZIN, N. & LINCOLN, Y. (comps.). *The landscape of qualitative research*. Thousand Oaks: Sage.

KITE, K. (1995). "Changing mouth care practice in intensive care: implications of the clinical setting context". *Intensive and Critical Care Nursing*, 11, p. 203-209.

KOCH, T. & HARRINGTON, A. (1998). "Reconceptualizing rigour: the case for reflexivity". *Journal of Advanced Nursing*, 28(4), p. 882-890.

MARSDEN, C. (1991). "Ethical issues in critical care: technology assessment in critical care". *Heart & Lung*, 20(1), p. 93-94.

MASTERS, J. (1995). "The history of action research". *Action Research Electronic Reader* [http://www.behs.cchs.usyd.edu.au/arow/reader/].

MAYS, N. & POPE, C. (2000). "Assessing quality in qualitative research". *British Medical Journal*, 320, p. 50-52.

MASSEY, V.H. (1991). *Nursing Research*: A Study and Learning Tool. Pensilvânia: Springhouse Corporation.

McTAGGART, R. (1997). *Participatory action research*. Londres: New York Press.

______ (1991). "Principles for participatory action research". *Adult Education Quarterly*, 41, p. 168-187.

MEYER, J. (2000). "Using qualitative methods in health related action research". *British Medical Journal*, 320, p. 178-181.

MILES, M.B. & HUBERMAN, A.M. (2003). *Analyse des données qualitatives*. 2. ed. Paris: De Boeck University [Trabalho original publicado em 1994].

MOLZAHN, A. & SHEILDS, L. (1997). "Qualitative research in nephrology nursing". *American Nephrology Nurses' Association Journal*, 24(1), p. 13-19.

MORIN, A. (1992). *Recherche-action intégrale et participation coopérative*. Ottawa: Agence d'Arc.

MORSE, J.M. (1999). "Qualitative Methods: The State of the Art". *Qualitative Health Research*, 9(3), p. 393-406.

MORSE, J.M. & FIELD, P.A. (1995). *Qualitative research methods for health professionals*. 2. ed. Londres: Sage.

NICHOLS, R., MEYER, J., BATEHUP, L. & WATERMAN, H. (1997). "Promoting action research in health care settings". *Nursing Standard*, 11(40), p. 36-38.

NOLAN, M. & GRANT, G. (1993). "Action research and quality of care: a mechanism for agreeing basic values as a precursor to change". *Journal of Advanced Nursing*, 18, p. 305-311.

OFFREDI, C. (1981). "La recherche-action ou aspects d'un débat plus large sur l'intellectuel et son rapport à l'action". *Revue Internationale d'Action Communautaire* – La recherche-action: enjeux et pratiques, 5(45), p. 82-88.

OSUNA, M. & LUQUE-RIBELLES, V. (2003). "Emancipación y participación ciudadana de mujeres de una zona urbana con necesidades de transformación social". *Apuntes de Psicología*, 21(3), p. 521-532.

PATTON, M.Q. (1980). *Qualitative evaluation methods*. Londres: Sage.

PEARCEY, P. & DRAPER, P. (1996). "Using the diffusion of innovation model to influence practice: a case study". *Journal of Advanced Nursing*, 23, p. 714-721.

POPE, C.; ZIEBLAND, S. & MAYS, N. (2000). "Analysing qualitative data". *British Medical Journal*, 320, p. 114-116.

POTINKARA, H. & PAUNONEN, M. (1996). "Alleviating anxiety in nursing patients' significant others". *Intensive and Critical Care Nursing*, 12(6), p. 327-334.

POUPART, J.; DESLAURIERS, J.P.; GROULX, L.H.; LAPERRIÈRE, A.; MAYER, R. & PIRES, A.P. (1997). *La recherche qualitative* – Enjeux épistémologiques et méthodologiques. Montreal: Gaëtan Morin.

RAMUDU, L.; BELLET, B.; HIGGS, J.; LATIMER, C. & SMITH, R. (1994). "How effectively do we double staff time?" *The Australian Journal of Advanced Nursing*, 11(3), p. 5-10.

REASON, P. (1994a). *Participation in human inquiry*. Londres: Sage.

______ (1994b). Three approaches to participative inquiry. In: DENZIN, N.K. & LINCOLN, Y.S. (org.). *Handbook of qualitative research*. Londres: Sage, p. 324-339.

RUBIO, J.M. (1997). "La humanización de la asistencia sanitaria". *Compartir*, mai.-jun., p. 44-46.

SCHÖN, D.A. (1996). *Le tournant réflexif*. Montreal: Les Éditions Logiques.

SCULLION, P.A. (1994). "Personnel cost, caring and communication: an analysis of communication between relatives and intensive care nurse". *Intensive and Critical Care Nursing*, 10(1), p. 64-70.

SHEEHAN, J. (1990). "Investigating change in nursing context". *Journal of Advanced Nursing*, 15, p. 819-824.

ST-ARNAUD, Y. (1992). *Connaître par l'action*. Montreal: Les presses de l'Université de Montréal.

STRINGER, E.T. (1996). *Action research*: A handbook for practitioners. Londres: Sage.

TANAKA, O. & MELO, C. (2004). Reflexões sobre a avaliação em serviços de saúde e a adoção das abordagens qualitativa e quantitativa. In: BOSI, M.L. & MERCADO, F.J. (org.). *Pesquisa qualitativa de serviços de saúde*. Petrópolis: Vozes, p. 121-136.

TANDON, R. (1981). "Participatory research in the empowerment of people". *Convergence*, XIV(3), p. 20-29.

TITCHEN, A. & BINNIE, A. (1993). "Research partnerships: collaborative action research in nursing". *Journal of Advanced Nursing*, 18, p. 858-865.

TORRALBA, F. (1999). "Lo ineludiblemente humano". *Labor Hospitalaria*, 253, p. 131-188.

TURCOTTE-BELLEY, M.C. (1990). *Implantation de la collecte de données en soins infirmiers* – Rapport d'une recherche-action. Quebec: Université du Québec en Abitibi-Témiscamingue [Dissertação de mestrado em Ciências da Enfermagem].

UCHIMURA, K. & BOSI, M.L. (2004). A polissemia da qualidade na avaliação de programas e serviços de saúde: resgatando a subjetividade. In: BOSI, M.L. & MERCADO, F.J. (org.). *Pesquisa qualitativa de serviços de saúde*. Petrópolis: Vozes, p. 75-98.

VÁZQUEZ, M.L.; SILVA, M.R.; CAMPOS, E.S.; PEREIRA, A.P.; DA SILVA, A.; LEITE, I. & KRUZE, I. (2002). "Visión de los diferentes agentes sociales sobre la participación social en el sistema de salud en el nordeste de Brasil: Una aproximación cualitativa". *Revista Española de Salud Pública*, 76(5), p. 585-594 [http://scielo.isciii.es/scielo.php?script−sci_arttext&pid=S113557272002000500018&lng=es&nrm=iso].

VÁZQUEZ, M.L.; SIQUEIRA, E.; KRUZE, I.; DA SILVA, A. & LEITE, I.C. (2002). "Los procesos de reforma y la participación social en salud en América Latina". *Gazeta Sanitaria*, 16(1), p. 30-38.

WALTERS, A.J. (1994). "The conforting role in critical care nursing practice: a phenomenological interpretation". *International Journal of Nursing Studies*, 31(6), p. 607-616.

WEBB, C. (1991). Action research. In: CORMACK, D.F.S. (org.). *The research process in nursing*. Oxford: Blackwell, p. 155-165.

______ (1990). "Partners in research". *Nursing Times*, 86(32), p. 40-44.

______ (1989). "Action research: philosophy, methods and personal experiences". *Journal of Advanced Nursing*, 14, p. 403-410.

WHYTE, W.F. (1991). *Participatory action research*. Londres: Sage.

______ (1989). "Advancing knowledge through participatory action research". *Sociological Forum*, 4, p. 367-386.

WILLIAMS, A. (1997). "The body of the nurse as patient". *Australian Journal of Advanced Nursing*, 15(1), p. 12-19.

Tabela 1 – Os ciclos, as etapas e as atividades realizadas durante o estudo

Ciclos	*Etapas*	*Duração*	*Atividades*
	Reconhecimento do terreno pelos pesquisadores	3 meses	Observação direta da prática de enfermagem com relação à linguagem, às atividades e aos relacionamentos
1º ciclo	Planejamento conjunto do estudo	2 semanas	O grupo discute a proposta do estudo e decide se a modificará
			O grupo chega a um consenso sobre o modo de realizar a observação para a avaliação de sua prática
	Ação-observação	2 meses	Os participantes fazem a auto-observação
	Reflexão	1 semana	O grupo reflete e critica a prática observada
2º ciclo	Planejamento da mudança	1 semana	O grupo decide o que deseja mudar de sua prática e elabora estratégias de mudança
	Ação-observação	4 meses	O grupo muda a sua prática e avalia as consequências
	Reflexão	2 meses	O grupo analisa a nova prática e sugere mudanças em diferentes níveis

Tabela 2 – Os papéis da pesquisadora e das participantes

Dimensão	*Pesquisadora*	*Participante*
Organizativa	Encontrar um local para as reuniões Distribuir a pauta antes de cada reunião Disposição das participantes em círculo durante as reuniões Encontrar dias e horários mais adequados para as reuniões Tirar cópias de todos os documentos para as participantes	Estar disponível para as reuniões Pontualidade Informar quando tiver finalizado a observação ou a implementação das estratégias
De apoio	Colher documentação adicional relacionada ao modelo ou à observação Explicar as reuniões para as participantes ausentes Contatar as participantes para oferecer-lhes ajuda ou resolver dúvidas Oferecer livros e artigos relacionados com a metodologia Favorecer a expressão de dúvidas Agradecer às participantes pelo trabalho realizado entregando-lhes um certificado de participação e fazendo uma festa de despedida	Preparar-se para a observação Ajudar as colegas para que possam realizar suas observações Fornecer informação adicional sobre sua experiência de observação às demais outras participantes
Metodológica	Favorecer a reflexão, a tomada de decisões e o consenso Oferecer a possibilidade de mudar aspectos do estudo Evitar dar início a uma reunião enquanto o grupo não tiver aprovado as conclusões da anterior Apresentar a transcrição de todas as reuniões para verificação Reconhecer os limites do estudo Dar às participantes a possibilidade de se retirarem do estudo	Participação ativa durante todos os ciclos do estudo Propor e tomar decisões Avaliar e analisar as situações experimentadas Estar aberta ao processo (vantagens, dificuldades, críticas) Planejar conjuntamente o estudo

Tabela 3 – Um exemplo do processo de codificação e categorização

Categoria	*Subcategoria*	*Código*
Linguagem com o paciente	Paciente inconsciente ou profundamente sedado	Inexistente Não verbal Esquecimento Medo Falta de informação Gritos Apelidos Diminutivos Chavões Apresentação Orientação temporal-espacial Explicações Tudo é permitido
	Paciente consciente ou em sedação superficial	Não sabe o nome Não espera resposta Diferentes prioridades Chavões Repetição Apresentação Orientação temporal-espacial Explicações Incluído nas conversas Mais fácil
	Paciente muito grave	Inexistente Não importante Esquecimento Mentiras Apresentação

13 Avaliação qualitativa de um programa de assistência à saúde de gestantes HIV+: a dialética da reprodução e da resistência de profissionais de saúde às ideologias médica e de gênero

Regina Helena Simões Barbosa

> *Durante quase dois séculos, todos os ideólogos lhes prometeram mundos e fundos se assumissem suas tarefas maternas: sede boas mães e sereis felizes e respeitadas. Tornai-vos indispensáveis na família e obtereis o direito de cidadania* (BADINTER, 1985).

Neste capítulo, pretende-se contribuir para o campo da avaliação qualitativa de programas de saúde adotando-se um enfoque crítico de gênero na análise de um programa de assistência à saúde de gestantes HIV+ (SIMÕES BARBOSA, 2001).

O objeto em pauta na intervenção analisada é a gravidez HIV+, abordada tanto pela ótica de gestantes HIV+ quanto dos profissionais de saúde que as assistem em um programa de prevenção da transmissão vertical que tem como meta a redução do número de bebês infectados através de suas mães. Pretende-se, aqui, captar e compreender como as ideologias de gênero e médica, historicamente entrelaçadas, se atualizam e persistem atuando na intermediação das relações entre as mulheres e os programas (e serviços) de saúde, delimitando as formas como estas são percebidas e assistidas. Contudo, o enfoque dialético adotado buscou apreender e tornar visíveis os espaços de resistência às ideologias, os anseios e buscas dos profissionais de saúde e das mulheres usuárias por alternativas assistenciais mais humanas, equitativas e integrais. Assim, procurou-se elucidar o quanto o sistema médico pode contribuir (para) ou, dialeticamente, resistir (à) reprodução das desigualdades sociais e de gênero no âmbito da assistência à saúde.

Para a finalidade desta construção optamos por um recorte da pesquisa que enfocou os dilemas reprodutivos vivenciados pelos profissionais de saúde na assistência às gestantes HIV+, entendendo que este tema desnuda, de forma ímpar, as complexas e enredadas expressões das ideologias médica e de gênero que perpassam as práticas cotidianas em um programa de saúde que, ao pretender "salvar" crianças da infecção pelo HIV, persistentemente reforça e reproduz a expectativa da "boa mãe", um dos pilares da ideologia de gênero que sustenta a exploração e submissão das mulheres em sociedades opressoras, desiguais e injustas.

Nossa intenção aqui é, sobretudo, enfatizar o quanto e em que medida a abordagem qualitativa na avaliação de programas de saúde é fundamental para o desvelamento de questões que julgamos fundamentais para a efetiva incorporação, na assistência à saúde, de princípios tão caros ao campo sanitário, tais como a equidade, a integralidade e a humanização e, correlatamente, as dimensões éticas do cuidado e do acolhimento – da subjetividade, da dor, da confiança e da esperança – daqueles que portam, no corpo e na "alma", a "experiência do padecimento" (MERCADO-MARTÍNEZ, 2004).

Na avaliação qualitativa de programas de saúde advogamos a importância de abordarmos os profissionais de saúde, pilares de um processo de trabalho que lida de forma tão estreita e íntima com dimensões tão fundamentais da vida humana, como o é a saúde. Portanto, a nosso ver, ouvir com cuidado e atenção estes atores, dar-lhes voz e espaço para a reflexão crítica sobre o trabalho que realizam e acolher e valorizar seus anseios e suas propostas de transformação na assistência à saúde certamente trarão contribuições inestimáveis à tão almejada qualidade na assistência à saúde, particularmente no que diz respeito à saúde reprodutiva.

As/os pesquisadoras/es do campo da saúde reprodutiva geralmente tomam como parâmetro, para suas (nossas) análises avaliativas, os princípios norteadores do Programa de Assistência Integral à Saúde da Mulher (Paism). Este programa governamental, implementado desde 1983, resultou da participação engajada do movimento organizado de mulheres que, no bojo dos movimentos sanitários e populares dos anos 1980, lutavam pelo direito à saúde e por uma reforma sanitária que universalizasse esse direito para toda a população brasileira, incluso sua parcela feminina. Decorrente deste processo participativo e engajado, o Paism refletiu e expressou anseios e demandas em saúde que foram consubstanciados no princípio da integralidade que, no campo reprodutivo, rompe com a tradicional lógica – ideológica – materno-infantil, e na abordagem de gênero, que considera e promove as mulheres enquanto sujeitos de direitos, particularmente os direitos reprodutivos.

Aqui entendemos a saúde reprodutiva enquanto um campo contraditório onde travam-se acirradas disputas políticas entre segmentos sociais que reivindicam, por um lado, equidade e direitos de cidadania, aí contidos os direitos reprodutivos, e, no outro, os que promovem a privatização, a mercantilização e o consumismo iatrogênico em saúde. Conforme Silver postula, "Talvez seja no campo da saúde da mulher que estas preocupações potencialmente contraditórias têm sido expressas com mais nitidez" (1999: 299). Portanto, consideramos este um campo privilegiado para se explorar, pela ótica qualitativa, as contradições e conflitos que perpassam não só as relações sociais implícitas na assistência à saúde, como os modelos assistenciais hegemônicos e contra-hegemônicos e, por fim, o Estado e as políticas públicas que, nas últimas décadas, vêm desnudando a (ainda) imensa distância entre leis, declarações de compromisso, fóruns e documentos internacionais e a preocupante realidade sanitária brasileira.

Apresentaremos, na sequência do artigo, i) algumas considerações teórico-metodológicas acerca da avaliação qualitativa de programas de saúde; ii) a contextualização do objeto da pesquisa – a gravidez HIV+ – e suas implicações para o campo reprodutivo; iii) os marcos conceituais e metodológicos que orientaram a pesquisa; iv) os achados empíricos; e, por fim, v) nossas considerações finais, onde reafirmamos a importância do enfoque qualitativo para a construção da equidade, da integralidade e da humanização da assistência à saúde das mulheres, tal como preconizado pelo Paism.

Sobre a pertinência da abordagem qualitativa na avaliação de programas de saúde reprodutiva

Em artigo anterior (SIMÕES BARBOSA & CASANOVA, 2004), ao questionarmos a exclusividade, e mesmo a eficácia, dos tradicionais indicadores quantitativos para a avaliação de serviços e programas de saúde, advogamos que, para o desvelamento e compreensão das múltiplas e complexas faces do processo saúde e doença, é imprescindível o reconhecimento da subjetividade (UCHIMURA & BOSI, 2004), das representações simbólicas e dos significados atribuídos pelos sujeitos aos fatos, relações e práticas (DESLANDES & GOMES, 2004), o que permite alavancar "a capacidade de gerenciar os serviços e de formar profissionais da saúde orientados a uma assistência integral e humana, com equidade, e sem o uso abusivo de tecnologias médicas" (SILVER, 1999: 308).

A abordagem teórico-metodológica aqui adotada pretendeu, sob a perspectiva do materialismo dialético (vulgo marxismo), articular as dimensões macroestruturais – que analisam as políticas de saúde e, correlatamente, os modelos assistenciais vigentes nos marcos do sistema capitalista, considerando o papel central do Estado e das políticas públicas, particularmente a de saúde – às dimensões microestruturais onde se expressam "emoções, vivências, sentimentos, crenças e percepções", que trazem à cena a singularidade dos sujeitos e a dimensão da subjetividade (MERCADO-MARTÍNEZ & BOSI, 2004: 32) que permeiam o cotidiano da assistência, perpassando as relações sociais que se estabelecem entre profissionais de saúde e usuários/as e considerando-se estas dimensões fundamentais tanto para a reprodução quanto para a transformação de uma ordem social injusta e opressora. Esta visão se aproxima do que Mercado-Martínez & Bosi advogam quando postulam que "...o sofrimento, a dor, a angústia e qualquer processo de significação são *também* produto e manifestação das condições objetivas e estruturais em que vivem os coletivos humanos" (2004: 58 – grifo da autora).

Portanto, estaremos considerando que, para além das ideologias médica e de gênero que perpassam as relações entre profissionais de saúde e mulheres, desenrolam-se questões de ordem macroestrutural que afetam profundamente a qualidade da assistência à saúde, limitando as possibilidades de uma assistência integral, equitativa e humanizada. Tais questões são evidenciadas, entre outros aspectos, através i) das imensas carências de recursos humanos e materiais que, no limite, quase inviabilizam o objetivo de redução da transmissão vertical; ii) da desarticulação entre os diversos níveis de assistência, entre os serviços de saúde e entre a própria equipe pesquisada; iii) da ausência de outros serviços coadjuvantes necessários para a assistência a uma população crescentemente empobrecida e desestruturada, entre outras questões dramáticas que, além de sobrecarregarem e estressarem os profissionais de saúde, não lhes permite disponibilidade de tempo físico e emocional para o acolhimento, a escuta e o cuidado que a gestação HIV+ exige.

Assim, mais uma vez concordando com Mercado-Martínez & Bosi, pensamos que a pesquisa qualitativa voltada para a avaliação de programas de saúde traz, implícita e explicitamente, uma "série de implicações sociais, políticas, ideológicas e éticas" (2004:38), como também sinalizado por Greene: "...program evaluation is integrally intertwined with political decision making about societal priorities, resource allocation and power" (1994: 531).

É, portanto, através da ótica qualitativa crítica que podemos efetivamente captar, conhecer, compreender e, assim, construir estratégias que transformem os complexos, sutis e nem sempre explícitos conflitos, dilemas, impasses e contradições que perpassam a assistência à saúde nos marcos do modelo biomédico, particularmente no campo reprodutivo. Esta abordagem nos capacita a propor mudanças que efetivamente considerem e incorporem as necessidades e expectativas de cidadania dos/as pacientes e dos/as profissionais de saúde, atores fundamentais que protagonizam a assistência à saúde. Com este trabalho, esperamos contribuir para que esses atores e atrizes invistam-se enquanto sujeitos políticos da luta pelo direito à saúde, particularmente dos direitos reprodutivos.

A seguir, apresentaremos brevemente o cenário em que se situa a gravidez HIV+, objeto aqui explorado, e suas implicações para a assistência à saúde. Esta discussão estará emoldurando o cenário do programa pesquisado.

A gravidez HIV+: quando a maternidade torna-se contraditória

Na medida em que se expandiu aceleradamente entre a população feminina, a epidemia de HIV/Aids vem atualizando muitas questões relacionadas à reprodução e, consequentemente, à assistência à saúde reprodutiva. Um dos mais difíceis dilemas neste campo refere-se à gravidez no contexto da soropositividade. Até meados da década de 1990, a possibilidade das mulheres infectadas transmitirem o HIV para seus bebês era muito alta, sem falar que uma parcela considerável delas era – e ainda é – diagnosticada *se* e *quando* grávidas.

O drama provocado por essa situação era agravado pelo fato de não se dispor, até então, de recursos terapêuticos que minimizassem a possibilidade da transmissão mãe-filho. Porém, com os resultados animadores obtidos através do protocolo ACTG 076 (Ministério da Saúde, 1999)[1], que reduz sensivelmente as taxas de transmissão vertical (TV), alguns serviços públicos de saúde no Rio de Janeiro estruturaram-se para atender as gestantes HIV+, visando reduzir o número de crianças infectadas através de suas mães. Foi na interface entre essa assistência e

1. Administração de medicamento antirretroviral durante a gestação e o parto e, posteriormente, no recém-nato.

as mulheres HIV+ grávidas que a pesquisa imergiu, com o objetivo de compreender como estão se dando suas relações com os profissionais de saúde que as assistem, aconselham e, certamente, influenciam suas vivências, escolhas e decisões reprodutivas.

Mesmo com as perspectivas mais animadoras para a prevenção da TV, muitas questões permanecem: sendo o bebê o alvo principal desta intervenção médica, como as mulheres estão sendo consideradas quanto à sua própria saúde e tratamento? No caso das mulheres HIV+ que desejam engravidar, estarão elas sendo devidamente informadas sobre os riscos, e também sobre as possibilidades, de terem um filho nessa situação? Caso sim, o aconselhamento oferecido respeita suas necessidades, decisões e desejos? Que suporte estará sendo oferecido – do ponto de vista médico, psicológico e social – para as mulheres que se descobrem infectadas em meio a uma gestação? Como a pobreza perpassa, e agrava, uma situação por si já bastante difícil onde, frequentemente, as mulheres HIV+, na ausência de outros suportes sociais, têm que cuidar de um marido doente e, eventualmente, de outros filhos e familiares, antes de cuidarem de si próprias?

Estudos recentes sobre o tema mostram que muitas mulheres, mesmo sabendo-se HIV+, desejam ter um filho, o que pode representar para elas um alento e uma esperança de vida (LEA, 1998; CABRAL, 1997; HOOGBRUIN, 1999; KNAUTH, 1997). Outras optariam por interromper a gravidez, mas o direito a um aborto legal e seguro é ainda utópico em nosso país, especialmente para as mulheres pobres (BARBOSA e VILELLA, 1996). Circundando essas e outras questões reprodutivas, a situação de crescente empobrecimento da população brasileira e, particularmente, de seu segmento feminino, potencializa e agrava esse quadro, deixando poucas, às vezes nenhuma, possibilidade de opção para esta parcela da população historicamente excluída do acesso a e do efetivo exercício de "direitos". Paralelamente, e concomitantemente, as políticas neoliberais em curso, através dos "ajustes estruturais", vêm provocando um agravamento da situação social no país. Uma das consequências dessa política é a diminuição de investimentos públicos em setores sociais, o que afeta particularmente o setor saúde (ALMEIDA, 2000; LAURELL, 2000). Esse quadro vem afetando gravemente os serviços públicos de saúde, o que se reflete, entre outros aspectos, na qualidade da assistência oferecida (SILVER, 1999). Neste contexto, o Paism, como, de resto, todo o sistema público de saúde, deteriora-se. Como apontam Diniz e Villela:

> É [...] num contexto de precariedade da assistência à saúde reprodutiva, de busca crescente e maciça pela esterilização, e de gradual retração do setor público – tanto em termos de provisão de serviços quanto de controle sobre o setor privado –, que a epidemia de HIV/Aids se alastra entre as mulheres (1999: 130).

A crescente incidência do vírus HIV entre mulheres revela outras faces da questão. Mesmo com a disponibilização da intervenção que reduz a TV na rede pública de saúde do país, o problema da baixa cobertura e qualidade da assistência pré-natal, aliado à demora na realização do teste anti-HIV nas gestantes, retardam o diagnóstico e o início do procedimento preventivo, o que, neste caso, pode trazer prejuízos irreversíveis às mulheres e seus bebês. Além disso, no plano ético, muitos médicos ainda julgam desnecessário aconselhar e acolher a decisão das gestantes sobre a realização do teste anti-HIV no pré-natal (SIMÕES BARBOSA & CASANOVA, 2004).

Dados recentes mostram que a infecção pelo HIV nas mulheres tende a aprofundar, no campo reprodutivo, o quadro de desigualdades sociais e de gênero. Mesmo com as novas alternativas de tratamento antirretroviral (ARV) disponibilizadas, desde 1995, na rede pública de saúde, a queda de mortalidade por Aids em mulheres não tem mostrado a mesma magnitude que a observada entre homens. Além disso, a infecção pelo HIV atinge as mulheres mais precocemente que os homens, sendo que poucos estudos clínicos e epidemiológicos têm sido direcionados para as associações entre o HIV e as Infecções Sexualmente Transmissíveis (IST) femininas, os distúrbios menstruais, a menopausa e a reposição hormonal (MELO & VILLELA, 1999).

No campo das ideologias, os profissionais de saúde, especialmente os médicos, permanecem sujeitos às seculares representações da medicina sobre o corpo e a sexualidade feminina, o que resulta em práticas assistenciais que não consideram as mulheres enquanto sujeitos com direitos e desejos a serem considerados e respeitados. Na prevenção da TV, o foco de preocupação continua sendo a criança, para quem voltam-se os esforços "salvacionistas", sugerindo que a mulher-reprodutora-mãe deve, mais uma vez, abdicar de si mesma para responder às necessidades e demandas da sociedade, do Estado, da família e dos serviços de saúde, reprodutores de uma ordem econômica, social e política injusta e excludente.

É neste cenário, que conjuga e expressa desde os efeitos de políticas sociais de caráter estrutural às expressões de ideologias que se manifestam nas práticas assistenciais, que esta pesquisa imergiu, buscando, ao captar as tramas destas complexas e contraditórias relações sociais que se manifestam, sutil ou explicitamente, no cotidiano assistencial, contribuir para o campo da avaliação qualitativa de programas de saúde.

Os conceitos adotados: ideologia e gênero na perspectiva marxista

Dois conceitos centrais orientaram a análise do objeto da pesquisa: ideologia e gênero, ambos tomados pela perspectiva do materialismo histórico e dialético – o marxismo.

O conceito de ideologia pretendeu analisar como determinadas representações simbólicas atuam no sentido de mistificar, encobrir, naturalizar e/ou universalizar mecanismos de dominação e exploração para, assim, reproduzi-los (THOMPSON, 1995). Abordou-se as imbricadas conexões entre as ideologias de gênero e médica, históricas aliadas na construção da "mulher-esposa-mãe".

Considerou-se a premissa filosófica do materialismo dialético que propugna a indissociabilidade entre vida material e simbólica, o que nos leva a não desvincular a análise dos processos simbólicos, que constroem uma representação hegemônica da feminilidade, dos processos materiais – econômicos, sociais e políticos – que exploram o trabalho reprodutivo e produtivo feminino para maximizar seus lucros.

Historicamente, a ideologia de gênero, enquanto substrato simbólico que sustenta e reproduz a subordinação social das mulheres, contando com a ativa colaboração da ciência médica, definiu uma identidade social para as mulheres em que a função reprodutiva ocupou lugar central (GIFFIN, 1995; BESSE, 1999). A ideologia médica, por seu lado, produziu um discurso que, por um lado, naturalizou e, por outro, medicalizou o corpo feminino, visando circunscrevê-lo ao lugar reprodutivo, a despeito da massiva e explorada inserção das mulheres no mundo produtivo.

Essas diversas instâncias ideológicas estão permanente e organicamente imbricadas e atuam num mesmo sentido, de manutenção do poder pelos grupos dominantes, assegurando a manutenção e reprodução de desigualdades sociais, de gênero e raciais/étnicas.

O feminismo marxista, que informa a conceituação de gênero adotada, dialetiza as esferas produtiva e reprodutiva e a divisão social e sexual do trabalho para interpretar a posição explorada da maioria das mulheres na sociedade capitalista. Através desse referencial, as relações sociais entre os sexos são dialeticamente compreendidas enquanto uma dimensão das relações sociais, sendo que estas, por seu lado, não perdem sua dimensão sexuada. Postula-se aqui, portanto, a transversalidade do gênero na classe social (SAFFIOTI, 1992; GIFFIN, 2002; BRITO, 2000; KERGOAT, 1996; SIMÕES BARBOSA, 2001).

Este referencial teórico estará considerando que as gestantes HIV+ assistidas pelo programa em análise trazem, para o interior da assistência à saúde, e desafiando a pretensa "neutralidade" e "objetividade" do modelo biomédico, suas dramáticas situações de vida e sobrevivência que, no limite, colocam em risco a própria eficácia "técnica" do protocolo ACTG 076. Além disso, as imensas carências sociais demandam, dos profissionais de saúde, suportes sociais adicionais que assegurem, para essas mulheres, mínimas condições de vida que lhes permitam gestar e parir crianças saudáveis[2], objetivo último do programa. Como estes outros suportes não estão sendo oferecidos pelas políticas públicas, esses profissionais tentam, por iniciativas próprias, suprir algumas necessidades mínimas das gestantes, o que gera sobrecarga de trabalho, estresse, ansiedade e frustrações[3].

Enfoque metodológico: a hermenêutica-dialética "captando" ideologias e processos de acomodação e resistência

A metodologia, tal como aqui compreendida, pressupõe as concepções epistemológicas e teóricas que emolduram a pesquisa em consonância com as técnicas que permitem apreender o mundo social em sua complexidade, a capacidade criativa de articular os conceitos e categorias teóricas com o material empírico, ou seja, com a realidade concreta que analisamos, visando obter a síntese entre o abstrato e o concreto no "concreto pensado" (CHÁVEZ, 1986).

2. Esses aspectos da pesquisa serão apresentados em artigo futuro que enfocará mais especificamente as gestantes HIV+ assistidas pelo programa em foco.

3. Alguns membros da equipe criaram uma ONG com o único objetivo de angariar recursos para suprir algumas necessidades básicas das gestantes, como cesta básica, leite artificial para alimentar o bebê, medicamentos para tratamento de infecções coadjuvantes, vale transporte, etc. No momento do trabalho de campo, a equipe refletia sobre um preocupante paradoxo advindo desse suporte: muitas mulheres estavam engravidando novamente como estratégia para garantir a continuidade do auxílio recebido.

A escolha da metodologia qualitativa para a abordagem de tão complexo objeto e com pretensões de captar, nos meandros das representações simbólicas expressas pelos sujeitos do estudo, as sutis manifestações de ideologias, baseou-se em premissas epistemológicas, teórico-metodológicas e políticas oriundas da teoria marxista e de um conceito de gênero a ela referido.

A análise hermenêutico-dialética, tal como aqui adotada, buscou captar, reconhecer e valorizar, no processo de pesquisa, as contradições e conflitos sociais e de gênero vivenciados tanto pelas gestantes HIV+ quanto pelos profissionais de saúde do programa em foco (SIMÕES BARBOSA, 2001; MINAYO, 1992; THOMPSON, 1995). Assumiu-se que estes atores e atrizes, enquanto sujeitos sociais e de gênero, não são passivos, resistem às situações de opressão e buscam constantemente (re) construir sentidos sobre suas experiências de vida, ressignificando-as (ANYON, 1990).

A intervenção escolhida para a realização da avaliação, conforme já antecipado, foi um programa de assistência às gestantes HIV+ situado em um hospital público do Rio de Janeiro. Este programa constitui-se em centro de referência para a rede pública, recebendo e tratando as gestantes HIV+ encaminhadas por outros serviços. Algumas características foram consideradas para esta escolha: a existência de uma equipe multiprofissional[4] (composta por três médicas – duas infectologistas e uma obstetra –, duas enfermeiras, uma psicóloga e um auxiliar de enfermagem), todos com larga experiência no programa, comprometidos com a meta de erradicar a TV, envolvidos em treinamentos de outras equipes de saúde e na elaboração de material educativo voltado para a prevenção da TV[5].

---

4. A equipe era composta por 6 mulheres e um homem. Como não era nosso objetivo trabalhar os diferenciais de gênero na assistência à saúde, e buscando preservar o anonimato da equipe e do único profissional homem, optamos por identificar todos os entrevistados no feminino. O homem da equipe foi identificado apenas em momentos onde o gênero se constituía em diferencial de análise.

5. Assumindo que todos os profissionais de saúde estão submetidos à (ideo)lógica do modelo biomédico, não fizemos, *a priori*, distinção entre as diversas especialidades profissionais. Em algumas falas, as marcas da formação profissional são evidentes. Em outras, contudo, nos surpreendemos com algumas posições críticas contundentes sobre o modelo biomédico expressas justamente por médicos, os transmissores legitimados desse modelo e dessa ideologia de trabalho. Portanto, a especialidade profissional está referida apenas em momentos em que esta distinção é importante para a análise.

Para possibilitar uma análise abrangente que contemplasse (e confrontasse) as discrepâncias entre discursos e práticas, duas técnicas foram adotadas: a observação participante das atividades de rotina do programa e entrevistas individuais semiestruturadas com gestantes HIV+ (20) e com toda a equipe assistencial (7).

A observação participante teve como objetivo captar, através do acompanhamento das atividades assistenciais rotineiras do serviço, como se travam as relações entre profissionais e pacientes e entre os próprios profissionais enquanto equipe, visando confrontar, através de comparação com as entrevistas individuais, coerências e incoerências entre discursos e práticas, contradições entre intenções e gestos, com o intuito de identificar conflitos entre posturas profissionais informadas pela ideologia médica e a vivência pessoal dos profissionais de saúde, nos marcos do modelo biomédico.

A entrevista semiestruturada, enquanto técnica de pesquisa, pretende apreender principalmente os dados "subjetivos", ou seja, aqueles que se referem às atitudes, valores, opiniões e vivências dos atores sociais. Este tipo de entrevista focaliza um ou mais temas (previamente definidos em roteiro aberto) que orientam o entrevistado, embora deixando-o livre para expressar-se. Parker et al. (1995) postulam a entrevista como o método mais importante na pesquisa qualitativa por propiciar um contato mais íntimo, profundo e confiável entre entrevistador e entrevistado. Além disso, oferece a possibilidade de se apreender as variações individuais e as diversidades culturais e sociais, que podem ser bem exploradas.

Essas duas técnicas, distintas e complementares, permitiram, nesta pesquisa: i) uma maior abrangência de análise; ii) a abordagem das relações entre profissionais de saúde e pacientes no cotidiano do programa focalizado e, por fim, iii) a apreensão de discrepâncias e coerências entre discursos e práticas.

Os temas abordados nas entrevistas foram: contextos familiares e histórias de vida, representações de gênero, com foco especial sobre o papel materno, conflitos entre papéis produtivos e reprodutivos, o impacto e a (con)vivência com o HIV, incluindo as decisões reprodutivas, e a avaliação da assistência à saúde recebida. Com os profissionais de saúde, além desses temas, abordou-se os dilemas reprodutivos, que serão aqui apresentados, e a análise crítica sobre este programa assistencial, os serviços e a política de saúde.

Devido à representatividade e importância deste programa, optou-se pelo estudo de caso, descartando-se a coleta de dados em outros serviços de saúde. Esta opção metodológica possibilitou uma permanência mais longa no campo e, consequentemente, uma observação minuciosa e em profundidade da dinâmica assistencial. A inserção e o envolvimento da pesquisadora por um período de tempo prolongado em um campo institucional fortemente hierarquizado e marcado por relações de poder constituiu-se em rico manancial de dados para a análise da ideologia.

A análise da ideologia, por enfatizar as inter-relações entre significado e poder, assume um caráter crítico distinto e próprio. Neste sentido, algumas pontuações teórico-metodológicas fazem-se necessárias.

Em primeiro lugar, como lembra Thompson (1995), o pesquisador, em muitos sentidos, reinterpreta um campo pré-interpretado, pois os sujeitos que constituem o campo social em análise são, como os próprios analistas, capazes de compreender, refletir e agir fundamentados nessa compreensão e reflexão. Portanto, na pesquisa social, o objeto de nossas investigações é, ele mesmo, "um território pré-interpretado" ou, para além de um campo-objeto, também um "campo-sujeito" (THOMPSON, 1995: 358-359). Isto não é, porém, um problema indesejável para a pesquisa mas, antes, uma "...condição de possibilidade do tipo de conhecimento que pode ser conseguido na esfera sócio-histórica" (THOMPSON, 1995: 360).

Em segundo, há que se considerar que os sujeitos que constituem o mundo social estão inseridos em tradições históricas, ou seja, são parte da história, e não apenas observadores ou espectadores. Há que se considerar, portanto, a "historicidade da experiência humana", ou seja, que a experiência humana é sempre um processo em construção.

Em terceiro, Thompson (1995) lembra-nos que o mundo sócio-histórico é um *campo de força*, um território de poder e conflito, onde o "significado" pode ser uma máscara que obscurece ou oculta as relações de dominação. Portanto, a análise da ideologia assume um caráter distintivo e levanta novas questões concernentes aos usos das formas simbólicas e às relações entre interpretação, autorreflexão e crítica.

Dessa forma, a interpretação da ideologia procura mostrar e ressaltar como, em circunstâncias específicas, o sentido mobilizado pelas formas simbólicas alimenta e sustenta o exercício da dominação.

Cabe ainda ressaltar que todo o processo interpretativo deve estar sempre ancorado no referencial teórico proposto. No marxismo, o referencial teórico é crítico, ou seja, questiona, problematiza e denuncia uma sociedade que se baseia na dominação, na exploração e na opressão. Portanto, o conceito de ideologia permite empreender o que Thompson chama de "crítica da dominação":

> **...a interpretação da ideologia possui uma conexão intrínseca com a crítica da dominação**, ela está metodologicamente preparada para estimular uma reflexão crítica sobre as relações de poder e dominação, e esta reflexão inclui, em princípio, a reflexão dos sujeitos que estão inseridos nessas relações (1995: 416 – grifos no original).

Por fim, cabe ressaltar que, ao se interpretar a ideologia, é fundamental identificar e explicitar as expressões de resistência e de rebelião que podem emergir das representações dos atores sociais em foco. Dessa forma, pode-se compreender o quanto o significado serve para reafirmar, mas também *questionar* as divisões estabelecidas para sustentar ou transformar as relações sociais existentes. Como Thompson aponta,

> ...quando nós nos engajamos na interpretação da ideologia, nós nos estamos engajando na interpretação das formas simbólicas que são produzidas e recebidas por **sujeitos capazes de entendimento** (1995: 413 – grifos nossos),

ou seja, sujeitos que também assumem posturas críticas e conscientes frente à sociedade que os explora e oprime. Assim, a própria situação de pesquisa pode (e deve) provocar reflexão crítica entre e por esses sujeitos, levando-os a questionarem e/ou problematizarem suas ideias, pensamentos, representações e práticas, o que implica em claro confronto com o paradigma positivista.

Nesta perspectiva trabalha-se a subjetividade do pesquisador como também inserida e participante do contexto sócio-histórico em análise. Sem incorrer em pretensões positivistas de neutralidade, acredita-se ser possível contornar esperados vieses de interpretação através de um constante exercício de reflexividade associado a um abrangente e consistente domínio bibliográfico do tema em questão, das teorias, conceitos e metodologia adotados e, por fim, do essencial diálogo e debate crítico entre os pares.

Os dilemas reprodutivos na assistência à gravidez HIV+: conflitos e contradições

Dentre o amplo leque temático proposto, julgamos relevante explorar, com os profissionais de saúde, seus posicionamentos relacionados às decisões reprodutivas das mulheres HIV+, tendo por objetivo apreender quais valores profissionais e pessoais, morais e éticos, informam suas posturas e atitudes frente às pacientes assistidas.

O tema da ideologia médica, e sua interconexão com a ideologia de gênero, esteve aqui claramente explicitado. Como já discutido, a ideologia médica, que perpassa toda a formação médica e orienta a própria organização do trabalho em saúde, segmentado e individualizado, reveste os profissionais, dentre outros atributos, de uma "autoridade científica" que lhes outorga o direito de decidirem o que é melhor para as pacientes (BOLTANSKI, 1979; XAVIER et al., 1989; MELONI, 1999). Entre outros aspectos deste modelo, a histórica dissociação entre o corpo biológico e suas dimensões sociais, culturais, subjetivas e afetivas contribuem para operacionalizar a manifestação dessa ideologia. No caso das mulheres, e particularmente no campo reprodutivo, esse poder se manifesta claramente, por exemplo, quando um número significativo de médicos ainda pensa que uma mulher HIV+ deve abortar ou ser compulsoriamente esterilizada, como já abordado anteriormente (SIMÕES BARBOSA & CASANOVA, 2003). Porém, como postulamos, a ideologia não opera consensualmente na medida em que os indivíduos, marcados por suas experiências de vida, a retraduzem e reelaboram, muitas vezes de formas conflituosas e/ou contraditórias. São esses conflitos e contradições, captados através dos discursos dos profissionais de saúde entrevistados, que pautarão a análise a seguir.

As perguntas que orientaram este tema sempre foram formuladas como se cada profissional entrevistada estivesse sendo solicitada, por uma paciente, a se posicionar e aconselhá-la acerca de um dilema reprodutivo.

Assim, as seguintes indagações foram feitas: i) que atitude você tomaria frente a uma mulher HIV+ que deseja engravidar? ii) no caso de uma grávida HIV+ querer fazer um aborto, como você se posicionaria? iii) você recomendaria a laqueadura de trompas para mulheres HIV+? em que circunstâncias? por quê? se a mulher deseja fazer a laqueadura, qual sua posição? iv) o que você faria caso uma mulher grávida, mesmo após receber aconselhamento, não quisesse se submeter ao teste para o HIV: solicitaria o teste ou respeitaria sua decisão?

Em relação à primeira questão – quando uma mulher sabidamente HIV+ expressa seu desejo de engravidar – prevaleceu, no discurso de todas as entrevistadas, uma posição "politicamente correta" e aparentemente neutra, ou seja, de respeitar qualquer decisão da mulher e lhe oferecer todas as informações médico-científicas necessárias para que esta possa tomar uma decisão informada. Porém, quando se aprofunda esta discussão com as entrevistadas, emergem *nuances* que revelam importantes diferenciais na forma de acolher o desejo de alguém que vive uma realidade de vida tão distinta. Ou seja, mesmo declarando o absoluto respeito à decisão das pacientes, muitas entrevistadas explicitaram seu desconforto e, no limite, sua discordância deste "direito". Algumas corajosamente reconheceram que ensejam todos os esforços para demover as pacientes da ideia de engravidarem.

Assim, três entrevistadas admitiram que, no aconselhamento, tentariam influenciar a mulher para não engravidar. Uma delas assumiu que se, ao final das informações, a mulher insistisse, ainda solicitaria exames laboratoriais para checar seu estado de saúde e ter argumentos mais conclusivos acerca dos riscos para o bebê. Outra entrevistada, não médica, posicionou-se claramente contrária a uma gravidez nessa situação, embora ressalvasse que aconselharia a paciente a procurar "orientação médica", aqui significando orientação "técnica, objetiva e, portanto, neutra". Por fim, uma entrevistada, médica, bastante honesta e corajosa ao expressar claramente sua posição, assumiu que se esforçaria ao máximo para tentar demover a paciente da gravidez. Os argumentos que usaria seriam, em suas palavras,

> ...por ela ser uma pessoa doente, ela... né... querer ter uma criança e de repente, sei lá, acontece alguma coisa e ela morre.

Caso a paciente não desistisse, não lhe restaria outra opção a não ser aceitar:

> Mas acho que se realmente for uma opção dela, o máximo que eu vou fazer... sei lá... é aceitar isso como uma decisão.

Porém, ressalva que insistiria nos argumentos contrários à gravidez até a exaustão e ainda lembraria à paciente que:

> querer ter uma criança é fácil; a questão é *depois*: cuidar de um filho é estafante, estressante e... não tem volta atrás, é para toda a vida...

No entanto, apesar de sua posição radicalmente contrária a uma gravidez HIV+, ela admite poder compreender este desejo inabalável de ser mãe, mesmo em situações tão difíceis como essa. Supõe que a motivação seja por "...alguma coisa que você deixa... não sei. Eu acho que passa muito por aí, de você deixar alguma coisa".

Essa entrevistada, não coincidentemente, declarou, em outro momento da entrevista, que ter filhos foi a experiência mais gratificante de sua vida, mas não se furtou a expressar seus conflitos ao tentar conciliar a atenção aos filhos com o trabalho profissional, dilema de gênero vivenciado por mulheres de distintas classes sociais.

As outras entrevistadas expressaram posições mais compreensivas e acolhedoras do desejo pela maternidade. Uma delas afirmou que tentaria entender, primeiramente, o significado deste desejo para aquela mulher, mas em qualquer hipótese, o acolheria incondicionalmente. Além das informações médicas sobre riscos e possibilidades, ela ressaltaria os aspectos positivos e otimistas da gravidez. Como diz, solidária com a paciente,

> *E isso* [querer ter um filho], *na história dela* [paciente], *tem um significado. Não sou eu que vou interferir nisso, né?*

Uma outra entrevistada posicionou-se de forma "objetiva", pautando-se em uma postura "técnica": declara que acolheria o desejo da paciente porque hoje as chances do bebê não se infectar são grandes, além da esperança de cura e/ou de tratamentos mais eficazes em curso. Porém, admite que sua postura, há alguns anos atrás, seria enfática no sentido de desaconselhar a gestação.

Uma entrevistada declarou-se *sempre* e incondicionalmente favorável à decisão da paciente, mas não só. Esta médica, que manifesta uma coerente e firme postura crítica ao modelo biomédico, destacou que um aconselhamento não deve se restringir unicamente ao HIV, mas abranger outros aspectos da vida das pessoas. Ou seja, para ela, a decisão de ter um filho, especialmente no caso das pessoas afetadas pelo HIV, envolve várias esferas da vida afetiva, familiar e social que devem ser consideradas pelo profissional, e não apenas taxas, exames e outros parâmetros médico-biológicos. Sua fala demonstra grande sensibilidade para compreender o significado da maternidade para as mulheres, sejam quais forem suas circunstâncias de vida. No caso das mulheres HIV+, há, segundo ela, um fator complicador, pois

> [...] é muito provável que ela coloque toda a questão de ter um filho em cima da questão de contaminar o bebê ou não. E depois [ela] tem depressão, e tal e tal, porque os outros aspectos de ter filhos não foram vistos, porque estava provisoriamente desviada a atenção para um foco muito específico, em pauta, que é a questão do HIV.

Prossegue sua sensível análise considerando que

> [...] eu tenho pra mim que ter filhos, ou não ter filhos, para as pessoas, é *muito* [enfático] importante. E, para elas, é um valor que é *muito* [enfático] mais importante, muitas vezes, do que contaminar-se ou não.

Portanto, esta entrevistada sinaliza o quanto o significado de ter filhos vai além dos aspectos médicos e/ou sociais, contextualizando a maternidade enquanto uma experiência única e insubstituível. E, por fim, não deixa de considerar o quanto ter filhos é fundamental para a concretização de um projeto conjugal-familiar:

> ...eu sinto que a necessidade de engravidar é maior do que o medo dos problemas que acontecem pela relação sexual. [...] Então, neste contexto, eu acho que é importante, primeiro, partir do pressuposto de que é interessante... pra estar bem constituída a família... ter, realmente, muito desejo de engravidar, de ter um filho [...].

Como podemos constatar, a visão desta profissional considera, em primeiro plano, a legitimidade do desejo de ter filhos para, posteriormente, abordar o problema do HIV.

Por fim, outra entrevistada médica, que tem um filho adotivo, também assume uma postura de respeito e acolhimento para com as mulheres HIV que desejam engravidar. Sensível a todas as dificuldades de vida enfrentadas por essas mulheres, percebe o quanto um filho pode representar uma das poucas realizações acessíveis a elas. Como diz,

> Porque eu acho que ela tem direito, como qualquer mulher, de ser mãe, entendeu? E hoje tem mais direito, já sofre tanto por outros motivos... por que não ser mãe?

Evidentemente, os critérios médicos não são por ela secundarizados: o estágio de evolução da doença, a carga viral e outros indicadores são considerados no momento do aconselhamento. Porém, os aspectos sociais, culturais e emocionais da vida dessas mulheres não são, em nenhum momento, relegados ou desconsiderados, o que também torna essa postura humana e solidária.

Como constatamos, há distintas posturas entre as entrevistadas, algumas mais circunscritas pelo modelo profissional, outras, inclusive entre médicos, mais abertas e sensíveis para a percepção do significado social, cultural e afetivo da maternidade.

O tema seguinte, sobre o direito ao aborto, explicita mais abertamente alguns posicionamentos ideológicos, morais e religiosos das entrevistadas, sendo que, para algumas delas, as posições assumidas, no que tange ao aborto, está em franca contradição com as posturas relacionadas aos outros temas abordados.

Uma entrevistada que expressou postura compreensiva e solidária para com as mulheres HIV que desejam engravidar assume um posicionamento contundente contra o aborto, seja qual for a circunstância de vida da mulher. Além de alegar razões médicas – segundo ela, o aborto piora a situação imunológica da mulher HIV – admite-se contrária a essa opção por razões morais e religiosas. Neste caso, pensa que não deve omitir-se no aconselhamento e assume explicitamente que tenta demover a paciente usando todos os argumentos que possui. Aliás, ela relata dois casos em que conseguiu reverter o desejo de abortar. Sua crítica, nesta polêmica questão, volta-se também para uma postura profissional que se pretende neutra. Neste caso, na sua visão, não deve haver neutralidade. Em suas palavras,

> *Porque também eu acho meio assim... você* não *dar sua opinião é muito... muito... é muito "primeiro mundo", entendeu? Tipo assim, as pessoas* [no primeiro mundo] *não se envolvem... não se evolvem, não. Se ela* [a paciente] *veio me perguntar, ela veio* [me] *perguntar... coloco do ponto de vista médico, do ponto de vista legal... e do ponto de vista meu, o que eu acho e o que eu posso dar em troca.*

Neste caso, "dar em troca" significa oferecer à paciente apoio médico, emocional e social para levar a gravidez a termo e, preferencialmente, com um desfecho feliz: um bebê saudável e soronegativo. Esta entrevistada, contudo, a despeito de sua posição intransigente, não desconsidera o sofrimento de uma mulher que pensa no aborto como (falta de) alternativa. Como diz,

> Porque eu sei que é uma situação difícil, não estou achando que é fácil, não. Que a gente ajuda no que for possível, entendeu?

Por fim, assume sua posição religiosa quando argumenta que

> ...eu acho que, se já tem uma vida [intrauterina], se está grávida, é a mesma coisa de se matar [pelo aborto] com 6 meses, 9 meses, 2 meses. Entendeu? Quer dizer, é uma chance a menos de uma criança nascer [...] Tem que pensar que é um filho. Pode não estar vindo na hora que você tá mais querendo ou mais podendo, mas é um filho. É uma criança que já tá viva. Essa é minha opinião.

Por fim, o antagonismo entre vida e morte, sendo a profissão médica, simbólica e culturalmente, comprometida com a primeira, transparece em seu emocionado discurso sobre a missão médica:

> [para suas pacientes que declararam desejar abortar] *...eu falei que... primeiro, que aqui era um lugar pra ajudar as crianças a nascerem, e não o contrário.*

Outras quatro entrevistadas também assumiram posição radicalmente contrária ao aborto em qualquer circunstância. Uma delas justifica-se pela ética profissional, por suas convicções morais pessoais e também através de argumento "técnico", quando reitera a posição de que o aborto piora o estado de saúde da pessoa HIV+, podendo, inclusive, afetar a saúde do bebê no caso em que a interrupção da gestação não é bem-sucedida. Relata que já vivenciou muitas situações onde mulheres tentaram o aborto, não foram bem-sucedidas e tiveram uma gestação tensa e tumultuada devido a medos e angústias sobre possíveis danos ao bebê. Mas admite que, se todos seus argumentos falharem, termina por acatar a decisão de uma mulher HIV+ abortar e, assim, demarca sua posição em relação às posturas autoritárias, tão frequentes entre seus colegas. Como diz,

> É, eu respeito. Não acho que eu faça a linha que, tipo assim, chega dentro da maternidade e... "tão, agora, você tá pagando". Eu acho que ela, lá no fundo dela, sabe a dor, sabe a dificuldade que ela tava passando.

Uma outra entrevistada também assume que tentaria demover a mulher HIV+ de abortar mostrando-lhe as excelentes perspectivas de ter um filho saudável. De certa forma, transparece, nessas falas, a visão que considera a infecção pelo HIV o único motivo que leva as mulheres a desejarem abortar. Outros aspectos de suas vidas não são considerados enquanto impedimentos para não desejarem ter um filho o que, de certa forma, reflete uma visão idealizada e descontextualizada – ideologizada – da maternidade.

Paradoxalmente, uma entrevistada que, no tema anterior, assumiu a postura de tentar demover a mulher HIV do desejo de engravidar, expressa uma posição mais flexível e compreensiva em relação ao aborto, embora ressalvando que não pode assumi-la publicamente em função do código de ética médica. Ela acredita que é um direito de as mulheres não quererem uma gestação acidental e/ou indesejada. Possivelmente, sua própria experiência pessoal com um aborto a tenha tornado mais tolerante e solidária com suas pacientes. Porém, ela ressalva que fica muito angustiada quando pensa nas péssimas condições em que as mulheres pobres fazem abortos, o que a deixa em conflito entre apoiar e desaconselhar.

A única entrevistada que, no tema anterior, assumiu o total respeito aos desejos e necessidades das pacientes, mantém-se coerente com sua visão ao reafirmar que não interferiria na decisão da paciente abortar. Apenas a alertaria sobre os riscos e as possíveis complicações de um aborto. Ela, porém, reconhece que a tendência do serviço é convencer a mulher a prosseguir com a gestação.

É no tema da laqueadura que surgem posições claramente conflitantes e polarizadas entre duas personagens-chave desta equipe[6]. Uma delas assume que apoia, ajuda e encaminha as mulheres que manifestam desejo de laquear-se, embora ressalte, enfática, que não sugere ou recomenda essa opção a ninguém. Seu argumento baseia-se no direito de as mulheres pobres fazerem a laqueadura em boas condições, com segurança e dignidade, da mesma forma que as mulheres de classe média que podem pagar por este procedimento. Porém, ela assume que há um diferencial quando se trata de mulheres HIV+. Em suas palavras,

> É diferente. Você não tá falando de pessoas saudáveis, você tá falando de uma pessoa que tá infectada e que vai morrer. Porque, até agora, vai morrer. Ela pode morrer daqui a 2, daqui a 5 anos. Ela vai morrer, vai deixar crianças órfãs. E é uma pena, quer dizer... E elas têm consciência

6. Não casualmente, entre duas médicas de diferentes especialidades que se conflitam na assistência à saúde das mulheres: uma infectologista e uma obstetra. Na etapa de observação participante, havíamos constatado uma acirrada disputa de poder entre essas duas profissionais e que se materializava justamente nas suas antagônicas posições sobre a laqueadura (a infectologista apoiava e a obstetra, não). A obstetra verbalizou, em outro momento da entrevista, o quanto julgava que sua especialidade seria a mais desprestigiada da medicina por ser oriunda dos conhecimentos populares femininos; mas, por isso mesmo, seria a mais comprometida com os interesses das mulheres. Acusava a infectologia de pôr em primeiro plano a saúde do bebê, secundarizando, ou mesmo desconsiderando, a saúde das mulheres HIV+.

> disso, entendeu? Então, eu acho que é um direito que elas têm. Enquanto mulheres, enquanto mães.

Esta entrevistada, neste momento, dirige contundente crítica às diferenciações sociais entre as mulheres. Em sua avaliação, os "direitos das mulheres" não estão igualmente assegurados, já que as mulheres pobres não têm acesso à maioria das opções contraceptivas. Além disso, ela associa o direito à laqueadura à questão do aborto pois pensa que a falta da primeira opção leva as mulheres pobres a buscar um aborto em condições arriscadas. Como diz,

> E aí, eu acho que é uma hipocrisia dessa sociedade, entendeu? Que é direito pra todos, pras mulheres, e pra não sei o quê. Quer dizer, eu não vejo nunca nenhuma feminista levantar isso em relação a alguém que tá [HIV] [...] Mas, e se ela não estivesse infectada pelo HIV teria o direito de ligar? Também acho, mas do ponto de vista dela [da mulher], mesmo sem o apoio institucional... então, ela não tem apoio institucional, continua fazendo aborto por aí, que é muito pior...

O ponto de vista contrário, trazido pela outra entrevistada, baseia-se no argumento de que a laqueadura, enquanto uma escolha contraceptiva radical e irreversível, adquire um peso emocional muito grande para as mulheres. Particularmente no caso das mulheres HIV+ indicar, ou mesmo apoiar, a laqueadura significa tirar-lhes quaisquer esperanças de vida futura. Como diz,

> Eu dizer pra ela [paciente] que tem que ligar trompa nesta situação é dizer pra ela "você tem um caso que não tem solução".

Assim, em sua conduta profissional, procura argumentar com as pacientes no sentido de demovê-las dessa opção, quando a mulher assim o deseja. Indo mais além, numa análise política sobre a banalização da laqueadura, pensa que

> ...hoje, essa questão de ligar a trompa, ela é... um marketing poderoso, [sobre o] que as pessoas não refletem, e que, em termos práticos, agem como se estivessem no veterinário, como um animal qualquer. É qualquer coisa assim que tornou-se sinônimo de "não quero ter mais filho, portanto, ligo as trompas". [...] Eu sinto que isso não é uma coisa muito... correspondente à integridade da pessoa.

Seus argumentos, porém, vão além. Pelo aspecto da prevenção da transmissão sexual do HIV, também percebe limitações e paradoxos na laqueadura pois, como aponta,

> esta é uma pessoa [HIV+] que tem, pra preservar a vida dela, que usar um recurso que é, ao mesmo tempo, um recurso anticoncepcional, que é a camisinha. [...] Se você tem um método contraceptivo alternativo, a chance de não usar a camisinha é maior... de não usar a camisinha. Então, não ter uma alternativa é, em tese, um elemento a mais para que a pessoa se obrigue a usar o preservativo.

Por fim, reconhece que sua posição sobre a laqueadura não é consensual e tece uma crítica velada à postura que considera hegemônica no meio médico:

> Eu acho que [a minha] é uma postura contra a maré atual. Os profissionais tendem a indicar, tendem a pressionar, inclusive de forma às vezes subliminar, né?

As divergências dessas duas profissionais sobre a laqueadura são conhecidas por todos da equipe do programa. Quando analisamos a questão pela ótica das pacientes entrevistadas, algumas expuseram críticas à segunda posição que, por mais cuidadosa e bem-intencionada que seja, não admite que a laqueadura possa ser uma opção consciente e satisfatória para muitas mulheres. Neste sentido, julgamos que ambos os argumentos contêm méritos, deméritos e boas intenções mas exercem uma certa coerção que, muito provavelmente, constrange as pacientes em suas opções contraceptivas. Afinal, não é fácil para uma mulher pobre, paciente de um serviço público, enfrentar e desafiar a posição de um médico.

Porém, como constatamos nas entrevistas, as mulheres/pacientes não são passivas como por vezes aparentam. Muitas vezes, a decisão já está tomada e elas apenas não a assumem frontalmente, possivelmente por receio de recriminações ou sanções dos profissionais de saúde. Aliás, uma enfermeira fez a arguta observação de que, em sua percepção, as pacientes geralmente tomam suas decisões reprodutivas "silenciosamente", sem consultar os profissionais de saúde. Porém, no caso da laqueadura, o encaminhamento médico faz-se necessário para que o procedimento possa ser realizado, sem ônus financeiro para a paciente, no momento do parto.

Portanto, estamos diante de uma situação difícil e complexa e que coloca questões importantes no âmbito das decisões reprodutivas. Sem dúvida, a laqueadura deveria ser *uma* das opções oferecidas a todas as mulheres e realizada na rede pública, em boas condições assistenciais. Porém, o histórico de esterilização em massa das mulheres pobres brasileiras paira como uma sombra sobre essa questão, tornando o debate emocionado e, por vezes, distorcido.

Por outro lado, no âmbito das vivências femininas, saber-se HIV+ e tomar a decisão de esterilizar-se certamente não é fácil para muitas mulheres. Assumir que não pode, ou que não deve, ter filhos, especialmente quando se vive em contextos tão carentes e adversos, onde outras formas de autorrealização não estão acessíveis, também não é uma decisão fácil. Portanto, o ponto a que podemos chegar aqui é que caberia aos profissionais de saúde, ao se depararem com esses dilemas, escutar, acolher e ajudar as mulheres a tomarem uma decisão madura e consciente, o que exigiria tempo, disponibilidade e também preparo profissional para o aconselhamento. Os serviços públicos, porém, oferecem condições para que este delicado e paciente trabalho seja realizado dessa forma? Há tempo e espaço para que estas difíceis e complexas questões sejam abertamente discutidas, elaboradas e amadurecidas? Como vemos, posturas que afetam profundamente a vida e as decisões das pessoas ficam circunscritas às convicções morais e éticas pessoais, às posturas e habilidades de cada profissional e ao escasso tempo disponível para a escuta na intensa correria do dia a dia do serviço[7].

Entre as outras entrevistadas prevaleceu, também com nuances distintas, a posição de apoiar as mulheres que desejam fazer a laqueadura, em coerência com as posições tomadas até então.

Uma dessas entrevistadas também apontou a contradição entre a laqueadura e a prevenção do HIV. Porém, conclui sua fala resignadamente: "...mas é de novo a vontade dela, né?" Ou seja, embora o desejo da paciente deva ser sempre soberano, o profissional sente-se, até certo ponto, moralmente responsável pelas consequências de determinadas opções, o que se constitui num dilema.

7. A escassez de tempo para a escuta e o diálogo com as pacientes é decorrente, entre outras razões, das imensas carências de recursos materiais e humanos, agravada pelo fato de que a maioria das gestantes chega ao programa no final da gestação, o que acarreta uma corrida contra o tempo para iniciar o protocolo, no intuito de minimizar, mesmo que tardiamente, os riscos de transmissão vertical. Essa situação é fonte permanente de estresse e insatisfação para as profissionais do programa.

Neste mesmo sentido, outra entrevistada assumiu que, embora jamais indique a laqueadura, apoia incondicionalmente a mulher que deseja laquear-se. Porém, também externou sua preocupação com o risco da transmissão de Infecções Sexualmente Transmissíveis (IST) quando a questão contraceptiva está resolvida, o que considera um aspecto altamente problemático da questão.

Uma única entrevistada fez uma análise mais abrangente da situação, lembrando que há muitos aspectos que devem ser considerados neste tipo de aconselhamento. Em suas palavras,

> Se ela quiser, se ela quiser mesmo, eu recomendaria. Eu não veria... eu acho que teria todo um trabalho a ser feito, entendeu? Toda uma discussão, toda uma situação [a ser considerada]...

Como se vê, essa entrevistada leva em conta todo o contexto de vida da paciente, o que deveria ser sempre considerado no aconselhamento. Esta profissional assume que apoiaria a laqueadura para uma mulher HIV+ que já tivesse muitos filhos e estivesse numa situação de vida muito difícil. Conclui sua fala posicionando-se politicamente em relação à questão: defende que a laqueadura deveria ser uma opção contraceptiva entre outras, a ser oferecida aberta e democraticamente pelos serviços públicos, o que a tornaria uma escolha legítima, e não dissimulada e quase clandestina como atualmente.

Por fim, a entrevistada, que não teme expor suas controvertidas posições ideológicas, admitiu que, em alguns casos, tenta influenciar as mulheres a favor da laqueadura. São casos onde ela percebe dificuldades e limitações tão graves que chegam a lhe causar "espanto": mulheres que não conseguem se cuidar, cuidar do bebê, tomar os remédios nas horas certas, etc. Possivelmente, ela está se referindo àquelas pacientes que estão em um patamar de desestruturação social e emocional tão profundo que já não sentem motivação para lutar pela vida. Como detectamos, essa questão abala a onipotência médica, tornando os profissionais impotentes. Afinal, a motivação principal é poder oferecer meios para "salvar" vidas, das mulheres e, principalmente, seus bebês. O principal "retorno" desta dedicação é o reconhecimento que se manifesta, entre outras atitudes das pacientes, no engajamento ao tratamento. Detectamos, na etapa de observação participante, o quanto é difícil lidar com as pacientes "rebeldes", especialmente aquelas cujas vidas desestruturadas, já desinteressadas pela vida, desafiam constantemente seus limites.

Não é nossa intenção aqui adotar uma posição moralista que se pretende no direito de julgar os profissionais de saúde. Há que se compreender que, em meio às inúmeras dificuldades que enfrentam no seu difícil dia a dia, nem sempre sobram energia e motivação para lidarem com situações extremamente complexas e difíceis e que exigem recursos sociais e profissionais que vão muito além da capacidade do serviço de saúde oferecer. É como se os esforços se concentrassem naquelas que dão um retorno positivo, que "agarram" as chances que estão tendo para "salvarem" seus bebês. Deve-se ter em mente que os profissionais desta equipe são singulares exatamente por tentarem, através de esforços individuais, oferecer muito mais que a tradicional assistência médica à saúde. Porém, esbarram nos seus limites pessoais, profissionais e sociais, agravados pelo fato de que não contam com outros serviços públicos de assistência especializada, como, por exemplo, para tratamento de dependentes de drogas[8].

Por fim, o último tema buscou captar e compreender os posicionamentos desta equipe sobre o direito da gestante não querer realizar o teste anti-HIV. Tal tema reveste-se de suma importância pois sabemos que a maioria dos testes realizados no pré-natal são feitos sem aconselhamento adequado, sem falar nos casos em que a paciente sequer sabe que está sendo testada (SIMÕES BARBOSA & CASANOVA, 2003). Esta equipe, aliás, recebe diariamente mulheres que chegam para serem retestadas completamente desnorteadas, confusas e ansiosas em consequência de aconselhamentos malfeitos ou mesmo não feitos. Por outro lado, a prepotência médica faz com que muitos médicos sintam-se no direito de realizar o teste sem consentimento da gestante. O argumento comum para tal atitude é a vida do bebê: quem tem o direito de decidir por ele, no caso de uma mãe "relapsa" ou " egoísta"?

A maioria das entrevistadas, ao avaliarem essa questão, admitiram que a maioria de seus colegas assumem atitudes prepotentes e desrespeitosas ao testarem as grávidas sem o seu consentimento (e, por vezes, sem o seu conhecimento), do que discordam frontalmente.

Todas compartilham uma mesma visão sobre os (bons) resultados de um aconselhamento adequado: quando isso ocorre, geralmente não

8. Eram muito frequentes as pacientes dependentes químicas que, em função da gravidez, expressavam desejo de tratarem-se. Porém, dificilmente os profissionais conseguiam vagas nas instituições públicas especializadas neste tipo de assistência que, como se sabe, são insuficientes para atender à demanda.

há negativas, pois o apelo para os benefícios para o bebê são praticamente irrecusáveis. Afinal, qual a mãe que não quer o melhor para seu filho? Desde que ela compreenda que testar-se, neste caso, significa a possibilidade de evitar a contaminação do bebê.

A fala de uma entrevistada coloca essa questão claramente:

> É mais comum você ter a resposta positiva do que a resposta negativa, quando você coloca a criança em si, entendeu? Acho que volta a questão da maternidade, né? Acho que quando você tá lidando com uma coisa que sai de você, com um filho seu, acho que é mais comum você aceitar determinadas coisas porque você sabe que é em prol dele, do bebê.

Outra entrevistada, que também trabalha num programa de pré-natal em outra instituição e tem larga experiência em aconselhamento de gestantes, relata nunca ter presenciado uma recusa definitiva. Em sua experiência, algumas mulheres precisam de tempo para pensar e adquirir coragem, mas terminam por aderir ao teste. Atualmente, neste programa de pré-natal onde atua, tem feito o aconselhamento em grupo, o que julga ser uma estratégia vantajosa em vários sentidos: nenhuma mulher se sente discriminada, já que o teste é sugerido a todas as gestantes e, além disso, o grupo constrange as mulheres que têm dúvidas. Como admite,

> Então, eu acho que acaba saindo, tipo assim: se ela [a enfermeira] pede pra uma e ela pede pra todo mundo, então, talvez... [a paciente pensa] "por que eu não vou querer fazer, se a outra vai fazer também?

A fala de outra entrevistada pautou-se por uma avaliação crítica do serviço que, na correria cotidiana, não permite tempo para conversas mais aprofundadas com as pacientes. Embutida na "falta de tempo", explicita-se aqui uma crítica ao próprio modelo biomédico que não abre espaço para a "escuta" das demandas subjetivas dos/as pacientes. Para o acolhimento dessas questões, segundo ela, seria necessário

> [...] perder tempo mesmo, porque, no serviço, você tem hora, agenda, mas é... [importante]. Você acha que não vai dar conta [do aconselhamento] naquele único atendimento? Você remarca, remarca, remarca... nas 4 situações [temas] aí que você me deu. Eu acho que a gente tem que ter talvez isso: alertar, falar das dificuldades, dar um tempo pra pessoa pensar. [...] Agora, quando você... nessa coisa de recusar a fazer o exame... eu acho que, quando você para e

> tem esse tempo, a pessoa faz. Na minha experiência... [é assim].

Esta entrevistada pontua claramente o quanto o trabalho em saúde não pode obedecer a uma lógica produtiva, na qual "tempo é dinheiro". O tempo, aqui, está sendo ressignificado enquanto tempo necessário para se elaborar subjetivamente questões de vida que não são triviais nem simples. Também é o "tempo" do respeito ao outro, do respeito ao "tempo" do outro, que não pode ser delimitado, marcado, cronometrado. Afinal, não somos máquinas produtivas, é o que parece estar ela querendo mostrar. Prosseguindo sua análise crítica, essa entrevistada interpreta que, quando uma paciente busca o aconselhamento de um profissional, é porque está dividida. Portanto, cabe ao profissional ajudá-la a tomar a melhor decisão, o que seria, na sua opinião,

> [...] pelo menos [ajudar a ser] uma escolha menos sofrida, né? Porque essas situações... são situações de vida... certas situações da vida. Você não pode evitar o sofrimento, não tem como. Mas pode ajudar...

É importante demarcar que essa profissional, no período de observação participante, mostrava muita ansiedade por não conseguir responder a todas as demandas da instituição[9]. Vivia sempre correndo de uma enfermaria a outra, procurando responder a várias solicitações simultâneas. Não raras vezes, não realizava a reunião de grupo com as gestantes em função de outras urgências que exigiam sua presença. Portanto, ela externa aqui uma reflexão crítica que reflete sua própria experiência, consciente de que é impossível, neste ritmo de trabalho, dispor do "tempo" necessário, objetivo e subjetivo, para acolher e responder às difíceis e delicadas questões trazidas pelas pacientes.

Outra entrevistada verbalizou uma corajosa autocrítica ao assumir que uma recusa para a testagem representa uma falha de comunicação sua: não deu informações suficientes, não se fez entender ou a paciente tem questões de vida muito próprias que escaparam ao seu entendimento. Ela ressalva que, para que haja esse "entendimento", supõe-se o estabelecimento de uma *relação* com a paciente. Aponta também um diferencial de classe social quando compara as posturas de pacientes de

---

9. Tratava-se, à época da pesquisa de campo (1999), da única psicóloga de todo hospital, responsável, inclusive, pela assistência psicológica de crianças internadas com doenças graves. Essa situação era decorrente da total ausência de concursos públicos e/ou contratações de profissionais para repor os quadros funcionais da instituição.

consultório e as da instituição pública. Na sua percepção, essas últimas têm uma posição mais "subjugada" e passiva, não questionando determinadas condutas profissionais. Nestes casos, reconhece que as consequências de um exame realizado sem consentimento podem trazer repercussões éticas e jurídicas graves. Como diz,

> ...*aqui* [hospital público], *a pessoa* [paciente] *poderá fazer, mesmo sem saber. E depois, você está com um problema enorme* [jurídico] *pra segurar...*

Ao se posicionar sobre este tema, e reportando-se aos colegas que sequer informam às pacientes sobre a realização do teste, uma entrevistada fez uma contundente crítica política sobre o que caracterizou como "desumanização da medicina". Segundo ela, os médicos são cada vez mais manipulados, no setor privado, por planos de saúde e, no setor público, por baixos salários e pela falta de condições de trabalho. Essas são, em sua visão, as principais causas para aconselhamentos malfeitos e outras condutas inadequadas presentes no cotidiano das instituições públicas de saúde. Neste sentido, supõe que os médicos vão perdendo contato com sua histórica formação humanista e, como decorrência de um sistema que os explora, "brutalizam-se". Segundo esta entrevistada, que luta incansavelmente por uma assistência digna no setor público, os profissionais deveriam se "rebelar" pois, neste caso, trata-se de uma profissão que cuida de sujeitos humanos e não de "coisas". A coerência política de seu ponto de vista revela-se através de sua dedicação integral ao setor público que lhe permite, por exemplo, estar disponível para acompanhar as pacientes quando estas entram em trabalho de parto. E também dedicar-se aos treinamentos de outros profissionais de saúde na prevenção da transmissão vertical, o que julga estratégico para melhorar a qualidade da assistência pública nessa questão.

Julgamos esse depoimento extremamente importante pois demarca uma consciência política que não dissocia as dificuldades da prática cotidiana das questões sociais e políticas mais amplas. Neste sentido, ela expressa o "sofrimento" dos profissionais de saúde quando têm que abrir mão do ideal e da vocação humanista da medicina.

Por fim, essa entrevistada expressa o reconhecimento de que a epidemia de Aids, a despeito do sofrimento que vem provocando, veio resgatar um aspecto fundamental da prática médica, ao exigir que os profissionais saibam mais sobre a vida dos pacientes, reaprendendo a *dialogar*. A necessidade de explicar as questões relacionadas ao tratamento são universais, mas no caso da Aids, a relação profissional-paciente também tem que acolher questões da vida íntima das pessoas, o que, no seu ponto de vista, re-humaniza a profissão.

Como se pode constatar, a exploração destes temas foi rica e proveitosa. Embora não possamos tirar conclusões definitivas sobre questões complexas e polêmicas, pudemos trazer à luz os dilemas e conflitos que os profissionais de saúde vivenciam em seu difícil cotidiano de trabalho. *Pari passu* com posições humanas, compreensivas, solidárias e respeitosas com as pacientes, pudemos também identificar as marcas ideológicas do modelo profissional. Mas o que nos parece mais importante registrar é que esses profissionais lutam para não perder a dimensão humana de seu trabalho, mesmo num contexto desfavorável que dificulta, ou mesmo impede, uma assistência solidária e confortante para os/as que dela tanto precisam. Portanto, os limites do modelo biomédico e da ideologia médica são permanentemente desafiados e, por vezes, confrontados por aqueles que são, ao mesmo tempo, seus porta-vozes e seus críticos.

Considerações finais

A análise deste programa de assistência às gestantes HIV+ através da ótica qualitativa e dos conceitos de gênero e ideologia permitiu-nos elucidar o quanto e como um modelo de formação profissional que se pretende neutro, porquanto "técnico" e "objetivo", é permeado por ideologias que reproduzem um "ideal" feminino que (ainda) subjuga a maioria das mulheres à opressão e exploração. Afinal, o foco das ações deste programa são, num *continuum* interligado, mulheres/mães que devem, a despeito de suas incontáveis dificuldades de sobrevivência, provarem-se "boas mães". Porém, na medida em que os indivíduos não são receptáculos passivos, os processos de incorporação de ideologias são, eles mesmos, conflitivos e contraditórios: se, por um lado, os profissionais de saúde assimilam e reproduzem essas ideologias, por outro podem contestá-las, transgredi-las e mesmo transformá-las. É, portanto, neste complexo campo onde ideias, concepções, experiências, valores, sentimentos e práticas se entrelaçam, que pautamos nossa análise e apreendemos questões que julgamos pertinentes para o campo da avaliação qualitativa de programas de saúde que almejam a qualidade e a integralidade na assistência à saúde.

Conforme constatamos, para além da difícil e dolorosa experiência de uma gravidez HIV+, os graves problemas de sobrevivência dessa parcela da população feminina irrompem no serviço de saúde de forma inexorável e irrecusável: as agudas carências e necessidades de sobrevivência dessas mulheres, assim como seus contextos de vida instáveis e desestruturados, colocam em xeque um modelo assistencial que reduz o processo saúde-doença à sua dimensão biológica e individual e que, no limite, desafiam a própria eficácia terapêutica do tratamento oferecido.

Os profissionais de saúde que protagonizaram a pesquisa mostraram inequivocamente como este modelo é insuficiente, limitado e inadequado para lidar com um problema de saúde que afeta tantas dimensões da vida humana. E também demonstraram o quanto os serviços de saúde são, no limite, impotentes para resolver graves e complexas situações sociais que fogem às suas possibilidades de intervenção.

No campo da integralidade na assistência à saúde, a proposta do Paism, caso plenamente implantada, estaria criando espaços coletivos para a discussão, a troca e o aprendizado dos profissionais *enquanto equipe*, o que potencializaria a transformação deste modelo assistencial que dicotomiza e segmenta tanto os profissionais quanto as pacientes.

Nesta perspectiva, muitas das difíceis e complexas questões trazidas pelas pacientes que atualmente são resolvidas (ou não) individualmente, tais como os dilemas reprodutivos, poderiam estar sendo coletivamente compartilhadas, refletidas, amadurecidas e implementadas, o que tornaria o trabalho em saúde mais gratificante para os que o realizam.

Para o campo da avaliação de programas de saúde, a pesquisa, a nosso ver, colocou em evidência algumas questões teórico-metodológicas relevantes:

1) a importância de se levar em consideração – e se dialetizar – as instâncias macro e microestruturais na abordagem de programas de saúde; quando se reduz a análise a apenas uma dessas instâncias, corre-se o risco de se responsabilizar injustamente determinados segmentos – como os profissionais de saúde, também submetidos a um sistema que os explora e desumaniza seu trabalho –, pelas graves deficiências na assistência à saúde;

2) a conjugação de técnicas distintas – neste caso, observação participante e entrevistas individuais em profundidade – que permitem confrontar discursos/subjetividade e práticas/objetividade e, portanto, apreender coerências e discrepâncias entre o simbólico e o con-

creto; no caso desta pesquisa, essa combinação de técnicas também permitiu desnudar as ideologias que reproduzem os mecanismos de dominação e exploração;

3) a importância de se adotar um enfoque relacional para uma compreensão mais abrangente das relações sociais que se travam no cotidiano da assistência à saúde; neste caso, abordar e dialetizar a visão de profissionais de saúde e das mulheres usuárias nos permitiu apreender os embates e também as confluências de necessidades e anseios de sujeitos sociais distintos mas que almejam o cuidado em saúde através de uma perspectiva integral e humana, o que potencializa a luta por transformações.

A luta pela efetiva implementação do Paism na perspectiva de um sistema público de saúde articulado, integrado e comprometido com a promoção da saúde da população brasileira, e particularmente de sua parcela feminina, ainda é uma meta a ser conquistada. A metodologia qualitativa, ao tornar visíveis e legitimar as vivências e percepções dos atores sociais envolvidos, nos permite apostar que a dimensão humana da assistência à saúde estará sendo assegurada, o que exige nosso engajamento.

Referências bibliográficas

ALMEIDA, C. (2000). Saúde nas reformas contemporâneas. In: COSTA, A.M.; MERCHÁN-HAMANN, E. & TAJER, D. (orgs.). *Saúde, equidade e gênero*: um desafio para as políticas públicas. Brasília: UnB, p. 61-94.

ANYON, J. (1990). "Intersecções de gênero e classe: acomodação e resistência de mulheres e meninas às ideologias e papéis sexuais". *Cadernos de Pesquisa*, 73, p. 13-25. São Paulo [Trad. de Edith P. Piza].

BADINTER, E. (1985). *Um amor conquistado* – O mito do amor materno. Rio de Janeiro: Nova Fronteira.

BARBOSA, R.M. & VILLELA, W. (1996). A trajetória feminina da Aids. In: Parker, R. & Galvão, J. (orgs.). *Quebrando o silêncio*: mulheres e Aids no Brasil. Rio de Janeiro: Relumé-Dumará/AbiaIMS/Uerj, p. 17-32.

BERMAN, R. (1997). Do dualismo de Aristóteles à dialética materialista: a transformação feminista da ciência e da sociedade. In: JAGGAR, A.M. & BORDO, S.R. (org.). *Gênero, corpo, conhecimento*. Rio de Janeiro: Record/Rosa dos Tempos, p. 241-275.

BESSE, S.K. (1999). *Modernizando a desigualdade*: reestruturação da ideologia de gênero no Brasil, 1914-1940. São Paulo: Edusp [Trad. de Lólio Lourenço de Oliveira].

BOLTANSKI, L. (1979). *As classes sociais e o corpo*. Rio de Janeiro: Graal.

BRITO, J.C. (2000). "Enfoque de gênero e relação saúde/trabalho no contexto de reestruturação produtiva e precarização do trabalho". *Cadernos de Saúde Pública*, 16(1), p. 195-204. Rio de Janeiro.

CABRAL, C.S. (1998). Mujeres VIH positivas y su representación social de la maternidad. In: GÓMEZ, A. (org.). *Mujeres, vulnerabilidad y VIH/ Sida*: un enfoque desde los derechos humanos, p. 98-101 [Cuadernos Mujer y Salud/RSMLAC, n. 3].

CHÁVEZ, D.C. (1986). Algunas notas sobre el método y processo de investigación. In: PADILLA et al. (org.). *Metodologia de la investigación en salud*. Santo Domingo: Universitaria, p. 117-142.

DESLANDES, S.F. & GOMES, R. (2004). A pesquisa qualitativa nos serviços de saúde: notas teóricas. In: BOSI, M.L.M. & MERCADO-MARTÍNEZ, F.J. (orgs.). *Pesquisa qualitativa de serviços de saúde*. Petrópolis: Vozes, p. 99-120.

DINIZ, C.G. & VILLELA, W. (1999). Interfaces entre os programas de DST/ Aids e saúde reprodutiva: o caso brasileiro. In: PARKER, R., GALVÃO, J. & BESSA, M.S. (orgs.). *Saúde, desenvolvimento e política*: respostas frente à Aids no Brasil. Rio de Janeiro/São Paulo: Abia/Ed. 34, p. 123-176.

GIFFIN, K. (2002). "Pobreza, desigualdade e eqüidade em saúde: considerações a partir de uma perspectiva de gênero transversal". *Cadernos Saúde Pública*, 18 (sup.).

______ (1995). "Estudos de gênero e saúde coletiva: teoria e prática". *Saúde em Debate*, 46.

GREENE, J.C. (1994). Qualitative Program Evaluation. Practice and promise. In: DENZIN, N. (org.). *Handbook of Qualitative Research*. Thousand Oaks, CA: Sage, p. 530-544.

HOOGBRUIN, A.L. (1999). *Affirming Life despite a Poisoned Fate*: a grounded theory of reproductive decision-making among women living with HIV. Canadá: University of British Columbia, 217 p. [Tese de doutorado].

KERGOAT, D. (1996). Relações sociais de sexo e divisão sexual do trabalho. In: LOPES, MEYER & WALDOW (org.). *Gênero e saúde*. Porto Alegre: Artes Médicas.

KNAUTH, D. (1997). Maternidade sob o signo da Aids: um estudo sobre mulheres infectadas. In: COSTA, A.O. (org.). *Direitos tardios:* saúde, sexualidade e reprodução na América Latina. São Paulo: Prodir/FCC/Ed.34, p. 39-64.

LAURELL, A.C. (2000). Globalización y Reforma del Estado. In: COSTA, A.M., MERCHÁN-HAMANN, E. & TAJER, D. (orgs.). *Saúde, equidade e gênero: um desafio para as políticas públicas*. Brasília: UnB, p. 35-60.

LEA, A. (1998). Mujeres VIH+. Tomada de decisiones sobre su reproducción. In: GÓMEZ, A. (org.). *Mujeres, vulnerabilidad y VIH/Sida*: un enfoque desde los derechos humanos, p. 78-81 [Cuadernos Mujer y Salud/RSMLAC, n 3].

MERCADO-MARTÍNEZ, F.J. (2004). O processo de análise qualitativa dos dados na investigação sobre serviços de saúde. In: BOSI, M.L.M. & MERCADO-MARTÍNEZ, F.J. (orgs.). *Pesquisa qualitativa de serviços de saúde*. Petrópolis: Vozes, p. 137-174.

MERCADO-MARTÍNEZ, F.J. & BOSI, M.L.M. (2004). Introdução – Notas para um Debate. In: BOSI, M.L.M. & MERCADO-MARTÍNEZ, F.J. (orgs.). *Pesquisa qualitativa de serviços de saúde*. Petrópolis: Vozes, p. 23-71.

MELO, J. & VILLELA, W. (orgs.) (1999). *Dossiê mulher e Aids*. São Paulo: Rede Nacional Feminista de Saúde e Direitos Reprodutivos.

MELONI, E.V. (1999). A medicalização do corpo feminino. In: GIFFIN, K.M. & COSTA, S.H. (orgs.). *Questões da saúde reprodutiva*. Rio de Janeiro: Fiocruz, p. 67-78.

MINAYO, M.C.S. (1992). *O desafio do conhecimento: pesquisa qualitativa em saúde*. São Paulo/Rio de Janeiro: Hucitec/Abrasco.

Ministério da Saúde/Secretaria de Políticas de Saúde/Coordenação Nacional de DST e Aids (1999). *Aids*: recomendações para prevenção da transmissão perinatal do HIV. Brasília.

PARKER, R., HERDT, G. & CARBALLO, M. (1995). Cultura sexual, transmissão do HIV e pesquisas sobre Aids. In: CZERESNIA, D., MONTEIRO, S., SIMÕES BARBOSA, R.H. & SANTOS, E.M. (org.). *Aids*: pesquisa social e educação. São Paulo/Rio de Janeiro: Hucitec/Abrasco, p. 17-45.

SAFFIOTI, H.I.B. (1992). Rearticulando gênero e classe social. In: COSTA, A. de O. & BRUSCHINI, C. (org.). *Uma questão de gênero*. Rio de Janeiro/São Paulo: Rosa dos Tempos/Fundação Carlos Chagas.

SILVER, L. (1999). Direito à saúde ou medicalização da mulher? Implicações para avaliação dos serviços de saúde para mulheres. In: GIFFIN, K. & COSTA, S.H. (orgs.). *Questões da saúde reprodutiva*. Rio de Janeiro: Fiocruz.

SIMÕES BARBOSA, R.H. (2001). *Mulheres, reprodução e Aids*: as tramas da ideologia na assistência à saúde de gestantes HIV-positivas [Tese de doutorado apresentada à Ensp/Fiocruz].

SIMÕES BARBOSA, R.H. & CASANOVA, A. (2004). Pré-natal e transmissão vertical do HIV: a perspectiva de profissionais da saúde pública do município do Rio de Janeiro. In: BOSI, M.L.M. & MERCADO-MARTÍNEZ, F.J. (orgs.). *Pesquisa qualitativa de serviços de saúde*. Petrópolis: Vozes, p. 278-336.

THOMPSON, J.B. (1995). *Ideologia e cultura moderna: teoria social crítica na era dos meios de comunicação de massa*. Petrópolis: Vozes.

UCHIMURA, K.Y. & BOSI, M.L.M. (2004). A polissemia da qualidade na avaliação de programas e serviços de saúde: resgatando a subjetividade. In: BOSI, M.L.M. & MERCADO-MARTÍNEZ, F.J. (orgs.). *Pesquisa qualitativa de serviços de saúde*. Petrópolis: Vozes, p. 75-98.

XAVIER, D.; ÁVILA, M.B. & CORREA, S. (1989). Questões feministas para a ordem médica: o feminismo e o conceito de saúde integral. In: LABRA, M.E. (org.). *Mulher, saúde e sociedade no Brasil*. Petrópolis/Rio de Janeiro: Vozes/Abrasco, p. 203-222.

14 Contribuições e reelaborações com base em uma avaliação alternativa de um programa de saúde na Catalunha, Espanha

Margarita Pla Consuegra
Núria Codern Bové

Apresentamos neste trabalho a contribuição da perspectiva etnográfica de cunho etnometodológico para uma avaliação que estamos realizando na Atenção Primária de Saúde (AOS) na Catalunha (Espanha, 2006). Algumas das reflexões que vão surgindo recolhem elementos de anteriores pesquisas qualitativas e avaliativas feitas em âmbitos institucionalizados da prática no primeiro nível de saúde e certamente também exprimem nossos interesses futuros.

Nossa posição exposta neste capítulo segue também a linha de alguns artigos já publicados (PLA, M., SÁNCHEZ-CANDAMIO, M., 2002; PLA, M. et al., 2004; MERCADO, F. et al., 2005) e vai se apresentando como uma confluência de diferentes debates (nossos e compartilhados) que, em descrição sucinta, respondem aos seguintes interesses:

- Interessam-nos as demandas dos profissionais do Sistema de Saúde que se manifestam em termos de "busca" de caminhos "alternativos" que deem resposta a problematizações de sua prática cotidiana.
- Interessam-nos os processos de ensino/aprendizagem e de mudança social que se constroem nas interações cara a cara entre profissionais e usuários.
- Interessa-nos explicitar e refletir sobre nossa posição e desempenho pesquisador/avaliador em contextos institucionalizados.

Todos estes interesses vão confluir neste capítulo, onde vamos propor aos leitores que se construam como copesquisadores, pois nosso objetivo é mostrar e compartilhar a tomada de decisões que fomos realizando como equipe de pesquisa no curso da avaliação, possibilitando o acesso às dificuldades conceituais, metodológicas e éticas que foram surgindo no processo.

Portanto, para cumprirmos com este ambicioso objetivo vamos alternar a narração da avaliação com o recurso à teoria, utilizando o nosso *diário de bordo*, onde colocamos em evidência este processo dinâmico, contraditório, ambivalente e ao mesmo tempo criativo do caminho seguido, assumindo plenamente os traços de uma avaliação emergente e imprevisível.

O contexto da demanda

A Atenção Primária de Saúde (APS) desempenha um papel crucial para abordar o tabagismo – problema ao qual se dirige o Programa aqui focalizado – uma vez que dados do nosso meio mostram que, em muitas regiões, mais de 75% da população fumante espanhola passam anualmente pelo atendimento médico ou de enfermagem dos centros de APS (BANEGAS et al., 2001) e as pessoas são atendidas, em média, cinco ou seis vezes por ano.

Por isso é importante que os centros de APS desenvolvam programas de prevenção, constituindo-se em um espaço único para a intervenção no primeiro nível de saúde, sobretudo quando os dados de diversas pesquisas sobre saúde feitas na Espanha revelam que mais de 60 % dos fumantes querem parar de fumar e a maioria deles já tentou alguma vez deixar o vício. Assim, os profissionais de saúde realizam intervenções preventivas nas consultas com a seguinte orientação: a) sensibilizar as pessoas que fumam e chegam para consultar, mediante aconselhamento educativo; b) ajudá-las a avançar rumo à decisão de parar de fumar mediante a entrevista motivacional; c) apoiar as pessoas que param de fumar, mediante consultas de acompanhamento.

Neste contexto surge o Projeto Istaps[1] (Intervenção Sistemática sobre Tabagismo na Atenção Primária de Saúde) como um ensaio clínico controlado randomizado por *clusters*, cujo objetivo central é avaliar a efetividade de uma série de intervenções protocolizadas que visam a ajudar as pessoas a deixarem de fumar na Atenção Primária de Saúde. Realizado no âmbito do estado espanhol, este estudo começou em 2003 e

1. A Pesquisadora Principal deste projeto é Carmen Cabezas, da Fundação Jordi Gol i Gorina da Divisão de Atenção Primária do Instituto Catalão de Saúde (ICS).

abrangeu 2.902 fumantes, contando com financiamento do Instituto de Saúde Carlos III do Ministério da Saúde da Espanha na órbita da redIAPP (Rede de Serviços de Prevenção em Atenção Primária de Saúde e Promoção da Saúde).

Estas intervenções que serão avaliadas pelo Projeto Istaps baseiam-se no modelo transteórico da mudança[2] e se concentram na avaliação do "estado de mudança" do fumante feita pelos profissionais da saúde na consulta de AP, aplicando um questionário proposto pelos autores do modelo (PROCHASKA, DICLEMENTE & NORCROSS, 1992). Um fator de peso para o sucesso da intervenção, mencionado pelos autores, é que, ao verificar que o fumante está nos estágios de "pré-contemplação"[3] ou "contemplação"[4], o profissional realiza uma entrevista motivacional seguindo o modelo proposto por Rollnick (MILLER, W.R. & ROLLNICK, S., 1999), cujo objetivo é fazer com que a pessoa reflita sobre o consumo de tabaco mediante perguntas abertas que apontam para a importância, a confiança e a preparação do fumante para deixar o consumo de tabaco.

Se o fumante já está na fase de preparação[5] e não deseja que o processo seja acompanhado mediante consultas, os profissionais fazem uma intervenção breve (até duas visitas) baseada em guias de prática clínica adotada no âmbito internacional. Essas duas visitas têm por finalidade apoiar o usuário na decisão já tomada, fixar a data para parar de fumar e entregar opcionalmente material impresso educativo. Também se oferece o uso de Terapia Substitutiva da Nicotina (TSN) no caso de dependência moderada-alta e uma visita de acompanhamento ou um telefonema dentro das primeiras duas semanas depois de ter parado de fumar (FIORE, BAILEY, COHEN et al., 2000).

---

2. É uma das teorias mais utilizadas para a compreensão dos elementos que influem nas decisões. Definido por Prochaska, Di Clemente e Norcross, consta de cinco estágios sucessivos atravessados pelas pessoas que têm hábitos não salutares, como neste caso o de fumar: pré contemplação, contemplação, preparação, ação e manutenção. Segundo os autores, este modelo permite projetar estratégias concretas para cada fase, legitimando objetivos parciais adaptados de maneira realista no nível motivacional do usuário.

3. Este é o estágio em que se encontra a pessoa que ainda não considerou seriamente a ideia de parar de fumar. Não percebe que tem um problema ou se acha incapaz de mudar. Não pensa que os aspectos negativos do hábito de fumar tenham mais peso que os positivos.

4. Descrito como o estágio em que a pessoa considera seriamente uma mudança nos próximos seis meses. Caracterizado pela ambivalência, pois a pessoa cogita a mudança e a rejeita ao mesmo tempo.

5. O estágio de preparação também é conhecido como de determinação. É a etapa em que a pessoa está pronta para fixar uma data e pensar num plano para deixar de fumar no próximo mês.

Só se o fumante se encontrar no estágio de preparação e desejar ajuda intensiva, o profissional programará "seis visitas" num período de 6 meses – a chamada *intervenção escalonada* – utilizando um tratamento "multicomponente" que abrange uma série de ações visando a mudar comportamentos e também medicação. As duas primeiras visitas são efetuadas no estágio de preparação e as demais no estágio de ação[6] e manutenção[7]. O propósito destas intervenções é oferecer ao usuário um acompanhamento de seu processo de abandono do hábito e que não se sinta sozinho, bem como lhe fazer recomendações para evitar recaídas.

O objetivo dos pesquisadores do Projeto Istaps durante a "intervenção escalonada" é fazer a avaliação da sua efetividade mediante as seguintes ações: 1) elaboração de um guia no qual se descrevem detalhadamente todas as ações incluídas nas 6 visitas que o profissional realizará; 2) avaliação da efetividade da intervenção a partir do completo abandono do consumo de tabaco ao finalizar a intervenção (6 meses) e manutenção durante 12 meses, verificada mediante medição de monóxido de carbono no ar espirado. Para isso são aplicados questionários telefônicos padronizados (em distintos momentos da intervenção) com uma ampla gama de variáveis relacionadas ao sucesso da intervenção (validação da abstinência), e simultaneamente se examina o histórico clínico para registrar qualquer problema vital ou de saúde que tenha ocorrido ao longo do processo completo, que dura dois anos.

Para ajudar ao profissional durante toda a intervenção realizam-se também cursos de entrevista motivacional relacionada com as mudanças de conduta, questão muito importante na opinião de Miller e Rollnick (1999). Isto significa que todos os profissionais que participam na pesquisa têm uma noção muito clara sobre os conteúdos a serem tratados em cada encontro com o usuário, embora a própria equipe de Istaps manifeste algumas dúvidas quanto ao nível de cumprimento das recomendações dos guias.

Neste contexto situacional os pesquisadores do Projeto Istaps apresentaram uma demanda específica à nossa equipe de pesquisa[8]: desenvolver um componente qualitativo para "descrever a percepção qualita-

6. É o estágio em que a pessoa tenta parar de fumar e não fuma durante menos de seis meses.

7. A pessoa passa mais de seis meses sem fumar.

8. Nossa equipe de pesquisa pertence à Unidade de Pesquisa Qualitativa da Fundação Dr. Robert (Universidade Autônoma de Barcelona).

tiva das pessoas que estão passando pelo processo de desabituação tabágica" com o intuito de melhor conhecer as vivências que esta experiência pode implicar na vida das pessoas.

Após uma leitura minuciosa do projeto e de alguns debates com seus autores, fizemos uma proposta avaliativa que, sem se afastar do objetivo inicial, de clara orientação fenomenológica, no nosso entender, também observasse como estava sendo feita a intervenção dos profissionais focada na interação face a face na consulta.

Segundo entendemos, para saber se a intervenção é ou não eficaz, é insuficiente verificar se o profissional segue as recomendações do guia e examinar as percepções das pessoas que passam pela experiência; torna-se necessário, também, "avaliar as ações" relacionadas a um contexto interacional, negociável e variável como o da consulta da AP.

A concretização do projeto

Com base na reformulação da demanda nos termos antes explicados, nossa equipe elabora um subprojeto qualitativo cujo propósito é avaliar a utilidade das intervenções para ajudar a parar de fumar (usabilidade) – tanto para os usuários quanto para os profissionais – e que é apresentado e aprovado pelo Projeto Istaps.

Para atingirmos o nosso objetivo, propomos o uso de técnicas de indagação próprias da prática etnográfica e, portanto, programamos uma série de registros audiovisuais nas consultas, que foram complementadas com entrevistas aprofundadas. Escolhemos como unidades de amostragem os contextos de interação usuário-profissional, e os agentes envolvidos são tanto os usuários fumantes que procuram por qualquer motivo as consultas de APS (usuários em potencial da intervenção) quanto os/as médicos/as e enfermeiros/as que já participam do Projeto Istaps.

Para recrutar os usuários fumantes, uma amostragem inicial é feita adotando como eixos principais a classe social, a idade e o gênero. Por outro lado, além dos eixos principais, também contemplamos outros critérios que entendemos devessem estar presentes nos usuários escolhidos e que podem influir no processo da intervenção, tais como: consumo de tabaco por dia, anos de consumo, patologias associadas, consumo de psicofármacos, motivações para deixar de fumar, estágio do processo de mudança e número de fumantes do ambiente familiar/de trabalho/social.

Finalmente, a combinação destes critérios permite estabelecer 8 perfis de usuários, estimando-se uma amostra inicial de 22 pessoas para garantir o acompanhamento completo de todoo os perfis. No caso dos profissionais, seis Unidades Básicas de Atenção[9] (compostas por equipes de médico/a e enfermeiro/a) são escolhidas. Estamos falando de 12 profissionais ao todo, pessoas com diferentes formações e experiências para fazer face à intervenção e provenientes de diferentes âmbitos territoriais da Catalunha.

Quanto ao trabalho de campo do subprojeto qualitativo, ele se insere nas etapas próprias do estudo Istaps, cabendo aos próprios profissionais selecionar as interações que atendem aos critérios previstos. Todas elas são gravadas pelo mesmo profissional e para isso se instala uma câmera nos consultórios de AP. Quanto às entrevistas aprofundadas aos usuários, a ideia é realizá-las em espaços naturais dos próprios usuários.

A base documental para a análise é formada pelas gravações de vídeo da interação usuário-profissional e as transcrições das entrevistas aprofundadas. Apesar de que a análise é colocada de forma emergente, propõe-se uma primeira fixação parcial descrevendo as seguintes fases:

a) Análise do guia da intervenção escalonada para identificar as ações a realizar nas consultas e estabelecer os significados mínimos em consenso com os pesquisadores do Projeto Istaps. O resultado desta análise é um novo texto que passa a ser um primeiro "guia de leitura" para as gravações de vídeo, onde ficam explicitadas as expectativas dos pesquisadores do Istaps que prepararam o guia.

b) Análise das interações mediante as gravações de vídeo para mostrar de que forma os profissionais usam o guia da intervenção e como eles se ajustam ou não às expectativas dos pesquisadores.

c) Análise de Discurso das gravações de vídeo, tomando como eixos analíticos os aspectos "críticos" que os próprios pesquisadores, profissionais e usuários estabelecerem.

d) Análise de Discurso das entrevistas, acrescentando novos repertórios argumentativos à negociação de significados dos aspectos críticos.

Como já dissemos, esta proposta analítica deve estar inserida num processo emergente e ainda sujeito a discussão entre os diversos agen-

9. Na Catalunha, as equipes de atenção básica ao usuário se chamam *Unidades Básicas de Atención* e estão compostas de um/a médico/a e um/a enfermeiro/a.

tes deste projeto. Sendo assim, esperamos dar continuidade ao nosso relato numa próxima publicação.

Uma proposta de pesquisa alternativa focada na "usabilidade"

Emprestado do campo da informática, este conceito que visa fundamentalmente a propor melhoras na interação pessoa/computador é aplicado a outras áreas de conhecimento desenvolvendo a ideia principal do chamado "projeto focado no usuário", que propõe que os projetistas de serviços/produtos devem compreender o contexto de uso do serviço (TRAVIS, 2000; FLORIA, 2000).

Assim, o conceito de usabilidade está apoiado em 3 pontos: a) concentrar-se nos usuários, isto é, que para se desenvolver um determinado serviço é preciso conhecer, entender e trabalhar com os usuários atuais ou potenciais; b) é necessário que quem projeta o serviço tenha amplo conhecimento do contexto de uso, já que o serviço terá de se adaptar aos objetivos/interesses/expectativas do usuário dentro de seu dia a dia; c) o usuário é que determina em definitivo se um recurso/serviço é fácil de usar.

A ideia de sondar esta perspectiva foi se consolidando em nossas conversas, tanto pelo nosso posicionamento de compromisso com a prática profissional quanto pelos processos de mudança, até percebermos que esta opção tinha várias vantagens de incalculável valor:

- Ela nos levava a propor um projeto verossímil, não paralelo, para todos os pesquisadores (Istaps e nós).
- Propunha uma pesquisa que não ficasse distante da racionalidade dos profissionais da saúde quanto a imaginarem a si próprios como planejadores de uma intervenção (neste caso concreto, uma intervenção para deixar de fumar).
- Buscava uma linguagem comum com a equipe de pesquisa de Istaps e os próprios profissionais que realizavam a intervenção escalonada.
- Criava um contexto interacional no qual seria possível explicar o que nós víamos por trás do conceito de "usabilidade", que não é senão uma aproximação à avaliação da prática com base num enfoque etnográfico de cunho etnometodológico.
- Permitia também ligar esta perspectiva a uma proposta de melhoria da prática profissional e, portanto, de mudança social.

Logo, foi proposto um projeto de avaliação focado no usuário no qual foram estabelecidos os seguintes objetivos: a) Conhecer as estratégias utilizadas pelo profissional para se aproximar do usuário e obter profundo conhecimento e compreensão dele e de suas rotinas ligadas ao tabaco; b) Saber de que maneira o profissional insere a intervenção num contexto de uso adequado, flexível e confortável para o usuário; c) Descrever como o profissional efetua uma escuta ativa das necessidades sentidas e expressas pelo usuário que vem consultar; d) Saber de que forma o profissional avalia a efetividade da intervenção ligada à facilidade de uso e como gera estratégias para conhecer as opiniões e percepções dos usuários.

Uma vez fixados estes objetivos, a análise e a interpretação da gravação de vídeo lhes dariam resposta fornecendo informação relevante de como os profissionais facilitam a participação dos usuários e como as intervenções são adaptadas segundo o processo indicado pelo próprio usuário. Além disso, as entrevistas permitiriam que profissionais e usuários relatassem suas experiências quanto à intervenção, acrescentando aqueles argumentos que deram sentido a suas ações.

Por outro lado, o modelo focado no usuário é muito próximo em alguns aspectos a um "modelo participativo", pois ele favorece a democratização dos serviços e incorpora especialmente os processos de E/A (Ensino/Aprendizagem) das relações sistêmicas que o usuário potencia (TRAVIS, 2000). Neste sentido, é muito importante ressaltar "problematicamente" o papel do profissional como planejador da intervenção e favorecer a reflexão sobre seu próprio papel e sua competência para desempenhá-lo.

Como assinalam alguns estudos de usabilidade, a noção de *conhecimento do contexto* não é fácil para os planejadores de uma intervenção, habituados a colocar problemas bem definidos com soluções unívocas, em vez de buscar a compreensão e a comunicação com o usuário. Também os profissionais da saúde com frequência projetam suas intervenções supondo que os usuários não entendem de questões especializadas nem sabem resolver seus próprios problemas, motivo pelo qual o "especialista" se exprime por meio de sistemas demasiadamente complexos que o usuário não entende e rejeita.

Ademais, isto torna impossível a abertura e tradução interpretativa dos profissionais com relação aos usuários, afastando racionalidades e práticas e tornando estas últimas ineficazes, sobretudo porque as explicações que são derivadas do fracasso das intervenções muitas vezes reificam argumentos e com isso polarizam ainda mais as posições.

É por isto que nossa equipe de pesquisa opta a princípio por trabalhar com o objetivo de "descobrir" a dimensão prática das interações face a face, tentando construir as percepções e compreensões compartilhadas (*shared perceptions, shared understandings*) por usuários e profissionais para elaborar modelos de referência mais compartilhados.

O diálogo internalizado de nossa equipe de pesquisa: a perspectiva de tipo etnográfico de cunho etnometodológico

Porém, para se entender a nossa proposta de avaliação, que vamos chamar alternativa, é preciso baseá-la em uma tríade de argumentos:

- O primeiro é situá-la em relação às orientações qualitativas/participativas hoje utilizadas: De que tipo de avaliação estamos falando?
- O segundo é concretizar a perspectiva etnográfica de cunho etnometodológico e nossos reenfoques teórico-metodológicos neste contexto avaliativo.
- O terceiro é expor a potencialidade desta perspectiva dentro da avaliação de ações preventivas em AP: Podemos falar de uma linha de trabalho com futuro?

De que tipo de avaliação estamos falando?

Não nos interessa fazer uma dissertação sobre o panorama avaliador para definir a nossa posição. Acima de tudo, porque é difícil situar-se num panorama em que não são discutidos alguns princípios sobre os quais há amplo consenso no campo da avaliação qualitativa/participativa, tais como: a) a incorporação das audiências e dos diferentes atores sociais ao processo de avaliação; b) a opção pela avaliação "respondente" que integra e transforma objetivos e resultados no mesmo processo; c) a conjunção de avaliação somativa e formativa; d) a postura responsavelmente democrática do avaliador.

Parece que o mais simples será explicitarmos nosso compromisso com um esquema geral de visão construtivista de 4ª geração de Guba e Lincoln (GUBA, E.G. & LINCOLN, Y.S., 1989) e ficarmos nisso. Entretanto, dado que acreditamos que nossos leitores assumem esta posição de antemão, talvez valha a pena lançar mão de alguns argumentos que esclareçam algumas das nossas convicções até o momento.

A primeira é que quando nos propusemos a avaliar um local na prática profissional aceitamos certas regras do jogo preestabelecidas, pois pretendíamos "entrar de penetras" para trabalhar com os profissionais com base em suas próprias racionalidades e contradições. Esta posição não é compatível com um posicionamento explícito de 4ª geração (participativo e aberto), já que não se pode entender mais nada a partir dos limites imprecisos das incumbências institucionais.

É evidente que quando formos narrando a nossa avaliação poderão surgir questões próximas a esta perspectiva, mas a contradição participativa é que, apesar de construir o relacionamento com profissionais e usuários em forma de "encontro", ele não é evidente para todos e por certo não podemos assumi-lo plenamente num contexto de pesquisa positivista conforme explicamos na seção sobre a demanda. Ainda que não tenhamos seguido os passos recomendados nos processos participativos, paradoxalmente também não pensamos que por serem mais explícitos eles sejam mais "emancipadores" nem mais "participativos" que a nossa proposta.

Portanto, nossa posição visa mais a entender o "participativo" em termos "compreensivos-interpretativos", aproximando-se mais de colocações hermenêuticas. Interessa-nos que o discurso que viermos a construir conjuntamente com os pesquisadores do Projeto Istaps, com os profissionais e os usuários esteja embasado em conhecimentos mínimos compartilhados, pois se não formos capazes de estabelecer os objetivos do diálogo, este não fará sentido (ALONSO, L.E., 1998). Isto também significa irmos negociando as regras implícitas do contrato que conduz a uma produção multidimensional (gêneros discursivos híbridos) que finalmente nos ajudará a realizar transferências em todos os sentidos.

A visão de cunho etnometodológico: delineando o posicionamento

A etnometodologia fornece uma série de conceitos que sugerem uma orientação focada nos processos – indexicalidade, reflexividade, *accountability* (responsabilidade), filiação, competência (DÍAZ, F., 2000) – e que opta por estudar os contextos institucionais colocando-se dentro deles, captando os mundos dos participantes segundo suas próprias vivências e transmitindo suas próprias descrições.

O uso da observação participante e das entrevistas tanto informais quanto preparadas como técnicas de geração de dados é fundamental para captar a perspectiva dos usuários e profissionais, e é evidente que a aplicação deste enfoque pode causar efeitos de revisão da própria prática.

Uma vez que existe vasta bibliografia que explica o nascimento e a situação atual desta orientação, não pretendemos estender-nos nesta seção, pois a posição onde recolhemos a proposta etnometodológica está explicitada em artigos anteriores (PLA, M. & SÁNCHEZ-CANDAMIO, M., 2002). A questão fundamental é que nos sentimos à vontade pensando com base na "sociologia da situação", onde se visualizam diversas tradições da Escola de Chicago, ainda que a partir dali nos redirecionemos para outras posições.

Como o próprio termo indica, a etnometodologia pretende estudar (*logia*) os métodos (metodologia) que aplicam os participantes (*etnic*) na interação social para interpretar e agir dentro de seus mundos sociais, pressupondo que esta interação está estruturalmente localizada (LEVINSON, S., 1983; POTTER, J., 1998; POTTER, J. & WETHERELL, 1987).

Para tanto, os etnometodologistas utilizam o "método documental" tratando os relatos dos sujeitos em interação como se fossem o "indicador" de uma pauta subjacente (trata os relatos em seu contexto) (POTTER, J., 1998) e procurando entender como a estrutura social age nos planos da cotidianidade (assunção do papel, execução do papel, tradução das normas sociais em motivos de ação) (GARFINKEL, H., 1967). Quanto aos pesquisadores, eles entram como participantes virtuais no contexto em que se insere a ação, sendo a sua implicação relativista, dado que as interpretações são interdependentes do contexto, mas ao mesmo tempo tentando descobrir a organização e o funcionamento da sociedade (JAWORSKY, A. & COUPLAND, N., 1999).

Duas questões são importantes nesta proposta etnometodológica que nos fez pensar que ela é idônea para nosso objetivo:

O conceito de cotidianidade: cotidianidade como normalidade (da realidade) e como obviedade (do mundo). A cotidianidade é por definição aquilo que flui, o que é "corrente" e onde a consciência observadora nem pergunta nem interpreta (o mundo dado por certo). Assim, na consulta de AP, onde os profissionais fazem suas intervenções, a vida cotidiana transcorre e flui encaixando as atividades em sua agenda de "rotinas".

O conceito de contexto: Neste sentido achamos que a contribuição de Cicourel é crucial para nosso estudo porque ela sustenta que ao se utilizar uma estratégia de pesquisa (em termos de indagação) é preciso dar-se conta de sua dependência implícita das expectativas do contexto. Se pretendemos compreender as normas sociais em nossa análise da interação temos de fazê-lo com base no conhecimento que têm os membros de uma sociedade, portanto, com base em suas "expectativas do contexto" (CICOUREL, A., 1980), e isso significa que os membros utilizam esquemas de interpretação que tornam o meio circundante reconhecível e inteligível.

Assim, os usuários que procuram o serviço de AP foram construindo suas expectativas quanto ao atendimento que ali é prestado com base nos relacionamentos continuados com os profissionais, construindo desse modo um entorno que lhes é familiar. Para Cicourel (CICOUREL, A., 1981; CICOUREL, A., 1999), ao analisar as conversas o pesquisador aproxima-se de uma "reescrita" do diálogo, sobretudo para transmitir ao leitor as expectativas do contexto não mencionadas e vistas embora não percebidas. Tal procedimento permitiria ao leitor compreender de que maneira os participantes deram sentidos a seus entornos, segundo apresentados pelo pesquisador.

Porém, como diz Sacks (SILVERMAN, D.; SACKS, H., 1998; DÍAZ, F., 2000), a possibilidade de se identificar um mecanismo que explique o comportamento habitual dos membros da sociedade não quer dizer que esses comportamentos sejam irrefletidos, monótonos ou idênticos entre si. Os recursos que compõem o mecanismo são ao mesmo tempo sensíveis ao contexto (em sua incorporação situada) e independentes dele (desde que identificáveis como recursos que operam em diferentes ocasiões). Esta dupla característica os torna inteligíveis e os princípios que regem esta inteligibilidade podem ser descritos também na consulta de AP, quando os profissionais e usuários fazem processos de mútua adequação.

Por isso acreditamos que pode ser interessante realizar uma descrição profunda dos contextos de interação e tornar visíveis as expectativas do profissional e do usuário na consulta de AP quanto à intervenção para deixar de fumar. Para tanto, como temos dito no início do capítulo, nós reescrevemos várias vezes o guia da intervenção, inserindo o contexto em diversas ocasiões.

Incorporando reelaborações teórico-metodológicas

Na seção anterior justificamos plenamente a pesquisa etnometodológica que se volta para o estudo dos *etnométodos*. Isto significa basicamente afastar-se das atividades da consciência (intenções subjetivas) e analisar a construção das ordens cotidianas com base nas práticas situadas (WOLF, M., 1979) (COULON, A., 1995) (DÍAZ, F., 2000), mas também pensamos que a esta visão podem ser incorporados outros elementos da Psicologia Discursiva, sobre a qual Edwards e Potter oferecem um panorama amplo e integrado (POTTER, J., 1996).

Neste sentido mais uma vez nos aproximamos de uma ideia de construtivismo social que emerge da psicologia social (SHOTTER, J., 1993): a *narratividade* que se constitui em elemento-chave para compreender a contribuição com base na Psicologia Discursiva (CABRUJA, T.; IÑIGUEZ, L. & VÁZQUEZ, F., 2000: 61-94). Quando construímos uma narração é fundamental levarmos em consideração o momento histórico em que o fazemos, pois ela faz sentido porque preexistem determinados conceitos e modos de fazer que a tornam legítima, verossímil e inteligível para os interlocutores (SHOTTER, J., 1993). Nossos usuários atuais são diferentes dos de 10 anos atrás, e basta percorrer as consultas de vez em quando.

Nossos modos de falar dependem do mundo na medida em que o que dizemos se enraíza naquilo que os fatos do mundo nos permitem dizer. Mas, ao mesmo tempo, o que nós interpretamos como natureza do mundo depende do nosso modo de falar sobre ele. Com efeito, ambos os aspectos devem sua existência individual à sua interdependência (SHOTTER, J., 1993).

A narratividade implica também fazer referência a gêneros narrativos (CABRUJA, T.; IÑIGUEZ, L. & VÁZQUEZ, F., 2000: 71). A coordenação de nossas ações com as dos demais ocorre num marco referencial que faz possível entender os conteúdos que propiciam o relacionamento e ao mesmo tempo criam o contexto em que ele se desenvolve. Mas isto, também sustentado pelos pragmáticos e etnometodologistas, é possível graças ao uso de determinados gêneros narrativos que em cada contexto de interação estão ao alcance das pessoas que participam (POTTER, J., 1998). Gêneros narrativos que nas relações humanas são construídos com base num conjunto de normas e convenções inseridas num contexto sociocultural no qual o "fundo" e a "forma" são inseparáveis (CABRUJA, T.; IÑIGUEZ, L. & VÁZQUEZ, F., 2000). Há um ou vários gêneros narrativos nas consultas de AP?

O material direto da nossa análise seria o dos discursos caracterizados pela sua variabilidade e que refletem a versatilidade construtiva da linguagem onde também há espaço para propósitos mais amplos (POTTER, J. & WETHERELL, M., 1987), ou, como dizem Iñiguez e Antaki, identificar os efeitos discursivos que operam por cima do nível individual (IÑIGUEZ, L. & ANTAKI, C.H., 1994).

Mas a consequência mais importante de assumirmos esta orientação em nosso estudo especificamente psicossocial é que entendemos a ação discursiva em relação a um sujeito empírico, construído como sujeito lingüístico e culturalmente competente (CRESPO, E., 1991), e isto significa que a compreensão da ação é socialmente compartilhada e, portanto, social e negociável, onde as chaves interpretativas são os procedimentos sociais de atribuição de sentido.

Esta aproximação explícita à Psicologia Discursiva nos situa também nesse trânsito entre as orientações socioconstrucionistas que veem o mundo social como uma construção erigida com base em significados (GERGEN, K.J., 1996), mas também as orientações críticas no sentido de entender a ação social como sendo inseparável de sua dimensão ética, da produção de efeitos e de relações de poder.

Embora para nós este seja ainda um momento de debate interno e, portanto, com muitas colocações em andamento, esta aproximação a uma posição crítica permite que entendamos a interação com base nas características normativas da instituição de saúde, uma vez que elas funcionam como substrato da intervenção.

Isto implica assumir limitações institucionais às relações usuário-profissional e ver como estas se articulam, e, como propõe Maynard (1991), estudar a interação como uma produção local que atualiza questões iniciadas externamente.

Neste sentido, nos espaços onde se realiza a intervenção para deixar de fumar poderiam incidir limitações, como o pendor economicista das políticas de saúde em nosso país (PLA, M. et al., 2004), os debates sociais sobre o fumo, os interesses das multinacionais tabaqueiras, o papel dos profissionais em suas respectivas disciplinas, etc. Como diz Fairclough (1992) do ponto de vista da ADC, o discurso e a prática[10] estão limitados por estas redes interdependentes que ele chama de "ordens sociais" na linha de Foucault (FAIRCLOUGH, N., 1989) e que estruturam tipos de práticas colonizadas pelos discursos dominantes.

As crenças coletivas, o sistema de valores e as normas sociais que permitem a manutenção da estrutura social são ordenados em torno de

---

10. Fairclough vê o discurso como prática social em termos de processo geral de interação e, ao mesmo tempo, processo determinado socialmente. Para este autor os fenômenos sociais são linguísticos no sentido de que a atividade da linguagem se verifica em contextos sociais – não como reflexo ou expressão dos processos sociais, mas como parte dos processos e práticas.

verdades e procedimentos que distinguem o que é verdadeiro do que é falso. "Cada sociedade tem sua política geral de verdade", isto é, o tipo de "discursos" que ela acolhe e faz funcionar como verdadeiros e as técnicas e os procedimentos que são valorizados para obter a verdade (FOUCAULT, 1970). Mas Foucault também criou as condições para um novo avanço no estudo das relações de poder, contrapondo ao paradigma jurídico um paradigma estratégico que explicaria um "novo poder" (IBÁÑEZ, T., 1990).

O modelo estratégico de poder considera que este não é repressivo, mas produtivo (SAWICKI, J., 1991; McGOWEN, R., 1994) e tem presença difusa em toda a estrutura social brotando de toda parte, entendendo-o também de forma ascendente que vai dos poderes locais aos gerais (IBÁÑEZ, T., 1990). Esta conceitualização implica assim uma ideia de flutuação dos efeitos de acordo com interferências variáveis dos sistemas, onde bem poderiam ocorrer as reestruturações das relações de força às quais alude Foucault.

Logo, não podemos pensar nos usuários da consulta de AP como estando sempre em posição desfavorável, já que não podemos representá-los primeiro como competentes e geradores de significados e depois deixá-los sem voz nem voto. Tanto usuários quanto profissionais são competentes no mundo da vida e no mundo do sistema, e finalmente se trata como diz Ricoeur de "transavaliar" os valores usuais (REGAN, C.H., 1996). Talvez, como propõe o mesmo autor, incorporando fatores que favoreçam a reinterpretação e que se materializem dentro das tradições culturais e dos espaços sociais. Interessando-nos pela emancipação e introduzindo a distância ética e produtiva dentro desses mesmos espaços.

A potencialidade desta perspectiva dentro da avaliação de ações preventivas em AP: Podemos falar de uma linha de trabalho com futuro?

Estamos cientes de que a avaliação participativa nos contextos interacionais da prática institucionalizada adquire uma feição particular, sobretudo porque acreditamos que a proposta avaliativa deve ser pertinente e verossímil para todos os atores envolvidos. E isto quer dizer retomar algumas das reflexões expostas no início deste capítulo:

Parece adequado tomar como ponto de partida as crenças coletivas assumidas e aproblemáticas: a própria intervenção escalonada e o modelo *transteórico* da mudança. Esta posição nos permite estabelecer pactos e "passarelas" que nos ajudam a "transavaliar" os valores presentes e que se concretizam na proposta de pesquisa sobre a "usabilidade".

A partir dali, já temos um espaço de encontros múltiplos entre usuários e profissionais onde todos podemos nos olhar e escutar possibilitando a "surpresa reflexiva" de nossos próprios atos transformados em rotinas. E queremos conseguir isso gerando as gravações de vídeo das consultas e suas múltiplas análises.

Também identificamos as ordens de discurso presentes na prática profissional que estão associadas a um determinado tipo de discurso. Com esta identificação podemos reestruturá-lo progressivamente por meio das mesmas práticas, possibilitando assim a mudança social. Pretendemos conseguir isto explicitando entre todos "as racionalidades" que estão por trás do guia da intervenção e de nossas próprias estratégias postas em prática com uma AD de caráter crítico.

Para seguirmos a proposta de Guba e Lincoln e suas recomendações quanto às 12 etapas ou fases da avaliação de quarta geração, certamente teríamos de escrever um outro capítulo, mas se nos concentrarmos nos traços que os próprios autores defendem em sua proposta avaliativa (Guba, E.G. & Lincoln, Y.S., 1989), sem dúvida estaremos bem perto do que eles colocam. Eles definem a avaliação como a) um processo sociopolítico; b) um processo conjunto de colaboração; c) um processo de ensino/aprendizagem; d) um processo contínuo, recursivo e altamente divergente; e) um processo emergente; f) um processo com resultados imprevisíveis; g) um processo que cria realidade.

Finalmente, estamos convencidos de que esta é uma linha de trabalho para o futuro, em especial para aqueles a quem interessa "transitar" em duas dimensões de "produção pesquisadora/avaliadora": a dimensão dos interstícios da prática onde muitos coincidimos e discutimos apaixonadamente sobre intersubjetividades e mudanças sociais; e com base no trabalho com os sujeitos da ação social no sentido de "identificarmo-nos" com sua atividade do dia-a-dia, contraditória e difusa como diz Shön (1992).

Referências bibliográficas

ALONSO, L.E. (1998). *La mirada cualitativa en sociología*: una aproximación interpretativa. Madri: Fundamentos.

BANEGAS, J.R.; DIEZ, L.; RODRÍGUEZ-ARTALEJO, F.; GONZÁLEZ, J.; GRACIANI, A. & VILLAR, F. (2001). "Mortalidad atribuible al tabaquismo en España en 1998". *Medicina Clínica*, 117, p. 692-694. Barcelona.

CABRUJA, T.; IÑIGUEZ, L. & VÁZQUEZ, F. (2000). Como construimos el mundo: relativismo, espacios de relación y narratividad. *Anàlisi*, p. 25.

CICOUREL, A.V. (1999). The interpretation of communicative contexts: examples from medical encounters. In: DURANTI, S. & GOODWIN, C.H. (orgs.). *Rethinking context: Language as an interactive phenomenon*. Cambridge: University Press.

______ (1981). Notes on the integration of micro- and macro-levels of analysis. In: KNORR-CETINA, K. & CICOUREL, A. *Advances in social theory and methodology*: toward an integration of micro- and macro-sociologies. Boston: Routledge & Kegan Paul.

______ "Three Models of Discourse Analysis: The role of Social Structure". *Discourse Processes*, 3, p. 101-132.

COULON, A. (1995). *Etnometodología y educación*. Barcelona: Paidós, p. 13.

CRESPO, E. (1991). "Lenguaje y acción: el análisis de discurso". *Interacción Social*, 1, p. 89-101.

DÍAZ, F. (2000). Contexto institucional y metodología del estudio. In: GONZÁLEZ, M.; DÍAZ, F. & ORDÓÑEZ, A. *La relación médico-paciente en oncología*: una visión sociológica. Madri: Ars Médica, p. 65-70.

DÍAZ, F. (orgs.) (2000). *Sociologías de la situación*. Madri: La Piqueta.

FAIRCLOUGH, N. (1992). *Discourse and social change*. Cambridge: Polito.

______ (1989). *Language and power*. Londres: Longman.

FIORE, M.C.; BAILEY, W.C.; COHEN, S.J. et al. (2000). *Treating Tobacco use and dependence* – Clinical Practice Guideline. Rockville, MD: US. Departament of Health and Human Services/Public Health Service.

FLORIA, A. (2000). *Recopilación de métodos y usabilidad* [http://www.sidar.org/visitable/Herramientas.htm].

FOUCAULT, M. (1987). *El orden del discurso*. 3. ed. Barcelona: Tusquets.

GARFINKEL, H. (1967). Common sense knowledge of social structure: the documentary method of interpretation in lay and professional fact in front. *Studies in Ethnometology*. Londres: Prentice Hall, p. 11.

GERGEN, K.J. (1996). *Realidades y relaciones* – Aproximaciones al construccionismo social. Barcelona: Paidós.

GUBA, E.G. & LINCOLN, Y.S. (1989). *Fourth generation evaluation*. Newbury Park: Sage.

IBAÑEZ, T. (1990). *Aproximaciones a la psicología social*. Barcelona: Sendai.

IÑIGUEZ, L. & ANTAKI, C.H. (1994). "El análisis de discurso en psicología social". *Boletín de Psicología*, 44, p. 57-75.

JANKOWSKI, N.W. & JENSEN, K. (1993). *Metodologías cualitativas de investigación en comunicación de masas*. Barcelona: Bosch.

JAWORSKY, A. & COUPLAND, N. (orgs.) (1999). *The discourse reader*. Londres: Routledge.

LEVINSON, S.C. (1983). Estructura de la conversación. *Pragmatics*. Cambridge: Cambridge University Press.

McGOWEN, R. (1994). Power and humanity or Foucault among the historians. In: JONES, C. & PORTER, R. (orgs.). *Reassing Foucault* – Power, Medecine and the Body. Londres: Routledge, p. 91-112.

MAYNARD, D. (1991). "Interaction and Asymmetry in Clinical Discourse". *American Journal of Sociology*, 97, p. 448-495.

MERCADO-MARTÍNEZ, F.J.; BOSI, M.L.; ROBLES, L.; WIESSENFELD, E. & PLA, M. (2005). "La enseñanza de la investigación cualitativa en salud". *Salud colectiva*, vol. 1.

MILLER, W.R. & ROLLNICK, S. (1999). *La entrevista motivacional* – Preparar para el cambio de conductas adictivas. Barcelona: Paidós.

PLA, M. & SÁNCHEZ-CANDAMIO, M. (2002). La elaboración y formalización de registros de la observación participante en la investigación psicosociológica cualitativa. *Investigación cualitativa en salud* – Una antología sobre la producción iberoamericana. Métodos, análisis y ética. Guadalajara: Medicina Social/Universidad de Guadalajara.

PLA, M.; ROS, M.; FERNÁNDEZ, E.; PÉREZ, R.; LLENA, A. & VEGA, C. (2004). Sexualidade, imigração e prevenção da Aids: avaliação qualitativa/ participativa de experiências nacionais de intervenção em atenção primária em saúde. In: BOSI, M.L. & MERCADO-MARTÍNEZ, F.J. (orgs.). *Pesquisa qualitativa de serviços de saúde*. Petrópolis: Vozes, p. 410-442.

POTTER, J. (1998). Etnometodología y análisis conversacional. *La representación de la realidad*: discurso, retórica y construcción social. Barcelona: Paidós, p. 63-94.

______ (1996). *La representación de la realidad*: discurso, retórica y construcción social. Barcelona: Paidós, p. 63-94.

POTTER, J. & WETHERELL, M. (1987). Foundations of discourse analysis: Beyond Attitudes and Behaviour. *Discourse and social psychology*. Londres: Sage, p. 18.

PROCHASKA, J.O.; DICLEMENTE, C.C. & NORCROSS, J. (1992). "In search of how people change. Apllications to adictive behaviors". *American Psychologist*, 47, p. 1.102-1.114.

PROCHASKA, J.O.; VELLICER, W.F.; DICLEMENTE, C.C. & FAVA, J. (1998). "Measuring processes of Change: applications to the Cessation of Smoking". *Journal of Consulting and Clinical Psychology*, 56, p. 520-528.

REGAN, C.H. (1996). *Paul Ricoeur, his life and his work*. Chicago/Londres: University of Chicago Press.

SAWICKI, J. (1991). *Disciplining Foucault*: Feminism, Power, and the Body. Nova York: Routledge.

SILVERMAN, D. & SACKS, H. (1998). *Social Science & conversational análisis*. Nova York: Oxford University.

SCHÖN, D. (1992). *La formación de profesionales reflexivos* – Hacia un nuevo diseño de la enseñanza y el aprendizaje en las profesiones. Barcelona: Paidós.

SHOTTER, J. (1993). *Conversational realities*. Londres: Sage.

______ (1990). La construcción social del recuerdo y del olvido. In: Middleton, D. & Edwards, D. (orgs.). *Memoria compartida* – La naturaleza social del recuerdo y del olvido. Barcelona: Paidós.

TRAVIS, D. (2000). *Back to the drawing board*: why e-commerce sites need to focus on usability [http://www.system-concepts.com/articles/ecommerce.html].

WOLF, M. (1979). *Sociologías de la vida cotidiana*. Madri: Cátedra.

Sobre os autores

Maria Lúcia Magalhães Bosi (org.) – Doutora em Saúde Pública, mestre em Ciências Sociais, especialização e aperfeiçoamento no Brasil e na Europa, graduada em Nutrição e Psicologia. Docente na Universidade Federal do Rio de Janeiro há mais de vinte anos, ocupando, atualmente, o cargo de professora-adjunta no Departamento de Medicina Preventiva da Faculdade de Medicina, exercendo suas atividades no Núcleo de Estudos em Saúde Coletiva (Nesc/UFRJ). Pesquisadora-visitante/CNPq exerce, no momento, suas atividades no Departamento de Medicina Comunitária/UFC, onde coordena o mestrado em Saúde Pública e integra o corpo permanente do doutorado em Ciências Médicas. Seus interesses de investigação e suas publicações se concentram nos campos da metodologia qualitativa (e suas aplicações à saúde); profissionalização em saúde; nutrição social; corpo, subjetividade e práticas alimentares, temas que fundamentam as linhas de investigação sob sua coordenação. É autora de livros, capítulos de livros e diversos artigos publicados em periódicos científicos nacionais e internacionais. Consultora e membro do Conselho Editorial de diversas revistas científicas nacionais e internacionais.

Francisco Javier Mercado-Martínez (org.) – Doutor em Ciências Sociais, mestre em Medicina Social, graduado em Medicina. Docente na Universidade de Guadalajara, México, há mais de vinte e cinco anos, atualmente ocupa o cargo de professor-titular. Seus interesses de investigação e suas publicações se concentram na investigação qualitativa em saúde, na experiência da enfermidade e atenção médica, perspectivas críticas em investigação social e sanitária, medicina social, enfermidades crônicas, pobreza e mudança social assim como a avaliação participativa de programas sociais e sanitários. É autor de mais de uma dezena de livros ou capítulos de livros além de vários artigos científicos. É editor da revista *International Journal of Qualitative Methods* e membro do comitê editorial de outras revistas internacionalmente reconhecidas, tal como *Qualitative Health Research*. É coordenador do Programa de Investigação e Avaliação Qualitativa em Saúde (Progiecs) [www.cucs.udg.mx/progiecs].

Demais coautores, em ordem alfabética

Ana Calvo – Graduada em Enfermagem – Universidade de Oviedo (Espanha). Enfermeira assistencial na Unidade de Cirurgía Vascular do Hospital Universitário Central de Asturias, entre 1998 e 2005. Membro do Comitê Científico da Associação Española de Enfermería Vascular desde 2004. Vem atuando, também, como colaboradora do Projeto Nipe (Normalização das Intervenções para a Prática de Enfermagem) na qualidade de *expert*, desde 2004.

Angèle Bilodeau – Doutora em Ciências Humanas Aplicadas pela Universidad de Montreal. Investigadora do Departamento de Saúde Pública de Montreal e professora no Departamento de Medicina Preventiva e Social dessa instituição de ensino e pesquisa. Pertence, também, ao quadro de investigadores do *Centro de Investigación Léa-Roback sobre las desigualdades sociales de la salud* em Montreal, sendo responsável pelo módulo "enfoques comunitários e desigualdades em saúde" na Universidade de Montreal e coordenadora do Grave-Ardec (*Groupe de Recherche et d'Action sur la Victimisation des Enfants et Alliance de Recherche en Développement des Enfants dans leur Communauté*). Seus interesses de investigação se concentram na planificação pública e participativa, ação colaborativa e inovações sociais, colaboração entre organizações, ação intersetorial e colaboração pública comunitária nos programas públicos.

Antonio Ugalde – Professor emérito do Departamento de Sociologia da Universidade do Texas-Austin (EUA). Presidente da organização Saúde e Fármacos (EUA), e coeditor da revista eletrônica *Boletín Fármacos*, dedicada a promover o uso adequado de medicamentos. É membro do conselho editorial da revista *Social Science and Medicine*, e desde 1981 contribui como membro da junta de editores do *Handbook of Latin American Studies* da Biblioteca do Congresso dos Estados Unidos com a seção sobre o México. Publicou importantes artigos sobre as reformas sanitárias de saúde, o impacto da violência do Estado na saúde, e a saúde dos emigrantes. Foi assessor da OMS e do Pnud na Ásia e América Latina.

Cláudia Maria Bógus – Doutora em Saúde Pública na Faculdade de Saúde Pública/USP, mestre em Saúde Pública na Faculdade de Saúde Pública/USP, graduação em Pedagogia na Faculdade de Educação da USP, São Paulo. Especialização em *Training Program in International Health* – Pan-American Health Organization, Paho, EUA, e em Saúde Pública na Faculdade de Saúde Pública da USP, São Paulo. Professora na Faculdade de Saúde Pública da USP. Pesquisadora científica no Instituto de Saúde da Secretaria de Estado da Saúde de São Paulo –

IS/SES/SP. Autora de livros, capítulos de livros e diversos artigos publicados em revistas científicas.

Denise Maria Gastaldo – Doutora em Sociologia pela University of London, Inglaterra; pós-doutorado na Université de Montréal, Canadá; mestre em Educação; graduada em Enfermagem. Atualmente é professora-adjunta da Faculdade de Enfermagem e do Departamento de Ciências da Saúde Pública, University of Toronto, Canadá, onde leciona pesquisa qualitativa em cursos de doutorado frequentados por estudantes de todas as faculdades da área da saúde no programa *Essentials of Qualitative Research Series*. É professora convidada de programas de doutorado da Universitat de les Illes Balears, Espanha, e coordenadora do projeto *INPhD – International Nursing PhD Collaboration* entre faculdades de enfermagem da Austrália, Canadá, Espanha e México. Recentemente desenvolveu projetos de pesquisa financiados no Canadá, Espanha e Brasil relacionados à promoção da saúde, gênero, imigração e inclusão social.

Enriqueta Valdez Curiel – Pós-doutorado no Centro de Políticas Internacionais de Saúde Reprodutiva na Universidade da Califórnia, San Francisco e de Liderazgo voltado aos efeitos dos meios de comunicação na educação em saúde na Universidade de Sur de Califórnia, em Los Angeles, CA-EUA. Graduada em Medicina na Universidade de Guadalajara-México. Graduação (incompleta) em Sociologia. Mestrado em Desenvolvimento Comunitário – com especialidade em saúde das mulheres de área rural – na Universidade da Califórnia-EUA. Atualmente é professora e pesquisadora da Universidade de Guadalajara, México, *campus* Ciudad Guzmán. Dedica a maior parte de seu tempo ao desenvolvimento e avaliação do Projeto Radio ADO no Estado de Michoacán-México.

Hélène Laperrière – Mestre em Ciências de Enfermagem e doutorada em Saúde Pública da Faculdade de Medicina, Universidade de Montreal (Canadá). Atuou junto a diferentes grupos comunitários em diversos países, voltando-se para a recuperação do saber popular e a construção de iniciativas alternativas do "cuidado" e "saber cuidar" (BOFF, 1999). Atuou ao longo de seis anos no movimento latino-americano de "libertação" no Brasil, o que orientou sua reinserção em bairros periféricos durante a concretização de pesquisas-ação participativas e avaliativas. Seus interesses atuais giram em torno da prática comunitária de enfermagem junto a famílias multiétnicas em Montreal; a colaboração ativa num projeto de avaliação dos grupos comunitários e, enfim, no doutorado, cuja tese está centrada na análise crítica da difusão científica internacional e a verticalidade de relações sociais conflitivas.

Jane Springett – Doutora em Geografia Urbana. Professora de Promoção da Saúde e Saúde Pública e diretora do *Institute for Health*, Liverpool John Moores University, Inglaterra. Atua, ainda, como professora-convidada na Christianstad University, Suécia. Suas principais áreas de interesse centram-se em programa *Cidades saudáveis*; políticas de saúde e mudanças organizacionais; avaliação de programas e políticas de saúde; avaliação participativa e pesquisa-ação bem como outros aspectos sociais relacionados à saúde. É autora de numerosos artigos científicos, livros e capítulos sobre avaliação participativa e promoção da saúde. Possui ampla experiência em desenvolvimento curricular, baseado em enfoques teóricos sobre o processo de aprendizagem.

Jimena Orchuela – Graduada em Sociologia na Faculdade de Humanidades e Ciências da Educação, Universidade Nacional da Plata (UNLP)-Argentina, cursando, atualmente, o mestrado em Ciências Sociais e Saúde, organizado por Cedes-Flacso (Argentina). Sua dissertação aborda a problemática da Produção Pública de Medicamentos na Argentina. Desde 2004 é diretora de produção do *Boletín Fármacos*. Sua inserção na área de estudo dos medicamentos é apoiada por uma bolsa de investigação concedida pela Cátedra de Farmacologia da Faculdade de Ciências Médicas, UNLP.

Juarez Pereira Furtado – Doutor em Saúde Coletiva pela Unicamp/Universidade de Montreal, pós-doutorando em avaliação de serviços de saúde mental, fisioterapeuta e sanitarista. Pesquisador-colaborador do Depto. de Medicina Preventiva e Social da FCM-Unicamp, onde integra o grupo de estudos *Saúde Coletiva e Saúde Mental: Interfaces*, grupo que ora desenvolve pesquisa avaliativa do sistema de saúde mental de Campinas, SP, com financiamento do CNPq. Consultor da Coordenação Nacional de Saúde Mental do Ministério da Saúde, coordenou diferentes serviços de saúde mental (Núcleo de pacientes moradores em hospital psiquiátrico e Centros de atenção psicossocial III), participando das ações e mudanças no campo da saúde mental, no Brasil, nos últimos 15 anos. Seus interesses de pesquisa se concentram em avaliação de programas e serviços; iniciativas de desinstitucionalização psiquiátrica e interfaces entre a saúde coletiva e saúde mental. Autor de artigos e capítulos de livros publicados sobre os temas referidos.

Kátia Yumi Uchimura – Mestre em Saúde Pública pela Universidade Federal do Ceará. Atualmente cursa doutorado em Ciências Médicas na Universidade Federal do Ceará sob a orientação da Profa.-Dra. Maria Lúcia M. Bosi; nutricionista formada pela Universidade Federal do Paraná; especialista em Saúde Pública pela Universidade de Ribeirão Preto; professora da área de Saúde Coletiva da Fepar – Faculdade Evangélica do Paraná e de Cursos de Pós-Graduação em Saúde Coletiva. Autora de vários artigos publicados em periódicos indexados, bem como de capítulos de livros e diversos trabalhos apresentados em congressos científicos nacionais e internacionais.

Louise Potvin – Doutora em Saúde Pública pela Universidade de Montreal-Canadá. Professora-titular de Saúde Comunitária do Departamento de Medicina Social e Preventiva da Universidade de Montreal-Canadá e diretora científica do *Centro de Investigação Léa-Roback* sobre as desigualdades sociais de saúde de Montreal. Atua, ainda, como professora-adjunta no *Centro para a Saúde Internacional na Universidade Curtin de Tecnologia*, Perth-Oeste de Austrália. Desde o ano de 2001 é titular da cátedra *Enfoques comunitários e desigualdades de saúde* (CHSRF/CIHR), cujo objetivo principal é a documentação da contribuição das intervenções de Saúde Pública para apoio social da redução das desigualdades sociais no meio urbano. Suas principais áreas de investigação são a avaliação de programas de promoção da saúde e a relação entre o meio ambiente social local e a saúde. É membro de vários grupos nacionais e internacionais voltados à avaliação, promoção da saúde e determinantes sociais de saúde e autora de diversas publicações em renomados periódicos internacionais.

Luz María Antonia Tejada Tayabas – Mestre em Educação e Gestão Pedagógica, graduada em Enfermagem, atualmente estudante no doutorado em Ciências da Saúde na Universidade de Guadalajara (México). Professora-pesquisadora na Faculdade de Enfermagem da Universidade Autônoma de San Luis Potosí (México), onde ocupa o cargo de secretária para assuntos acadêmicos. Seus interesses se concentram em investigações sobre enfermidades crônicas. Atualmente participa da equipe de investigação no projeto de atenção a enfermidade crônica nos serviços públicos de saúde.

Marco Akerman – *Doctor of Philosophy (PhD)*, Departamento de Epidemiologia e Saúde Pública – *University College London* (University of London); mestre em Planejamento e Financiamento do Setor Saúde – *London School of Economics/London School of Hygiene and Tropical Medicine*; especialista em Administração Hospitalar e em Medicina Social, graduado em Medicina; professor-titular da Faculdade de Medicina do ABC, disciplina de Saúde Coletiva. Atuou como coordenador de Curso de Pós-Graduação (nível de especialização) em Administração de Serviços de Saúde – Faculdade de Medicina da Fundação ABC e do Curso de Qualidade Hospitalar da Fundap-SP. Pesquisador Associado da London School of Hygiene and Tropical Medicine no Projeto *Saúde e Meio Ambiente em Países em Desenvolvimento*, nos anos de 1993 e 1994. Diretor de Pesquisa do Centro de Educação, Pesquisa e Documentação em Cidades Saudáveis – Cepedoc – FSP/USP desde outubro de 2000.

Margarita Pla Consuegra – Doutora em psicologia social pela Universidade Autônoma de Barcelona (Espanha). Graduada em Sociologia. Codiretora do *Programa de Pós-graduação em Investigação Qualitativa e Participativa em Ciências da Saúde* organizado conjuntamente pela EUI de St. Pablo e a Fundação Dr. Robert (Centro de Formação Avançada em Ciências da Saúde e da Vida da UAB). Seus interesses de investigação e suas publicações estão centrados no âmbito da metodologia qualitativa; competências profissionais; práticas discursivas dos profissionais da saúde; socialização dos médicos internos residentes; cuidados informais e gestão dos serviços de saúde. Seus interesses docentes se dirigem ao desenvolvimento e incorporação dos métodos qualitativos e participativos nas ciências da saúde.

Maria Cecília de Souza Minayo – Doutora em Saúde Pública, socióloga, antropóloga e sanitarista. Investigadora-titular da Escola Nacional de Saúde Pública – Fundação Osvaldo Cruz, tendo coordenado durante vários anos o programa de pós-graduação e ocupado diversos cargos nessa instituição e em outros órgãos e associações ligados à saúde coletiva, ressaltando sua importante participação na Abrasco. Seus interesses de investigação estão centrados em temas como: epidemiologia e métodos na investigação qualitativa em saúde e violência e saúde. Coordenadora científica de Claves/Fiocruz. Representante regional para América Latina do *Forum Mundial de Ciências Sociais e Medicina*. Autora de vários livros sobre a investigação qualitativa, destacando-se a obra *O desafio do conhecimento/Investigação qualitativa em saúde*, amplamente utilizada no campo da saúde coletiva e em vários outros campos. Publicou diversos capítulos de livros e artigos em reconhecidas revistas científicas.

Mauro Serapioni – Doutor em Ciências Sociais e Saúde pela Universidade de Barcelona; mestre em Gestão de Sistemas Locais de Saúde, pelo Instituto Superiore di Sanitá (Roma) em colaboração com a Organização Mundial da Saúde; sociólogo e especialista em Sociologia da Saúde pela Universidade de Bolonha (Itália). Atualmente é professor-visitante no Centro de Ciências da Saúde da Universidade Estadual do Ceará (Uece). Foi professor contratado pela Universidade de Bolonha e é docente de "Participação dos cidadãos na avaliação dos serviços de saúde" no mestrado em Avaliação da Qualidade dos Serviços de Saúde da Universidade de Bolonha. Colaborador e correspondente internacional da revista italiana *Salute e Società* e foi consultor, em 2005, da Opas/Ministério da Saúde pela coordenação do estudo nacional sobre Avaliação das Comissões Intergestores Bipartite. Tem publicado capítulos de livros e artigos em revistas brasileiras e italianas sobre avaliação em saúde, participação dos cidadãos em saúde e métodos de pesquisa em saúde coletiva.

Nereyda Hernández – Mestre em Gerontologia Social (Universidade de Guadalajara, México), graduada em Enfermagem na Escola de Licenciatura em Enfermagem da Universidade Michoacana de San Nicolás de Hidalgo, México. Docente na Universidade Michoacana de San Nicolás de Hidalgo. Seus interesses de investigação se concentram no tema *Construção da velhice em mulheres de 40 a 59 anos de idade na zona metropolitana de Guadalajara, México*. Atua, ainda, no Hospital Civil Dr. Miguel Silva (Morelia, México) e na Secretaria de Saúde do Departamento de Enfermidades Sexualmente Transmissíveis (VIH/Sida).

Núria Codern Bové – Doutora em Sociologia (teoria-metodologia) na Universidade Autônoma de Barcelona – UAB. Pós-graduada em Investigação Qualitativa e Participativa em Ciências da Saúde (UAB). Graduada em Sociologia e Ciências Políticas pela Universidade Autônoma de Barcelona. Docente nas áreas de metodologia e educação para a área da saúde na graduação e pós-graduação da EU Cruz Vermelha e no Master de Atenção Primária (UAB). Participa como representante da Cruz Vermelha-Barcelona no Grupo de Ação Comunitária da Prefeitura de Barcelona que analisa as necessidades e práticas comunitárias da cidade. Seus interesses de investigação estão centrados no âmbito da metodologia qualitativa; avaliação de materiais de educação para a saúde e percepção de risco em relação ao hábito de fumar. Atualmente, integra o grupo de pesquisa sobre a avaliação da *usabilidade* das intervenções – em atenção primária – de apoio ao abandono do tabagismo (Fundação Jordi Gol, Barcelona).

Núria Homedes – Doutora em saúde pública na Escola de Saúde Pública da Universidade do Texas-Houston (EUA) onde é professora desde 1997. Graduada em Medicina na Universidade de Barcelona, Espanha. Atualmente é diretora do Programa de Saúde Global na mesma escola. Trabalha em projetos de saúde com agências internacionais na África, Ásia e América Latina. Suas áreas de interesse incluem o estudo das reformas sanitárias, particularmente a privatização e descentralização de serviços. Encontra-se no prelo livro de sua autoria, onde analisa a descentralização dos serviços de saúde mexicanos que será publicado em coedição entre a Universidade da Califórnia e a editorial Lynne Reiner. Publicou artigos sobre vários aspectos relacionados com políticas de medicamentos e, desde 1998, é coeditora da revista eletrônica de acesso gratuito *Boletín Fármacos* [www.boletinfarmacos.org].

Pilar Delgado Hito – Mestre em Enfermagem (Universidade de Montreal, Canadá) e atualmente cursando o doutorado em Enfermagem (Universidade de Montreal, Canadá. Graduada em Enfermagem (Universidade de Barcelona, Espanha). Cursos de Especialização voltados ao paciente grave. Atuou como docente na Universidade de Barcelona e na Universidade Autônoma de Barcelona. Participou como coinstrutora de cursos em investigação qualitativa. Suas áreas de investigação estão relacionadas com os cuidados, processos de mudança e investigação qualitativa combinados com a assistência direta ao paciente crítico no Hospital de la Santa Creu i Sant Pau (HSCSP). É membro do grupo de investigadores da Unidad de Coordinación de Trasplantes do HSCSP, do conselho editorial da revista *Enfermagem Intensiva* e avaliadora externa da *Revista Española de Salud Pública* e do FIS (Fondo de Investigaciones Sanitarias).

Regina Helena Simões Barbosa – Doutora, mestre e especialista em Saúde Pública, pela Escola Nacional de Saúde Pública/Fiocruz. Trabalha como sanitarista na Universidade Federal do Rio de Janeiro desde 1986. Atualmente ocupa o cargo de professora-adjunta no Departamento de Medicina Preventiva da Faculdade de Medicina dessa universidade, desenvolvendo suas atividades no Núcleo de Estudos de Saúde Coletiva. Seus interesses de investigação e suas publicações estão centrados nos campos de gênero, sexualidade e saúde reprodutiva e de educação popular em saúde, temas que fundamentam as linhas de investigação que coordena. É editora de várias obras, autora de capítulos de livros e de diversos artigos publicados em revistas indexadas.

Ricardo B. Zúñiga – Doutor em Psicologia – Harvard University; licenciado em Filosofia na Universidade de Montreal, Canadá. Graduações em Medicina (incompleta) na Universidade do Chile e Psicologia na Universidade Católica do Chile. Sua produção intelectual teve início no Instituto de Sociologia da Universidade Católica do Chile, na área de Psicologia Social. Com o golpe militar, continuou seu trabalho na City University of New York. Atualmente é professor de Serviço Social na Universidade de Montreal, Canadá. Seu trabalho tem se concentrado na profissionalização das ciências sociais e nos desafios de desenvolver modelos abertos de produção e difusão de conhecimentos bem como na temática da avaliação, sobretudo no enfoque qualitativo, em países latino-americanos, principalmente no Chile.

Rosilda Mendes – Doutora em Saúde Pública/Universidade de São Paulo (USP); mestre em História e Filosofia da Educação/Pontifícia Universidade Católica de São Paulo, PUC-SP; especialização em Educação em Saúde/Instituto de Pesquisas Hospitalares, IPH, São Paulo; graduada em Ciências Biológicas/Universidade Estadual Paulista Júlio de Mesquita Filho/Unesp, São Paulo. Autora de capítulos de livros e diversos artigos publicados em revistas científicas.

Sylvie Gendron – Doutora em Saúde Pública pela Universidade de Montreal, Canadá; graduada em Enfermagem e professora-adjunta da Faculdade de Ciências da Enfermagem da Universidade de Montreal, Canadá. A partir da sua tese de doutorado, em Saúde Pública, intitulada *La practica participativa en salud pública: la emergencia de un paradigma* recebeu o prêmio da Associação de Decanos em Estudos Superiores em Quebec, Canadá como a melhor tese em ciências humanas, artes e cultura em 2002, estudo a partir do qual desenvolveu reflexões sobre os fundamentos teóricos e metodológicos da prática participativa em saúde pública. Suas atividades de investigação se concentram no domínio da avaliação de programas em saúde pública, notadamente sob a ótica de favorecer a participação de diversos atores, tanto do âmbito institucional como da sociedade civil.